普通高等学校工程管理专业"十二五"规划教材

土木工程概预算

主 编 许婷华

副主编 梁振辉 郑少瑛 周永娜

WUHAN UNIVERSITY PRESS

武汉大学出版社

图书在版编目(CIP)数据

土木工程概预算/许婷华主编 . —武汉:武汉大学出版社,2017.9(2020.8
重印)
普通高等学校工程管理专业"十二五"规划教材
ISBN 978-7-307-19691-9

Ⅰ.土… Ⅱ.许… Ⅲ.①土木工程—建筑概算定额—高等学校—教材
②土木工程—建筑预算定额—高等学校—教材 Ⅳ.TU723.3

中国版本图书馆 CIP 数据核字(2017)第 224304 号

责任编辑:孙 丽 杜筱娜 责任校对:路亚妮 装帧设计:吴 极

出版发行:**武汉大学出版社** (430072 武昌 珞珈山)
　　　　(电子邮箱:whu_publish@163.com 网址:www.stmpress.cn)
印刷:广东虎彩云印刷有限公司
开本:850×1168 1/16 印张:23.25 字数:635 千字
版次:2017 年 9 月第 1 版 2020 年 8 月第 4 次印刷
ISBN 978-7-307-19691-9 定价:56.00 元

前　　言

随着我国工程造价动态管理的逐步推行,定额计价模式难以满足建筑市场公平竞争、招投标竞争定价的要求。现行工程计价模式依据清单计价与定额辅助报价,实现计价依据和计价方法与国际接轨。

本书内容包括建设工程计价基础知识、建筑工程定额计量与计价、建筑工程清单计量与计价三部分,分别对建筑产品价格构成、工程量计算、建筑面积计算、建筑工程定额计量、清单计量与计价等内容进行讲解。

本书主要编制依据为《建设工程工程量清单计价规范》(GB 50500—2013)、《房屋建筑与装饰工程工程量计算规范》(GB 50854—2013)、《建筑工程建筑面积计算规范》(GB/T 50353—2013)、《混凝土结构施工图平面整体表示方法制图规则和构造详图(现浇混凝土框架、剪力墙、梁、板)》(16G101-1)、《混凝土结构施工图平面整体表示方法制图规则和构造详图(现浇混凝土板式楼梯)》(16G101-2)、《混凝土结构施工图平面整体表示方法制图规则和构造详图(独立基础、条形基础、筏形基础、桩基础)》(16G101-3),以及最新的建筑工程消耗量定额。

本书围绕建筑工程价格的构成、建筑面积计算、定额计量与计价、清单计量与计价,采用典型例题、BIM算量模型、实际案例、课后习题等方式帮助学生掌握工程计量与计价的理论知识与实际应用。

本书内容新颖,图文并茂、结构严谨,知识点丰富,具有良好的理论性、系统性和实用性,可作为高等院校土木工程、建筑工程、工程管理及其他相关专业的教材或教学参考书,也可作为造价管理人员的参考用书。

本书由许婷华担任主编,梁振辉、郑少瑛、周永娜担任副主编。具体编写分工为:许婷华编写第1篇第1、2章,第2篇第1~4章、第6~18章,第3篇;许婷华、梁振辉编写第1篇第3章;郑少瑛编写第1篇第4章;许婷华、周永娜编写第2篇第5章;案例由青岛福莱易通软件有限公司郭颖编写。全书由许婷华负责统稿。

本书在编写过程中,参考了诸多专家、学者的相关著作与教材,在此表示衷心感谢!

由于编者知识及水平有限,加之时间仓促,书中不足与失误之处在所难免,衷心希望广大读者、专家、同行批评、指正。

编　者

2017 年 6 月

特别提示

　　教学实践表明,有效地利用数字化教学资源,对于学生学习能力以及问题意识的培养乃至怀疑精神的塑造具有重要意义。

　　通过对数字化教学资源的选取与利用,学生的学习从以教师主讲的单向指导模式转变为建设性、发现性的学习,从被动学习转变为主动学习,由教师传播知识到学生自己重新创造知识。这无疑是锻炼和提高学生的信息素养的大好机会,也是检验其学习能力、学习收获的最佳方式和途径之一。

　　本系列教材在相关编写人员的配合下,逐步配备基本数字教学资源,主要内容包括:

　　文本:课程重难点、思考题与习题参考答案、知识拓展等。

　　图片:课程教学外观图、原理图、设计图等。

　　视频:课程讲述对象展示视频、模拟动画,课程实验视频,工程实例视频等。

　　音频:课程讲述对象解说音频、录音材料等。

数字资源获取方法:

①　打开微信,点击"扫一扫"。

②　将扫描框对准书中所附的二维码。

③　扫描完毕,即可查看文件。

更多数字教学资源共享、图书购买及读者互动敬请关注"开动传媒"微信公众号!

目　　录

第 3 篇　建筑工程清单计量与计价

数字资源目录

第1篇

建设工程计价基础知识

本篇重难点

1 工程造价概述

内容提要

本章主要介绍基本建设分类,工程计价的含义、特点、分类及作用,建设项目的分类及意义,工程计价的方法等,为学生掌握建筑工程概预算的基本原理与计价方法提供理论基础,便于学生深入理解与掌握本课程的基本原理。

能力要求

通过本章的学习,学生应了解基本建设的概念和分类,掌握建设项目的分类和意义,掌握工程造价的含义及其计价特点。

1.1 基本建设概述

1.1.1 基本建设的概念

基本建设是指投资建造固定资产和形成物质基础的经济活动,凡是固定资产扩大再生产的新建、扩建、改建、迁建、恢复建设工程及设备购置活动均称为基本建设。

1.1.2 基本建设的分类

1.1.2.1 按建设项目的性质不同分类

(1)新建工程,指新开始建设的基本建设项目,或对原有建设项目重新进行总体设计,在原有固定资产的基础上扩大3倍以上规模的建设项目,是基本建设的主要形式。

(2)扩建工程,指原有企业或单位为了扩大原有产品的生产能力或效益,在原有固定资产的基础上兴建一些主要车间或其他固定资产的建设项目。

(3)改建工程,指为了提高生产效率或使用效益,对原有设备、工艺流程进行技术改造的建设项目,或为了提高综合生产能力,增加一些附属和辅助车间及非生产性工程的建设项目。

(4)迁建工程,指由于各种原因迁移到其他地方建设的项目。

(5)恢复建设工程(又称重建工程),指对因自然灾害或战争而遭受严重破坏的固定资产,按原来规模重新建设或在恢复的同时进行扩建的工程项目。

1.1.2.2　按建设过程的不同分类

(1)筹建项目,指在计划年度内正准备建设但还未正式开工的项目。

(2)施工项目,指已开工而正在施工的项目。

(3)投产项目,指已经竣工验收,并且投产或交付使用的项目。

(4)收尾项目,指已经竣工验收并投产或交付使用,但还有少量扫尾工作的建设项目。

1.1.2.3　按资金来源渠道的不同分类

(1)国家投资项目,指国家预算计划内直接安排的建设项目。

(2)自筹建设项目,指各地区、各单位按照财政制度提留、管理和自行分配用于固定资产再生的资金进行建设的项目。自筹建设项目又分为地方自筹建设项目和企业自筹建设项目。

(3)引进外资的建设项目,指利用外资进行建设的项目。外资的来源有借用国外资金,向国外银行、国际金融机构、政府借入资金及吸引外国资本直接投资。

1.1.2.4　按建设规模和投资的大小分类

基本建设按建设规模和投资的不同分为大型、中型、小型建设项目,一般按产品的设计能力或全部投资额来划分,具体划分标准按国家规定执行。

1.1.3　基本建设的内容

基本建设的内容包括以下四方面。

(1)建筑工程。

建筑工程是指永久性和临时性的各种房屋和构筑物,如厂房、仓库、住宅、学校、剧院、矿井、桥梁、电站、铁路、码头、体育场等工程,各种民用管道和线路的敷设工程,设备基础、炉窑砌筑、金属结构构件工程,农田水利工程等。

(2)设备安装工程。

设备安装工程是指永久性和临时性生产、动力、起重、运输传动及医疗、实验和体育等设备的装配、安装工程,以及附属于被安装设备的管线敷设、绝缘、保温、刷油等工程。

(3)设备及工器具购置。

设备及工器具购置是指按照设计文件规定,对用于生产或服务于生产而又达到固定资产标准的车间、实验室、医院、学校、车站等所配备的各种设备、工器具、生产家具及实验仪器的购置。

(4)建设项目的其他工作。

建设项目的其他工作是指在上述工作之外而与建设项目有关的各项工作,如筹建机构、征用土地、生产人员培训、施工队伍调迁及大型临时设施等。

1.1.4　基本建设程序

基本建设程序是指基本建设在整个建设过程中各项工作必须遵循的先后次序。一般基本建设程序由以下八个环节组成。

（1）编制项目建议书。

项目建议书是根据区域发展和行业发展规划的要求,在项目投资决策前对拟建项目的设想,从拟建项目建设的必要性、条件的可行性、获利的可能性出发,向国家和省、市、地区主管部门提出的建议性文件。

（2）可行性研究。

根据国民经济发展规划以及批准的项目建议书,结合各项自然资源、生产力状况和市场预测等,经过调查分析,运用多种科学研究方法(经济、技术等),对建设项目的投资进行技术经济论证,并得出可行与否的结论,即为可行性研究。其主要任务是研究基本建设项目的必要性、可行性和合理性。

（3）编制设计文件。

建设项目可行性研究报告经批准后,建设单位应委托设计单位,按照设计任务书的要求编制设计文件。设计文件是安排建设项目和组织施工的依据。技术复杂且缺乏经验的项目,应按三阶段设计,包括初步设计(编制初步设计概算)、技术设计(编制修正概算)、施工图设计(编制施工图预算)。一般大中型项目采用两阶段设计,即初步设计、施工图设计。

（4）工程招投标,签订施工合同。

设计文件及任务书批准后,建设单位根据已批准的固定资产投资计划,对拟建项目实行公开招标或邀请招标,择优选定具有一定技术、经济实力和管理经验,能胜任承包任务的施工单位,并与之签订施工合同。

（5）施工前准备。

开工前,应做好施工前的各项准备工作。其主要内容包括:征地拆迁;技术准备;场地平整;施工用水、电、道路等准备工作;办理开工手续;修建临时生产和生活设施;协调图纸和技术资料的供应;落实建筑材料、设备和施工机械;组织施工队伍按时进场等。

（6）建设实施。

施工准备就绪,取得当地建设主管部门颁发的施工许可证后即可组织正式施工。施工过程中应确保计划、设计、施工三个环节互相衔接及投资、设计施工图、设备、材料、施工队伍等方面的落实。为确保工程质量,应按照合理的施工顺序组织施工,加强经济核算。

（7）竣工验收、交付使用。

列入固定资产投资计划的建设项目或单项工程,按批准的设计文件所规定的内容建成并达到质量规范要求后,便可组织竣工验收。验收合格后,施工单位应向建设单位办理竣工移交和竣工结算手续,并把项目交付建设单位使用。

（8）项目后评价。

工程项目建设完成并投入生产或使用一段时间之后(通常为一年),对该项目所进行的总结性评价,称为项目后评价。项目后评价是对项目的质量、效益、作用和影响进行系统、客观地分析、总结和评价,确保项目目标达到预期的投资效果。

1.1.5　基本建设项目划分

基本建设项目是一个系统工程。为适应工程管理和经济核算的要求,基本建设项目由大到小划分为建设项目、单项工程、单位工程、分部工程和分项工程。

(1)建设项目。

建设项目是指具有计划任务书,按照一个总体设计进行施工的各个工程项目的总体。建设项目可由一个或几个单项工程构成,如一个住宅小区、一所学校、一家医院、一座工厂等均为一个建设项目。

(2)单项工程。

单项工程又称工程项目,指具有独立的设计文件,建成后可以独立发挥生产能力和使用效益的工程,是建设项目的组成部分,如一所学校的教学楼、办公楼、图书馆等,一座工厂中的各个车间、办公楼等。

(3)单位工程。

单位工程是单项工程的组成部分。单位工程是指具有独立设计文件,可以独立组织施工,但建成后一般不能独立发挥生产能力和使用效益的工程。例如,某教学楼是一个单项工程,该教学楼的土建工程、装饰装修工程、供热通风工程、给排水工程、电气照明工程等都是单位工程。

(4)分部工程。

分部工程是单位工程的组成部分。分部工程是指在一个单位工程中,按工程部位及使用的材料和工种进一步划分的工程,如一般土建工程的土石方工程、桩基础工程、砌筑工程、混凝土和钢筋混凝土工程、金属结构工程、屋面工程等。

(5)分项工程。

分项工程是分部工程的组成部分。分项工程是指在一个分部工程中,按不同的施工方法、不同材料和规格,将分部工程进一步划分成的若干个分项。分项工程是建筑工程的基本构成要素,是由专业工种完成的中间产品,是通过较为简单的施工过程就能完成的产品。例如,砌筑工程可以划分为内墙、外墙、空斗墙、空心砖墙、钢筋砖过梁等分项工程。分项工程没有独立存在的意义,是为了便于计算建筑工程造价而分解出来的"假定产品"。

综上所述,一个建设项目由一个或几个单项工程组成,一个单项工程由一个或几个单位工程组成,一个单位工程由几个分部工程组成,一个分部工程可以划分为若干个分项工程。建设项目的划分如图1-1-1所示。建设项目的这种划分,不仅有利于编制造价文件,同时有利于项目的组织管理。建设工程计价从分项工程开始编制,逐级形成工程造价文件。

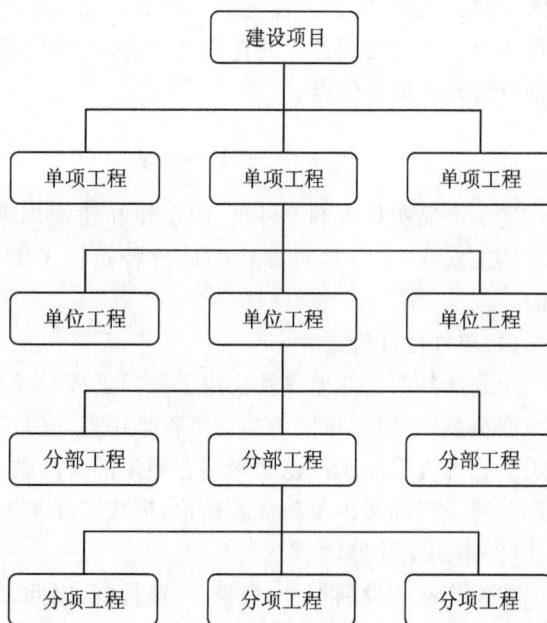

图 1-1-1　建设项目的划分

1.2　工程造价的含义及管理模式

1.2.1　工程造价的含义与特点

1.2.1.1　工程造价的含义

工程造价就是工程的建造价格。工程泛指一切建设工程,其范围和内涵具有很大不确定性。工程造价有如下两种含义。

第一种是从业主(投资者)的角度定义。工程造价是指建设一项工程预期或实际开支的全部固定资产投资费用。投资者选定一个投资项目,为获得预期效益,需通过项目评估做出决策,然后进行设计招标、工程投标,直至竣工验收等一系列投资管理活动。从这个意义上说,工程造价就是工程固定资产投资费用。

第二种是从市场角度定义。工程造价是指工程建造价格,即为建成一项工程,预计或实际在土地市场、设备市场、技术劳务市场以及承包市场等交易活动中所形成的建筑安装工程的价格和建设工程总价格。此处,工程的范围和内涵,既可以是涵盖范围很大的一个建设项目,也可以是一个单项工程,或是整个建设项目中的某个阶段,如土地开发工程、建筑安装工程、装饰工程,或是其中的某个组成部分。

工程造价的两种含义是对客观存在的概括。它们既共生于一个统一体,又有所区别。其最主要的区别在于需求主体和供给主体在市场追求的经济利益不同,因而管理的性质和目标也不同。从管理性质看,前者属于投资管理范畴,后者属于价格管理范畴,但二者相互交叉。从管理目标看,在进行项目决策和项目实施中,完善项目功能,提高工程质量,降低投资费用,是投资者始终关注的问题。因此,降低工程造价是投资者始终如一的追求。而承包商所关注的是利润,是较高的工程造价。区别工程造价的这两种含义,其理论意义在于为投资者和以承包商为代表的供应商的市场行为提供理论依据。

1.2.1.2　工程造价的计价特点

建筑产品所具有的单件性、固定性和建造周期长等特点,决定了工程计价在许多方面不同于一般的工农业产品,具有独特的计价特点。了解这些特点,对工程造价的确定与控制是非常必要的。

(1)单件性计价。

建筑产品的个体差异性决定了每项工程必须单独计算造价。由于技术水平、建筑等级和建筑标准存在差别,用途相同的建设工程采用不同的工艺设备和建筑材料,施工方法、施工机械和技术组织措施等方案的选择也必须结合当地的自然技术经济条件。因此建设工程的每一个单位工程、分部分项工程都必须单独计算造价,形成了建筑工程产品计价的单件性。

(2)多次性计价。

建筑产品建设周期长、规模大、造价高,因此工程计价要按建设工程程序分阶段进行计价。为适应工程建设过程中各方经济关系的建立。适用工程造价控制和管理的要求,需要在建设各阶段进行多次计价,其计价过程如图 1-1-2 所示。

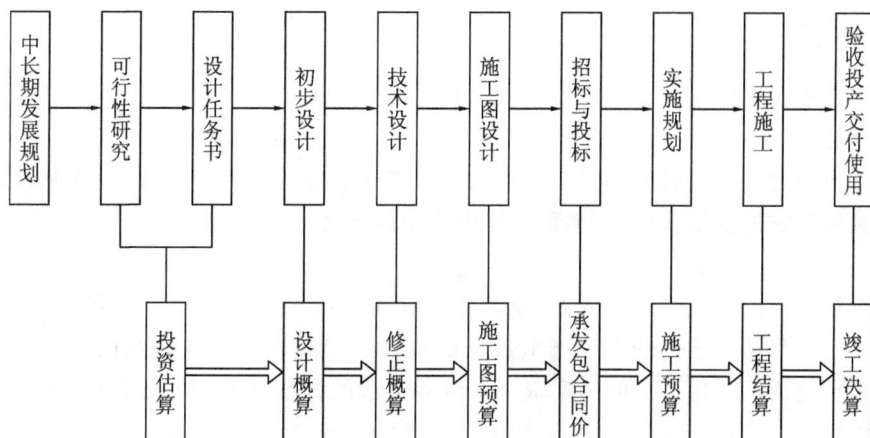

图 1-1-2 项目的建设程序及计价过程

工程计价过程是一个由粗到细、由浅入深,最终形成建设工程实际造价的过程。计价过程各环节之间相互衔接,前者制约后者,后者又补充前者。

(3)组合性计价。

工程造价的计算是由分部分项工程组合而成的。一个建设项目是一个工程综合体,可以分解为许多有内在联系的独立和不能独立的工程内容。计价时,首先要对建设项目进行分解,然后按构成进行分部分项工程计算,并逐层汇总。其计算过程和计算顺序是:分部分项工程计价→单位工程造价→单项工程造价→建设项目总造价。

1.2.2 工程计价的阶段

根据基本建设的程序,结合建设工程概预算编制文件和管理的方法,按建设项目所处的建设阶段,工程计价可分为六个阶段。

(1)投资估算。

投资估算是指建设项目在编制项目建议书和可行性研究阶段,由项目建设单位或其委托的工程咨询机构编制的建设项目总投资粗略估算的工程造价文件。投资估算是决策、筹资和控制造价的主要依据。可行性研究报告经批准立项后,其投资估算总额作为控制建设项目总造价的最高限额,不得任意突破。投资估算也是编制设计文件的重要依据。

(2)设计概算。

设计概算是指建设项目在设计阶段(初步设计阶段、技术设计阶段)由设计单位根据设计方案进行计算的,用于确定建设项目设计概算,进行设计方案比较,进一步控制建设项目投资的工程造价文件。设计概算是设计文件的重要组成部分,较投资估算准确性有所提高,但又受投资估算的控制。

(3)施工图预算。

施工图预算是指在施工图设计完成之后,工程开工之前,根据设计施工图纸及相关资料编制的,用于确定工程预算造价及工料的工程造价文件。施工图预算较设计概算更为详尽和准确,是编制招标工程标底、投标报价、工程承包合同价的依据,也是建设单位与施工单位进行工程款拨付和办理工程竣工决算的依据。

(4)承发包合同价。

承发包合同价是指在工程招投标阶段,根据工程标底和投标方的投标报价,经过评标并经双方协商后确定的签订工程合同的价格。承发包合同价是进行工程结算的依据。

（5）工程结算。

工程结算是指在工程建设实施阶段，一个单项工程、单位工程、分部工程或分项工程完工后，经发包人及有关部门验收并办理验收手续后，根据合同、设计变更、技术核定单、现场签证等竣工资料，在工程结算时按合同调价范围和调价方法，对实际发生的工程量增减、设备和材料价差等进行调整后计算和确定的价格，是确定工程竣工决算的经济文件。

（6）竣工决算。

竣工决算是指建设项目竣工验收后，建设方根据工程结算以及相关技术经济文件编制的，用于确定整个建设项目从筹建到竣工投产全过程的建设成果和项目财务专业的经济文件。竣工决算反映工程项目建成后交付使用的固定资产及流动资金的详细情况和实际价值，是建设项目的实际投资总额。

1.2.3 工程造价管理

1.2.3.1 工程造价管理的基本内容

工程造价管理是在市场经济条件下建筑市场发展的必然产物，是按照经济规律的要求，根据市场经济的发展形势，利用科学的管理方法和先进的管理手段，合理确定和有效控制工程造价，以提高投资效益和建筑安装企业经营成果。因此，工程造价管理从项目可行性研究开始，经方案优选、初步设计、施工图设计、组织施工、竣工验收直至项目试运行投产，实行整个项目周期的造价控制和管理。

（1）工程造价的合理确定。

工程造价的合理确定，是在建设程序的各个阶段，根据相应的计价依据和计算精度的要求，合理地确定投资估算、设计概算、施工图预算、合同价、工程结算、竣工决算，并按有关规定和报批程序，经有关部门批准后成为该阶段工程造价的控制目标。工程造价确定的合理程度，直接影响工程造价的控制效果。

（2）工程造价的有效控制。

工程造价的有效控制，是在优化建设方案、设计方案的基础上，在建设程序的各个阶段，采用一定的方法和措施把工程造价控制在合理的范围和核定造价限额以内，以求合理使用人力、物力、财力，取得较好的投资效益和社会效益。工程造价的有效控制应体现以下原则。

① 以设计阶段为重点的建设全过程造价控制。工程造价的控制应贯穿项目建设的全过程，但必须突出重点。设计阶段是控制的重点阶段。建设工程的全寿命费用包括工程造价和工程交付使用后的经常开支费用以及使用期满后的报废拆除费用等。据统计，设计费一般只相当于全寿命费用的1%以下，却决定了几乎全部后期的费用。因此，设计阶段的工程造价控制尤为重要。

② 主动控制，以取得令人满意的结果。控制是贯彻项目建设全过程的，也应是主动进行的。长期以来，人们一直把控制理解为目标值与实际值的比较，以及当实际值偏离目标值时，分析其产生偏差的原因，并确定下一步对策。这种控制虽然有一定意义，但也存在缺陷，只能发现偏差，却无法使已发生的偏差消失，也不能预防偏差，是被动的、消极的投资控制。系统论、控制论的研究成果用于项目管理后，将"控制"立足于事先主动采取决策措施，尽可能减少甚至避免工程造价偏差，是主动的、积极的控制方法，称为主动控制。

③ 技术与经济相结合是控制工程造价的有效手段。要有效地控制工程造价,应从组织、技术、经济、合同与信息管理等多方面采取措施。组织措施如明确项目组织结构,明确造价控制者及其任务,明确管理职能分工;技术措施如重视设计方案的选择,严格审查监督初步设计、技术设计、施工图设计、施工组织设计,深入技术领域研究节约造价的可能;经济措施如动态比较造价的计划值与实际值,严格审核各项费用支出,采用对节约投资有利的奖励措施等。

在工程建设过程中将技术与经济相结合,通过技术比较、经济分析和效果评价,正确处理技术先进与经济合理两者之间的对立统一关系,力求在技术先进下的经济合理,在经济合理基础上的技术先进,把控制工程造价的观念渗透到各项设计和施工技术措施之中。

1.2.3.2　我国工程造价管理的模式演变

改革开放以前,计划经济体制具有以政府管制为特征的工程造价特点,以政府管制价格为特征,实行定额计价(标准消耗量、费用定额等),消耗量与单价长期固定不变,概预算是计划价格的基础。自 20 世纪 80 年代中期开始,我国工程造价管理领域的工作者提出了工程项目全过程造价管理的理念。20 世纪 90 年代以后,我国工程造价管理学界的学者进一步对全过程造价管理的理念与内涵提出了许多看法和设想。建设要素市场逐步开放,导致人工、材料、机械等要素价格随市场供求的变化而上下浮动,定额的编制和颁布随着市场价格及政策因素的变化按照一定周期进行。1997 年,中国建设工程造价管理协会学术委员会进一步明确了工程造价管理目标和方针,强调建设工程造价管理要达到的目标,一是造价本身要合理,二是实际造价不超概算。从建设工程的前期工作开始,采取全过程、全方位的管理方针,表明我国工程造价管理中采取"全过程造价"管理的大方针已经确立。基于概预算定额制度的工程计价第一阶段改革的核心思想是"量价分离";第二阶段改革的核心问题是工程计价方式的改革,计价由定额计价转变为工程量清单计价。

1.2.3.3　工程造价管理体制改革的目标

中国工程造价管理体制改革的最终目标有以下几方面。

(1)建立市场形成价格的机制,实现工程造价管理市场化,形成社会化的工程造价咨询服务,实现与国际惯例接轨;

(2)加强项目决策阶段的投资估算工作,发挥其对控制建设项目总造价的作用;

(3)明确概预算工作不仅要反映设计,计算工程造价,更要能动地影响和优化设计,并发挥控制工程造价,促进合理使用建设资金的作用;

(4)从建筑产品的认识出发,以价值为基础,确定建筑工程和安装工程的造价,使造价的构成合理化,逐步与国际接轨;

(5)引入竞争机制,打破以行政手段分配任务的惯例,择优选择工程承包商和设备材料供应商,降低造价;

(6)用动态方法研究和管理工程造价,要求各地区、各部门工程造价管理机构公布各类设备、材料、人工、机械台班的价格指数及各类工程造价指数,建立地区、部门以及全国的工程造价管理信息系统;

(7)对工程造价的估算、概算、预算以及承发包合同价、工程结算、竣工决算实行"一体化"管理;

(8)建立一体化的管理制度,降低工程造价。

1.3　全国造价工程师执业资格制度

造价工程师是指经全国统一考试合格,取得造价工程师执业资格证书,并经注册从事建设工程造价业务活动的专业技术人员。原人事部、建设部1996年颁发的《造价工程师执业资格制度暂行规定》以及中华人民共和国建设部令第75号规定,造价工程师执业资格与考试实行全国统一大纲、统一命题、统一组织的办法;原则上每年举行一次;考试设4个科目,即《建设工程造价管理》、《建设工程计价》、《建设工程技术与计量》(分土建和安装两个专业)、《建设工程造价案例分析》。2002年7月建设部制定了《造价工程师注册管理办法的实施意见》,造价工程师执业资格制度逐步完善。

1.3.1　造价工程师执业资格考试报考条件

凡中华人民共和国公民,遵纪守法并具备以下条件之一者,均可参加造价工程师执业资格考试:

(1)工程造价专业大专毕业后,从事工程造价业务工作满5年;工程或工程经济类专业大专毕业后,从事工程造价业务工作满6年。

(2)工程造价专业本科毕业后,从事工程造价业务工作满4年;工程或工程经济类专业本科毕业后,从事工程造价业务工作满5年。

(3)获上述专业第一学士学位或研究生毕业和取得硕士学位后,从事工程造价业务工作满3年。

(4)获上述专业博士学位后,从事工程造价业务工作满2年。

1.3.2　造价工程师的注册管理

造价工程师执业资格实行执业注册登记制度,考试合格者,由建设部和各省、自治区、直辖市及国务院有关部门的建设行政主管部门为造价工程师进行注册管理,并颁发"造价工程师执业资格证书"。

取得"造价工程师执业资格证书"者,须按规定向所在省(区、市)造价工程师注册管理机构办理注册登记手续。有效期满前30日前申请延续注册、延续注册的有效期为4年。

1.3.3　造价工程师的业务范围

凡从事工程建设活动的建设、设计、施工、工程造价咨询等单位,必须在计价、评估、审核、审查、控制及管理等岗位配备有造价工程师执业资格的专业技术人员。造价工程师只能在一个单位执业。造价工程师执业范围包括建设项目投资估算的编制、审核及项目经济评价;工程概算、预算、结(决)算、标底价、投标报价的编审;工程变更及合同价款的调整和索赔费用的计算;建设项目各阶段工程造价控制;工程经济纠纷的鉴定;工程造价计价依据的编审;与工程造价业务有关的其他事项。

知识归纳

(1)基本建设的概念及分类。

(2)基本建设程序。

(3)基本建设的项目划分。

(4)工程造价的含义与特点。

(5)工程造价管理基本内容。

独立思考

1-1-1 简述基本建设的概念。

1-1-2 简述基本建设的程序。

1-1-3 简述基本建设项目的划分。

1-1-4 简述工程造价的两层含义。

1-1-5 简述工程造价的分类。

独立思考答案

2 建筑产品价格的构成

内容提要

本章主要介绍建筑产品价格的构成；建设工程费用的计算，工程类别的划分标准。本章的教学重点和难点为定额和清单的建设工程费用构成及计算。

能力要求

通过本章的学习，学生应熟悉建设工程费用的计算程序，掌握按照费用构成要素和工程造价形成划分的两种建设工程费用的组成，掌握工程类别的确定方法。

按照住房和城乡建设部、财政部印发的建标〔2013〕44号文《建筑安装工程费用项目组成》及山东省住房和城乡建设厅发布的鲁建标字〔2016〕40号文《关于印发〈山东省建设工程费用项目组成及计算规则〉的通知》相关规定，山东省建设工程费用项目组成及计算规则如下。

2.1 总 说 明

(1)《山东省建设工程费用项目组成及计算规则》(本章下文提到的"本规则"均指《山东省建设工程费用项目组成及计算规则》)所称建设工程费用，是指一般工业与民用建筑工程的建筑、装饰、安装、市政、园林绿化等工程的建筑安装工程费用。

(2)本规则适用于山东省行政区域内一般工业与民用建筑工程的建筑、装饰、安装、市政、园林绿化工程的计价活动，与山东省现行建筑、装饰、安装、市政、园林绿化工程消耗量定额配套使用。

(3)本规则涉及的建设工程计价活动包括编制招标控制价、投标报价和签订施工合同价以及确定工程结算等内容。

(4)规费中的社会保险费，按山东省政府鲁政发〔2016〕10号和山东省住房和城乡建设厅鲁建办字〔2016〕21号文件规定，在工程开工前由建设单位向建筑企业劳保机构交纳。规费中的建设项目工伤保险，按鲁人社发〔2015〕15号《关于转发人社部发〔2014〕103号文件明确建筑业参加工伤保险有关问题的通知》,在工程开工前向社会保险经办机构交纳。编制招标控制价、投标报价时,应包括社会保险费和建设项目工伤保险。编制竣工决算时,若已按规定交纳社会保险费和建设项目工伤保险,则该费用仅作为计税基础,结算时不包括该费用;若未交纳社会保险费和建设项目工伤保险,则结算时应包括该费用。

(5)本规则中的费用计价程序是计算山东省建设工程费用的依据,包括定额计价和工程量清单计价两种计价方式。

(6)本规则中的费率是编制招标控制价的依据,也是其他计价活动的重要参考(其中规费、税金必须按规定计取,不得作为竞争性费用)。

(7)工程类别划分标准,根据不同的单位工程,按其施工难易程度,结合实际情况确定。

2.2　建设工程费用项目组成

2.2.1　建设工程费用项目组成(按费用构成要素划分)

建设工程费用按照费用构成要素划分为人工费、材料费(设备费)、施工机具使用费、企业管理费、利润、规费和税金,如图1-2-1所示。

2.2.1.1　人工费

人工费是指按工资总额构成规定,支付给从事建筑安装工程施工的生产工人和附属生产单位工人的各项费用,主要包括以下内容。

(1)计时工资或计件工资:指按计时工资标准和工作时间或对已做工作按计件单价支付给个人的劳动报酬。

(2)奖金:指对超额劳动和增收节支支付给个人的劳动报酬,如节约奖、劳动竞赛奖等。

(3)津贴、补贴:指为了补偿职工特殊或额外的劳动消耗和因其他特殊原因支付给个人的津贴,以及为保证职工工资水平不受物价影响支付给个人的物价补贴,如流动施工津贴、特殊地区施工津贴、高温(寒)作业临时津贴、高空作业津贴等。

(4)加班加点工资:指按规定支付的在法定节假日工作的加班工资和在法定日工作时间外延时工作的加点工资。

(5)特殊情况下支付的工资:指根据国家法律、法规和政策规定,因病、工伤、产假、计划生育假、婚丧假、事假、探亲假、定期休假、停工学习等原因按计时工资标准或计时工资标准的一定比例支付的工资。

2.2.1.2　材料费(设备费)

材料费是指施工过程中耗费的原材料、辅助材料、构配件、零件、半成品或成品的费用。

设备费是指构成或计划构成永久工程一部分的机电设备、金属结构设备、仪器装置及其他类似的设备和装置的费用。

人工费 ─┬─ 1.计时工资或计件工资
        ├─ 2.奖金
        ├─ 3.津贴、补贴 ─────────────── 1.分部分项工程费
        ├─ 4.加班加点工资
        └─ 5.特殊情况下支付的工资

材料费(设备费) ─┬─ 1.材料(设备)原价
                ├─ 2.运杂费
                ├─ 3.材料运输损耗费
                └─ 4.采购及保管费

施工机具使用费 ─┬─ 1.施工机械使用费 ─┬─ ①折旧费
                │   ├─ ②检修费
                │   ├─ ③维护费
                │   ├─ ④安拆费及场外运费
                │   ├─ ⑤人工费
                │   ├─ ⑥燃料动力费
                │   └─ ⑦其他费
                └─ 2.施工仪器仪表使用费

2.措施项目费

企业管理费 ─┬─ 1.管理人员工资   9.职工教育经费
            ├─ 2.办公费   10.财产保险费
            ├─ 3.差旅交通费   11.财务费
            ├─ 4.固定资产使用费 12.税金
            ├─ 5.工具用具使用费 13.其他
            ├─ 6.劳动保险和职工福利费 14.检验试验费
            ├─ 7.劳动保护费   15.总承包服务费
            └─ 8.工会经费

利润 ──────────────────── 3.其他项目费

规费 ─┬─ 1.安全文明施工费 ─┬─ ①环境保护费
      │   ├─ ②文明施工费
      ├─ 2.社会保险费 ─┬─ ①养老保险费 ├─ ③安全施工费
      │   ├─ ②失业保险费 └─ ④临时设施费
      ├─ 3.住房公积金   ├─ ③医疗保险费
      ├─ 4.工程排污费   ├─ ④生育保险费
      └─ 5.建设项目工伤保险 └─ ⑤工伤保险费

税金 ──────────── 增值税

建设工程费用（左侧总括）

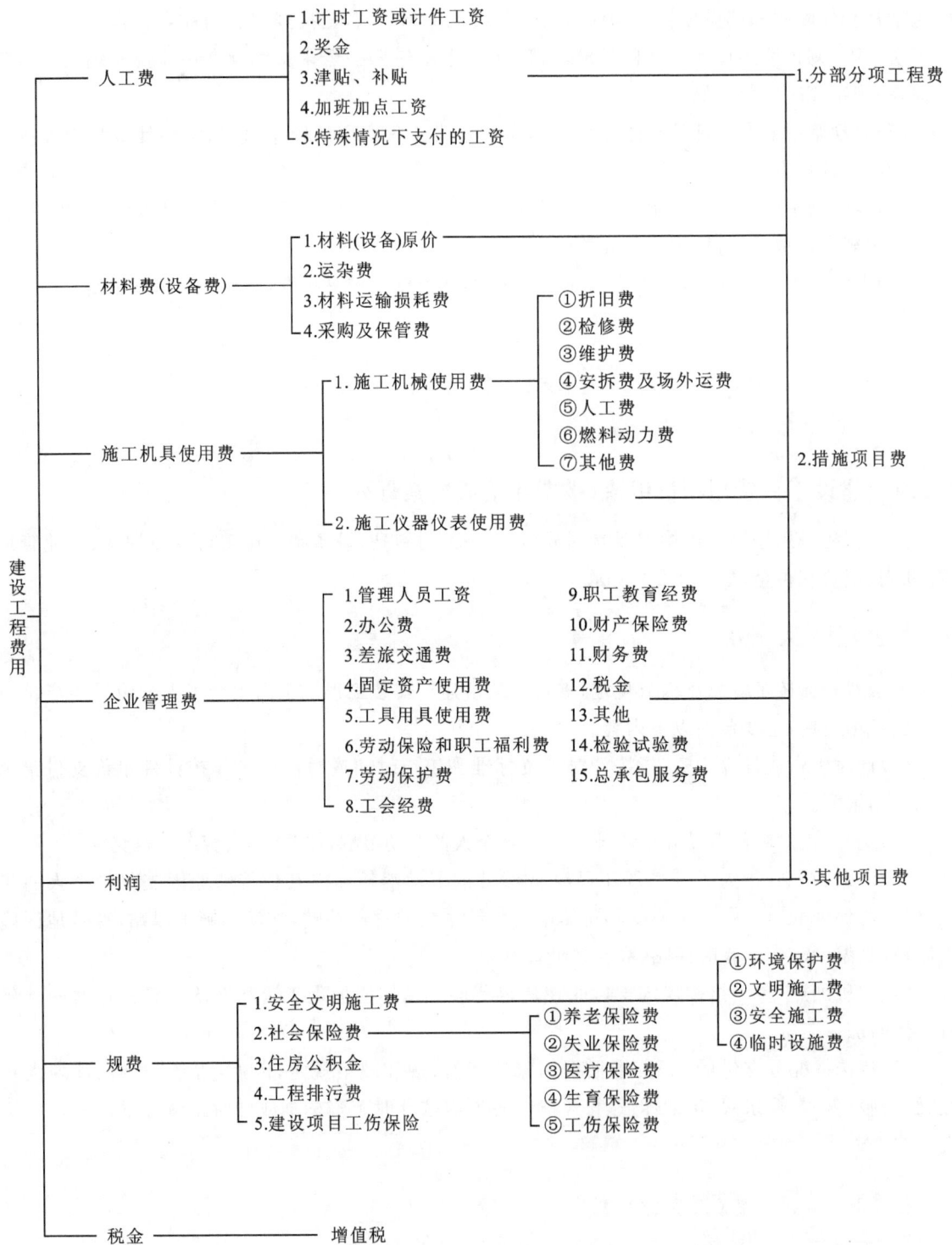

图 1-2-1 建设工程费用项目组成图（按费用构成要素划分）

(1)材料费(设备费)的内容。

① 材料(设备)原价:指材料、设备的出厂价格或商家供应价格。

② 运杂费:指材料、设备自来源地运至工地仓库或指定堆放地点所发生的全部费用。

③ 材料运输损耗费:指材料在运输装卸过程中不可避免的损耗费用。

④ 采购及保管费:指采购、供应和保管材料、设备过程中所需要的各项费用,包括采购费、仓储费、工地保管费、仓储损耗。

(2)材料(设备)的单价。

材料(设备)的单价按式(1-2-1)计算:

$$材料(设备)单价 = [(材料/设备原价 + 运杂费) \times (1 + 材料运输损耗率)] \times$$
$$(1 + 采购及保管费率) \qquad (1\text{-}2\text{-}1)$$

2.2.1.3 施工机具使用费

施工机具使用费是指施工作业所发生的施工机械、施工仪器仪表的使用费或其租赁费。

(1)施工机械台班单价组成。

施工机械台班单价由下列七项费用组成。

① 折旧费:指施工机械在规定的耐用总台班内,陆续收回其原值的费用。

② 检修费:指施工机械在规定的耐用总台班内,按规定的检修间隔进行必要的检修,以恢复其正常功能所需的费用。

③ 维护费:指施工机械在规定的耐用总台班内,按规定的维护间隔进行各级维护和临时故障排除所需的费用。维护费包括保障机械正常运转所需替换设备与随机配备工具附具的摊销费用,机械运转及日常维护所需润滑与擦拭的材料费用及机械停滞期间的维护费用等。

④ 安拆费及场外运费。安拆费是指施工机械在现场进行安装与拆卸所需的人工、材料、机械和试运转费用以及机械辅助设施的折旧、搭设、拆除等费用。场外运费是指施工机械整体或分体自停放地点运至施工现场,或由一施工地点运至另一施工地点所发生的运输、装卸、辅助材料等费用。

⑤ 人工费:指机上司机(司炉)和其他操作人员的人工费。

⑥ 燃料动力费:指施工机械在运转作业中所耗用的燃料及水、电等费用。

⑦ 其他费:指施工机械按照国家规定应缴纳的车船税、保险费及检测费等。

(2)施工仪器仪表台班单价组成。

施工仪器仪表台班单价由下列四项费用组成。

① 折旧费:指施工仪器仪表在耐用总台班内,陆续收回其原值的费用。

② 维护费:指施工仪器仪表各级维护、临时故障排除所需的费用及保证仪器仪表正常使用所需备件(备品)的维护费用。

③ 校验费:指按国家与地方政府规定的标定与检验的费用。

④ 动力费:指施工仪器仪表在使用过程中所耗用的电费。

2.2.1.4 企业管理费

企业管理费是指施工企业组织施工生产和经营管理所需的费用,包括以下各项内容。

(1)管理人员工资:指按规定支付给管理人员的计时工资、奖金、津贴补贴、加班加点工资及特殊情况下支付的工资等。

(2)办公费:指企业管理办公用的文具、纸张、账表、印刷、邮电、书报、办公软件、现场监控、会议、水电、烧水和集体取暖降温(包括现场临时宿舍取暖降温)等费用。

(3)差旅交通费:指职工因公出差、调动工作的差旅费、住勤补助费,市内交通费和误餐补助费,职工探亲路费,劳动力招募费,职工退休、退职一次性路费,工伤人员就医路费,工地转移费以及管理部门使用的交通工具的油料、燃料等费用。

(4)固定资产使用费:指管理和试验部门及附属生产单位使用的属于固定资产的房屋、设备、仪器等的折旧、大修、维修或租赁费。

(5)工具用具使用费:指企业施工生产和管理使用的不属于固定资产的工具、器具、家具、交通工具和检验、试验、测绘、消防用具等的购置、维修和摊销费。

(6)劳动保险和职工福利费:指由企业支付的职工退职金,按规定支付给离休干部的经费、集体福利费、夏季防暑降温补贴、冬季取暖补贴、上下班交通补贴等。

(7)劳动保护费:企业按规定发放的劳动保护用品的支出,如工作服、手套、防暑降温饮料以及在有碍身体健康的环境中施工的保健费用等。

(8)工会经费:指企业按《中华人民共和国工会法》规定的全部职工工资总额比例计提的工会经费。

(9)职工教育经费:指按职工工资总额的规定比例计提,企业为职工进行专业技术和职业技能培训,专业技术人员继续教育,职工职业技能鉴定、职业资格认定以及根据需要对职工进行各类文化教育所发生的费用。

(10)财产保险费:指施工管理用财产、车辆等的保险费用。

(11)财务费:指企业为施工生产筹集资金或提供预付款担保、履约担保、职工工资支付担保等所发生的各种费用。

(12)税金:指企业按规定缴纳的房产税、车船使用税、土地使用税、印花税、城市维护建设税、教育费附加及地方教育附加、水利建设基金等。

(13)其他:包括技术转让费、技术开发费、投标费、业务招待费、绿化费、广告费、公证费、法律顾问费、审计费、咨询费、保险费等。

(14)检验试验费:指施工企业按照有关标准规定,对建筑以及材料、构件和建筑安装物进行一般鉴定、检查所发生的费用,包括自设试验室进行试验所耗用的材料等费用。

一般鉴定、检查,指按相应规范所规定的材料品种、材料规格、取样批量、取样数量、取样方法和检测项目等内容所进行的鉴定、检查,例如砌筑砂浆配合比设计,砌筑砂浆抗压试块、混凝土配合比设计,混凝土抗压试块等施工单位自制或自行加工材料按规范规定的内容所进行的鉴定、检查。

(15)总承包服务费:指总承包人为配合、协调发包人根据国家有关规定进行专业工程发包,自行采购材料、设备等进行现场接收、管理(非指保管)以及施工现场管理、竣工资料汇总整理等服务所需的费用。

2.2.1.5 利润

利润是指施工企业完成所承包工程的盈利。

2.2.1.6 规费

规费是指按国家法律、法规规定,由省级政府和省级有关权力部门规定必须缴纳或计取的费用,包括以下几项内容。

(1)安全文明施工费。

① 环境保护费:指施工现场为达到环保部门要求所需要的各项费用。

② 文明施工费:指施工现场文明施工所需要的各项费用。

③ 安全施工费:指施工现场安全施工所需要的各项费用。

④ 临时设施费:指施工企业为进行建设工程施工所必须搭设的生活和生产用的临时建筑物、构筑物和其他临时设施费用。临时设施包括办公室、加工场(棚)、仓库、堆放场地、宿舍、卫生间、食堂、文化卫生用房与构筑物,以及规定范围内的道路、水、电、管线等临时设施和小型临时设施。临时设施费包括临时设施的搭设费、维修费、拆除费、清理费或摊销费等。

(2)社会保险费。

① 养老保险费:指企业按照规定标准为职工缴纳的基本养老保险费。

② 失业保险费:指企业按照规定标准为职工缴纳的失业保险费。

③ 医疗保险费:指企业按照规定标准为职工缴纳的基本医疗保险费。

④ 生育保险费:指企业按照规定标准为职工缴纳的生育保险费。

⑤ 工伤保险费:指企业按照规定标准为职工缴纳的工伤保险费。

(3)住房公积金。

它是指企业按规定标准为职工缴纳的住房公积金。

(4)工程排污费。

它是指按规定缴纳的施工现场的工程排污费。

(5)建设项目工伤保险。

建设项目工伤保险在工程开工前向社会保险经办机构交纳,应在建设项目所在地参保。

按建设项目参加工伤保险的,建设项目确定中标企业后,建设单位在项目开工前将工伤保险费一次性拨付给总承包单位,由总承包单位为该建设项目使用的所有职工统一办理工伤保险参保登记和缴费手续。

按建设项目参加工伤保险的房屋建筑和市政基础设施工程,建设单位在办理施工许可手续时,应当提交建设项目工伤保险参保证明,作为保证工程安全施工的具体措施之一。安全施工措施未落实的项目,住房和城乡建设主管部门不予核发施工许可证。

2.2.1.7 税金

税金是指国家税法规定应计入建筑安装工程造价内的增值税。其中,甲供材料、甲供设备不作为增值税计税基础。

2.2.2 建设工程费用项目组成(按造价形成划分)

建设工程费用按照工程造价形成由分部分项工程费、措施项目费、其他项目费、规费、税金组成,如图 1-2-2 所示。

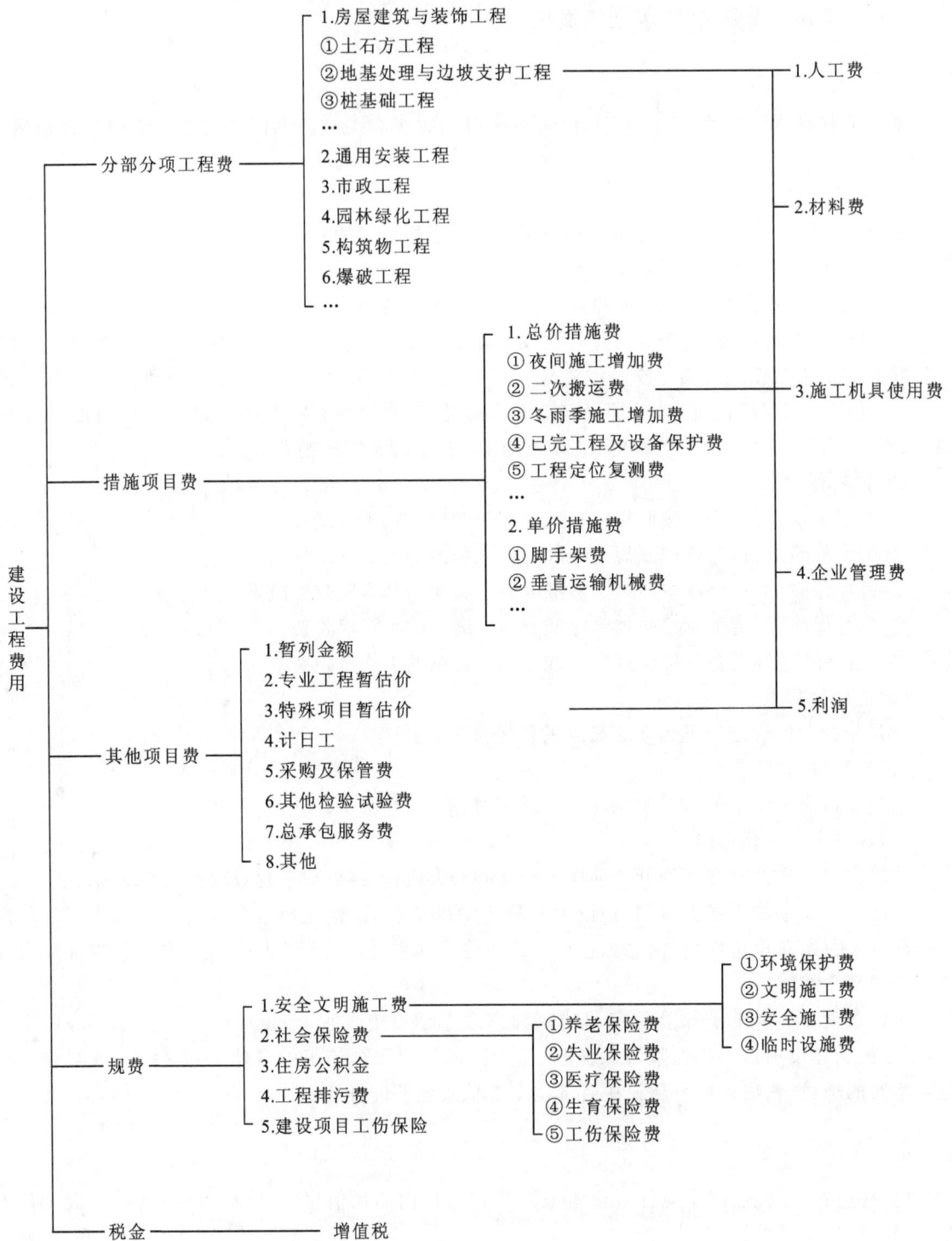

图 1-2-2　建设工程费用项目组成图(按造价形成划分)

2.2.2.1　分部分项工程费

分部分项工程费是指各专业工程和分部分项工程应予列支的各项费用。

(1)专业工程:指按现行国家计量规范划分的房屋建筑与装饰工程、通用安装工程、市政工程、园林绿化工程等各类工程。

(2)分部分项工程:指按现行国家计量规范或消耗量定额对各专业工程划分的项目,如房屋建筑与装饰工程的土石方工程、地基处理与边坡支护工程、桩基工程、砌筑工程、混凝土及钢筋混凝土工程等。

2.2.2.2　措施项目费

措施项目费是指为完成工程项目施工,发生于该工程施工准备和施工过程中的技术、生活、安全、环境保护等方面的项目费用。

(1)总价措施费。

总价措施费是指省建设行政主管部门根据建筑市场状况和多数企业经营管理情况、技术水平等测算发布了费率的措施项目费用。总价措施费的主要内容包括以下方面。

① 夜间施工增加费:指因夜间施工所发生的夜班补助费、夜间施工降效、夜间施工照明设备摊销及照明用电等费用。

② 二次搬运费:指因施工场地条件限制而发生的材料、构配件、半成品等一次运输不能到达堆放地点,必须进行二次或多次搬运所发生的费用。

施工现场场地的大小,因工程规模、工程地点、周边情况等因素的不同而各不相同。一般情况下,场地周边围挡范围内的区域为施工现场。

若确因场地狭窄,按经过批准的施工组织设计,必须在施工现场之外存放材料或必须在施工现场采用立体架构形式存放材料,其由场外到场内的运输费用或立体架构所发生的搭设费用,按实另计。

③ 冬雨季施工增加费:指在冬季或雨季施工需增加的临时设施,防滑、排除雨雪设施,人工及施工机械效率降低等费用。冬雨季施工增加费不包括混凝土、砂浆的骨料炒拌、提高强度等级以及掺加于其中的早强、抗冻等外加剂的费用。

④ 已完工程及设备保护费:指竣工验收前,对已完工程及设备采取的必要保护措施所发生的费用。

⑤ 工程定位复测费:指工程施工过程中进行全部施工测量放线和复测工作的费用。

⑥ 市政工程地下管线交叉处理费:指施工过程中对现有施工场地内各种地下交叉管线进行加固及处理所发生的费用,不包括地下管线改移发生的费用。

(2)单价措施费。

单价措施费是指消耗量定额中列有子目,并规定了计算方法的措施项目费用。建筑工程与装饰工程单价措施项目如表 1-2-1 所示。

表 1-2-1　　　　　　　　　建筑工程与装饰工程单价措施项目一览表

序号	措施项目名称	备注
1.1	脚手架	消耗量定额中列有子目,并规定了计算方法的单价措施项目
1.2	垂直运输机械	

续表

序号	措施项目名称	备注
1.3	构件吊装机械	消耗量定额中列有子目,并规定了计算方法的单价措施项目
1.4	混凝土泵送	
1.5	混凝土模板及支架	
1.6	大型机械进出场	
1.7	施工降排水	

2.2.2.3 其他项目费

(1)暂列金额:指建设单位在工程量清单中暂定,并包括在工程合同价款中的一笔款项,用于施工合同签订时尚未确定或不可预见的材料、设备的采购,服务,施工中可能发生的工程变更,合同约定调整因素出现时工程价款的调整以及发生的索赔、现场签证等费用。

暂列金额包含在投标总价和合同总价中,但只有施工过程中实际发生了,并且符合合同约定的价款支付程序才能纳入竣工决算价款中。暂列金额,扣除实际发生金额后的余额,仍属于建设单位所有。暂列金额一般可按分部分项工程费的10%～15%估列。

(2)专业工程暂估价:指建设单位根据国家相应规定,预计需由专业承包人另行组织施工,实施单独分包(总承包人仅对其进行总承包服务),但暂时不能确定准确价格的专业工程价款。

专业工程暂估价应区分不同专业,按有关计价规定估价,并仅作为计取总承包服务费的基础,不计入总承包人的工程总造价。

(3)特殊项目暂估价:指未来工程中肯定发生,其他费用项目均未包括,但由于材料、设备或技术工艺的特殊性,没有可参考的计价依据,事先难以准确确定其价格,对造价影响较大的项目费用。

(4)计日工:指在施工过程中,承包人完成建设单位提出的工程合同范围以外的、突发性的零星项目或工作,按合同中约定的单价计价的一种方式。计日工不仅指人工,零星项目或工作使用的材料、机械均应计列于本项之下。

(5)采购及保管费:定义同前。

(6)其他检验试验费:检验试验费不包括相应规范规定之外要求增加鉴定、检查的费用,新结构、新材料的试验费用,对构件做破坏性试验及其他特殊要求检验试验的费用,建设单位委托检测机构进行检测的费用。此类检测发生的费用,在该项中列支。

建设单位对施工单位提供的、具有出厂合格证明的材料要求进行再检验,经检测不合格的,该检测费用由施工单位支付。

(7)总承包服务费:定义同前,按式(1-2-2)计算。

$$总承包服务费 = 专业工程暂估价(不含设备费) \times 相应费率 \qquad (1-2-2)$$

(8)其他:包括工期奖惩、质量奖惩等,均可计列于本项之下。

2.2.2.4 规费

规费定义同前,其构成如下。

(1)安全文明施工费:安全文明施工措施项目清单详见表1-2-2～表1-2-5。

表 1-2-2 　　　　　　　　　　　　　　**环境保护费项目清单**

项目名称	具体要求
材料堆放	(1)材料、构件、料具等堆放时,悬挂有名称、品种、规格等标牌; (2)水泥和其他易飞扬细颗粒建筑材料应密闭存放或采取覆盖等措施; (3)易燃、易爆和有毒有害物品分类存放
垃圾清运	施工现场应设置密闭式垃圾站,施工垃圾、生活垃圾应分类存放。施工垃圾必须采用相应容器或管道运输

环保部门要求的其他保护费用

表 1-2-3 　　　　　　　　　　　　　　**文明施工费项目清单**

项目名称	具体要求
施工现场围挡	(1)现场采用封闭围挡,高度不小于 1.8m; (2)围挡材料可采用彩色、定型钢板,砖、混凝土砌块等墙体
五板一图	在进门处悬挂工程概况、管理人员名单及监督电话、安全生产、文明施工、消防保卫五板,以及施工现场总平面图
企业标志	现场出入的大门应设有企业标志
场容场貌	(1)道路畅通; (2)排水沟、排水设施通畅; (3)工地地面硬化处理; (4)绿化
宣传栏等	

其他有特殊要求的文明施工做法

表 1-2-4 　　　　　　　　　　　　　　**临时设施费项目清单**

项目名称		具体要求
现场办公生活设施		(1)临时宿舍、文化福利及公用事业房屋与构筑物、仓库、办公室、加工场以及规定范围内道路等临时设施。 (2)施工现场办公、生活区与作业区分开设置,保持安全距离。 (3)工地办公室、现场宿舍、食堂、厕所、饮水、休息场所应符合卫生和安全要求
施工现场临时用电	配电线路	(1)按照 TN-S 系统要求配备五芯电缆、四芯电缆和三芯电缆。 (2)按要求架设临时用电线路的电杆、横担、瓷夹、瓷瓶等,或电缆埋地的地沟。 (3)对靠近施工现场的外电线路,设置木质、塑料等绝缘体的防护设施
	配电箱开关箱	(1)按三级配电要求,配备总配电箱、分配电箱、开关箱三类标准电箱。开关箱应符合一机、一箱、一闸、一漏。三类电箱中的各类电器应是合格品。 (2)按两级保护的要求,选取符合容量要求和质量合格的总配电箱和开关箱中的漏电保护器
	接地装置保护	施工现场保护零线的重复接地应不少于三处

续表

项目名称	具体要求
施工现场临时设施用水	(1)生活用水。 (2)施工用水

表 1-2-5   **安全施工费项目清单**

项目名称		具体要求
接料平台		(1)在脚手架横向外侧1~2处的部位,从底部随脚手架同步搭设,包括架杆、扣件、脚手板、拉结短管、基础垫板和钢底座。 (2)在脚手架横向1~2处的部位,在建筑物层间地板处用两根型钢外挑,形成外挑平台,包括两根型钢、预埋件、斜拉钢丝绳、平台底座垫板、平台进(出)料口门以及周边两道水平栏杆
上、下脚手架人行通道(斜道)		多层建筑施工随脚手架搭设上、下脚手架的斜道,一般呈"之"字形
一般防护		安全网(水平网、密目式立网)、安全帽、安全带
通道棚		包括杆架、扣件、脚手板
防护围栏		建筑物作业周边防护栏杆,施工电梯和物料提升机吊篮升降处防护栏杆,配电箱和固位使用的施工机械周边围栏、防护棚,基坑周边防护栏杆以及上、下人斜道防护栏杆
消防安全防护		灭火器、砂箱、消防水桶、消防铁锹(钩)、高层建筑物安装的消防水管(钢管、软管)、加压泵等
临边洞口交叉高处作业防护	楼板、屋面、阳台等临边防护	用密目式安全立网全封闭,作业层另加两边防护栏杆和18cm高的踢脚板
	通道口防护	设防护棚,防护棚应为厚度不小于5cm的木板或两道相距50cm的竹笆。两侧应沿栏杆架用密目式安全网封闭
	预留洞口防护	用木板全封闭;短边超过1.5m长洞口,除封闭外四周还应设有防护栏杆
	电梯井口防护	设置定型化、工具化、标准化的防护门,在电梯井内每隔两层(小于10m)设置一道安全平网
	楼梯边防护	设1.2m高的定型化、工具化、标准化的防护栏杆,18cm高的踢脚板
	垂直方向交叉作业防护	设置防护隔离棚或其他设施
	高空作业防护	有悬挂安全带的悬索或其他设施,有操作平台,有上下的梯子或其他形式的通道
安全警示标志牌		危险部位悬挂安全警示牌、各类建筑材料及废弃物堆放标志牌
其他		各种应急救援预案的编制、培训和有关器材的配置及检修等费用
其他必要的安全措施		
危险性较大工程的安全措施费,各市根据实际情况确定		

（2）社会保险费:定义同前。

（3）住房公积金:定义同前。

（4）工程排污费:定义同前。

（5）建设项目工伤保险:定义同前。

2.2.2.5　税金

税金定义同前。

2.3　建设工程费用计算程序

2.3.1　定额计价程序

定额计价程序见表1-2-6。

表1-2-6　　　　　　　　　　定额计价程序

序号	费用名称		计算方法
一	分部分项工程费		$\sum\{[定额\sum(工日消耗量\times人工单价)+\sum(材料消耗量\times材料单价)+\sum(机械台班消耗量\times台班单价)]\times分部分项工程量\}$
	计费基础 JD1		详见计费基础说明
二	措施项目费		2.1+2.2
	2.1　单价措施费		$\sum\{[定额\sum(工日消耗量\times人工单价)+\sum(材料消耗量\times材料单价)+\sum(机械台班消耗量\times台班单价)]\times单价措施项目工程量\}$
	2.2　总价措施费		JD1×相应费率
	计费基础 JD2		详见计费基础说明
三	其他项目费		3.1+3.3+…+3.8
	3.1　暂列金额		按相应规定计算
	3.2　专业工程暂估价		
	3.3　特殊项目暂估价		
	3.4　计日工		
	3.5　采购保管费		
	3.6　其他检验试验费		
	3.7　总承包服务费		
	3.8　其他		
四	企业管理费		(JD1+JD2)×管理费费率
五	利润		(JD1+JD2)×利润率

续表

序号	费用名称		计算方法
六	规费		4.1+4.2+4.3+4.4+4.5
	4.1	安全文明施工费	(一+二+三+四+五)×费率
	4.2	社会保险费	(一+二+三+四+五)×费率
	4.3	住房公积金	按工程所在地设区市相关规定计算
	4.4	工程排污费	按工程所在地设区市相关规定计算
	4.5	建设项目工伤保险	按工程所在地设区市相关规定计算
七	设备费		$\sum$(设备单价×设备工程量)
八	税金		(一+二+三+四+五+六+七)×税率
九	工程费用合计		一+二+三+四+五+六+七+八

2.3.2　工程量清单计价程序

工程量清单计价程序见表 1-2-7。

表 1-2-7　　　　　　　　　　　工程量清单计价程序

序号	费用名称		计算方法
一	分部分项工程费		$\sum(J_i \times 分部分项工程量)$
	分部分项工程综合单价		$J_i = 1.1+1.2+1.3+1.4+1.5$
	1.1	人工费	每计量单位$\sum$(工日消耗量×人工单价)
	1.2	材料费	每计量单位$\sum$(材料消耗量×材料单价)
	1.3	施工机具使用费	每计量单位$\sum$(机械台班消耗量×台班单价)
	1.4	企业管理费	JQ1×管理费费率
	1.5	利润	JQ1×利润率
	计费基础 JQ1		详见计费基础说明
二	措施项目费		2.1+2.2
	2.1	单价措施费	$\sum\{[每计量单位\sum(工日消耗量×人工单价)+\sum(材料消耗量×材料单价)+\sum(机械台班消耗量×台班单价)+JQ2×(管理费费率+利润率)]×单价措施项目工程量\}$
	计费基础 JQ2		详见计费基础说明
	2.2	总价措施费	$\sum[JQ1×分部分项工程量×措施费费率+JQ1×分部分项工程量×省发措施费费率×H×(管理费费率+利润率)]$

续表

序号	费用名称		计算方法
	其他项目费		3.1＋3.3＋…＋3.8
	3.1 暂列金额		
	3.2 专业工程暂估价		
	3.3 特殊项目暂估价		
三	3.4 计日工		按相应规定计算
	3.5 采购及保管费		
	3.6 其他检验试验费		
	3.7 总承包服务费		
	3.8 其他		
	规费		4.1＋4.2＋4.3＋4.4＋4.5
	4.1 安全文明施工费		（一＋二＋三）×费率
四	4.2 社会保险费		（一＋二＋三）×费率
	4.3 住房公积金		按工程所在地设区市相关规定计算
	4.4 工程排污费		按工程所在地设区市相关规定计算
	4.5 建设项目工伤保险		按工程所在地设区市相关规定计算
五	设备费		$\sum$（设备单价×设备工程量）
六	税金		（一＋二＋三＋四＋五）×税率
七	工程费用合计		一＋二＋三＋四＋五＋六

2.3.3 计费基础说明

各专业工程计费基础的计算方法如表 1-2-8 所示。

表 1-2-8　　　　　　　　　各专业工程计费基础的计算方法

专业工程	计费基础			计算方法
建筑、装饰、安装、园林绿化工程	人工费	定额计价	JD1	分部分项工程的省价人工费之和
				$\sum$[分部分项工程定额$\sum$（工日消耗量×省人工单价）×分部分项工程量]
			JD2	单价措施项目的省价人工费之和＋总价措施费中的省价人工费之和
				$\sum$[单价措施项目定额$\sum$（工日消耗量×省人工单价）×单价措施项目工程量]＋$\sum$（JD1×省发措施费费率×H）
			H	总价措施费中人工费含量（%）

续表

专业工程	计费基础			计算方法
建筑、装饰、安装、园林绿化工程	人工费	工程量清单计价	JD1	分部分项工程每计量单位的省价人工费之和
				分部分项工程每计量单位 $\sum$（工日消耗量×省人工单价）
			JD2	单价措施项目每计量单位的省价人工费之和
				单价措施项目每计量单位 $\sum$（工日消耗量×省人工单价）
			H	总价措施费中人工费含量（%）
市政工程	人工费＋机械费	定额计价	JD1	分部分项工程的省价人机费之和
				$\sum\{[$分部分项工程定额$\sum$（工日消耗量×省人工单价）$+\sum$（机械消耗量×省台班单价）$]×$分部分项工程量$\}$
			JD2	单价措施项目的省价人机费之和＋总价措施费中的省价人机费之和
				$\sum\{[$单价措施项目定额$\sum$（人机消耗量×省人机单价）×单价措施项目工程量$]\}+\sum$（JD1×省发措施费费率×H）
			H	总价措施费中人机费含量（%）
		工程量清单计价	JD1	分部分项工程每计量单位的省价人机费之和
				分部分项工程每计量单位$\sum$（工日消耗量×省人工单价）$+\sum$（机械消耗量×省台班单价）
			JD2	单价措施项目每计量单位的省价人机费之和
				单价措施项目每计量单位$\sum$（工日消耗量×省人工单价）$+\sum$（机械消耗量×省台班单价）
			H	总价措施费中人机费含量（%）

2.4 建设工程费用费率

2.4.1 措施费

2.4.1.1 建筑、装饰、安装、园林绿化工程

（1）一般计税法下总价措施费费率（表 1-2-9）。

表 1-2-9　　　　　　　　　一般计税法下总价措施费费率（%）

费用名称 专业名称		夜间 施工费	二次 搬运费	冬雨季施工 增加费	已完工程及 设备保护费
建筑工程		2.55	2.18	2.91	0.15
装饰工程		3.64	3.28	4.10	0.15
安装工程	民用安装工程	2.50	2.10	2.80	1.20
	工业安装工程	3.10	2.70	3.90	1.70
园林绿化工程		2.21	4.42	2.21	5.89

（2）简易计税法下总价措施费费率（表 1-2-10）。

表 1-2-10　　　　　　　　　简易计税法下总价措施费费率（%）

费用名称 专业名称		夜间 施工费	二次 搬运费	冬雨季施工 增加费	已完工程及 设备保护费
建筑工程		2.80	2.40	3.20	0.15
装饰工程		4.0	3.6	4.5	0.15
安装工程	民用安装工程	2.66	2.28	3.04	1.32
	工业安装工程	3.30	2.93	4.23	1.87
园林绿化工程		2.40	4.80	2.40	6.40

注：建筑工程、装饰工程中已完工程及设备保护费的计费基础为省价人工费、材料费、机械费之和。

措施费中的人工费含量见表 1-2-11。

表 1-2-11　　　　　　　　　措施费中的人工费含量（%）

费用名称 专业名称	夜间 施工费	二次 搬运费	冬雨季施工 增加费	已完工程及 设备保护费
建筑工程、装饰工程				
园林绿化工程	25			10
安装工程	50	40		25

2.4.1.2　市政工程

（1）一般计税法下总价措施费费率（表 1-2-12）。

表 1-2-12　　　　　　　　　一般计税法下总价措施费费率（%）

费用名称 专业名称	夜间 施工费	二次 搬运费	冬雨季施工 增加费	已完工程及 设备保护费	工程定位 复测费	地下管线 交叉处理费
道路工程	0.61	1.05	0.38	0.58	0.12	0.28
桥涵工程	0.36	1.43	0.36	0.60	0.07	0.36
隧道工程	0.30	1.23	0.31	0.61	0.07	0.20

续表

费用名称 专业名称	夜间 施工费	二次 搬运费	冬雨季施工 增加费	已完工程及 设备保护费	工程定位 复测费	地下管线 交叉处理费
给水工程	1.28	1.69	1.28	0.67	0.28	1.02
排水工程	0.41	1.18	0.42	0.47	0.09	0.71
燃气工程	0.94	1.18	0.95	0.61	0.62	0.80
供热工程	0.92	1.22	0.93	0.49	0.48	0.74
水处理工程	0.40	0.70	0.41	0.70	0.09	0.23
垃圾处理工程	0.75	1.24	0.77	0.54	0.18	0.75
路灯工程	0.53	0.75	0.74	0.68	0.10	0.46

(2)简易计税法下总价措施费费率(表 1-2-13)。

表 1-2-13 **简易计税法下总价措施费费率(%)**

费用名称 专业名称	夜间 施工费	二次 搬运费	冬雨季施工 增加费	已完工程及 设备保护费	工程定位 复测费	地下管线 交叉处理费
道路工程	0.62	1.07	0.39	0.59	0.12	0.29
桥涵工程	0.38	1.53	0.39	0.64	0.08	0.38
隧道工程	0.31	1.28	0.32	0.64	0.07	0.21
给水工程	1.35	1.79	1.36	0.71	0.30	1.08
排水工程	0.43	1.25	0.44	0.50	0.10	0.75
燃气工程	0.99	1.24	1.00	0.64	0.65	0.84
供热工程	0.95	1.26	0.96	0.51	0.50	0.76
水处理工程	0.43	0.75	0.44	0.75	0.10	0.25
垃圾处理工程	0.80	1.33	0.82	0.58	0.19	0.80
路灯工程	0.57	0.81	0.80	0.73	0.11	0.49

注:市政工程措施费中人机费含量均为 45%。

2.4.2 企业管理费、利润

(1)一般计税法下企业管理费、利润率(表 1-2-14)。

表 1-2-14 **一般计税法下企业管理费、利润率(%)**

费用名称 专业名称		企业管理费			利润		
		I	II	III	I	II	III
建筑 工程	建筑工程	43.4	34.7	25.6	35.8	20.3	15.0
	构筑物工程	34.7	31.3	20.8	30.0	24.2	11.6
	单独土石方工程	28.9	20.8	13.1	22.3	16.0	6.8
	桩基础工程	23.2	17.9	13.1	16.9	13.1	4.8

续表

费用名称 专业名称		企业管理费			利润		
		Ⅰ	Ⅱ	Ⅲ	Ⅰ	Ⅱ	Ⅲ
装饰工程		66.2	52.7	32.2	36.7	23.8	17.3
安装工程	民用安装工程	55			32		
	工业安装工程	51			32		
市政工程	道路工程	20.3	17.4	16.2	11.4	6.6	3.8
	桥涵工程	19.7	19.0	18.2	12.9	7.6	5.5
	隧道工程	15.4	14.0	12.5	10.5	7.0	5.4
	给水工程	39.1	35.4	22.0	24.7	22.2	13.3
	排水工程	19.7	17.2	15.8	10.9	6.2	4.9
	燃气工程	27.3	24.3	20.8	22.6	16.2	9.8
	供热工程	28.9	23.6	18.2	20.9	18.2	11.8
	水处理工程	18.8	16.6	—	9.2	6.2	—
	垃圾处理工程	39.6	38.1	—	15.1	13.9	—
	路灯工程	30.2	22.4	20.6	12.6	8.9	8.1
园林绿化工程		57.6	45.7	36.7	30.0	25.0	20.0

注：企业管理费费率中不包括总承包服务费费率。

（2）简易计税法下企业管理费、利润率（表1-2-15）。

表1-2-15　　　　　**简易计税法下企业管理费、利润率（%）**

费用名称 专业名称		企业管理费			利润		
		Ⅰ	Ⅱ	Ⅲ	Ⅰ	Ⅱ	Ⅲ
建筑工程	建筑工程	43.2	34.5	25.4	35.8	20.3	15.0
	构筑物工程	34.5	31.2	20.7	30.0	24.2	11.6
	单独土石方工程	28.8	20.7	13.0	22.3	16.0	6.8
	桩基础工程	23.1	17.8	13.0	16.9	13.1	4.8
装饰工程		65.9	52.4	32.0	36.7	23.8	17.3
安装工程	民用安装工程	54.19			32		
	工业安装工程	50.13			32		
市政工程	道路工程	18.0	15.5	14.5	10.5	6.1	3.6
	桥涵工程	18.4	17.5	16.8	12.6	7.2	5.3
	隧道工程	14.1	12.8	11.4	10.1	6.7	5.2
	给水工程	36.3	32.7	19.6	23.9	21.5	12.9
	排水工程	18.6	16.0	14.7	10.5	6.0	4.7
	燃气工程	25.0	22.1	19.2	21.6	15.5	9.3

费用名称 专业名称		企业管理费			利润		
		Ⅰ	Ⅱ	Ⅲ	Ⅰ	Ⅱ	Ⅲ
市政工程	供热工程	25.6	20.7	15.5	19.7	17.2	11.1
	水处理工程	17.6	16.5	—	9.0	7.0	—
	垃圾处理工程	37.5	36.0	—	14.7	13.5	—
	路灯工程	28.5	20.5	18.2	12.2	8.8	7.8
园林绿化工程		55.0	43.0	34.0	30.0	25.0	20.0

注:企业管理费费率中不包括总承包服务费费率。

2.4.3 总承包服务费、采购及保管费费率

总承包服务费、采购及保管费费率见表 1-2-16。

表 1-2-16　　　　　　　　**总承包服务费、采购及保管费费率(%)**

费用名称		费率
总承包服务费		3
采购及保管费	材料	2.5
	设备	1

2.4.4 规费

2.4.4.1 建筑、装饰、安装、园林绿化工程

(1)一般计税法下规费费率(表 1-2-17)。

表 1-2-17　　　　　　　　**一般计税法下规费费率(%)**

费用名称 专业名称	建筑工程	装饰工程	安装工程		园林绿化工程
			民用安装工程	工业安装工程	
安全文明施工费	3.70	4.15	4.98	4.38	2.92
其中:1.安全施工费	2.34	2.34	2.34	1.74	1.16
2.环境保护费	0.11	0.12	0.29		0.16
3.文明施工费	0.54	0.10	0.59		0.35
4.临时设施费	0.71	1.59	1.76		1.25
社会保险费	1.52				
住房公积金	按工程所在地设区市相关规定计算				
工程排污费					
建设项目工伤保险					

（2）简易计税法下规费费率（表1-2-18）。

表1-2-18 简易计税法下规费费率（%）

专业名称 费用名称	建筑工程	装饰工程	安装工程 民用安装工程	工业安装工程	园林绿化工程
安全文明施工费	3.52	3.97	4.86	4.31	2.84
其中:1.安全施工费	2.16	2.16	2.16	1.61	1.07
2.环境保护费	0.11	0.12	0.30		0.16
3.文明施工费	0.54	0.10	0.60		0.35
4.临时设施费	0.71	1.59	1.80		1.26
社会保险费	1.40				
住房公积金	按工程所在地设区市相关规定计算				
工程排污费					
建设项目工伤保险					

2.4.4.2 市政工程

（1）一般计税法下规费费率（表1-2-19）。

表1-2-19 一般计税法下规费费率（%）

专业名称 费用名称	道路工程	桥涵工程	隧道工程	排水工程	给水工程	燃气工程	供热工程	水处理工程	垃圾处理工程	路灯工程
安全文明施工费	4.35				3.45			4.35		4.14
其中:1.安全施工费	1.74									
2.环境保护费	0.20									
3.文明施工费	0.60									
4.临时设施费	1.81				0.91			1.81		1.60
社会保险费	1.52									
住房公积金										
工程排污费	按工程所在地设区市相关规定计算									
建设项目工伤保险										

（2）简易计税法下规费费率（表1-2-20）。

表1-2-20 简易计税法下规费费率（%）

专业名称 费用名称	道路工程	桥涵工程	隧道工程	排水工程	给水工程	燃气工程	供热工程	水处理工程	垃圾处理工程	路灯工程
安全文明施工费	4.23				3.33			4.23		4.02
其中:1.安全施工费	1.61									

续表

专业名称 费用名称	道路 工程	桥涵 工程	隧道 工程	排水 工程	给水 工程	燃气 工程	供热 工程	水处理 工程	垃圾处 理工程	路灯 工程
2.环境保护费	0.20									
3.文明施工费	0.60									
4.临时设施费	1.82				0.92				1.82	1.61
社会保险费	1.4									
住房公积金										
工程排污费	按工程所在地设区市相关规定计算									
建设项目工伤保险										

2.4.5 税金

税金税率见表1-2-21。

表1-2-21　　　　　　　　　　　　　税金税率（%）

费用名称	税率
增值税	11
增值税（简易计税）	3

注：甲供材料、甲供设备不作为计税基础。

2.5　工程类别划分标准

工程类别的确定,以单位工程为划分对象。一个单项工程包括建筑工程、装饰工程、水卫工程、暖通工程、电气工程等若干个相对独立的单位工程。一个单位工程只能确定一个工程类别。

工程类别划分标准中有两个指标的,确定工程类别时,需满足其中一项指标。

工程类别划分标准缺项时,拟定为Ⅰ类工程的项目,由省工程造价管理机构核准;Ⅱ、Ⅲ类工程项目,由市工程造价管理机构核准,并同时报省工程造价管理机构备案。

2.5.1　建筑工程

2.5.1.1　建筑工程类别划分标准

建筑工程类别划分标准见表1-2-22。

表 1-2-22　　　　　　　　　　　　建筑工程类别划分标准

工程特征			单位	工程类别		
				Ⅰ	Ⅱ	Ⅲ
工业厂房工程	钢结构	跨度	m	>30	>18	≤18
		建筑面积	m²	>25000	>12000	≤12000
	其他结构	单层 跨度	m	>24	>18	≤18
		单层 建筑面积	m²	>15000	>10000	≤10000
		多层 檐高	m	>60	>30	≤30
		多层 建筑面积	m²	>20000	>12000	≤12000
民用建筑工程	钢结构	檐高	m	>60	>30	≤30
		建筑面积	m²	>30000	>12000	≤12000
	混凝土结构	檐高	m	>60	>30	≤30
		建筑面积	m²	>20000	>10000	≤10000
	其他结构	层数	层	—	>10	≤10
		建筑面积	m²	—	>12000	≤12000
	别墅工程 （不大于3层）	栋数	栋	≤5	≤10	>10
		建筑面积	m²	≤500	≤700	>700
构筑物工程	烟囱	混凝土结构高度	m	>100	>60	≤60
		砖结构高度	m	>60	>40	≤40
	水塔	高度	m	>60	>40	≤40
		容积	m³	>100	>60	≤60
	筒仓	高度	m	>35	>20	≤20
		容积（单体）	m³	>2500	>1500	≤1500
	贮池	容积（单体）	m³	>3000	>1500	≤1500
桩基础工程		桩长	m	>30	>12	≤12
单独土石方工程		土石方	m³	>30000	>12000	5000～12000 （含12000）

2.5.1.2　建筑工程类别划分说明

(1)建筑工程类型。

建筑工程确定类别时,应首先确定工程类型。

建筑工程的工程类型,按工业厂房工程、民用建筑工程、构筑物工程、桩基础工程、单独土石方工程五个类型分列。

① 工业厂房工程:指直接从事物质生产的生产厂房或生产车间。

工业建筑中,为物质生产配套和服务的实验室、化验室、食堂、宿舍、医疗、卫生及管理用房等独立建筑物,按民用建筑工程确定工程类别。

② 民用建筑工程:指直接用于满足人们物质和文化生活需要的非生产性建筑物。

③ 构筑物工程:指与工业或民用建筑配套,并独立于工业与民用建筑之外的建筑工程,如烟囱、水塔、筒仓、贮池等工程。

④ 桩基础工程:指浅基础不能满足建筑物的稳定性要求,而采用的一种深基础工艺,主要包括各种现浇和预制混凝土桩,以及其他材质的桩基础。桩基础工程适用于建设单位直接发包的桩基础工程。

⑤ 单独土石方工程:指建筑物、构筑物、市政设施等基础土石方以外的,挖方或填方工程量大于 5000m³,且需要单独编制概预算的土石方工程,包括土石方的挖、运、填等。

同一建筑物工程类型不同时,按建筑面积大的工程类型确定其工程类别。

(2)房屋建筑工程的结构形式。

① 钢结构:指柱、梁(屋架)、板等承重构件用钢材制作的建筑物。

② 混凝土结构:指柱、梁(屋架)、板等承重构件用现浇或预制的钢筋混凝土制作的建筑物。

同一建筑物结构形式不同时,按建筑面积大的结构形式确定其工程类别。

(3)工程特征。

① 建筑物檐高:指设计室外地坪至檐口滴水(或屋面板板顶)的高度。突出建筑物主体屋面的楼梯间、电梯间、水箱间部分高度不计入檐口高度。

② 建筑物的跨度:指设计图示轴线间的宽度。

③ 建筑物的建筑面积:按建筑面积计算规范的规定计算。

④ 构筑物高度:指设计室外地坪至构筑物主体结构顶面的高度。

⑤ 构筑物的容积:指设计净容积。

⑥ 桩长:指设计桩长(包括桩尖长度)。

(4)零星项目。

与建筑物配套的零星项目,如水表井、消防水泵接合器井、热力入户井、排水检查井、雨水沉砂池等,按相应建筑物的类别确定工程类别。

其他附属项目,如场区大门、围墙、挡土墙、庭院道路、室外管道支架等,按建筑工程 Ⅲ 类确定工程类别。

(5)工业厂房的设备基础。

工业厂房的设备基础,单体混凝土体积大于 1000m³,按构筑物工程 Ⅰ 类确定工程类别;单体混凝土体积大于 600m³,按构筑物工程 Ⅱ 类确定工程类别;单体混凝土体积小于或等于 600m³ 且大于 50m³,按构筑物工程 Ⅲ 类确定工程类别;单体混凝土体积小于或等于 50m³,按相应建筑物或构筑物的工程类别确定工程类别。

(6)强夯工程,按单独土石方工程 Ⅱ 类确定工程类别。

2.5.2 装饰工程

2.5.2.1 装饰工程类别划分标准

装饰工程类别划分标准见表 1-2-23。

表 1-2-23 装饰工程类别划分标准

工程特征	工程类别		
	I	II	III
工业与民用建筑	特殊公共建筑,包括观演展览建筑、交通建筑、体育场馆、高级会堂等	一般公共建筑,包括办公建筑、文教卫生建筑、科研建筑、商业建筑等	居住建筑、工业厂房工程
	四星级及四星级以上宾馆	三星级宾馆	二星级以下宾馆
单独外墙装饰(包括幕墙、各种外墙干挂工程)	幕墙高度>50m	幕墙高度>30m	幕墙高度≤30m
单独招牌、灯箱、美术字等工程	—	—	单独招牌、灯箱、美术字等工程

2.5.2.2 装饰工程类别划分说明

(1)装饰工程。

装饰工程是指建筑物主体结构完成后,在主体结构表面及相关部位进行抹灰、镶贴和铺装面层等施工,以达到建筑设计效果的施工内容。

① 作为地面各层的承载体,在原始地基或回填土上铺筑的垫层,属于建筑工程。附着于垫层或者主体结构的找平层仍属于建筑工程。

② 为主体结构及其施工服务的边坡支护工程,属于建筑工程。

③ 门窗(不含门窗零星装饰)作为建筑物围护结构的重要组成部分,属于建筑工程。工艺门扇以及门窗的包框、镶嵌和零星装饰,属于装饰工程。

④ 位于墙柱结构外表面以外、楼板(含屋面板)以下的各种龙骨(骨架),各种找平层、面层,属于装饰工程。

⑤ 具有特殊功能的防水层、保温层属于建筑工程,防水层、保温层以外的面层属于装饰工程。

⑥ 为整体工程或主体结构工程服务的脚手架、垂直运输、水平运输、大型机械进出场,属于建筑工程;单纯为装饰工程服务的,属于装饰工程。

⑦ 建筑工程的施工增加,属于建筑工程;装饰工程的施工增加,属于装饰工程。

(2)特殊公共建筑。

特殊公共建筑包括观演展览建筑(如影剧院、影视制作播放建筑、城市级图书馆、博物馆、展览馆、纪念馆等)、交通建筑(如汽车、火车、飞机、轮船的站房建筑等)、体育场馆(如体育训练、比赛场馆等)、高级会堂等。

(3)一般公共建筑。

一般公共建筑包括办公建筑、文教卫生建筑(如教学楼、实验楼、学校图书馆、门诊楼、病房楼、检验化验楼等)、科研建筑、商业建筑等。

(4)宾馆、饭店的星级。

宾馆、饭店的星级按《旅游饭店星级的划分与评定》(GB/T 14308—2010)确定。

➡ 知识归纳

(1)建设工程费用的基本概念。

(2)建设工程费用项目按费用构成要素的组成。

(3)建设工程费用按工程造价形式的组成。

(4)工程类别的确定方法。

➡ 独立思考

独立思考答案

1-2-1 简述建设工程费用的基本概念。

1-2-2 简述建设工程费用项目按费用构成要素划分的构成。

1-2-3 简述建设工程费用按照工程造价形成划分的构成。

3　工程量计算原理

　　本章主要介绍工程量计算的原理,包括工程量计算的要求、工程量计算的顺序、应用统筹法计算工程量的"四线二面"计算方法及其应用。

　　通过本章的学习,学生应了解工程量计算的要求,熟悉工程量计算的顺序,掌握统筹法计算工程量的"四线二面"参数。

3.1　工程量计算的要求及顺序

3.1.1　概述

3.1.1.1　工程量的概念

　　工程量是根据设计图纸,以物理计量单位或自然计量单位表示的各分项工程或结构构件的数量。物理计量单位是以物体的某种物理属性作为计量单位,一般以长度(m)、面积(m^2)、体积(m^3)、重量(t)等或其倍数为单位。例如,建筑面积以"m^2"为计量单位,混凝土以"m^3"为计量单位,钢筋以"t"为计量单位。自然计量单位是以物体本身的自然属性作为计量单位,一般用件、个(只)、台、座、套等作为计量单位,例如烟囱、水塔以"座"为单位。

3.1.1.2　工程量计算的依据

　　(1)经审定的施工设计图纸及设计说明。设计施工图是计算工程量的基础资料,因为施工图纸反映了工程的构造和各部位尺寸,是计算工程量的基本依据。在取得施工图和设计说明等资料后,必须全面、细致地熟悉和核对有关图纸和资料,检查图纸是否齐全、正确。如果发现设计图纸有错漏或相互间有矛盾,应及时向设计人员提出修正意见,予以更正。经过审核、修正后的施工图才能作为工程量计算的依据。

(2)建筑工程预算定额。建筑工程预算定额是指《房屋建筑与装饰工程工程量计算规范》(GB 50854—2013)(以下简称《工程量计算规范》)、《建设工程工程量清单计价规范》(GB 50500—2013)(以下简称《清单计价规范》)以及各省、市、自治区颁发的地区性建筑工程消耗量定额。《工程量计算规范》、《清单计价规范》及建筑工程消耗量定额均较详细地规定了各个分部分项工程量的计算规则和计算方法。计算工程量时必须严格按照定额中规定的计量单位、计算规则和方法进行,否则将可能导致计算结果的数据和单位等不一致。

(3)经审定的施工组织设计或施工技术措施方案。计算工程量时,必须参照施工组织设计或施工技术措施方案。以土方工程量计算为例,仅依据施工图无法准确计算,因为施工图未标明施工场地土的类别以及施工中是否采取放坡、挡土板等方式。计算时,需借助施工组织设计或者施工技术措施方案确定工程量计算依据。计算工程量有时还需结合施工现场的实际情况,例如余土外运工程量、运距等,施工图纸一般不标注,应根据建设基地的具体情况予以确定。

(4)经确定的其他有关技术经济文件。

3.1.2 工程量计算的方法

3.1.2.1 工程量计算顺序

建筑工程的分部分项工程繁多,少则几十项,多则上百项,且相互之间上下、左右、内外交叉,如果计算时不讲究顺序,易出现漏算或重复计算的情况,并给复核带来不便。因此,计算工程量必须按照一定的顺序进行,常用的计算顺序有以下几种。

(1)按施工顺序计算。

按工程施工顺序的先后计算工程量。计算时,先地下,后地上;先底层,后上层;先主要,后次要。大型和复杂工程应先划分区域,编写区号,分区计算。

(2)按定额(清单)项目的顺序计算。

按地方定额或《清单计价规范》所列分部分项工程的次序计算工程量。按清单计算工程量的顺序依次为:土石方工程,地基处理与边坡支护工程,桩基工程,砌筑工程,混凝土及钢筋混凝土工程,金属结构工程,木结构工程,门窗工程,屋面及防水工程,防腐隔热、保温工程,楼地面装饰工程,墙、柱面装饰与隔断工程,幕墙工程,天棚工程,油漆、涂料、裱糊工程,其他装饰工程,拆除工程,措施项目。

(3)按顺时针顺序计算。

从工程平面图左上角开始,按顺时针方向自左至右,由上而下逐步计算,环绕一周后再回到左上角为止,如图 1-3-1 所示。计算外墙、外墙基础、楼地面、天棚等都可按此顺序进行。

(4)按先横后竖顺序计算。

依据平面图按照先横向后竖向的顺序依次计算,如图 1-3-2 所示。计算内墙、内墙基础、隔墙等可采用该顺序。

例如,计算内墙工程量时,先计算横向,自上而下依次为①、②、③、…,在同一横线上的②墙和③墙、④墙和⑤墙,按先左后右的顺序计算。横向内墙计算完毕再计算竖向,自左至右依次计算。

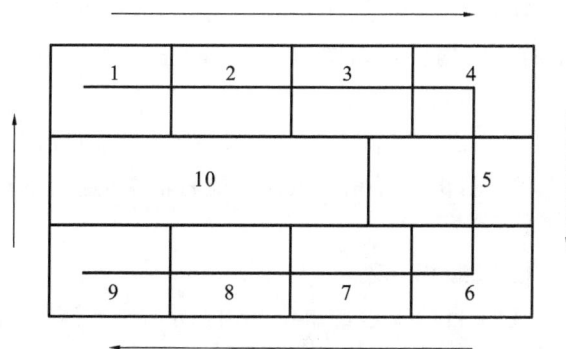

图 1-3-1 按顺时针方向列项计算示意图

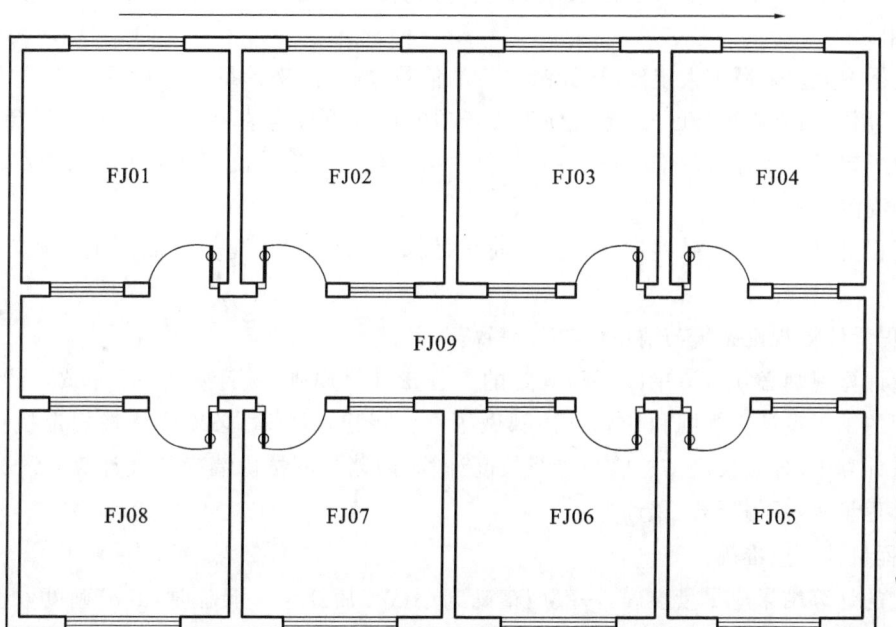

图 1-3-2 按先横后竖列项计算示意图

（5）按编号顺序计算。

按施工图中所标注的各种构件、配件的编号顺序依次计算。施工图中的钢、木门窗构件，钢筋混凝土构件（柱、梁、板等），木结构构件，金属结构构件，屋架等都按序编号。计算其工程量时，可按所标注的编号逐一计算。

（6）按定位轴线编号计算。

较复杂的建筑工程，可按施工图中标注的定位轴线编号顺序计算工程量。该方法不易出现漏项或重复计算，并可将各工程子项所在的位置进行标注，便于核对和查找。

3.1.2.2 工程量计算应遵循的原则

（1）工程量计算所用原始数据必须与施工图一致。

工程量按每一分项工程，根据施工图进行计算。计算时所采用的原始数据必须以施工图所标注的尺寸或施工图能读出的尺寸为准，不得任意加大或缩小各部位尺寸。对工程量计算有重大影响的尺寸(如建筑物的外包尺寸、轴线尺寸等)以及价值较大的分项工程(如钢筋混凝土工程)的尺寸,其数据的取定均应根据图所注尺寸线及尺寸数字,经计算后确定。

(2)计算口径必须与清单(定额)相一致。

计算工程量时,根据施工图列出的工程子目的口径(指工程子目所包括的工作内容),必须与工程清单(定额)中相应的工程子目的口径相一致。不能将清单(定额)子目中已包含的工作内容再另列子目计算。

(3)计算单位必须与清单(定额)相一致。

计算工程量时,所计算工程子目的工程量单位必须与清单(定额)中相应子目的单位相一致。例如,定额中以 m³ 为单位,所计算的工程量也必须以 m³ 为单位。

在建筑工程预算定额中,工程量的计量单位规定如下:① 以体积计算的为立方米(m³);② 以面积计算的为平方米(m²);③ 长度为米(m);④ 重量为吨(t)或千克(kg);⑤ 以件(个或组)计算的为件(个或组)。

基础定额中大多采用扩大定额(按计量单位的倍数)的方法来计量,如"10m"、"10m²"、"10m³"等。因此,套用定额时应注意区分,务必使工程子项的计量单位与清单(定额)一致,以免由于计量单位错误而影响工程量计算的准确性。例如,脚手架工程的计量单位有扩大 10m²、延长米和座等,使用时不得混淆。

计算工程量时还应注意某些定额单位的简化,例如踢脚线是以延长米而不是以平方米为单位计量。

(4)工程量计算规则必须与清单(定额)一致。

工程量计算规则必须与清单(定额)规定的工程量计算规则(或计算方法)一致。清单(定额)对分项工程的工程量计算规则和计算方法都做了具体规定,计算时必须严格按规定执行。例如,墙体工程量计算中,外墙长度按外墙中心线长度计算,内墙长度按内墙净长线计算,楼梯面层及台阶面层的工程量按水平投影面积计算。

(5)工程量计算应准确。

工程量的计算结果应尽量准确,一般应精确到小数点后 3 位。汇总时,其准确度取值要达到:立方米(m³)、平方米(m²)及米(m)取两位小数,吨(t)取 3 位小数,千克(kg)、件等取整数。

(6)按图纸结合建筑物的工程实际进行计算。

一般应按主体结构分层计算,内装修分层、分房间计算,外装修分立面计算或按施工方案的要求分段计算。由几种结构类型组成的建筑,应按不同结构类型分别计算。较大且由几段组成的组合体建筑,应分段计算。

3.2　运用统筹法计算工程量

单位工程施工图预算的工程量有几十乃至百余项分项工程。运用统筹法原理计算工程量,可以简化计算,提高工作效率,是计算工程量的一种有效方法。

3.2.1　统筹法计算工程量的基本原理

统筹法是我国著名数学家华罗庚于 20 世纪 50 年代中期引进并推广命名的。该方法是通过研究和分析事物的内在规律及其相互依赖关系,从全局出发,统筹安排工作顺序,明确工作重心,以提高工作质量和工作效率的一种科学管理方法。

根据统筹法原理,对工程量计算过程进行分析。各分项工程量之间有各自特点,也存在着内在联系。例如,沟槽挖土、基础垫层的长度,外墙均按外墙中心线计算,内墙均按内基槽净长线计算。基础砌筑、墙基防潮、地圈梁、墙体砌筑等分项工程,都按断面面积乘以长度计算。而所有的长度,外墙均按外墙中心线计算,内墙均按净长度计算。此外,外墙勾缝、外墙抹灰、明沟、散水、封檐板等分项工程,都与外墙外边线长度有关,而平整场地、室内回填、地面防潮层、找平层、楼地面面层、天棚、屋面等分项工程的计算都和底层建筑面积有关。

从上述分析可以看出,许多分项工程量计算时都离不开外墙中心线、内墙条形基础的垫层净长度、内墙净长度、外墙外边线的长度以及底层建筑面积。这些"线"和"面"的数值会在许多分项工程计算式中多次出现。为避免重复计算,加快计算速度,可将工程量计算式中经常重复使用的数据或系数预先计算,使工程量计算工作更加简便、迅速、准确。

经分析汇总,建筑工程的"四线二面一册"的工程量在统筹方法中被多次重复使用。

"四线"是指外墙中心线、内墙净长度、内基槽净长度、外墙外边线,分别用 $L_{中}$、$L_{内}$、$L_{内基}$、$L_{外}$ 表示。

"二面"是指建筑设计平面图中底层建筑面积($S_{底}$)和房心净面积($S_{房}$)。

"一册"是指除线、面以外,在工程量计算中经常使用的数据、系数或标准构配件的单件工程量,可预先集中一次算出,汇编成工程量计算手册,供工程量计算时查找。

3.2.2 统筹法计算工程量的基本要求

(1)统筹程序,合理安排。

工程量计算的先后顺序是否合理,直接关系工程量计算工作效率的高低。按施工顺序或定额编号的顺序计算工程量,未充分利用项目之间的内在联系。

例如,计算屋面保温层、屋面找平层、屋面防水层等分项工程量时,按施工顺序的计算顺序为:

$$① \frac{保温}{长 \times 宽} \rightarrow ② \frac{找平}{长 \times 宽} \rightarrow ③ \frac{防水}{长 \times 宽}$$

上述几项工程量计算中"长×宽"重复计算 3 次。利用统筹法计算工程量,可将被重复应用的"长×宽"工程量预先计算,然后以此为基数计算其他相关项目,以加快计算速度。

(2)利用基数,连续计算。

所谓基数,是指上述"四线"、"二面"。利用基数,连续计算就是根据施工图纸先将"四线"、"二面"数值预先计算,然后计算与基数有关的各分项工程。利用基数,连续计算时,将与基数有关的项目排列组织,使先前的计算结果能应用于后续计算中,避免重复计算。

(3)一次计算,多次使用。

工程量计算中,凡是不能用"线"、"面"基数进行连续计算的项目,或工程量计算中经常用到的系数,如标准预制构件、标准配件的工程量,砖基础的折加高度,屋面坡度系数等,均可预先算出,汇编成工程量计算手册,即"一册",供计算工程量时使用。

(4)结合实际,灵活机动。

墙体厚度、砂浆标号、各楼层的建筑面积等都可能有所不同。计算工程量时必须依据设计图纸,分段、分层等进行计算。

3.2.3 基数计算

(1)一般线面基数的计算。

$L_{中}$——建筑平面图中设计外墙中心线的总长度;

$L_{内}$——建筑平面图中设计内墙净长度;

$L_{外}$——建筑平面图中外墙外边线的总长度;

$L_{内基}$——建筑基础平面图中内墙基槽或垫层净长度;

$S_{底}$——建筑物底层建筑面积;

$S_{房}$——建筑平面图中房心净面积。

【例 1-3-1】 某一层建筑物的平面图如图 1-3-3 所示,计算其一般线面基数。

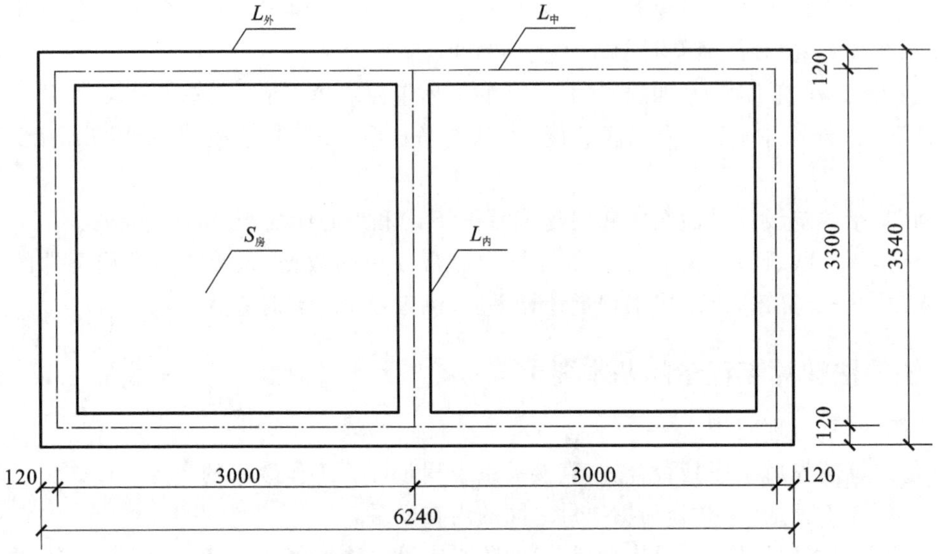

图 1-3-3 某一层建筑物的平面图

【解】
$$L_{中}=(3.00\times2+3.30)\times2=18.60(\text{m})$$
$$L_{外}=(6.24+3.54)\times2=19.56(\text{m})$$

或

$$L_{外}=18.60+0.24\times4=19.56(\text{m})$$
$$L_{内}=3.30-0.24=3.06(\text{m})$$
$$S_{底}=6.24\times3.54=22.09(\text{m}^2)$$
$$S_{房}=(3.00\times2-0.24\times2)\times(3.30-0.24)=16.89(\text{m}^2)$$

(2)偏轴线基数的计算。

当轴线与中心线不重合时,可以根据两者之间的关系计算各基数。

【例 1-3-2】 计算图 1-3-4 中建筑物的线面基数。

【解】
$$L_{外}=(7.80+5.30)\times2=26.20(\text{m})$$
$$L_{中}=(7.80-0.37)\times2+(5.30-0.37)\times2=24.72(\text{m})$$

或

$$L_{中}=L_{外}-0.37\times4=26.20-0.37\times4=24.72(\text{m})$$
$$L_{内}=3.30-0.24=3.06(\text{m})$$
$$L_{内基}=L_{内}+墙厚-垫层宽度=3.06+0.37-1.50=1.93(\text{m})$$

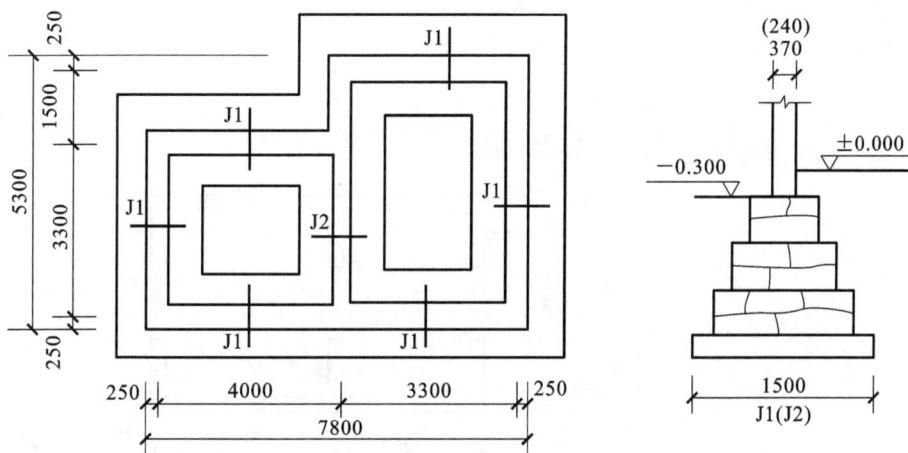

图 1-3-4 某建筑物的平面图

$$S_{底}=7.80\times5.30-4.00\times1.50=35.34(m^2)$$

$$S_{房}=(4.00-0.24)\times(3.30-0.24)+(3.30-0.24)\times(3.30+1.50-0.24)=25.46(m^2)$$

或

$$S_{房}=S_{底}-L_{中}\times墙厚-L_{内}\times墙厚=35.34-24.72\times0.37-3.06\times0.24=25.46(m^2)$$

知识归纳

(1)工程量的概念。

(2)工程量计算的依据。

(3)工程量计算顺序。

(4)计算工程量应遵循的原则。

(5)统筹法的"四线"、"二面"基数。

(6)统筹法计算工程量的基本要求。

独立思考

1-3-1 简述工程量的基本概念。

1-3-2 简述工程量计算的依据。

1-3-3 简述工程量计算的顺序。

1-3-4 简述计算工程量应遵循的原则。

1-3-5 简述统筹法的"四线二面"基数及其计算。

1-3-6 简述统筹法计算工程量的基本要求。

➡ **习   题**

　　某单层建筑(局部三层)平面图和剖面图如图 1-3-5 所示,内外墙厚度均为 240mm。计算其"四线二面"基数。

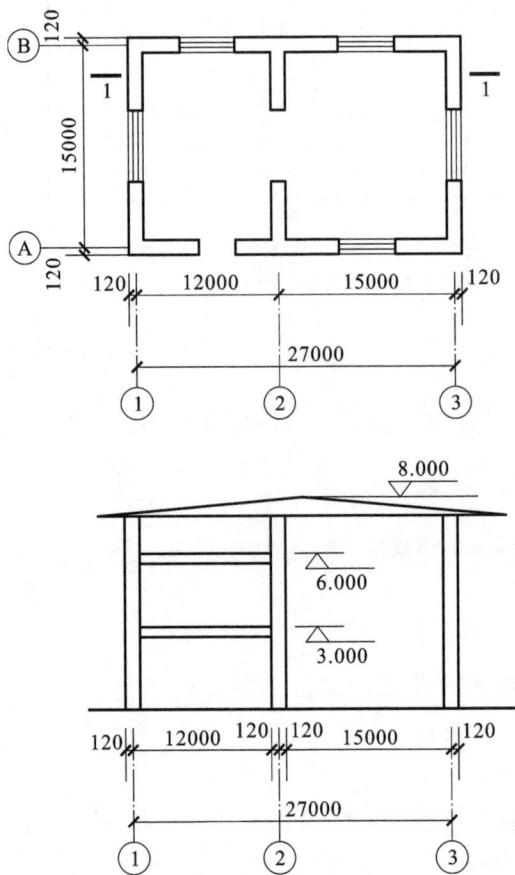

图 1-3-5　某单层建筑(局部三层)平面图和剖面图(单位:mm)

4 建筑面积计算

内容提要

本章主要内容是建筑面积的计算,主要介绍建筑面积的概念,建筑面积计算的作用,建筑面积的组成,房屋建筑的主体部分建筑面积计算规则,房屋建筑附属部分的建筑面积计算规则,特殊房屋建筑的建筑面积计算规则,不计算建筑面积的范围。

能力要求

通过本章的学习,学生应掌握房屋建筑的主体部分、附属部分及特殊房屋建筑的建筑面积计算规则及不计算建筑面积的范围。

4.1 建筑面积的组成及作用

4.1.1 建筑面积的组成

建筑面积包括房屋的使用面积、辅助面积和结构面积。其中,使用面积是指建筑物各层布置中可直接为生产或生活使用的净面积总和,如住宅建筑中的卧室、起居室、客厅等(住宅建筑中的使用面积也称居住面积)。辅助面积是指建筑物各层平面布置中为辅助生产和生活所必需的净面积总和,如住宅建筑中的楼梯、走道、厕所、厨房等。使用面积与辅助面积的总和称为有效面积。结构面积是指建筑物各层平面布置中的墙体、柱等结构所占面积的总和。建筑面积的组成如图 1-4-1 所示。

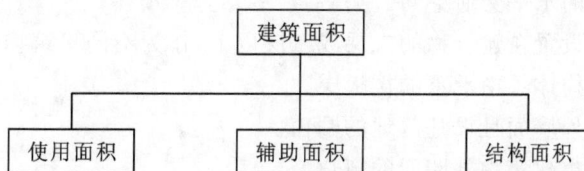

图 1-4-1　建筑面积的组成

4.1.2　建筑面积的作用

建筑面积是建设工程项目一项重要的技术经济指标,是确定建设规模的重要指标,是确定各项技术经济指标的基础,是计算有关分项工程量的依据,是计算建筑工程另外一个重要技术经济指标[即单方造价(元/m²)]的基础。建筑面积与单方造价指标是计划部门、规划部门、上级主管部门进行立项、审批、控制的重要依据。

4.2　建筑面积计算规范

建筑面积的计算,应按照《建筑工程建筑面积计算规范》(GB/T 50353—2013)(本章以下简称《规范》)的相关规定执行。

4.2.1　总则

总则阐述了《规范》制定目的、适用范围、建筑面积计算应遵循的原则等。《规范》适用于新建、扩建、改建的工业与民用建筑工程建设全过程的建筑面积计算。建筑工程的建筑面积计算,除应符合《规范》外,尚应符合国家现行有关标准的规定。

4.2.2　术语

术语对建筑面积计算规定中涉及的建筑物有关部位的名词做了解释或定义。《规范》条文说明对建筑面积计算规定中的具体内容、方法做了细部界定和说明,以便准确地使用规定和方法。《规范》的术语及其释义如下:

(1)建筑面积:建筑物(包括墙体)所形成的楼地面面积。

(2)自然层:按楼地面结构分层的楼层。

(3)结构层高:楼面或地面结构层上表面至上部结构层上表面之间的垂直距离。

(4)围护结构:围合建筑空间的墙体、门、窗。

(5)建筑空间:以建筑界面限定的、供人们生活和活动的场所。

(6)结构净高:楼面或地面结构层上表面至上部结构层下表面之间的垂直距离。

(7)围护设施:为保障安全而设置的栏杆、栏板等围挡。

(8)地下室:室内地平面低于室外地平面的高度超过室内净高1/2的房间。

(9)半地下室:室内地平面低于室外地平面的高度超过室内净高的1/3,且不超过1/2的房间。

(10)架空层:仅有结构支撑而无外围护结构的开敞空间层。

(11)走廊:建筑物中的水平交通空间。

(12)架空走廊:专门设置在建筑物的二层或二层以上,作为不同建筑物之间水平交通的空间。

(13)结构层:整体结构体系中承重的楼板层。

(14)落地橱窗:突出外墙面且根基落地的橱窗。

(15)凸窗(飘窗):凸出建筑物外墙面的窗户。

(16)檐廊:建筑物挑檐下的水平交通空间。

(17)挑廊:挑出建筑物外墙的水平交通空间。

(18)门斗:建筑物入口处两道门之间的空间。

(19)雨篷:建筑物出入口上方为遮挡雨水而设置的部件。

(20)门廊:建筑物入口前有顶棚的半围合空间。

(21)楼梯:由连续行走的梯级、休息平台和维护安全的栏杆(或栏板)、扶手以及相应的支托结构组成的作为楼层之间垂直交通使用的建筑部件。

(22)阳台:附设于建筑物外墙,设有栏杆或栏板,可供人活动的室外空间。

(23)主体结构:接受、承担和传递建设工程所有上部荷载,维持上部结构整体性、稳定性和安全性的有机联系的构造。

(24)变形缝:防止建筑物在某些因素作用下引起开裂甚至破坏而预留的构造缝。

(25)骑楼:建筑底层沿街面后退且留出公共人行空间的建筑物。

(26)过街楼:跨越道路上空并与两边建筑相连接的建筑物。

(27)建筑物通道:为穿过建筑物而设置的空间。

(28)露台:设置在屋面、首层地面或雨篷上的供人室外活动的有围护设施的平台。

(29)勒脚:在房屋外墙接近地面部位设置的饰面保护构造。

(30)台阶:联系室内外地坪或同楼层不同标高而设置的阶梯形踏步。

4.2.3 建筑面积计算的规定

4.2.3.1 房屋建筑的主体部分

(1)单层、多层建筑物。

① 建筑物的建筑面积应按自然层外墙结构外围水平面积之和计算。结构层高在 2.20m 及 2.20m 以上的,应计算全面积;结构层高在 2.20m 以下的,应计算 1/2 面积。

② 建筑物内设有局部楼层(图 1-4-2)时,对于局部楼层的二层及二层以上楼层,有围护结构的应按其围护结构外围水平面积计算,无围护结构的应按其结构底板水平面积计算,且结构层高在 2.20m 及 2.20m 以上的,应计算全面积;结构层高在 2.20m 以下的,应计算 1/2 面积。

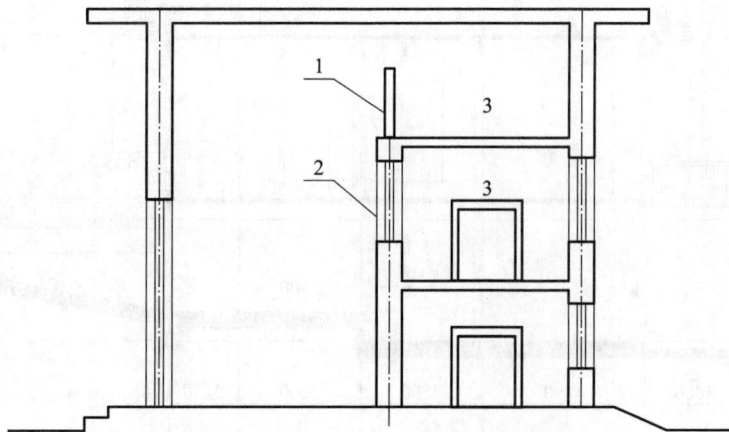

图 1-4-2 建筑物内设有局部楼层

1—围护设施;2—围护结构;3—局部楼层

③ 形成建筑空间的坡屋顶(图 1-4-3),结构净高在 2.10m 及 2.10m 以上的部位应计算全面积;结构净高在 1.20m 及 1.20m 以上至 2.10m 以下的部位应计算 1/2 面积;结构净高在 1.20m 以下的部位不应计算建筑面积。

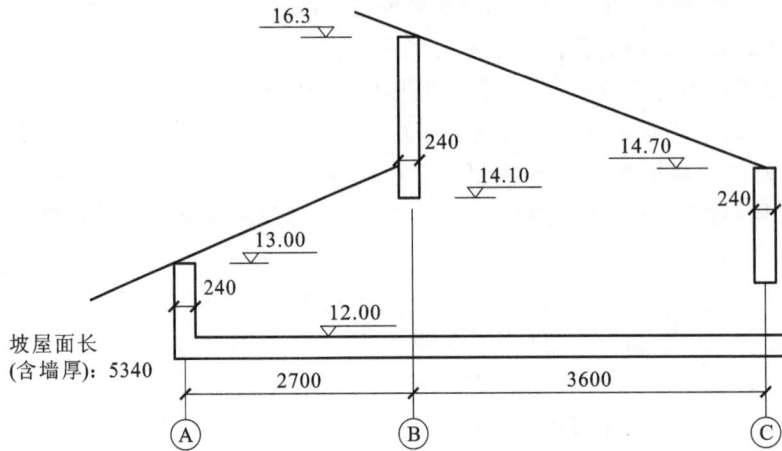

图 1-4-3　坡屋顶

④ 地下室、半地下室应按其结构外围水平面积计算(图 1-4-4)。结构层高在 2.20m 及 2.20m 以上的,应计算全面积;结构层高在 2.20m 以下的,应计算 1/2 面积。

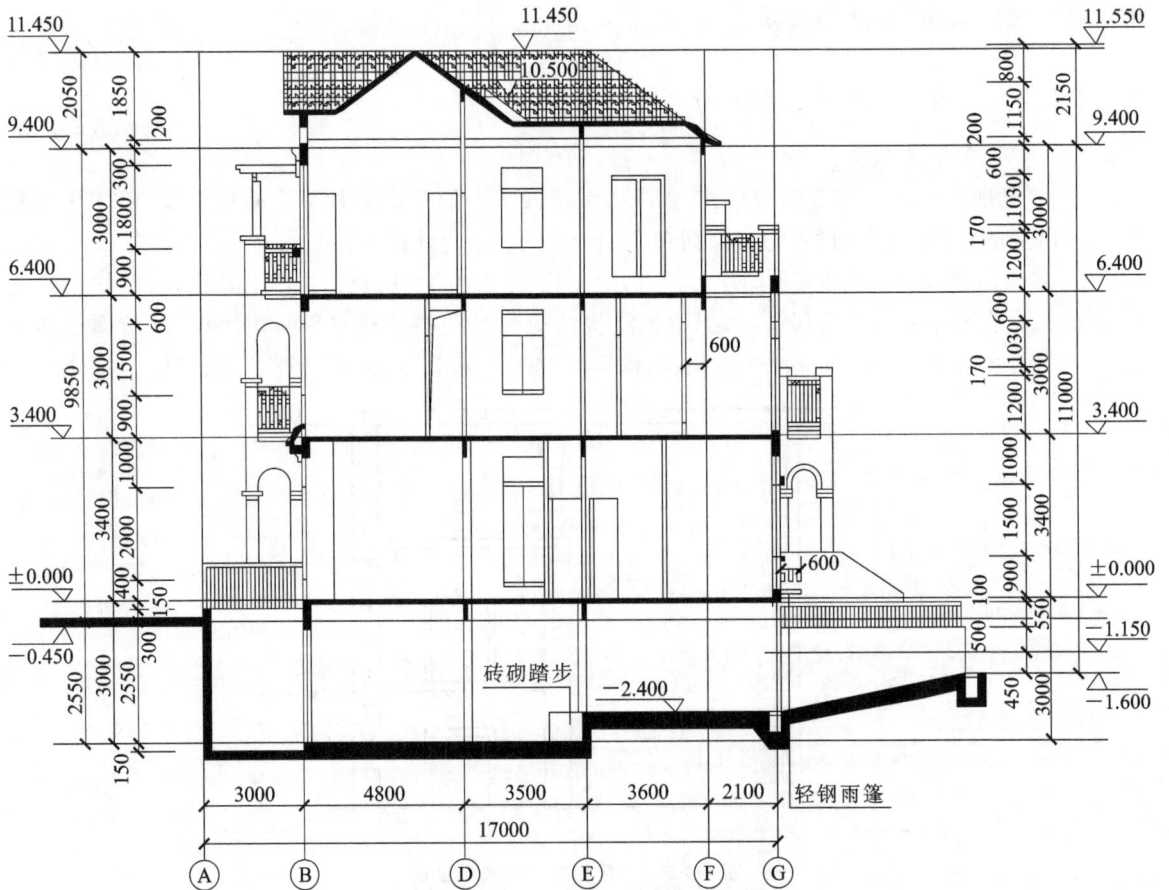

图 1-4-4　某工程剖面图

(2)出入口。

出入口外墙外侧坡道有顶盖的部位,应按其外墙结构外围水平面积的 1/2 计算面积。

（3）外墙（围护结构）向外倾斜的建筑物。

围护结构不垂直于水平面的楼层（图1-4-5），应按其底板面的外墙外围水平面积计算。结构净高在2.10m及2.10m以上的部位，应计算全面积；结构净高在1.20m及1.20m以上至2.10m以下的部位，应计算1/2面积；结构净高在1.20m以下的部位，不应计算建筑面积。

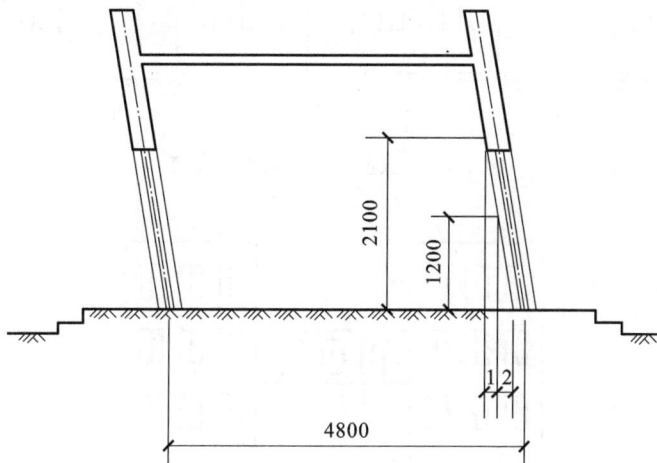

图1-4-5　斜围护结构

1—计算1/2建筑面积部位；2—不计算建筑面积部位

4.2.3.2　房屋建筑的附属部分

（1）门厅、大厅、架空走廊。

① 建筑物的门厅、大厅应按一层计算建筑面积，门厅、大厅内设置的走廊应按走廊结构底板水平投影面积计算建筑面积，如图1-4-6所示。结构层高在2.20m及2.20m以上的，应计算全面积；结构层高在2.20m以下的，应计算1/2面积。

【例1-4-1】某工程建筑局部平面图如图1-4-6所示，试计算走廊建筑面积。

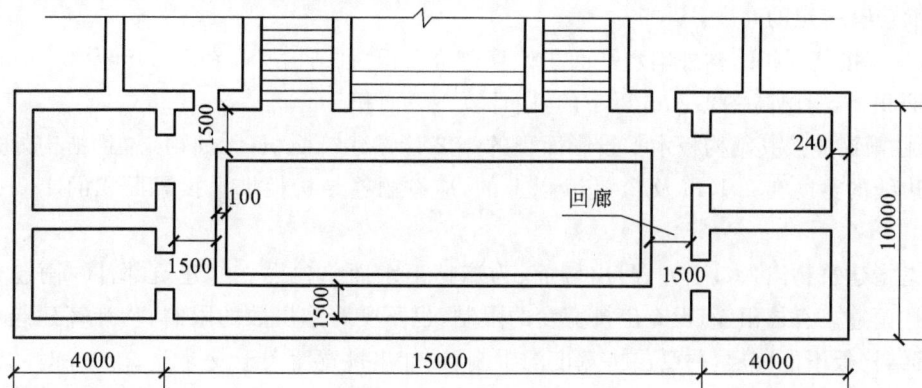

图1-4-6　某工程局部平面图

【解】　走廊建筑面积：

$$S = (15-0.24) \times (10-0.24) - [15-0.24-(1.5+0.1) \times 2] \times [10-0.24-(1.5+0.1) \times 2] = 68.22(\text{m}^2)$$

② 建筑物间的架空走廊（图1-4-7、图1-4-8），有顶盖和围护结构的，应按其围护结构外围水平面积计算全面积；无围护结构、有围护设施的，应按其结构底板水平投影面积的1/2计算面积。

(a)   (b)

图 1-4-7　无围护结构的架空走廊

1—栏杆;2—架空走廊

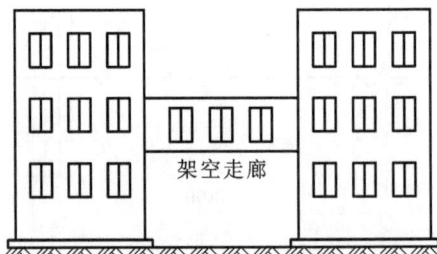

图 1-4-8　有围护结构的架空走廊

(2)落地橱窗、窗台、门斗、雨篷、室外走廊。

① 附属在建筑物外墙的落地橱窗,应按其围护结构外围水平面积计算建筑面积。结构层高在 2.20m 及 2.20m 以上的,应计算全面积;结构层高在 2.20m 以下的,应计算 1/2 面积。

② 窗台与室内楼地面高差在 0.45m 以下且结构净高在 2.10m 及 2.10m 以上的凸(飘)窗,应按其围护结构外围水平面积计算 1/2 面积。

凸窗即凸出建筑物外墙面的窗户。凸窗(飘窗)既然作为窗,就有别于楼(地)板的延伸,也就是说不能把楼(地)板延伸出去的窗称为凸窗(飘窗)。凸窗(飘窗)的窗台应只是墙面的一部分且距(楼)地面应有一定的高度。

③ 门斗应按其围护结构外围水平面积计算建筑面积,且结构层高在 2.20m 及 2.20m 以上的,应计算全面积;结构层高在 2.20m 以下的,应计算 1/2 面积。

④ 有柱雨篷应按其结构板水平投影面积的 1/2 计算建筑面积;无柱雨篷,且结构外边线至外墙结构外边线的宽度在 2.10m 及 2.10m 以上的,应按雨篷结构板水平投影面积的 1/2 计算建筑面积。

雨篷是指建筑物出入口上方、凸出墙面、为遮挡雨水而单独设立的建筑部件。雨篷分为有柱雨篷和无柱雨篷。有柱雨篷,没有出挑宽度的限制,也不受跨越层数的限制,均计算建筑面积。无柱雨篷,其结构板不能跨层,并受出挑宽度的限制,设计出挑宽度大于或等于 2.10m 时才计算建筑面积。出挑宽度是指雨篷结构外边线至外墙结构外边线的宽度,弧形或异形时取最大宽度。

⑤ 有围护设施的室外走廊(挑廊),应按其结构底板水平投影面积的 1/2 计算面积;有围护设施(柱)的檐廊,应按其围护设施(或柱)外围水平面积的 1/2 计算面积,如图 1-4-9 所示。

(3)建筑物顶部的楼梯间、水箱间。

建筑物顶部有围护结构的楼梯间、水箱间、电梯机房等,层高在 2.2m 及 2.2m 以上者应计算全面积;层高不足 2.2m 者应计算 1/2 面积。

图 1-4-9 走廊、檐廊示意图

（4）楼梯、电梯井、阳台。

① 建筑物内的室内楼梯（图 1-4-10）、电梯井、观光电梯井、提物井、管道井、通风排气竖井、垃圾道、附墙烟囱，应按建筑物的自然层计算建筑面积。

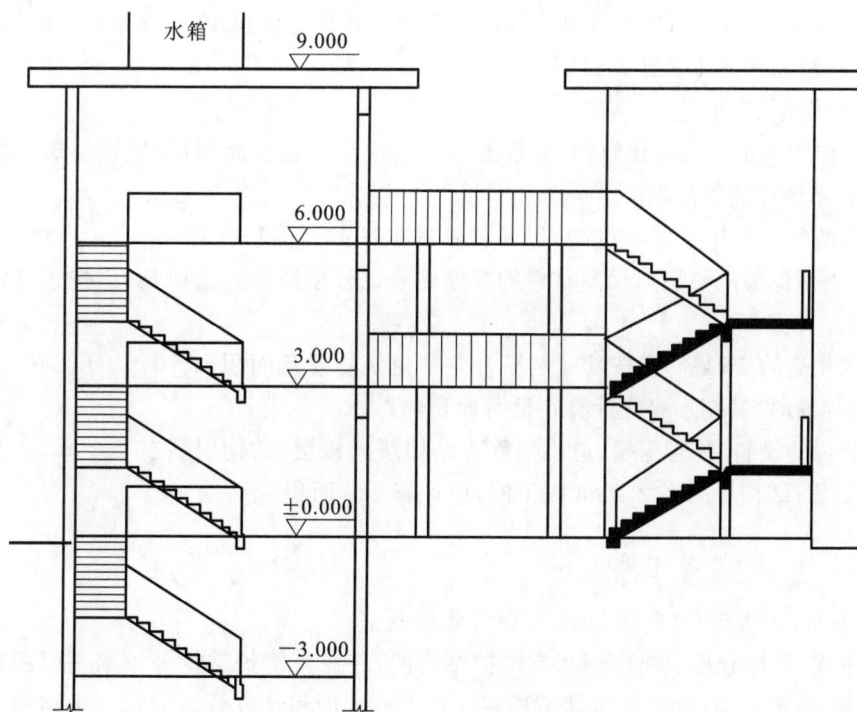

图 1-4-10 室内楼梯间剖面示意图

② 室外楼梯(图 1-4-11)应并入所依附建筑物自然层,并应按其水平投影面积的 1/2 计算建筑面积。

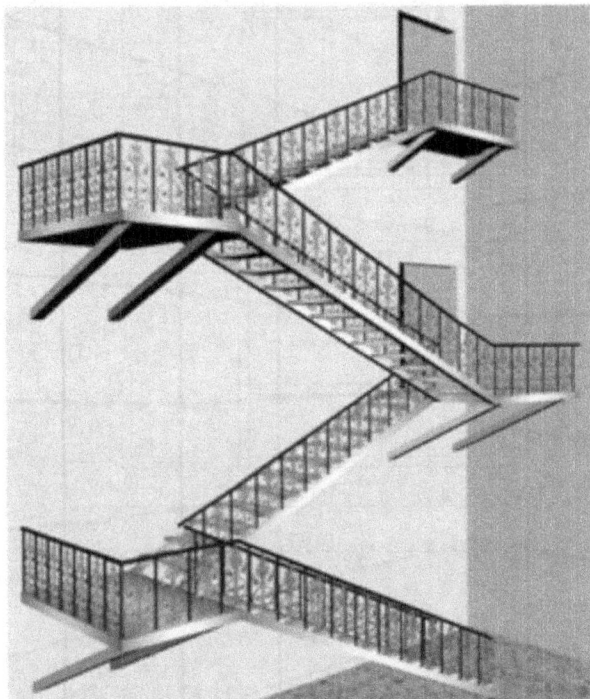

图 1-4-11 室外楼梯

③ 在主体结构内的阳台,应按其结构外围水平面积计算全面积;在主体结构外的阳台,应按其结构底板水平投影面积的 1/2 计算面积。

(5)幕墙、保温层、变形缝、设备层。

① 以幕墙作为围护结构的建筑物,应按幕墙外边线计算建筑面积;设置在建筑物墙体外起装饰作用的幕墙,不计算建筑面积。

② 建筑物的外墙外保温层,应按其保温材料的水平截面面积计算,并计入自然层建筑面积。建筑物的外墙外侧保温隔热层以保温材料的净厚度乘以外墙结构外边线长度,按建筑物的自然层计算建筑面积。

③ 与室内相通的变形缝,应按其自然层合并在建筑物建筑面积内计算。高低联跨的建筑物,当高低跨内部连通时,其变形缝应计算在低跨面积内。

④ 建筑物内的设备层、管道层、避难层等有结构层的楼层,结构层高在 2.20m 及 2.20m 以上的,应计算全面积;结构层高在 2.20m 以下的,应计算 1/2 面积。

4.2.3.3 特殊的房屋建筑

(1)立体书库、立体仓库、立体车库、舞台灯光控制室。

① 立体书库、立体仓库、立体车库,有围护结构的,应按其围护结构外围水平面积计算建筑面积;无围护结构、有围护设施的,应按其结构底板水平投影面积计算建筑面积。无结构层的应按一层计算,有结构层的应按其结构层面积分别计算。结构层高在 2.20m 及 2.20m 以上的,应计算全面积;结构层高在 2.20m 以下的,应计算 1/2 面积。

② 有围护结构的舞台灯光控制室,应按其围护结构外围水平面积计算。结构层高在2.20m及2.20m以上的,应计算全面积;结构层高在2.20m以下的,应计算1/2面积。

(2)场馆看台、架空层。

① 场馆看台下的建筑空间(图1-4-12),结构净高在2.10m及2.10m以上的部位应计算全面积;结构净高在1.20m及1.20m以上至2.10m以下的部位应计算1/2面积;结构净高在1.20m以下的部位不应计算建筑面积。室内单独设置的有围护设施的悬挑看台,应按看台结构底板水平投影面积计算建筑面积。有顶盖、无围护结构的场馆看台应按其顶盖水平投影面积的1/2计算面积。

图1-4-12 场馆看台下的建筑空间

② 建筑物架空层及坡地建筑物吊脚架空层(图1-4-13),应按其顶板水平投影面积计算建筑面积。结构层高在2.20m及2.20m以上的,应计算全面积;结构层高在2.20m以下的,应计算1/2面积。

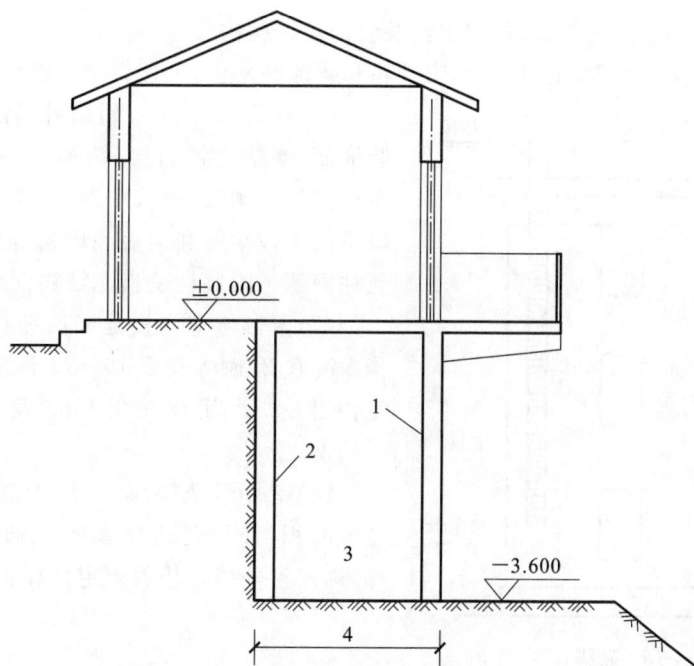

图1-4-13 建筑物吊脚架空层

1—柱;2—墙;3—吊脚架空层;4—计算建筑面积部位

（3）车棚、货棚、站台、加油站、收费站。

有顶盖、无围护结构的车棚、货棚、站台、加油站、收费站等按顶盖水平投影面积的1/2计算建筑面积。

4.2.3.4　不计算建筑面积的范围

（1）依附于建筑物外墙，不与户室开门连通，起装饰作用的敞开式挑台（廊）、平台，以及不与阳台相通的空调室外机搁板（箱）等设备平台部件。

（2）骑楼（图1-4-14）、过街楼（图1-4-15）的底层开放公共空间和建筑物通道不计算建筑面积。

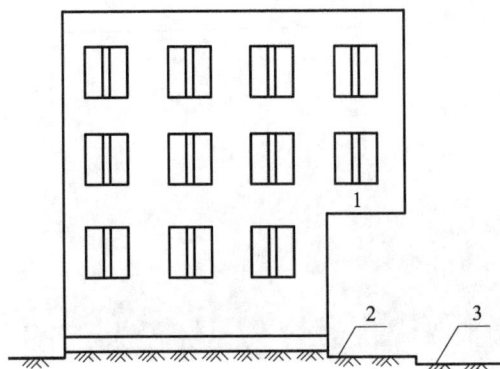

图1-4-14　骑楼

1—骑楼；2—人行道；3—街道

图1-4-15　过街楼

1—过街楼；2—建筑物通道

（3）舞台及后台悬挂幕布、布景的天桥、挑台等，是指影剧院的舞台及为舞台服务的可供上人维修、悬挂幕布、布置灯光及布景等搭设的天桥和挑台等构件设施。

（4）露台、露天游泳池、花架、屋顶的水箱及装饰性结构构件。

（5）建筑物内的操作平台、上料平台、安装箱和罐体的平台，不计算建筑面积。

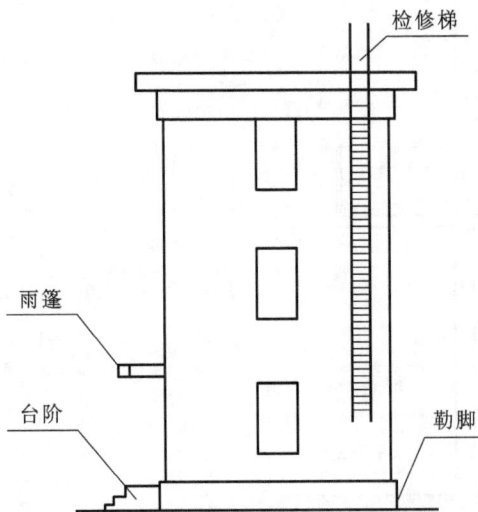

图1-4-16　勒脚

（6）勒脚（1-4-16）、附墙柱、垛、台阶、墙面抹灰、装饰面、镶贴块料面层、装饰性幕墙、主体结构外的空调室外机搁板（箱）、构件、配件、挑出宽度在2.10m以下的无柱雨篷和顶盖高度达到或超过两个楼层的无柱雨篷。附墙柱是指非结构性装饰柱。

（7）窗台与室内楼地面高差在0.45m以下且结构净高在2.10m及2.10m以下的凸（飘）窗，窗台与室内楼地面高差在0.45m及0.45m以上的凸（飘）窗。

（8）室外钢楼梯，如专用于消防楼梯，则不计算建筑面积；如果是建筑物唯一通道，兼用作消防楼梯，则按室外楼梯相关规定计算建筑面积。

(9)无围护结构的观光电梯。

(10)建筑物以外的地下人防通道,独立的烟囱、烟道、地沟、油(水)罐、气柜、水塔、贮油(水)池、贮仓、栈桥等构筑物。

知识归纳

(1)建筑面积的概念。

(2)计算建筑面积的作用。

(3)房屋建筑的主体部分建筑面积的计算规则。

(4)房屋建筑的附属部分建筑面积的计算规则。

(5)特殊的房屋建筑的建筑面积计算规则。

(6)不计算建筑面积的范围。

独立思考

1-4-1　简述建筑面积的基本概念。

1-4-2　简述建筑面积的组成。

1-4-3　简述建筑面积的作用。

1-4-4　简述房屋建筑主体部分建筑面积的计算规则。

1-4-5　简述不计算建筑面积的范围。

习　题

计算图 1-3-5 所示单层建筑(局部三层)的建筑面积。一层、二层顶楼板厚 100mm,顶层净高度为 1.8m。

独立思考与
习题答案

第 2 篇

建筑工程定额计量与计价

本篇重难点

《山东省建筑工程消耗量定额》(SD01-31—2016)[以下提到的"本定额"皆指《山东省建筑工程消耗量定额》(SD01-31—2016)],包括土石方工程,地基处理与边坡支护工程,桩基础工程,砌筑工程,钢筋及混凝土工程,金属结构工程,木结构工程,门窗工程,屋面及防水工程,保温、隔热、防腐工程,楼地面装饰工程,墙、柱面装饰与隔断、幕墙工程,天棚工程,油漆、涂料及裱糊工程,其他装饰工程,构筑物及其他工程,脚手架工程,模板工程,施工运输工程,建筑施工增加,共二十章内容。

本定额适用于山东省行政区域内的一般工业与民用建筑的新建、扩建和改建工程及新建装饰工程。

本定额是完成规定计量单位分部分项工程所需的人工、材料、施工机械台班消耗量的标准,是编制招标标底(招标控制价)、施工图预算和确定工程造价的依据,以及编制概算定额、估算指标的基础。

本定额以国家和有关部门发布的国家现行设计规范、施工验收规范、技术操作规程、质量评定标准、产品标准和安全操作规程,现行工程量清单计价规范、计算规范为依据,并参考了有关地区和行业标准定额编制而成。

本定额是按照正常的施工条件,合理的施工工期、施工组织设计编制的,反映建筑行业的平均水平。

本定额中人工工日消耗量是以《全国建筑安装工程统一劳动定额》为基础计算的,人工每工日按 8 小时工作制计算,内容包括基本用工、辅助用工、超运距用工及人工幅度差。人工工日不分工种、技术等级,以综合工日表示。

本定额中材料(包括成品、半成品、零配件等)是按施工中采用的符合质量标准和设计要求的合格产品确定的,主要包括以下几方面。

(1)材料包括施工中消耗量的主要材料、辅助材料和周转性材料。

(2)材料消耗量包括净用量和损耗量。损耗量包括从工地仓库、现场集中堆放点(或现场加工点)至操作(或安装)点的施工场内运输损耗、施工操作损耗、施工现场堆放损耗等。

(3)所有(各类)砂浆均按现场拌制考虑,若实际采用预拌砂浆,各章定额项目按以下规定进行调整。

① 使用预拌砂浆(干拌)除将定额中的现拌砂浆调换成预拌砂浆(干拌)外,另按相应定额中每立方米砂浆扣除人工 0.382 工日,增加预拌砂浆罐式搅拌机 0.041 台班,并扣除定额中灰浆搅拌机台班的数量。

② 使用预拌砂浆(湿拌)除将定额中的现拌砂浆调换成预拌砂浆(湿拌)外,另按相应定额中每立方米砂浆扣除人工 0.58 工日,并扣除定额中灰浆搅拌机台班的数量。

定额中机械消耗量如下。

(1)机械按常用机械、合理机械配备和施工企业的机械化装备程度,并结合工程实际综合确定。

(2)机械台班消耗量按正常机械施工功效并考虑机械幅度差综合确定,以不同种类的机械分别表示。

(3)除本定额项目中所列的小型机具外,其他单位价值 2000 元以内、使用年限在一年以内的不构成固定资产的施工机械,不列入机械台班消耗量,作为工具用具在企业管理费中考虑。

(4)大型机械安拆及场外运输,按《山东省建设工程费用项目组成及计算规则》的有关规定计算。

本定额中的工作内容已说明了主要的施工工序,次要工序虽未说明,但均已包括在定额中。

本定额注有"×××以内"或"×××以下"者均包括×××本身,"×××以外"或"×××以上"者则不包括×××本身。

1　土石方工程定额

内容提要

　　本章的主要内容是土石方工程定额计量与计价。主要介绍土石方的分类,单独土石方、基础土石方的划分及计算规则,沟槽、地坑、一般土石方的划分及计算规则,土石方开挖、运输等工程计量的说明及计算规则。

能力要求

　　通过本章的学习,学生应掌握单独土石方、基础土石方的划分及计算规则,沟槽、地坑、一般土石方的划分及计算,土石方开挖、运输等工程计量的说明及计算规则;熟练计算建筑工程的土石方工程各分项工程的定额工程量。

1.1　土石方工程定额说明

土石方工程定额包括单独土石方、基础土方、基础石方、平整场地等。

1.1.1　土壤、岩石类别的划分

　　土壤及岩石按普通土、坚土、松石、坚石分类,具体分类参见表 2-1-1 和表 2-1-2。

表 2-1-1　　　　　　　　　　　　　　　　　　**土壤分类表**

定额分类	《房屋建筑与装饰工程工程量计算规范》(GB 50854—2013)分类		
	土壤分类	土壤名称	开挖方法
普通土	一、二类土	粉土、砂土(粉砂、细砂、中砂、粗砂、砾砂)、粉质黏土、弱中盐渍土、软土(淤泥质土、泥炭、泥炭质土)、软塑红黏土、冲填土	用锹,少许用镐、条锄开挖;机械能全部直接铲挖满载者

定额分类	《房屋建筑与装饰工程工程量计算规范》(GB 50854—2013)分类		
	土壤分类	土壤名称	开挖方法
坚土	三类土	黏土、碎石土(圆砾、角砾)、混合土、可塑红黏土、硬塑红黏土、强盐渍土、素填土、压实填土	主要用镐、条锄,少许用锹开挖;机械需部分刨松方能铲挖满载者,或可直接铲挖但不能满载者
	四类土	碎石土(卵石、碎石、漂石、块石)、坚硬红黏土、超盐渍土、杂填土	全部用镐、条锄挖掘,少许用撬棍挖掘;机械须普遍刨松方能铲挖满载者

表 2-1-2　　　　　　　　　　　　　　　**岩石分类表**

定额分类	《房屋建筑与装饰工程工程量计算规范》(GB 50854—2013)分类			
	岩石分类		代表性岩石	开挖方法
松石	极软岩		1.全风化的各种岩石; 2.各种半成岩	部分用手凿工具、部分用爆破法开挖
	软质岩	软岩	1.强风化的坚硬岩或较硬岩; 2.中等风化至强风化的较软岩; 3.未风化至微风化的页岩、泥炭、泥质砂岩等	用风镐和爆破法开挖
		较软岩	1.中等风化至强风化的坚硬岩或较硬岩; 2.未风化至微风化的凝灰岩、千枚岩、泥炭岩、砂质泥岩等	用爆破法开挖
坚石	硬质岩	较硬岩	1.中等风化的坚硬岩; 2.未风化至微风化的大理岩、板岩、石灰岩、白云岩、钙质砂岩等	用爆破法开挖
		坚硬岩	未风化至微风化的花岗岩、闪长岩、辉绿岩、玄武岩、安山岩、片麻岩、石英岩、石英砂岩、硅质砾岩、硅质石灰岩等	用爆破法开挖

1.1.2　干土、湿土、淤泥的划分

干土、湿土的划分,以地质勘测资料的地下常水位为准。地下常水位以上为干土,以下为湿土。地表水排出后,土壤含水率大于或等于 25％时为湿土。

含水率超过液限,土和水的混合物呈现流动状态时为淤泥。温度在 0℃及 0℃以下,并夹含有冰的土壤为冻土。本定额中的冻土,是指短时冻土和季节冻土。

土方子目按干土编制。人工挖、运湿土时,相应子目人工乘以系数 1.18;机械挖、运湿土时,相应子目人工、机械乘以系数 1.15。采取降水措施后,人工挖、运土相应子目人工乘以系数 1.09;机械挖、运土不再乘以系数。

1.1.3　单独土石方、基础土石方的划分

单独土石方子目,适用于自然地坪与设计室外地坪之间、挖方或填方工程量大于 5000m³ 的土石方工程,且同时适用于建筑、安装、市政、园林绿化、修缮等工程中的单独土石方工程。

基础土石方子目适用于设计室外地坪以下的基础土石方工程,以及自然地坪与设计室外地坪之间、挖方或填方工程量不大于 5000m³ 的土石方工程。单独土石方子目不能满足施工需要时,可以借用基础土石方子目,但应乘以系数 0.90。

1.1.4　沟槽、地坑、一般土石方的划分

底宽(指设计图示垫层或基础的底宽,下同)小于或等于 3m,且底长大于 3 倍底宽为沟槽。坑底面积小于或等于 20m²,且底长小于或等于 3 倍底宽为地坑。超出上述范围,又非平整场地的,为一般土石方。

小型挖掘机是指斗容量小于或等于 0.30m³ 的挖掘机,适用于基础(含垫层)底宽小于或等于 1.20m 的沟槽土方工程或底面积小于或等于 8m² 的地坑土方工程。

1.1.5　下列土石方工程执行相应子目时乘以相应系数

(1)人工挖一般土方、沟槽土方、基坑土方,深度大于 6m 且小于或等于 7m 时,按深度小于或等于 6m 相应子目人工乘以系数 1.25;深度大于 7m 且小于或等于 8m 时,按深度小于或等于 6m 相应项目人工乘以系数 1.25^2;以此类推。

(2)挡土板下人工挖槽坑时,相应子目人工乘以系数 1.43。

(3)桩间挖土不扣除桩体和空孔所占体积,相应子目人工、机械乘以系数 1.50。

(4)在强夯后的地基上挖土方和基底钎探,相应子目人工、机械乘以系数 1.15。

(5)满堂基础垫层底以下局部加深的槽坑,按槽坑相应规则计算工程量,相应子目人工、机械乘以系数 1.25。

(6)人工清理修整,是指机械挖土后,对于基底和边坡遗留厚度小于或等于 0.30m 的土方,由人工进行的基底清理与边坡修整。

机械挖土,以及机械挖土后的人工清理修整,按机械挖土相应规则一并计算挖方总量。其中,机械挖土按挖方总量执行相应子目,乘以表 2-1-3 规定的系数;人工清理修整,按挖方总量执行表 2-1-3 规定的子目并乘以相应系数。

表 2-1-3　机械挖土及人工清理修整系数表

基础类型	机械挖土		人工挖土	
	执行子目	系数	执行子目	系数
一般土方	相应子目	0.95	1-2-3	0.063
沟槽土方		0.90	1-2-8	0.125
地坑土方		0.85	1-2-13	0.188

注:人工挖土方,不计算人工清底修边。

(7)推土机推运土(不含平整场地)、装载机装运土土层平均厚度小于或等于 0.30m 时,相应子目人工、机械乘以系数 1.25。

（8）挖掘机挖筑、维护、挖掘施工坡道（施工坡道斜面以下）土方，相应子目人工、机械乘以系数 1.50。

（9）挖掘机在垫板上作业时，相应子目人工、机械乘以系数 1.25。挖掘机下铺设垫板，汽车运输道路上铺设材料时，其人工、材料、机械按实另计。

（10）场区（含地下室顶板以上）回填，相应子目人工、机械乘以系数 0.90。

1.1.6　土石方运输

（1）土石方运输，按施工现场范围内运输编制。在施工现场范围之外的市政道路上运输，不适用本定额。弃土外运以及弃土处理等其他费用，按各地市有关规定执行。

（2）土石方运输的运距上限，是根据合理的施工组织设计设置的。超出运距上限的土石方运输，不适用本定额。自卸汽车、拖拉机运输土石方子目，定额虽未设定运距上限，但仅限于施工现场范围内增加运距。

（3）土石方运距，按挖土区重心至填方区（或堆放区）重心间的最短运输距离计算。

（4）人工、人力车、汽车的负载上坡（坡度小于或等于 15%）降效因素已综合在相应运输子目中，不另计算。推土机、装载机、铲运机负载上坡时，其降效因素按坡道斜长乘以表 2-1-4 规定的系数计算。

表 2-1-4　　　　　　　　　　　负载上坡降效系数

坡度/%	≤10	≤15	≤20	≤25
系数	1.75	2.00	2.25	2.50

（5）平整场地是指建筑物（构筑物）所在现场厚度在 ±30cm 以内的就地挖、填及平整。挖填土方厚度超过 30cm 时，全部厚度按一般土方相应规定另行计算，但仍应计算平整场地。

（6）竣工清理是指建筑物（构筑物）内、外围四周 2m 范围内建筑垃圾的清理、场内运输和场内指定地点的集中堆放，建筑物（构筑物）竣工验收前的清理、清洁等工作内容。

（7）定额中的砂，为符合规范要求的过筛净砂，包括配制各种砂浆、混凝土时的操作损耗。毛砂过筛是指来自砂场的毛砂进入施工现场后的过筛。

砌筑砂浆、抹灰砂浆等各种砂浆以外的混凝土及其他用砂，不计算过筛用工。

（8）基础（地下室）周边回填材料时，按本定额"第二章地基处理与边坡支护工程"相应子目人工、机械乘以系数 0.90。

（9）本章不包括施工现场障碍物清除、边坡支护、地表水排除以及地下常水位以下施工降水等内容，实际发生时，另按本定额其他章节相应规定计算。

1.2　工程量计算规则

土石方开挖、运输，均按开挖前的天然密实体积计算。土方回填，按回填后的竣工体积计算。不同状态的土石方体积按表 2-1-5 换算。

表 2-1-5　　　　　　　　　　　土石方体积换算系数

名称	虚方	松填	天然密实	夯填
土方	1.00	0.83	0.77	0.67
	1.20	1.00	0.92	0.80
	1.30	1.08	1.00	0.87
	1.50	1.25	1.15	1.00
石方	1.00	0.85	0.65	—
	1.18	1.00	0.76	—
	1.54	1.31	1.00	—
块石	1.75	1.43	1.00	(码方)1.67
砂夹石	1.07	0.94	1.00	—

自然地坪与设计室外地坪之间的单独土石方,依据设计土方竖向布置图,以体积计算。

1.2.1　基础土石方的开挖深度

基础土石方的开挖深度,按基础(含垫层)底标高至设计室外地坪之间的高度计算。交付施工场地标高与设计室外地坪不同时,应按交付施工场地标高计算。

岩石爆破时,基础石方的开挖深度,还应包括岩石爆破的允许超挖深度。

1.2.2　基础施工的工作面宽度

基础施工的工作面宽度,按设计规定计算;设计无规定时,按施工组织设计(经过批准,下同)规定计算;设计、施工组织设计均无规定时,自基础(含垫层)外沿向外,按下列规定计算。

(1)基础材料不同或做法不同时,其工作面宽度按表 2-1-6 计算。

表 2-1-6　　　　　　　　　　基础施工单面工作面宽度

基础材料	单面工作面宽度/mm
砖基础	200
毛石、方整石基础	250
混凝土基础(支模板)	400
混凝土基础垫层(支模板)	150
基础垂直面做砂浆防潮层	400(自防潮层外表面)
基础垂直面做防水层或防腐层	1000(自防水、防腐层外表面)
支挡土板	100(在上述宽度外另加)

(2)基础施工需要搭设脚手架时,其工作面宽度,条形基础按 1.50m 计算(只计算一面),独立基础按 0.45m 计算(四面均计算)。

(3)基坑土方大开挖需做边坡支护时,其工作面宽度均按 2.00m 计算。

(4)基坑内施工各种桩时,其工作面宽度均按 2.00m 计算。

(5)管道施工的工作面宽度按表 2-1-7 计算。

表 2-1-7 管道施工的工作面宽度

管道材质	管道基础宽度(无基础时指管道外径)/mm			
	≤500	≤1000	≤2500	>2500
混凝土管、水泥管	400	500	600	700
其他管道	300	400	500	600

基础施工的工作面宽度计算规定如下。

(1)构成基础的各个台阶(各种材料),均应按下列相应规定,满足其各自工作面宽度的要求。

各个台阶的单边工作面宽度,均指在台阶底坪高程上、台阶外边线至上方边坡之间的水平宽度,如图 2-1-1(a)中的 C_1、C_2、C_3 所示。

(2)基础的工作面宽度,指基础的各个台阶(各种材料)要求的工作面宽度的"最大者"(即使得土方边坡最外者),如图 2-1-1(b)所示。

(3)在考查基础上一个台阶的工作面宽度时,要考虑由于下一个台阶的厚度所带来的土方放坡宽度(Kh_1),如图 2-1-1(b)所示。

(4)土方的每一面边坡(含直坡),均应为连续坡,如图 2-1-1(a)、(b)所示。边坡上不允许出现图 2-1-1(c)所示的错台。

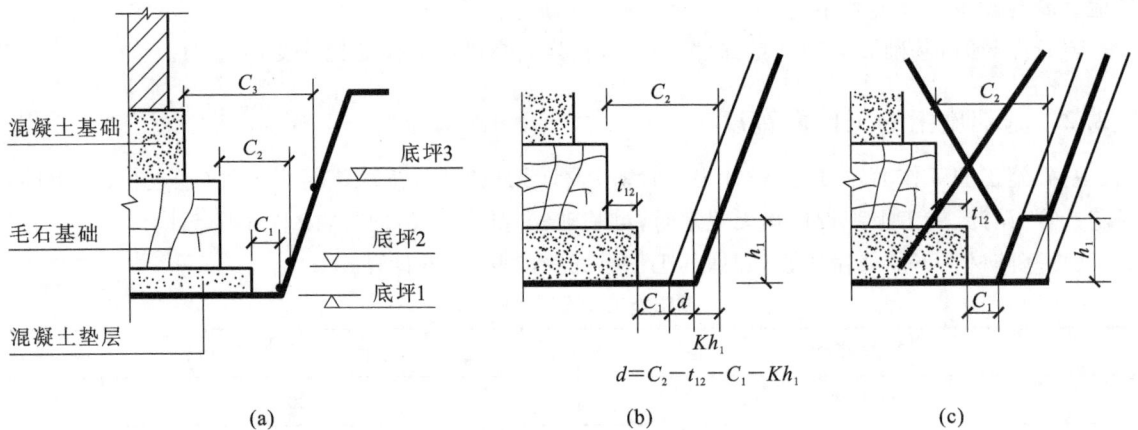

$$d = C_2 - t_{12} - C_1 - Kh_1$$

(a)　　　　　　　　　(b)　　　　　　　　　(c)

图 2-1-1　基础开挖放坡示意图

1.2.3　基础土方放坡

(1)土方放坡的起点深度和放坡坡度,设计、施工组织设计无规定时,按表 2-1-8 计算。

表 2-1-8 土方放坡的起点深度和放坡坡度

土壤类别	起点深度/m	放坡坡度			
		人工挖土	机械挖土		
			基坑内作业	基坑上作业	槽坑上作业
普通土	>1.20	1:0.50	1:0.33	1:0.75	1:0.50
坚土	>1.70	1:0.30	1:0.20	1:0.50	1:0.30

(2)基础土方放坡,自基础(含垫层)底标高算起。

(3)混合土质的基础土方,其放坡的起点深度和放坡系数,按不同土类厚度加权平均计算。

（4）计算基础土方放坡时，不扣除放坡交叉处的重复工程量。

（5）基础土方支挡土板时，土方放坡不另计算。

（6）基础石方爆破时，槽坑四周及底部的允许超挖量，设计、施工组织设计无规定时，按松石 0.20m、坚石 0.15m 计算。

（7）沟槽土石方，按设计图示沟槽长度乘以沟槽断面面积，以体积计算。

① 条形基础的沟槽长度，设计无规定时，按下列规定计算：

a.外墙条形基础沟槽，按外墙中心线长度计算。

b.内墙条形基础沟槽，按内墙条形基础的垫层（基础底坪）净长度计算。

c.框架间墙条形基础沟槽，按框架间墙条形基础的垫层（基础底坪）净长度计算。

d.凸出墙面的墙垛的沟槽，按墙垛突出墙面的中心线长度，并入相应工程量内计算。

② 管道的沟槽长度，按设计规定计算；设计无规定时，以设计图示管道垫层（无垫层时，按管道）中心线长度（不扣除下口直径或边长小于或等于 1.5m 的井池）计算。下口直径或边长大于 1.5m 的井池的土石方，另按地坑的相应规定计算。

③ 沟槽的断面面积，应包括工作面、土方放坡或石方允许超挖量的面积。

（8）地坑土石方，按设计图示基础（含垫层）尺寸，另加工作面宽度、土方放坡宽度或石方允许超挖量乘以开挖深度，以体积计算。

（9）一般土石方，按设计图示基础（含垫层）尺寸，另加工作面宽度、土方放坡宽度或石方允许超挖量乘以开挖深度，以体积计算。

机械施工坡道的土石方工程量，并入相应工程量内计算。

（10）桩孔土石方，按桩（含桩壁）设计断面面积乘以桩孔中心线深度，以体积计算。

（11）淤泥流砂，按设计或施工组织设计规定的位置、界限，以实际挖方体积计算。

（12）岩石爆破后人工检底修边，按岩石爆破的规定尺寸（含工作面宽度和允许超挖量），以槽坑底面积计算。

（13）建筑垃圾，以实际堆积体积计算。

（14）平整场地，按设计图示尺寸，以建筑物首层建筑面积（或构筑物首层结构外围内包面积）计算。

建筑物（构筑物）地下室结构外边线凸出首层结构外边线时，其凸出部分的建筑面积（结构外围内包面积）合并计算。

（15）竣工清理，按设计图示尺寸，以建筑物（构筑物）结构外围内包的空间体积计算。

（16）基底钎探，按垫层（或基础）底面积计算。

（17）毛砂过筛，按砌筑砂浆、抹灰砂浆等各种砂浆用砂的定额消耗量之和计算。

（18）原土夯实与碾压，按设计或施工组织设计规定的尺寸，以面积计算。

（19）回填，按下列规定，以体积计算。

① 槽坑回填，按挖方体积减去设计室外地坪以下建筑物（构筑物）、基础（含垫层）的体积计算。

② 管道沟槽回填，按挖方体积减去管道基础和管道折合回填体积计算。

③ 房心（含地下室内）回填，按主墙间净面积（扣除连续底面积大于 $2m^2$ 的设备基础等面积）乘以平均回填厚度计算。

④ 场区（含地下室顶板以上）回填，按回填面积乘以平均回填厚度计算。

（20）土方运输，按挖土总体积减去回填土（折合天然密实）总体积，以体积计算。

（21）钻孔桩泥浆运输，按桩设计断面尺寸乘以桩孔中心线深度，以体积计算。

1.3 土石方工程定额计量应用

1.3.1 单独土石方

【例 2-1-1】 某工程需外购黄土用于自然地坪与设计室外地坪之间的机械夯填。经计算,回填黄土的竣工体积为 5800m³。计算应买黄土的数量,确定机械夯填土的定额项目。

【解】 买黄土体积按虚方计算,其数量 $V=5800×1.5÷10=870(10m³)$,价格按市场价格确定。

单独土石方工程机械夯填土如表 2-1-9 所示,套定额 1-1-17。

表 2-1-9 　　　　　　　　　　　　　　　**夯填土**

工作内容:5m 内就地取土,分层填土,洒水,打夯(碾压),平整。　　　　　　　　　　　(计量单位:10m³)

定额编号			1-1-17	1-1-18
项目名称			机械夯填土	机械回填碾压(两遍)
名称		单位	消耗量	
人工	综合工日	工日	0.69	0.74
材料	水	m³	—	0.1550
机械	电动夯实机 250N·m	台班	0.6570	—
	钢轮内燃压路机 12t	台班	—	0.0160
	履带式推土机 75kW	台班	—	0.0020
	洒水车 4000L	台班	—	0.0080

【例 2-1-2】 某工程室外地坪与自然地坪间土方开挖,采用反铲挖掘机挖装坚土 15000m³。其中 5800m³ 土方采用自卸汽车运至施工现场内 800m,用于室外地坪与自然地坪之间的回填,采用机械夯填。其余土方,采用自卸汽车运至施工现场指定地点,运距为 2000m。试确定土方挖、运、填的定额项目。

【解】 (1)反铲挖掘机挖装土方,自卸汽车运土方(坚土),运距小于或等于 1km,工程量为 1500(10m³)。

反铲挖掘机挖装土方,自卸汽车运土方(坚土),运距小于或等于 1km,参见表 2-1-10,套定额 1-1-15。

表 2-1-10 　　　　　　　　　　　**挖掘机挖装土方、自卸汽车运土方**

工作内容:1.铲运土,弃土。

　　　　　　2.清理机下余土,维护行驶道路。　　　　　　　　　　　　　　　　　(计量单位:10m³)

定额编号			1-1-14	1-1-15	1-1-16
项目名称			挖掘机挖装土方、自卸汽车运土方		
			运距小于或等于 1km		每增运 1km
			普通土	坚土	
名称		单位	消耗量		
人工	综合工日	工日	0.12	0.12	—

续表

定额编号		1-1-14	1-1-15	1-1-16
项目名称		挖掘机挖装土方、自卸汽车运土方		
		运距小于或等于 1km		每增运 1km
		普通土	坚土	
名称	单位	消耗量		
材料 水	m³	0.1200	0.1200	—
机械 履带式单斗挖掘机(液压)1.25m³	台班	0.0190	0.0220	—
履带式推土机 75kW	台班	0.0170	0.0200	—
自卸汽车 15t	台班	0.0520	0.0520	0.0130
洒水车 4000m³	台班	0.0060	0.0060	—

(2)多余土方工程量＝15000－5800＝9200(m³)＝920(10m³),挖掘机挖装土方,自卸汽车运土方(坚土)每增运 1km,参见表 2-1-10,套定额 1-1-16。

(3)机械夯填土工程量为 580(10m³),参见表 2-1-9,套定额 1-1-17。

1.3.2　人工土石方

【例 2-1-3】　某工程毛石基础,下设 C15 素混凝土基础垫层,如图 2-1-2、图 2-1-3 所示,室外地坪标高为－0.300m。土质在室外地坪以下 1m 范围内为普通土,1m 范围以外为坚土,采用人工开挖。计算条形基础人工土石方工程量,确定定额项目。

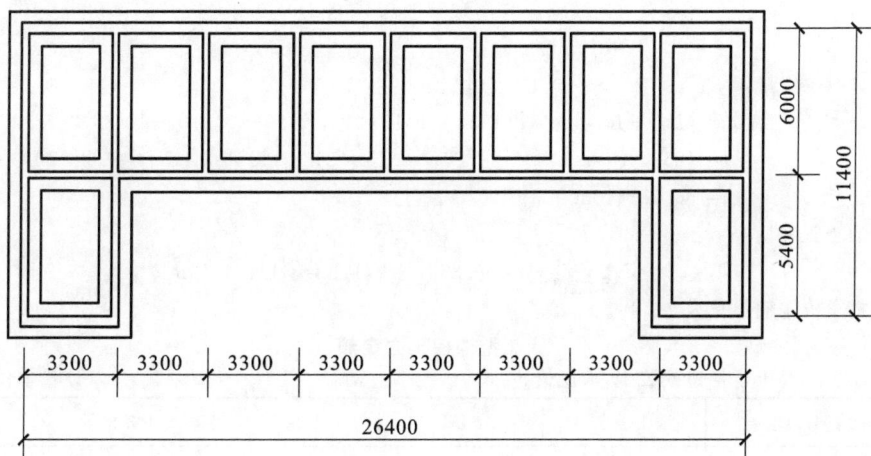

图 2-1-2　基础平面图

【解】　本基础工程开挖深度为:
$$H = 0.15 + 0.35 \times 3 + 0.7 = 1.90(\text{m})$$
放坡深度 $H = 1.90$m,因为基础土方为综合土质,需加权计算放坡起点深度和放坡系数。

加权放坡起点深度 $h_{起点} = (1 \times 1.2 + 0.9 \times 1.7)/1.9 = 1.44(\text{m})$,$H = 1.90\text{m} > h_{起点} = 1.44\text{m}$,因此应考虑放坡。

放坡综合系数 $k = (0.5 \times 1 + 0.3 \times 0.9)/1.9 = 0.405$。

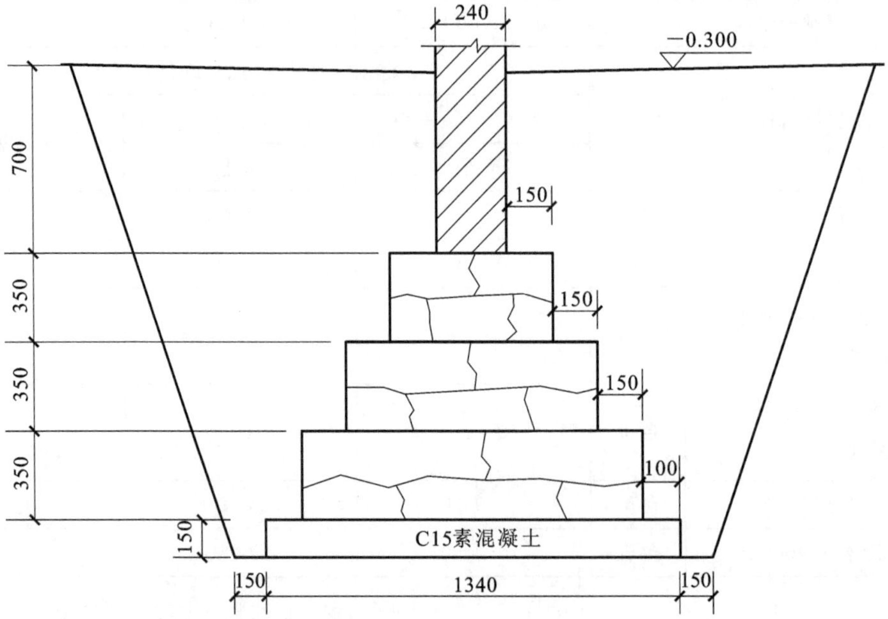

图 2-1-3 基础开挖详图

计算沟槽土方工程量：

$$L_中 = (26.4 + 11.4) \times 2 + 5.4 \times 2 = 86.4(\text{m})$$

$$L_{内基} = 6 \times 7 + 3.3 \times 2 - 1.34 \times 9 = 36.54(\text{m})$$

基础工作面宽度：素混凝土基础垫层为 150mm，毛石基础为 250mm。

基槽挖坚土工程量：

$$V_{坚土} = (L_中 + L_{内基}) \times [(1.34 + 0.15 \times 2) + 0.9k] \times 0.9 \div 10$$
$$= (86.4 + 36.54) \times [(1.34 + 0.15 \times 2) + 0.9 \times 0.405] \times 0.9 \div 10$$
$$= 22.179(10\text{m}^3)$$

基槽挖土方总工程量：

$$V_土 = (L_中 + L_{内垫净}) \times [(1.34 + 0.15 \times 2) + 1.9k] \times 1.9 \div 10$$
$$= (86.4 + 36.54) \times [(1.34 + 0.15 \times 2) + 1.9 \times 0.405] \times 1.9 \div 10$$
$$= 56.283(10\text{m}^3)$$

基槽挖普通土工程量：

$$V_{普通土} = V_土 - V_{坚土} = 56.283 - 22.179 = 34.104(10\text{m}^3)$$

人工挖沟槽土方定额参见表 2-1-11。

表 2-1-11　　　　　　　　　　　　　**人工挖沟槽土方定额**

工作内容：挖土，弃土于槽边或装土，清底修边。　　　　　　　　　　　　　　（计量单位：10m³）

定额编号		1-2-6	1-2-7	1-2-8	1-2-9	1-2-10
项目名称		人工挖沟槽土方（槽深）				
		普通土		坚土		
		≤2m	>2m	≤2m	≤4m	≤6m
名称	单位	消耗量				
人工　综合工日	工日	3.52	3.91	7.08	8.04	9.16

人工挖沟槽土方(槽深)普通土小于或等于2m,套定额项目1-2-6。

人工挖沟槽土方(槽深)坚土小于或等于2m,套定额项目1-2-8。

【例2-1-4】　某工程现浇混凝土独立基础DJ1,共12个,如图2-1-4和图2-1-5所示。独立基础下设厚度为100mm的C15素混凝土垫层。设计室外标高为−0.3m,−2.0m以上为普通土,以下为坚土,采用人工开挖地坑。计算人工挖地坑工程量,确定定额项目。

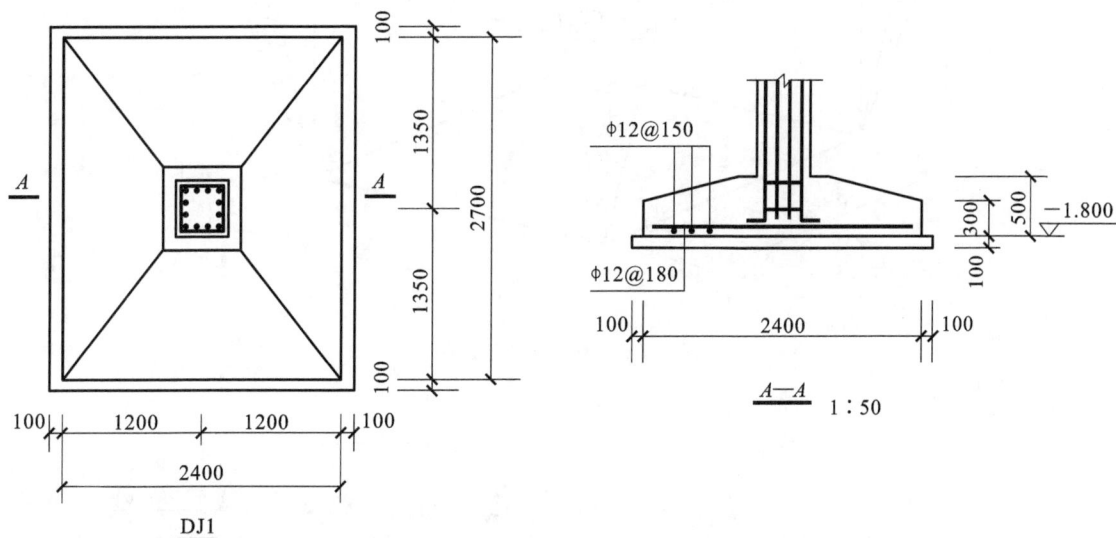

图 2-1-4　独立基础平面图与剖面图

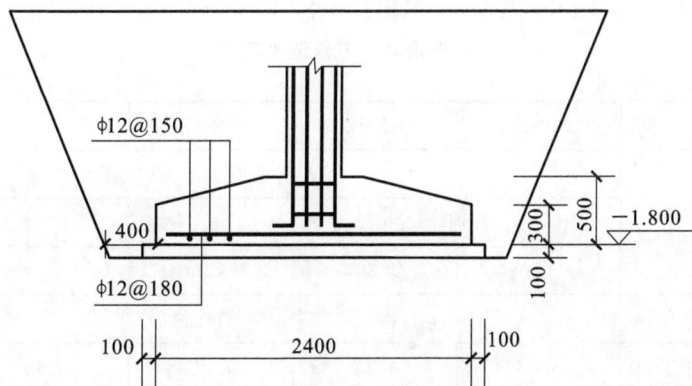

图 2-1-5　独立基础地坑开挖剖面图

【解】　本基础工程开挖深度 $H=1.8+0.1-0.3=1.60(\mathrm{m})$。

基础土质为普通土,放坡深度 $H=1.60\mathrm{m}>h_{起点}=1.20\mathrm{m}$,因此应考虑放坡,放坡系数 $k=0.5$。基础工作面宽度:混凝土基础垫层为150mm,钢筋混凝土基础为400mm。

计算地坑土方工程量,基础开挖断面如图2-1-6所示。依据图2-1-1(b),基坑底部尺寸如下。

$$d=C_2-t_{12}-C_1-kh_1=400-100-150-0.5\times100=100(\mathrm{mm})$$

$$基坑底长=2.9+(0.15+0.1)\times2=3.4(\mathrm{m})$$

$$基坑底宽=2.6+(0.15+0.1)\times2=3.1(\mathrm{m})$$

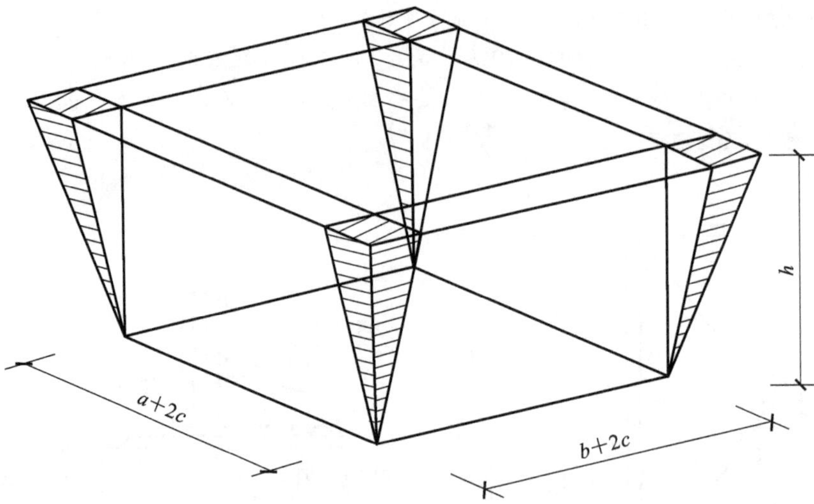

图 2-1-6　地坑开挖示意图

单个基坑开挖体积：

$$V_{挖} = (a + 2c + kh)(b + 2c + kh) \cdot h + \frac{k^2 h^3}{3}$$

$$= (3.4 + 0.5 \times 1.6) \times (3.1 + 0.5 \times 1.6) \times 1.6 + \frac{0.5^2 \times 1.6^3}{3}$$

$$= 26.549(\text{m}^3)$$

独立基础开挖总体积：

$$V = 26.549 \times 12 \div 10 = 31.859(10\text{m}^3)$$

人工挖地坑土方普通土，坑深小于或等于2m，其定额如表2-1-12所示，套定额1-2-11。

表 2-1-12　　　　　　　　　　　　　**人工挖地坑土方普通土定额**

工作内容：弃土于坑边或装土。　　　　　　　　　　　　　　　　　　　　　（计量单位：10m³）

定额编号		1-2-11	1-2-12	1-2-13	1-2-14	1-2-15
项目名称		人工挖地坑土方（坑深）				
		普通土		坚土		
		≤2m	>2m	≤2m	≤4m	≤6m
名称	单位	消耗量				
人工　综合工日	工日	3.73	4.12	7.52	8.48	9.62

1.3.3　机械土石方

【例 2-1-5】　某工程基础如图 2-1-2、图 2-1-3 所示。土质在室外地坪以下 1m 范围内为普通土，1m 范围以外为坚土，采用反铲挖掘机基坑内作业方式，大开挖装车，自卸汽车运至 800m 处。试计算土方开挖和运输工程量（不考虑坡道挖土），确定定额项目。

【解】　机械挖土放坡深度 $H = 1.90$m，因为土方为综合土质，需加权计算放坡起点深度和放坡系数。

加权放坡起点深度：

$$h_{起点} = (1 \times 1.2 + 0.90 \times 1.7) \div 1.90 = 1.437(\text{m})$$

$H = 1.90$m $> h_{起点} = 1.437$m，因此应考虑放坡。

放坡综合系数：

$$k = (0.33 \times 1 + 0.2 \times 0.90) \div 1.90 = 0.27$$

基础工作面宽度：混凝土基础垫层为 150mm，毛石基础为 250mm。

机械挖坚土体积：

$$
\begin{aligned}
V_{坚土} = & \{[(26.4 + 0.24 + 0.3 \times 3 + 0.1 \times 2 + 0.15 \times 2 + 0.27 \times 0.90) \times (11.4 + 0.24 + 0.3 \times 3 + 0.1 \times 2 + \\
& 0.15 \times 2 + 0.27 \times 0.90) - 5.4 \times 3.3 \times 4 - (3.3 - 0.12 - 0.45 - 0.1 - 0.15 - 0.9 \times 0.27 \div 2) \times 5.4 \times 2 \times \\
& 0.9] + 0.27^2 \times 0.90^3 \div 3\} \div 10 = [(28.283 \times 13.283 - 71.28 - 25.47) \times 0.9 + 0.018] \div 10 = 25.106(10\text{m}^3)
\end{aligned}
$$

机械挖土总体积：

$$
\begin{aligned}
V_{土} = & \{[(26.4 + 0.24 + 0.3 \times 3 + 0.1 \times 2 + 0.15 \times 2 + 0.27 \times 1.90) \times (11.4 + 0.24 + 0.3 \times 3 + 0.1 \times 2 + \\
& 0.15 \times 2 + 0.27 \times 1.90) - 5.4 \times 3.3 \times 4 - (3.3 - 0.12 - 0.45 - 0.1 - 0.15 - 1.9 \times 0.27 \div 2) \times 5.4 \times 2] \times \\
& 1.9 + 0.27^2 \times 1.90^3 \div 3\} \div 10 = [(28.553 \times 13.553 - 71.28 - 24.014) \times 1.9 + 0.012] \div 10 = 55.421(10\text{m}^3)
\end{aligned}
$$

机械挖普通土体积：

$$V_{普通土} = V_{土} - V_{坚土} = 55.421 - 25.106 = 30.315(10\text{m}^3)$$

其中，机械挖装一般土方（坚土）工程量 $= 25.106 \times 0.95 = 23.851(10\text{m}^3)$。

挖掘机挖装一般土方（坚土），参见表 2-1-13，套定额 1-2-42。

表 2-1-13 **挖掘机挖一般土方（坚土）定额**

工作内容：挖土，弃土于 5m 以内（装土）；清理机下余土。 （计量单位：10m³）

定额编号			1-2-39	1-2-40	1-2-41	1-2-42
项目名称			挖掘机挖一般土方		挖掘机挖装一般土方	
			普通土	坚土	普通土	坚土
名称		单位	消耗量			
人工	综合工日	工日	0.06	0.06	0.09	0.09
机械	履带式单斗挖掘机（液压）1m³	台班	0.0180	0.0210	0.0230	0.0270
	履带式推土机 75kW	台班	0.0020	0.0020	0.0210	0.0240

机械挖装一般土方（普通土）工程量 $= 30.315 \times 0.95 = 28.80(\text{m}^3)$。

挖掘机挖装一般土方（普通土）套定额项目 1-2-41。

人工清理修整工程量 $= (25.106 + 30.315) \times 0.063 = 3.492(10\text{m}^3)$

人工清理修整，参见表 2-1-14，套定额 1-2-3。

表 2-1-14 **人工清理修整定额**

工作内容：挖土，弃土于 5m 以内或装土，清底修边。 （计量单位：10m³）

定额编号			1-2-1	1-2-2	1-2-3	1-2-4	1-2-5
项目名称			人工挖一般土方（基深）				
			普通土		坚土		
			≤2m	>2m	≤2m	≤4m	≤6m
名称		单位	消耗量				
人工	综合工日	工日	2.47	3.56	4.73	6.25	7.17

自卸汽车运土工程量 $V=55.44(10\text{m}^3)$，运距 1km 内，参见表 2-1-15，套定额 1-2-58。

表 2-1-15　　　　　　　　　　　　　　**自卸汽车运土工程量定额**

工作内容：1. 运土，弃土；维护行驶道路。

　　　　　2. 安装井架，搭设便道；20m 以内人力车水平运输，15m 以内垂直运输，弃土。

（计量单位：10m³）

定额编号			1-2-58	1-2-59	1-2-60
项目名称			自卸汽车运土方		卷扬机吊运土方
			运距小于 1km	每增运 1km	
名称		单位	消耗量		
人工	综合工日	工日	0.03	—	0.33
材料	钢管 $\phi48.3\times3.6$	m	—	—	0.0593
	直角扣件	个	—	—	0.0567
	木脚手板厚 5cm	m³	—	—	0.0006
	铁件	kg	—	—	0.0434
	红丹防锈漆	kg	—	—	0.0231
	镀锌低碳钢丝 8#	kg	—	—	0.0373
	水	m³	0.1200	—	—
机械	载重汽车 6t	台班	—	—	0.0012
	自卸汽车 15t	台班	0.0580	0.0140	—
	洒水车 4000L	台班	0.0060	—	—
	电动单筒快速卷扬机 20kN	台班	—	—	0.1660

1.3.4　其他

【例 2-1-6】　某建筑物一层平面图如图 2-1-7 所示，墙体厚度为 240mm。计算建筑物人工平整场地的定额工程量，确定定额项目。

【解】　　　人工平整场地工程量 $S=(13.6+0.24)\times(10.8+0.24)\div10=15.279(10\text{m}^2)$

人工平整场地定额参见表 2-1-16，套定额 1-4-1。

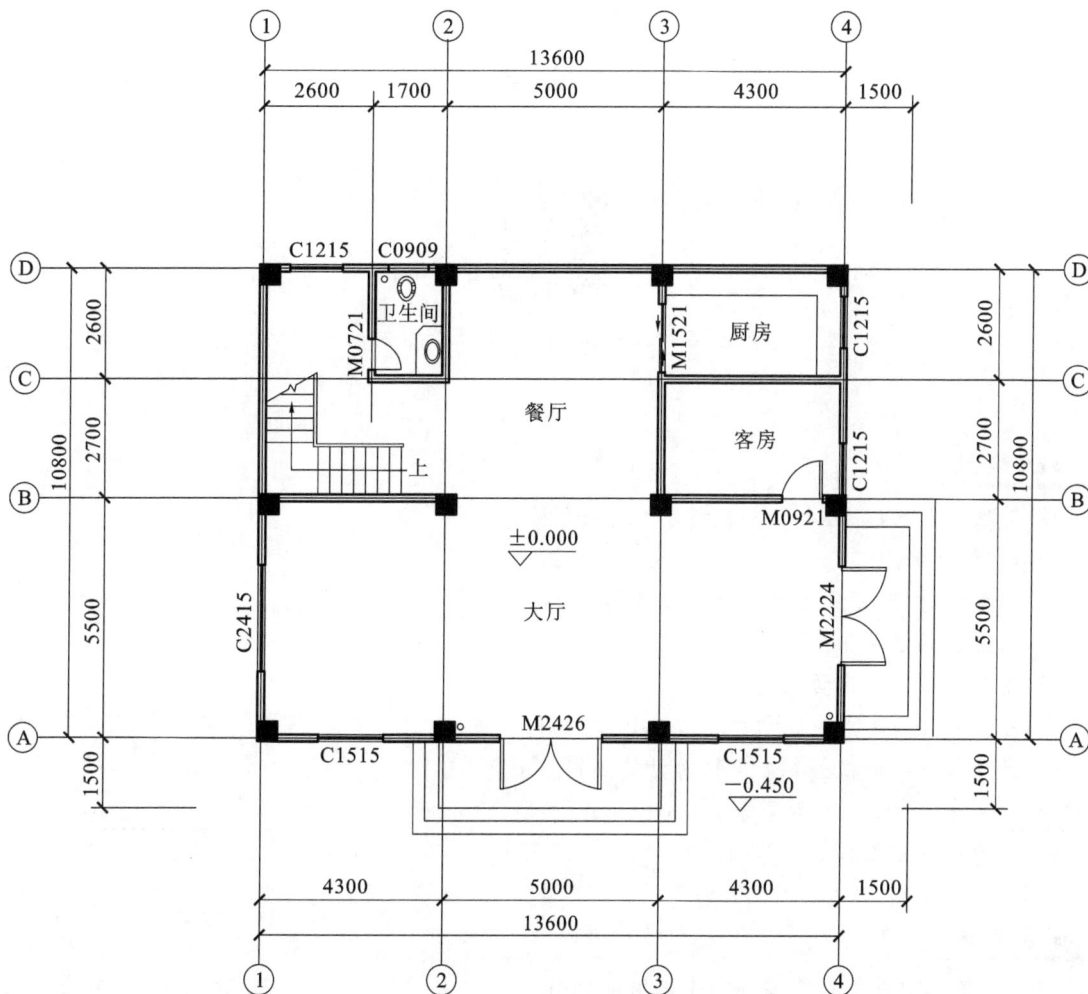

图 2-1-7　某建筑物一层平面图

表 2-1-16　　　　　　　　　　人工平整场地定额

工作内容:1.就地挖、填、平整。
　　　　　2.垃圾清理,场内运输和场内集中堆放。

定额编号			1-4-1	1-4-2	1-4-3
项目名称			平整场地		竣工清理
			人工	机械	
			10m²		10m³
名称		单位	消耗量		
人工	综合工日	工日	0.42	0.01	0.22
机械	履带式推土机 75kW	台班	—	0.0150	—

1.4 土石方工程定额 BIM 计量案例

土石方工程定额 BIM 计量案例

知识归纳

(1)单独土石方、基础土石方的划分及适用范围。

(2)沟槽、地坑、一般土石方的划分及适用范围。

(3)平整场地、竣工清理的概念及计算规则。

(4)基础土石方的开挖深度。

(5)基础施工的工作面宽度。

(6)土方放坡的起点深度和放坡坡度计算规则。

(7)条形基础的沟槽土石方工程量计算规则。

(8)地坑土石方工程量计算规则。

(9)一般土石方工程量计算规则。

独立思考

2-1-1 简述单独土石方与基础土石方的划分。

2-1-2 简述沟槽、地坑、一般土石方的划分。

2-1-3 简述平整场地的概念。

2-1-4 简述竣工清理的概念。

习 题

2-1-1 某工程基础平面图、基础剖面图、一层平面图等如图 2-1-8～图 2-1-13 所示。工程所处地质情况如下：标高 -1.0m 以上为普通土, -1.0m 以下为坚土。基础垫层为 C15 混凝土。室内地面做法:20mm 厚 1:2.5 的水泥砂浆,100mm 厚 C15 素混凝土垫层,素土夯实。M1 为 1000mm×2400mm,M1 过梁断面为 240mm×200mm;C1 为 1500mm×1500mm,C1 过梁断面为 240mm×200mm。外墙均设圈梁,断面为 240mm×240mm,除垫层外混凝土强度等级均为 C25。

(1)计算该建筑物的机械平整场地工程量,确定定额项目。

(2)计算条形基础人工挖土的定额工程量,确定定额项目。

(3)计算独立基础人工挖土的定额工程量,确定定额项目。

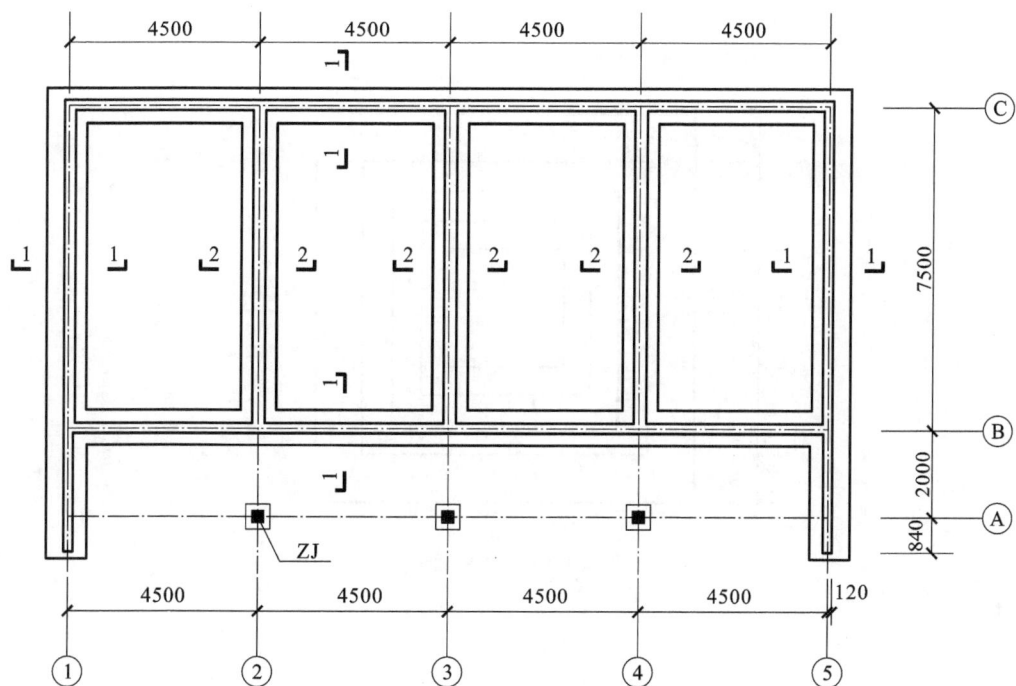

图 2-1-8 基础平面图

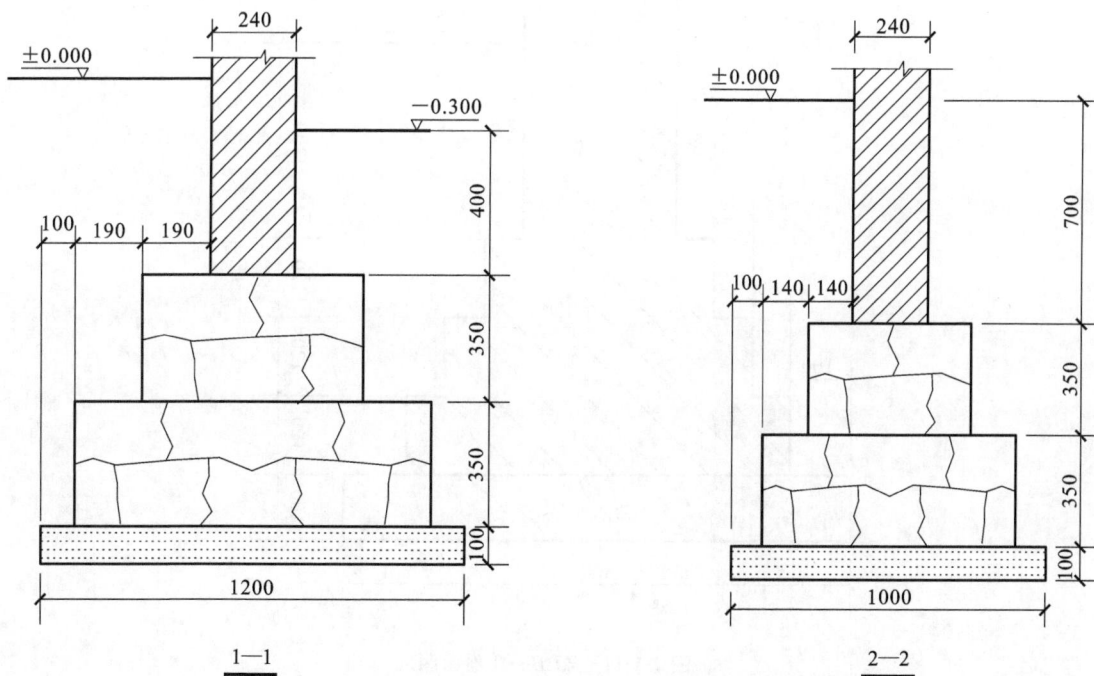

图 2-1-9 1—1、2—2 基础剖面图

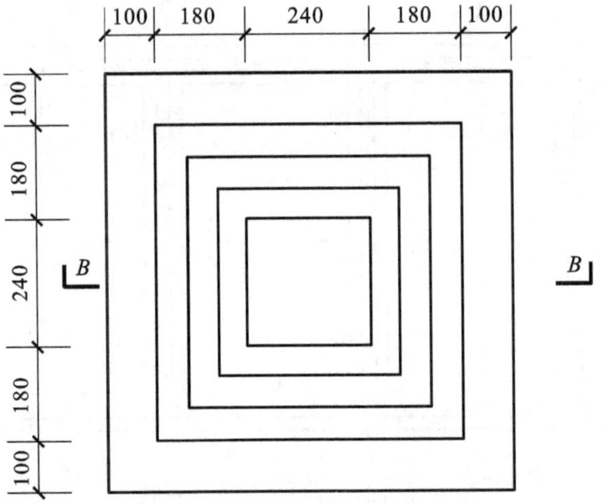

图 2-1-10 ZJ 平面图

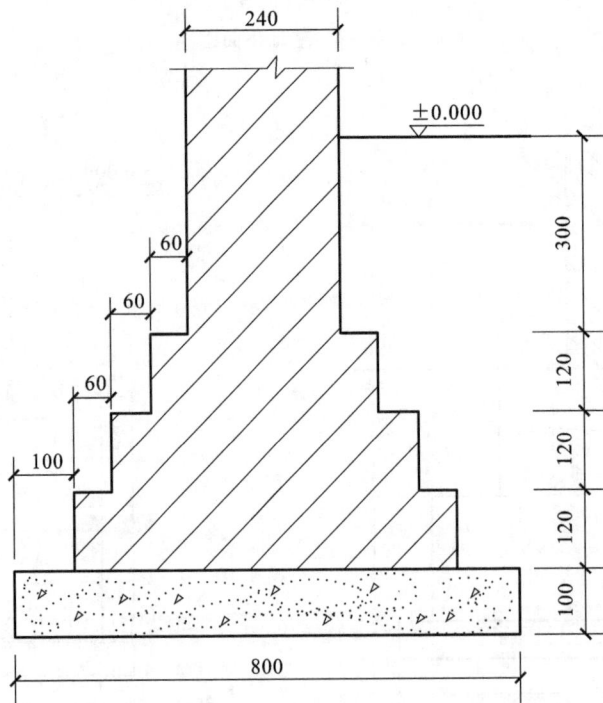

图 2-1-11 ZJ *B—B* 剖面图

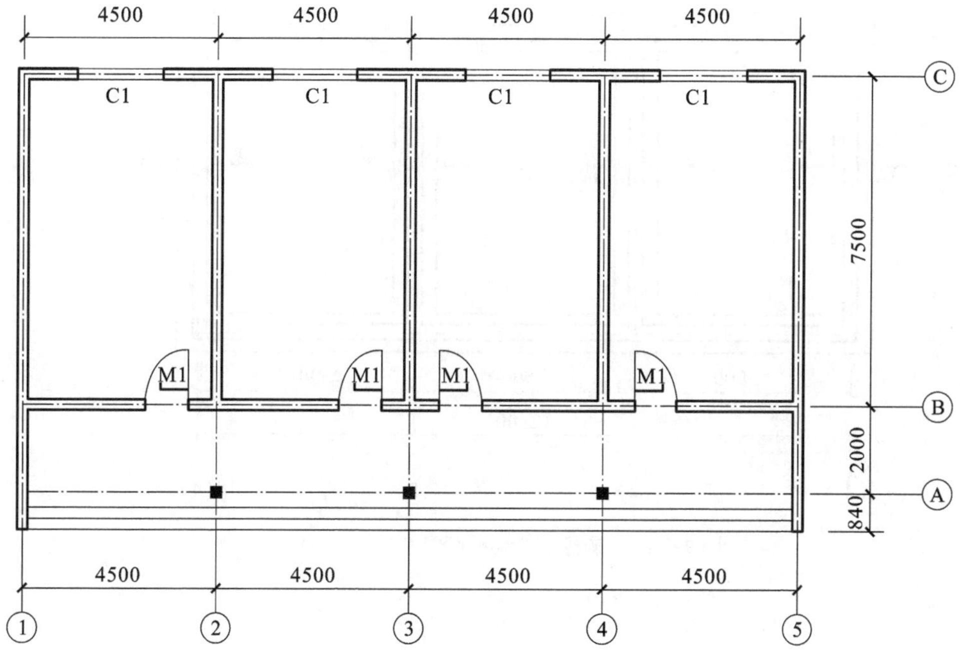

图 2-1-12 一层平面图

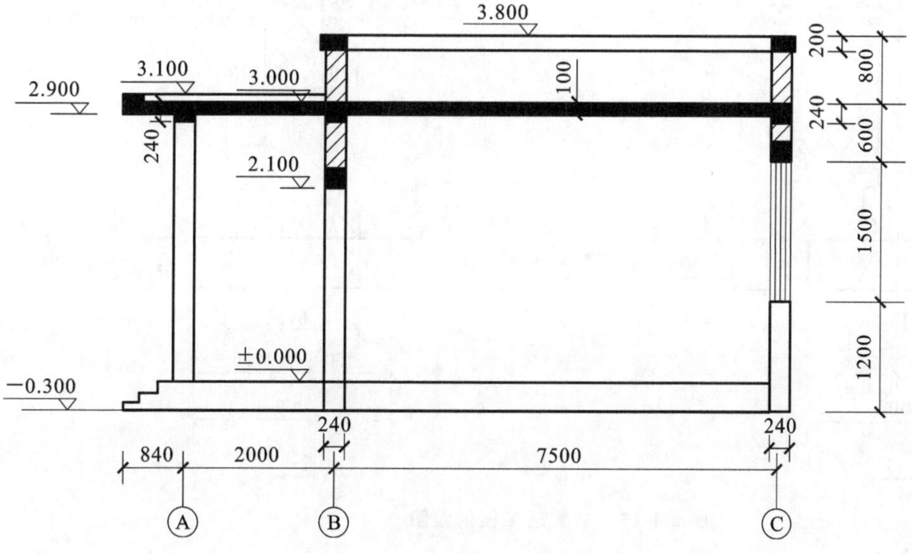

图 2-1-13 剖面图

2-1-2 某建筑物基础平面图、剖面图如图 2-1-14、图 2-1-15 所示。该条形基础为 M5 水泥砂浆砌筑混凝土实心砖,垫层为 C10 混凝土。工程所处地质情况:标高—0.5m 以上为普通土,—0.5m 以下为坚土。计算条形基础人工挖沟槽的定额工程量,确定定额项目。

独立思考与
习题答案

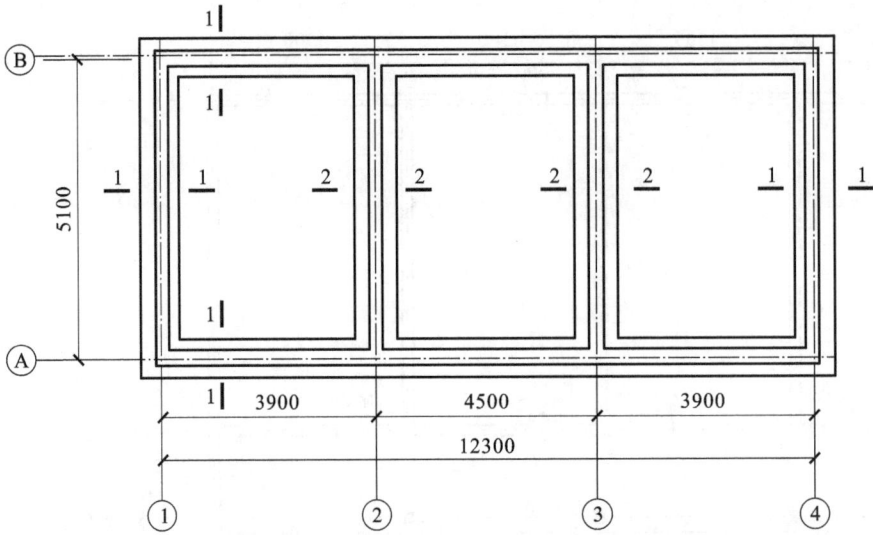

图 2-1-14 某基础工程平面图

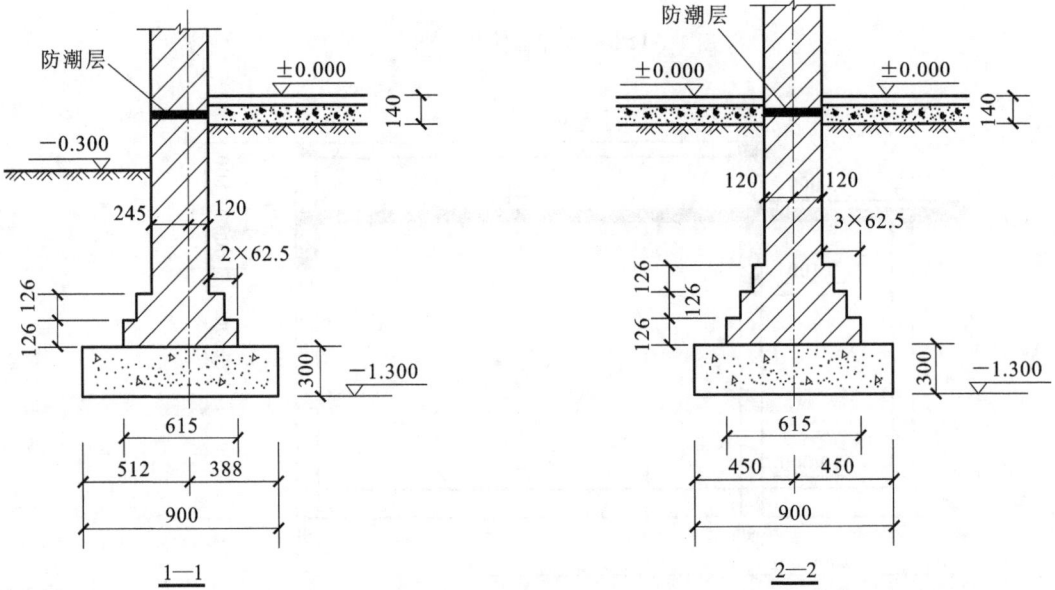

图 2-1-15 某基础工程剖面图

2 地基处理与边坡支护工程定额

内容提要

本章主要介绍地基处理与边坡支护工程各项内容及其定额应用。其中,地基处理的重点内容是各种垫层的换算系数与定额套用,基坑与边坡支护中的土钉与锚喷联合支护、地下连续墙及排水与降水等也是工程实际中应用较多的项目。

能力要求

通过本章的学习,学生应掌握各种垫层定额的应用与调整,了解基坑与边坡支护中的土钉与锚喷联合支护的定额应用,熟悉排水与降水的定额应用。

2.1 地基处理与边坡支护工程定额说明

本章定额包括地基处理、基坑与边坡支护、排水与降水。

2.1.1 地基处理

(1)垫层。

① 机械碾压垫层定额适用于场区道路垫层采用压路机械的情况。

② 垫层定额按地面垫层编制。若为基础垫层,人工、机械分别乘以下列系数:条形基础1.05,独立基础1.10,满堂基础1.00。若为场区道路垫层,人工乘以系数0.9。

③ 在原土上打夯(碾压)者另按本定额"第一章土石方工程"相应项目执行。垫层材料配合比与定额不同时,可以调整。

④ 灰土垫层及填料加固夯填灰土就地取土时,应扣除灰土配比中的黏土。

⑤ 褥垫层套用地基处理相应项目。

(2)填料加固定额用于软弱地基挖土后的换填材料加固工程。

(3)土工合成材料定额用于软弱地基加固工程。

（4）强夯。

① 强夯定额中每单位面积夯点数，指设计文件规定单位面积内的夯点数量；若设计文件中夯点数与定额不同，则采用内插法计算消耗量。

② 强夯的夯击击数，指强夯机械就位后，夯锤在同一夯点上下起落的次数（落锤高度应满足设计夯击能量的要求，否则按低锤满拍计算）。

③ 强夯工程量应区别不同夯击能量和夯点密度，按设计图示夯击范围及夯击遍数分别计算。

（5）注浆地基。

① 注浆地基所用的浆体材料用量与定额不同时可以调整。

② 注浆定额中注浆管消耗量为摊销量，若为一次性使用，可按实际用量进行调整。废泥浆处理及外运套用本定额"第一章土石方工程"相应项目。

（6）支护桩。

① 桩基施工前平整场地、压实地表、地下障碍物处理等，定额均未考虑，发生时另行计算。

② 探桩位已综合考虑在各类桩基定额内，不另行计算。

③ 支护桩已包括桩体充盈部分的消耗量。其中灌注砂、石桩还包括级配密实的消耗量。

④ 深层水泥搅拌桩定额已综合了正常施工工艺需要的重复喷浆（粉）和搅拌。空搅部分按相应定额的人工及搅拌桩机台班乘以系数 0.5 计算。

⑤ 水泥搅拌桩定额按不掺添加剂（如石膏粉、木质素硫酸钙、硅酸钠等）编制，如设计有要求，定额应按设计要求增加添加剂材料费，其余不变。

⑥ 深层水泥搅拌桩定额按 1 喷 2 搅施工编制；实际施工为 2 喷 4 搅时，定额的人工、机械乘以系数 1.43；2 喷 2 搅、4 喷 4 搅分别按 1 喷 2 搅、2 喷 4 搅计算。

⑦ 三轴水泥搅拌桩的水泥掺入量按加固土重（$1800kg/m^3$）的 18% 考虑，如设计不同，按深层水泥搅拌桩每增（减）1% 定额计算；三轴水泥搅拌桩定额按 2 搅 2 喷施工工艺考虑，设计不同时，每增（减）1 搅 1 喷按相应定额人工和机械费增（减）40% 计算。空搅部分按相应定额的人工及搅拌桩机台班乘以系数 0.5 计算。

⑧ 三轴水泥搅拌桩设计要求全断面套打时，相应定额的人工及机械乘以系数 1.5，其余不变。

⑨ 高压旋喷桩定额已综合接头处的复喷工料，高压旋喷桩中设计水泥用量与定额不同时可以调整。

⑩ 打、拔钢板桩，定额仅考虑打、拔施工费用，未包含钢工具桩制作、除锈和刷油，实际发生时另行计算。打、拔槽钢或钢轨，其机械用量乘以系数 0.77。

⑪ 钢工具桩在桩位半径不大于 15m 内移动、起吊和就位，已包括在打桩子目中，桩位半径大于 15m 时的场内运输按构件运输不大于 1km 子目的相应规定计算。

⑫ 单位（群体）工程打桩工程量小于表 2-2-1 者，相应定额的打桩人工及机械乘以系数 1.25。

表 2-2-1   打桩工程量表

桩类	工程量
碎石桩、砂石桩	$60m^3$
钢板桩	50t
水泥搅拌桩	$100m^3$
高压旋喷桩	$100m^3$

⑬ 打桩工程按陆地打垂直桩编制。设计要求打斜桩时,斜度小于或等于 1∶6 时,相应定额人工、机械乘以系数 1.25;斜度大于 1∶6 时,相应定额人工、机械乘以系数 1.43。

⑭ 桩间补桩或在地槽(坑)中及强夯后的地基上打桩时,相应定额人工、机械乘以系数 1.15。

⑮ 单独打试桩、锚桩,按相应定额的打桩人工及机械乘以系数 1.5。

⑯ 试验桩按相应定额人工、机械乘以系数 2.0。

2.1.2　基坑与边坡支护

(1)挡土板定额分为疏板和密板。疏板是指间隔支挡土板,且板间净空小于或等于 150cm 的情况;密板是指满堂支挡土板或板间净空不大于 30cm 的情况。

(2)钢支撑仅适用于基坑开挖的大型支撑安装、拆除。

(3)土钉与锚喷联合支护的工作平台套用本定额"第十七章脚手架工程"相应项目。锚杆的制作与安装套用本定额"第五章钢筋及混凝土工程"相应项目。

(4)地下连续墙适用于黏土、砂土及冲填土等软土层;导墙土方的运输、回填,套用本定额"第一章土石方工程"相应项目;废泥浆处理及外运套用本定额"第一章土石方工程"相应项目;钢筋加工套用本定额"第五章钢筋及混凝土工程"相应项目。

2.1.3　排水与降水

抽水机集水井排水定额,以每台抽水机工作 24h 为一台日。

降水井点分为轻型井点、喷射井点、大口径井点、水平井点、电渗井点和射流泵井点。井管间距应根据地质条件和施工降水要求,依据设计文件或施工组织设计确定;设计无规定时,可按轻型井点管距为 0.8~1.6m,喷射井点管距为 2~3m 确定。井点设备使用套的组成如下:轻型井点 50 根/套、喷射井点 30 根/套、大口径井点 45 根/套、水平井点 10 根/套、电渗井点 30 根/套,累计不足一套者按一套计算。井点设备使用,以每昼夜 24h 为一天。

水泵类型、管径与定额不一致时,可以调整。集水坑降水法见图 2-2-1,轻型井点法示意图见图 2-2-2。

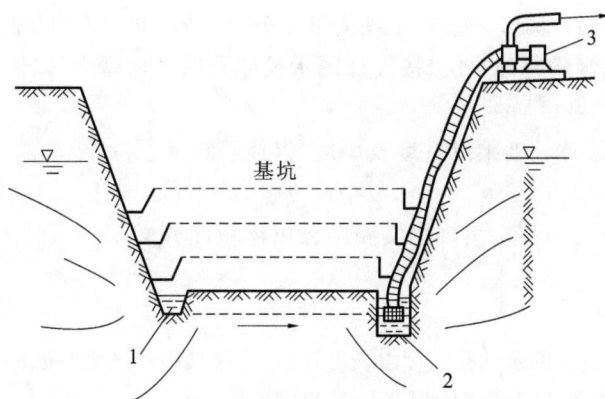

图 2-2-1　集水坑降水法
1—排水沟;2—集水井;3—水泵

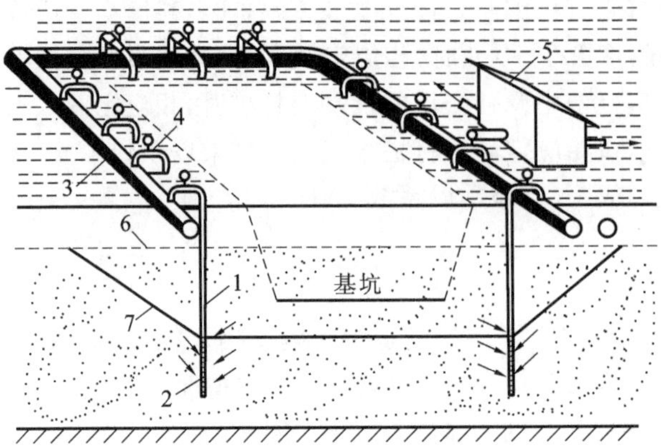

图 2-2-2 轻型井点法示意图
1—井点管;2—滤管;3—总管;4—弯联管;5—水泵房;6—原有地下水位线;7—降低后地下水位线

2.2 工程量计算规则

2.2.1 垫层

(1)地面垫层。

地面垫层按室内主墙间净面积乘以设计厚度,以体积计算。计算时应扣除凸出地面的构筑物、设备基础、室内铁道、地沟以及单个面积大于 $0.3m^2$ 的孔洞、独立柱等所占体积;不扣除间壁墙、附墙烟囱、墙垛以及单个面积小于或等于 $0.3m^2$ 的孔洞等所占体积,门洞、空圈、暖气壁龛等开口部分也不增加。

(2)基础垫层。

基础垫层按下列规定,以体积计算。

① 条形基础垫层,外墙按外墙中心线长度、内墙按其设计净长度乘以垫层平均断面面积以体积计算。柱间条形基础垫层,按柱基础(含垫层)之间的设计净长度乘以垫层平均断面面积,以体积计算。

② 独立基础垫层和满堂基础垫层,按设计图示尺寸乘以平均厚度,以体积计算。

(3)场区道路垫层。

场区道路垫层按其设计长度乘以宽度及厚度,以体积计算。

(4)爆破岩石增加垫层。

爆破岩石增加垫层的工程量,按现场实测结果以体积计算。

2.2.2 注浆地基

(1)分层注浆钻孔按设计图示钻孔深度以长度计算,注浆按设计图纸注明的加固土体以体积计算。

(2)压密注浆钻孔按设计图示深度以长度计算。

注浆按下列规定以体积计算。

① 设计图纸明确加固土体体积的,按设计图纸注明的体积计算。

② 设计图纸以布点形式图示土体加固范围的,将两孔间距的一半作为扩散半径,以布点边线各加扩散半径,形成计算平面,计算注浆体积。

③ 如果设计图纸注浆点在钻孔灌注桩之间,则将两注浆孔的一半作为每孔的扩散半径,依此圆柱体积计算注浆体积。

2.2.3　支护桩

(1)填料桩、深层水泥搅拌桩按设计桩长(有桩尖时包括桩尖)乘以设计桩外径截面面积,以体积计算。填料桩、深层水泥搅拌桩截面有重叠时,不扣除重叠面积。

(2)预钻孔道高压旋喷(摆喷)水泥桩工程量,成(钻)孔按自然地坪标高至设计桩底的长度计算,喷浆按设计加固桩截面面积乘以设计桩长以体积计算。

(3)三轴水泥搅拌桩按设计桩长(有桩尖时包括桩尖)乘以设计桩外径截面面积,以体积计算。

(4)三轴水泥搅拌桩设计要求全断面套打时,相应定额的人工及机械乘以系数1.5,其余不变。

(5)凿桩头适用于深层搅拌水泥桩、三轴水泥搅拌桩、高压旋喷水泥桩定额子目,按凿桩长度乘以桩断面面积以体积计算。

(6)打、拔钢板桩工程量按设计图示桩的尺寸以质量计算,安、拆导向夹具按设计图示尺寸以长度计算。

2.2.4　基坑与边坡支护

(1)挡土板按设计文件(或施工组织设计)规定的支挡范围,以面积计算。袋土围堰按设计文件(或施工组织设计)规定的支挡范围,以体积计算。

(2)钢支撑按设计图示尺寸以质量计算,不扣除孔眼质量,焊条、铆钉、螺栓等不另增加质量。

(3)砂浆土钉的钻孔灌浆,按设计文件(或施工组织设计)规定的钻孔深度,以长度计算。土层锚杆机械钻孔、注浆,按设计孔径尺寸,以长度计算。喷射混凝土护坡区分土层与岩层,按设计文件(或施工组织设计)规定的尺寸,以面积计算。锚头制作、安装、张拉、锁定按设计图示以数量计算。

(4)现浇导墙混凝土按设计图示,以体积计算。现浇导墙混凝土模板按混凝土与模板接触面的面积,以面积计算。成槽工程量按设计长度乘以墙厚及成槽深度(指设计室外地坪至连续墙墙底),以体积计算。锁扣管以"段"为单位(段是指槽壁单元槽段),锁口管吊拔按连续墙段数计算,定额中已包括锁口管的摊销费用。清底置换以"段"为单位(段是指槽壁单元槽段)。连续墙混凝土浇筑工程量按设计长度乘以墙厚及墙身加 0.5m,以体积计算。凿地下连续墙超灌混凝土,设计无规定时,其工程量按墙体断面面积乘以 0.5m,以体积计算。

2.2.5　排水与降水

(1)抽水机基底排水区分不同排水深度,按设计基底以面积计算。

(2)集水井按不同成井方式,分别以设计文件(或施工组织设计)规定的数量,以"座"或以长度计算。抽水机集水井排水按设计文件(或施工组织设计)规定的抽水机台数和工作天数,以"台日"计算。

(3)井点降水区分不同的井管深度,其井管安拆,按设计文件(或施工组织设计)规定的井管数量,以数量计算;设备使用按设计文件(或施工组织设计)规定的使用时间,以"每套每天"计算。

(4)大口径深井降水打井按设计文件(或施工组织设计)规定的井深,以长度计算。降水抽水按设计文件(或施工组织设计)规定的时间,以"台日"计算。

2.2.6 其他

(1)填料加固,按设计图示尺寸以体积计算。

(2)土工合成材料,按设计图示尺寸以面积计算,平铺以坡度小于或等于15%为准。

(3)强夯,按设计图示强夯处理范围以面积计算;设计无规定时,按建筑物基础外围轴线每边各加4m以面积计算。

2.3 地基处理与边坡支护工程定额计量应用

【例2-2-1】 某工程毛石基础下设C15素混凝土基础垫层,地面设C15素混凝土垫层100mm,墙体厚度为240mm,如图2-1-2、图2-1-3所示。试计算条形基础、地面垫层工程量,确定定额项目。

【解】 条形基础工程量:

$$L_{中} = (26.4 + 11.4) \times 2 + 5.4 \times 2 = 86.4(m)$$

$$L_{内基} = 6 \times 7 + 3.3 \times 2 - 1.34 \times 9 = 36.54(m)$$

$$V_{条基垫层} = (86.4 + 36.54) \times 1.34 \times 0.10 \div 10 = 1.647(10m^3)$$

$$S_{房} = (3.3 - 0.24) \times (11.4 - 0.24 \times 2) \times 2 + (3.3 - 0.24) \times (6 - 0.24) \times 6 = 172.58(m^2)$$

地面垫层工程量:

$$V_{地面垫层} = 172.58 \times 0.10 \div 10 = 1.726(10m^3)$$

条形基础垫层C15混凝土定额参见表2-2-2,套定额项目2-1-28,人工、机械分别乘以条形基础系数1.05。地面垫层C15混凝土套定额2-1-28。

表2-2-2　　　　　　　　　　　　　　　混凝土垫层定额

工作内容:1.铺设、捣固、找平、养护。

2.摊铺、压实、养护。　　　　　　　　　　　　　　　　　　　　(计量单位:10m³)

定额编号			2-1-26	2-1-27	2-1-28	2-1-29
项目名称			混凝土垫层			
			轻骨料	毛石	无筋	沥青
名称		单位	消耗量			
人工	综合工日	工日	6.25	9.02	8.30	14.55
材料	现浇轻骨料混凝土	m³	10.1000	—	—	—
	毛石	m³	—	2.7336	—	—
	C15现浇混凝土碎石小于40	m³	—	8.5850	10.1000	—
	水	m³	1.2500	5.0000	3.7500	—
材料	中粒式耐酸沥青混凝土	m³				10.1000
机械	混凝土振捣器 平板式	台班	0.8260	0.8260	0.8260	—
	钢轮内燃压路机 8t	台班	—	—	—	0.2300

注:在原土上打夯(碾压)者应另按土方工程中的原土夯实(碾压)定额执行。

【例 2-2-2】 某工程现浇混凝土独立基础 DJ1,共 12 个,如图 2-1-4 所示。独立基础下设厚度为 100mm 的 C15 素混凝土垫层。计算独立基础垫层的定额工程量,确定定额项目。

【解】 计算独立基础垫层工程量:

$$V_{独立基础垫层} = 2.6 \times 2.9 \times 0.10 \times 12 \div 10 = 0.905(10m^3)$$

独立基础垫层 C15 混凝土套定额项目 2-1-28,人工、机械分别乘以系数 1.10。

2.4　地基处理与边坡支护工程定额 BIM 计量案例

地基处理与边坡支护工程定额 BIM 计量案例

知识归纳

(1)各种垫层定额说明及计算规则。

(2)强夯工程量计算规则。

(3)打桩工程量计算规则。

(4)边坡支护工程量计算规则。

(5)排水与降水工程量计算规则。

独立思考

2-2-1　简述垫层定额换算要求及计算规则。

2-2-2　简述强夯工程量计算规则。

2-2-3　简述集水井、井点降水的工程量计算规则。

习　题

某工程基础平面图、剖面图、一层平面图等如图 2-1-8～图 2-1-13 所示,基础垫层为 C15 混凝土,室内地面为 100mm 厚 C15 素混凝土垫层。

(1)计算条形基础垫层工程量,确定定额项目。

(2)计算独立基础垫层工程量,确定定额项目。

(3)计算室内地面垫层工程量,确定定额项目。

独立思考与
习题答案

3 桩基础工程定额

![内容提要图标] **内容提要**

  本章的主要内容是桩基础工程定额计量与计价,主要介绍打桩与灌注桩的定额应用,便于学生理解各类预制桩与灌注桩的定额应用与相关调整内容。

![能力要求图标] **能力要求**

  通过本章的学习,学生应了解打、压预制桩和各种灌注桩的定额项目划分及计算规则;能根据工程实际计算桩基础工程的定额工程量,确定定额项目。

3.1 桩基础工程定额说明

桩基础工程定额包括打桩、灌注桩。

桩基础工程定额适用于陆地上桩基工程,所列打桩机械的规格、型号按常规施工工艺和方法综合取定。定额已综合考虑了各类土层、岩石层的分类因素,对施工场地的土质、岩石级别进行了综合取定。

桩基施工前平整场地、压实地表、地下障碍处理等,定额均未考虑,发生时另行计算。

探桩位已综合考虑在各类桩基定额内,不另行计算。

单位(群体)工程的桩基工程量少于表 2-3-1 对应数量时,相应定额人工、机械乘以系数 1.25。

灌注桩单位(群体)工程的桩基工程量是指灌注混凝土量。

表 2-3-1   **单位工程的桩基工程量表**

项目	单位工程的工程量	项目	单位工程的工程量
预制钢筋混凝土方桩	200m³	钻孔、旋挖成孔灌注桩	150m³
预应力钢筋混凝土管桩	1000m	沉管、冲击灌注桩	100m³
预制钢筋混凝土板桩	100m³	钢管桩	50t

3.1.1　打桩

(1)单独打试桩、锚桩,按相应定额的打桩人工及机械乘以系数1.5。

(2)打桩工程按陆地打垂直桩编制。设计要求打斜桩,斜度小于或等于1:6时,相应定额人工、机械乘以系数1.25;斜度大于1:6时,相应定额人工、机械乘以系数1.43。

(3)打桩工程以平地(坡度小于或等于15°)打桩为准,坡度大于15°打桩时,按相应定额人工、机械乘以系数1.15。如在基坑内(基坑深度大于1.5m,基坑面积小于或等于500m²)打桩或在地坪上打坑槽内(坑槽深度大于1m)打桩时,按相应定额人工、机械乘以系数1.11。

(4)在桩间补桩或在强夯后的地基上打桩时,相应定额人工、机械乘以系数1.15。

(5)打桩工程,如遇送桩,可按打桩相应定额人工、机械乘以表2-3-2中的系数。

表2-3-2　　　　　　　　　　　**送桩深度系数表**

送桩深度	系数
≤2m	1.25
≤4m	1.43
>4m	1.67

(6)打、压预制钢筋混凝土桩、预应力钢筋混凝土管桩,定额按购入成品构件考虑,已包含桩位半径小于或等于15m内的移动、起吊、就位。桩位半径大于15m时的构件场内运输,按本定额"第十九章施工运输工程"中的预制构件水平运输1km以内的相应项目执行。

(7)本章定额内未包括预应力钢筋混凝土管桩钢桩尖制安项目,实际发生时按本定额"第五章钢筋及混凝土工程"中的预埋铁件定额执行。

(8)预应力钢筋混凝土管桩桩头灌芯部分按人工挖孔桩灌桩芯定额执行。

3.1.2　灌注桩

(1)钻孔、旋挖成孔等灌注桩设计要求进入岩石层时执行入岩子目。入岩是指钻入中风化的坚硬岩。

(2)旋挖成孔灌注桩定额按湿作业成孔考虑,如采用干作业成孔工艺,则扣除相应定额中的黏土、水和机械中的泥浆泵。

(3)定额各种灌注桩的材料用量中,均已包括了充盈系数和材料损耗,如表2-3-3所示。

表2-3-3　　　　　　　　　**灌注桩充盈系数和材料损耗率表**

项目名称	充盈系数	材料损耗率/%
旋挖、冲击钻机成孔灌注混凝土桩	1.25	1
回旋、螺旋钻机钻孔灌注混凝土桩	1.20	1
沉管桩机成孔灌注混凝土桩	1.15	1

(4)桩孔空钻部分回填应根据施工组织设计的要求套用相应定额,填土者按本定额"第一章土石方工程"松填土方定额计算,填碎石者按本定额"第二章地基处理与边坡支护工程"碎石垫层定额乘以0.7计算。

(5)旋挖桩、螺旋桩、人工挖孔桩等采用干作业成孔工艺的桩的土石方场内、场外运输,执行本定额"第一章土石方工程"相应项目及规定。

（6）本章定额内未包括泥浆池制作，实际发生时按本定额"第四章砌筑工程"的相应项目执行。

（7）本章定额内未包括废泥浆场内（外）运输，实际发生时按本定额"第一章土石方工程"相关项目及规定执行。

（8）本章定额内未包括桩钢筋笼、铁件制安项目，实际发生时按本定额"第五章钢筋及混凝土工程"的相应项目执行。

（9）本章定额内未包括沉管灌注桩的预制桩尖制安项目，实际发生时按本定额"第五章钢筋及混凝土工程"中的小型构件定额执行。

（10）灌注桩后压浆注浆管、声测管埋设，注浆管、声测管如遇材质、规格不同，可以换算，其余不变。

（11）注浆管埋设定额按桩底注浆考虑，如设计采用侧向注浆，则相应定额人工、机械乘以系数1.2。

3.2 工程量计算规则

3.2.1 打桩

（1）预制钢筋混凝土桩。

打、压预制钢筋混凝土桩按设计桩长（包括桩尖）乘以桩截面面积，以体积计算。

（2）预应力钢筋混凝土管桩。

① 打、压预应力钢筋混凝土管桩按设计桩长（不包括桩尖），以长度计算。

② 预应力钢筋混凝土管桩钢桩尖按设计图示尺寸，以质量计算。

③ 预应力钢筋混凝土管桩，如设计要求加注填充材料，则填充部分另按本章钢管桩填芯相应项目执行。

④ 桩头灌芯按设计尺寸以灌注体积计算。

（3）钢管桩。

① 钢管桩按设计要求的桩体质量计算。

② 钢管桩内切割、精割盖帽按设计要求的数量计算。

③ 钢管桩管内钻孔取土、填芯，按设计桩长（包括桩尖）乘以填芯截面面积，以体积计算。

（4）打桩工程的送桩按设计桩顶标高至打桩前的自然地坪标高另加0.5m计算相应项目的送桩工程量。

（5）预制混凝土桩、钢管桩电焊接桩，按设计要求接桩头的数量计算。

（6）预制混凝土桩截桩按设计要求截桩的数量计算。截桩长度小于或等于1m时，不扣减相应桩的打桩工程量；截桩长度大于1m时，其超过部分按实扣减打桩工程量，但桩体的价格和预制桩场内运输的工程量不扣除。

（7）预制混凝土桩凿桩头按设计图示桩截面面积乘以凿桩头长度，以体积计算。凿桩头长度设计无规定时，桩头长度按桩体高40d（d 为桩体主筋直径，主筋直径不同时取大者）计算；灌注混凝土桩凿桩头按设计超灌高度（设计有规定按设计要求，设计无规定按0.5m）乘以桩截面面积，以体积计算。

（8）桩头钢筋整理，按所整理的桩的数量计算。

3.2.2　灌注桩

(1)钻孔桩、旋挖桩成孔工程量按打桩前自然地坪标高至设计桩底标高的成孔长度乘以设计桩径截面面积,以体积计算。入岩增加工程量按实际入岩深度乘以设计桩径截面面积,以体积计算。

(2)钻孔桩、旋挖桩灌注混凝土工程量按设计桩径截面面积乘以设计桩长(包括桩尖)另加加灌长度,以体积计算。加灌长度设计有规定者,按设计要求计算;无规定者,按0.5m计算。

(3)沉管成孔工程量按打桩前自然地坪标高至设计桩底标高(不包括预制桩尖)的成孔长度乘以钢管外径截面面积,以体积计算。

(4)沉管桩灌注混凝土工程量按钢管外径截面面积乘以设计桩长(不包括预制桩尖)另加加灌长度,以体积计算。加灌长度设计有规定者,按设计要求计算;无规定者,按0.5m计算。

(5)人工挖孔灌注混凝土桩护壁和桩芯工程量,分别按设计图示截面面积乘以设计桩长另加加灌长度,以体积计算。加灌长度设计有规定者,按设计要求计算;无规定者,按0.25m计算。

(6)钻孔灌注桩、人工挖孔桩设计要求扩底时,其扩底工程量按设计尺寸,以体积计算,并入相应桩的工程量内。

(7)桩孔回填工程量按桩加灌长度顶面至打桩前自然地坪标高的长度乘以桩孔截面面积,以体积计算。

(8)钻孔压浆桩工程量按设计桩顶标高至设计桩底标高的长度另加0.5m,以长度计算。

(9)注浆管、声测管埋设工程量按打桩前的自然地坪标高至设计桩底标高的长度另加0.5m,以长度计算。

(10)桩底(侧)后压浆工程量按设计注入水泥用量,以质量计算。

3.3　桩基础工程定额计量应用

【例2-3-1】　某建筑物基础平地打预制钢筋混凝土方桩共120根,如图2-3-1所示。桩长(桩顶面至桩尖底)为9.5m,断面尺寸为250mm×250mm。(1)计算打桩的定额工程量,确定定额项目。(2)如将桩送入地下0.5m,计算打、送桩工程量,确定定额项目。

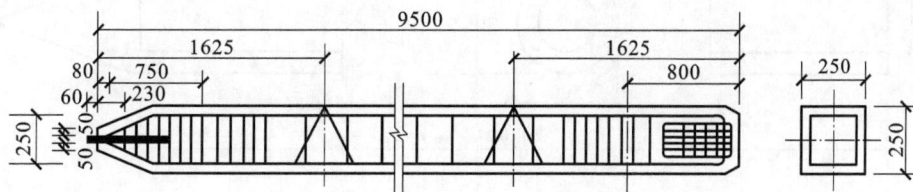

图2-3-1　钢筋混凝土预制桩

【解】　(1)单位工程的打桩工程量＝设计全长×截面面积×打桩根数

$$=0.25×0.25×9.5×120=71.25(m^3)=7.125(10m^3)$$

打预制钢筋混凝土方桩套定额 3-1-1。单位工程的打桩工程量 71.25m³<200m³，定额人工、机械乘以系数 1.25。

（2）送桩工程量＝（送桩长度＋0.5）×截面面积×打桩根数

$$＝(0.5＋0.5)×0.25×0.25×120÷10＝0.75(10m³)$$

送预制钢筋混凝土方桩定额参见表 2-3-4，套定额 3-1-1。单位工程的打桩工程量 71.25m³<200m³，定额人工、机械分别乘以系数 1.25；送桩深度小于或等于 2m，定额人工、机械分别乘以系数 1.25。

表 2-3-4　　　　　　　　　　　　　　　**预制钢筋混凝土方桩定额**

工作内容：准备打桩机具，探桩位，行走打桩机，吊装定位，安卸桩垫、桩帽，校正，打桩。（计量单位：10m³）

定额编号			3-1-1	3-1-2	3-1-3	3-1-4
项目名称			打预制钢筋混凝土方桩（桩长）			
			≤12m	≤25m	≤45m	>45m
名称		单位	消耗量			
人工	综合工日	工日	7.98	6.62	5.67	4.94
材料	预制钢筋混凝土方桩	m³	(10.100)	(10.100)	(10.100)	(10.100)
	白棕绳	kg	0.9000	0.9000	0.9000	0.9000
	草纸	kg	2.5000	2.5000	2.5000	2.5000
	垫木	m³	0.0300	0.0300	0.0300	0.0300
	金属周转材料	kg	2.2700	2.4200	2.5800	2.7400
机械	履带式柴油打桩机 2.5t	台班	0.7600	—	—	—
	履带式柴油打桩机 5t	台班	—	0.6300	0.5400	—
	履带式柴油打桩机 7t	台班	—	—	—	0.4700
	履带式起重机 15t	台班	0.4600	0.3800	0.3200	—
	履带式起重机 25t	台班	—	—	—	0.2800

【例 2-3-2】　打预应力混凝土管桩，共 150 根，如图 2-3-2 所示。计算打桩定额工程量，确定定额项目。

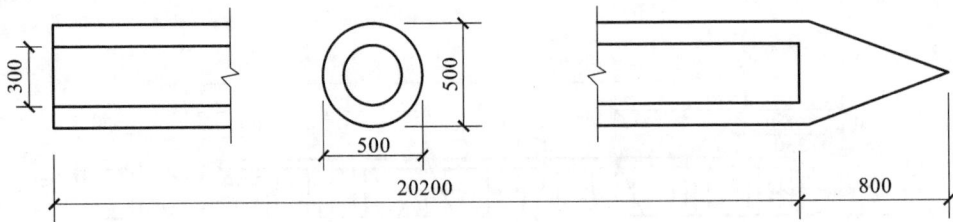

图 2-3-2　预制混凝土管桩

【解】　　　　　　　　　预应力管桩工程量＝20.2×150÷10＝303(10m)

打预制混凝土管桩（桩径小于或等于 500mm）定额参见表 2-3-5，套定额 3-1-10。单位工程预应力钢筋混凝土管桩工程量小于 1000m，相应定额人工、机械乘以系数 1.25。

表 2-3-5　　　　　　　　　　　　　**预应力钢筋混凝土管桩定额**

工作内容:准备打桩机具,探桩位,行走打桩机,吊装定位,安卸桩垫、桩帽,校正,打桩。　（计量单位:10m）

定额编号			3-1-9	3-1-10	3-1-11	3-1-12
项目名称			打预应力钢筋混凝土管桩（桩径）			
			≤400mm	≤500mm	≤600mm	>600mm
名称		单位	消耗量			
人工	综合工日	工日	0.76	0.83	0.86	1.04
材料	预应力钢筋混凝土管桩	m	(10.100)	(10.100)	(10.100)	(10.100)
	白棕绳	kg	0.1300	0.1300	0.1300	0.1300
	草纸	kg	0.3618	0.3618	0.3618	0.3618
	垫木	m³	0.0030	0.0050	0.0070	0.0090
	金属周转材料	kg	0.2600	0.4000	0.5800	0.7200
机械	履带式柴油打桩机 2.5t	台班	0.0990	—	—	—
	履带式柴油打桩机 5t	台班	—	0.1090	—	—
	履带式柴油打桩机 7t	台班	—	—	0.1120	0.1360
	履带式起重机 15t	台班	0.0590	0.0650	—	—
	履带式起重机 25t	台班	—	—	0.0670	0.0820

【例 2-3-3】　某单位工程回旋钻机钻孔灌注混凝土桩,自室外地坪至设计桩底标高的成孔长度为 9m,直径为 500mm,共 80 根。(1)计算钻孔定额工程量,确定定额项目。(2)计算混凝土灌注桩定额工程量,确定定额项目。

【解】　(1)钻孔定额工程量=3.14×0.25×0.25×9×80÷10=14.130(10m³)。

回旋钻机钻孔桩径小于或等于 800mm,定额参见表 2-3-6,套定额 3-2-1。

表 2-3-6　　　　　　　　　　　　　**灌注桩回旋钻机钻孔**

工作内容:护筒埋设及拆除;安拆泥浆系统;造浆;准备钻具,钻机就位;
　　　　　钻孔、出渣、提钻、压浆、清孔等。　　　　　　　　　　（计量单位:10m³）

定额编号			3-2-1	3-2-2	3-2-3
项目名称			回旋钻机钻孔（桩径）		
			≤800mm	≤1200mm	≤1500mm
名称		单位	消耗量		
人工	综合工日	工日	14.78	8.08	6.41

续表

定额编号		3-2-1	3-2-2	3-2-3
项目名称		回旋钻机钻孔(桩径)		
		≤800mm	≤1200mm	≤1500mm
名称	单位	消耗量		
材料 黏土	m³	0.6680	0.4170	0.2900
水	m³	27.6000	26.5600	22.1000
垫木	m³	0.0850	0.0430	0.0400
电焊条	kg	1.1200	0.9800	0.8400
金属周转材料	kg	2.8800	1.7500	1.0000
机械 回旋钻机 1000mm	台班	1.9370	—	—
回旋钻机 1500mm	台班	—	1.0590	0.8400
泥浆泵 100mm	台班	1.9370	1.0590	0.8400
交流弧焊机 32kV·A	台班	0.1600	0.1400	0.1200

(2)灌注桩混凝土定额工程量=3.14×0.25×0.25×(9+0.5)×80÷10=14.915(10m³)。

回旋钻孔灌注桩混凝土定额参见表 2-3-7,套定额 3-2-26。

注意:单位工程灌注桩混凝土工程量=149.15(10m³)≤150(10m³),定额人工、机械乘以系数 1.25。

表 2-3-7 **灌注桩定额**

工作内容:混凝土灌注;安、拆导管及漏斗。 (计量单位:10m³)

定额编号		3-2-26	3-2-27	3-2-28	3-2-29	3-2-30
项目名称		回旋钻孔	旋挖成孔	冲击成孔	沉管成孔	螺旋钻孔
名称	单位	消耗量				
人工 综合工日	工日	5.93	2.43	6.45	3.44	3.41
材料 C30 水下混凝土 碎石小于 31.5	m³	12.1200	12.6250	12.6250	11.6150	—
C30 现浇混凝土 碎石小于 31.5	m³	—	—	—	—	12.1200
金属周转材料	kg	3.8000	3.8000	3.8000	3.8000	3.8000

➡️ **知识归纳**

(1)单位(群体)工程的桩基工程量调整系数。

(2)打预制桩定额说明及定额工程量计算规则。

(3)预制桩送桩定额说明及定额工程量计算规则。

(4)灌注桩定额说明及定额工程量计算规则。

独立思考

2-3-1 简述打预制钢筋混凝土桩定额说明、定额工程量计算规则及调整系数。

2-3-2 简述预制桩送桩定额说明、定额工程量计算规则及调整系数。

2-3-3 简述灌注桩定额说明、定额工程量计算规则及调整系数。

独立思考与习题答案

习 题

某工程采用打桩机打钢筋混凝土预制方桩,三类土,如图 2-3-3 所示,共 50 根。计算打桩工程量,确定定额项目。

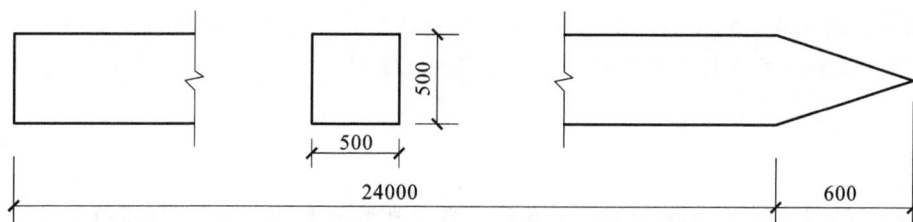

图 2-3-3 预制钢筋混凝土方桩

4 砌筑工程定额

内容提要

本章的主要内容是砌筑工程定额计量与计价,主要介绍各类砌筑工程的定额计量与计价调整,便于学生理解各类砌筑工程的定额应用与相关调整内容。

能力要求

通过本章的学习,学生应了解各类砌筑工程的定额项目划分及计算规则;能根据工程实际计算砖砌体、砌块砌体、石砌体、轻质板墙等分项工程的定额工程量,确定定额项目。

4.1 砌筑工程定额说明

本章定额包括砖砌体、砌块砌体、石砌体和轻质板墙四部分。

本章定额中砖、砌块和石料按标准或常用规格编制,设计材料规格与定额不同时允许换算。

砌筑砂浆按现场搅拌编制,定额所列砌筑砂浆的强度等级和种类,设计与定额不同时允许换算。

定额中各类砖砌体、砌块砌体、石砌体的砌筑均按直形砌筑编制;如为圆弧形砌筑,则按相应定额人工用量乘以系数1.1,材料用量乘以系数1.03。

4.1.1 砖砌体、砌块砌体、石砌体

(1)标准砖砌体计算厚度按表2-4-1计算。

表2-4-1 标准砖砌体计算厚度

墙厚/砖数	1/4	1/2	3/4	1	$1\frac{1}{2}$	2	$2\frac{1}{2}$
计算厚度/mm	53	115	180	240	365	490	615

（2）砌筑材料选用规格（单位：mm）。

实心砖：240×115×53；多孔砖：M 型 190×90×90、190×190×90，P 型 240×115×90；空心砖：240×115×115、240×180×115；加气混凝土砌块：600×200×240；空心砌块：390×190×190、290×190×190；装饰混凝土砌块：390×90×190；毛料石：1000×300×300；方整石墙：400×220×200；方整石柱：450×220×200；零星方整石：400×200×100。

（3）定额中的墙体砌筑层高是按 3.6m 编制的，如超过 3.6m，其超过部分工程量的定额人工乘以系数 1.3。

（4）砖砌体均包括原浆勾缝用工，加浆勾缝时，按本定额"第十二章墙、柱面装饰与隔断、幕墙工程"的规定另行计算。

（5）零星砌体是指台阶、台阶挡墙、阳台栏板、施工过人洞、梯带、蹲台、池槽、池槽腿、花台、隔热板下砖墩、炉灶、锅台，以及石墙和轻质墙中的墙角、窗台、门窗洞口立边、梁垫、楼板或梁下的零星砌砖等。

（6）砖砌挡土墙，墙厚大于 2 砖时执行砖基础相应项目，墙厚小于或等于 2 砖时执行砖墙相应项目。

（7）砖柱和零星砌体等子目按实心砖列项，如用多孔砖砌筑，按相应子目乘以系数 1.15。

（8）砌块砌体中已综合考虑了墙底小青砖所需工料，使用时不得调整。墙顶部与楼板或梁的连接依据《蒸压加气混凝土砌块构造详图（山东省）》（L10J125）按铁件连接考虑，铁件制作和安装按本定额"第五章钢筋及混凝土工程"的规定另行计算。

（9）装饰砌块夹芯保温复合墙体是指由外叶墙（非承重）、保温层、内叶墙（承重）三部分组成的集装饰、保温、承重于一体的复合墙体。

（10）砌块零星砌体执行砖零星砌体子目，人工含量不变。

（11）砌块墙中用于固定门窗或吊柜、窗帘盒、暖气片等配件所需的灌注混凝土或预埋构件，按本定额"第五章钢筋及混凝土工程"的规定另行计算。

（12）定额中石材按其材料加工程度分为毛石、毛料石、方整石，使用时应根据石料名称、规格分别执行。

（13）毛石护坡高度大于 4m 时，定额人工乘以系数 1.15。

（14）方整石零星砌体子目，适用于窗台、门窗洞口立边、压顶、台阶、栏杆、墙面点缀石等定额未列项目的方整石的砌筑。

（15）石砌体子目中均不包括勾缝用工，勾缝按本定额"第十二章墙、柱面装饰与隔断、幕墙工程"的规定另行计算。

（16）设计用于各种砌体中的砌体加固筋，按本定额"第五章钢筋及混凝土工程"的规定另行计算。

4.1.2　轻质板墙

（1）轻质板墙适用于框架、框剪结构中的内外墙或隔墙。定额按不同材质和板型编制，设计与定额不同时，可以换算。

（2）轻质板墙，无论是空心板还是实心板，均按厂家提供板墙半成品（包括板内预埋件，配套吊挂件、U 形卡、S 形钢檩条、螺栓、铆钉等），现场安装编制。

（3）轻质板墙中与门窗连接的钢筋码和钢板（预埋件），定额已综合考虑。

4.2 工程量计算规则

4.2.1 砌筑界线划分

(1)基础与墙体以设计室内地坪为界,有地下室者,以地下室设计室内地坪为界,以下为基础,以上为墙体。

(2)室内柱以设计室内地坪为界,室外柱以设计室外地坪为界,以下为柱基础,以上为柱。

(3)围墙以设计室外地坪为界,以下为基础,以上为墙体。

(4)挡土墙以设计地坪标高低的一侧为界,以下为基础,以上为墙体。

注:上述砌筑界线的划分,是指基础与墙(柱)为同一种材料(或同一种砌筑工艺)的情况;若基础与墙(柱)使用不同材料,且(不同材料的)分界线位于设计室内地坪 300mm 以内时,300mm 以内部分并入相应墙(柱)工程量内计算。

4.2.2 基础工程量计算

(1)条形基础按墙体长度乘以设计断面面积,以体积计算。

(2)包括附墙垛基础宽出部分体积,扣除地梁(圈梁)、构造柱所占体积,不扣除基础大放脚 T形接头处的重叠部分,以及嵌入基础的钢筋、铁件、管道、基础防潮层和单个面积小于或等于 0.3m^2 的孔洞所占体积,靠墙暖气沟的挑檐亦不增加。

(3)基础长度:外墙按外墙中心线长度,内墙按内墙净长度计算。

(4)柱间条形基础,按柱间墙体的设计净长度乘以设计断面面积,以体积计算。

(5)独立基础,按设计图示尺寸以体积计算。

(6)基础大放脚的计算。

① 大放脚有等高式和不等高式两种,如图 2-4-1 所示。带大放脚的砖基础断面面积 A 可利用平面几何知识计算。等高式砖基础断面面积按式(2-4-1)计算。

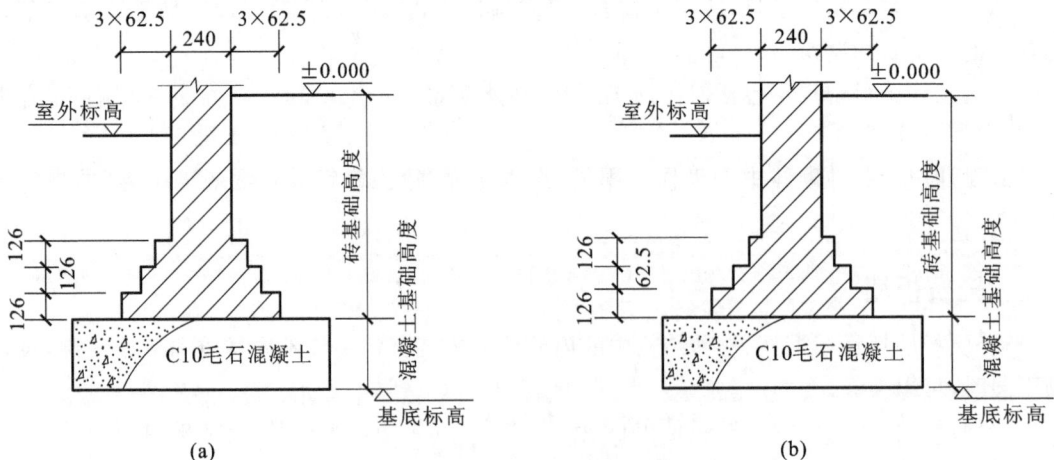

图 2-4-1　砖基础大放脚示意图

(a)等高式大放脚;(b)不等高式大放脚

$$A = bH + n(n+1) \times 0.0625 \times 0.126 \tag{2-4-1}$$

式中　A——基础断面面积,等于基础墙的面积与大放脚面积之和,m^2;

　　　H——砖基础高度,m;

　　　b——基础墙厚度,m;

　　　n——大放脚层数。

也可根据大放脚的层数、所附基础墙的厚度及是否等高放阶等因素,查表 2-4-2 确定大放脚的折加高度 h 或大放脚的增加断面面积 S,按式(2-4-2)或式(2-4-3)计算确定基础断面面积。

$$A = b(H + h) \tag{2-4-2}$$

或

$$A = bH + S \tag{2-4-3}$$

$$大放脚折加高度(h) = \frac{大放脚增加断面面积}{砖基础墙的厚度} \tag{2-4-4}$$

式中　S——大放脚的增加断面面积;

　　　h——大放脚的折加高度;

其他符号意义同前。

不同墙厚、不同层数大放脚的折加高度和增加断面面积列于表 2-4-2 中,计算砖基础工程量时可直接查用。

表 2-4-2　　　　　　　　　　　　**标准砖大放脚的折加高度和大放脚增加断面面积**

放脚层数 n	折加高度/m								增加断面面积/m^2	
	$\frac{1}{2}$砖		1 砖		$1\frac{1}{2}$砖		2 砖			
	等高	不等高	等高	不等高	等高	不等高	等高	不等高	等高	不等高
1	0.137	0.137	0.066	0.066	0.043	0.043	0.032	0.032	0.01575	0.01575
2	0.411	0.342	0.197	0.164	0.129	0.108	0.096	0.080	0.04725	0.03938
3			0.394	0.328	0.259	0.216	0.193	0.161	0.0945	0.07875
4			0.656	0.525	0.432	0.345	0.321	0.257	0.1575	0.1260
5			0.984	0.788	0.647	0.518	0.482	0.386	0.2363	0.1890
6			1.378	1.083	0.906	0.712	0.672	0.530	0.3308	0.2590
7			1.838	1.444	1.208	0.949	0.900	0.707	0.4410	0.3465
8			2.363	1.838	1.553	1.208	1.157	0.900	0.5670	0.4411

② 垛基计算。

垛基是大放脚凸出部分的基础,如图 2-4-2 所示。其工程量计算参见式(2-4-5)。

$$V_{垛基} = 垛基正身体积 + 放脚部分体积 \tag{2-4-5}$$

4.2.3　墙体工程量计算

(1)墙长度,外墙按中心线长度计算,内墙按净长度计算。

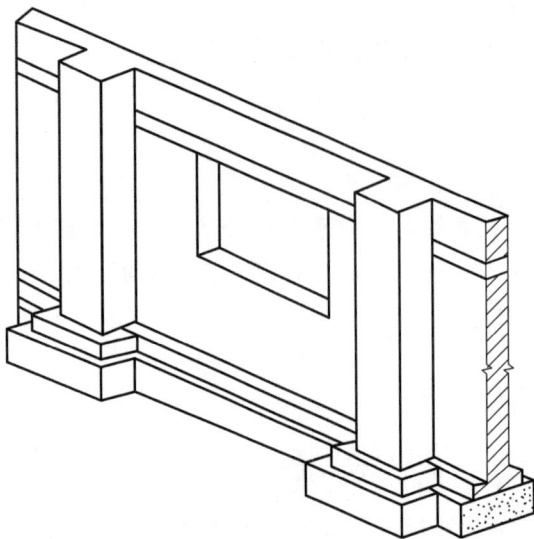

图 2-4-2 垛基示意图

（2）外墙高度，斜（坡）屋面无檐口天棚者算至屋面板底；有屋架且室内外均有天棚者算至屋架下弦底另加 200mm；无天棚者算至屋架下弦底另加 300mm，出檐宽度超过 600mm 时按实砌高度计算；有钢筋混凝土楼板隔层者算至板顶。平屋顶的外墙高度算至钢筋混凝土板顶。

（3）内墙高度，位于屋架下弦者，算至屋架下弦底；无屋架者算至天棚底另加 100mm；有钢筋混凝土楼板隔层者算至楼板底；有框架梁时算至梁底。

（4）女儿墙高度，从屋面板上表面算至女儿墙顶面（如有混凝土压顶，算至压顶下表面）。

（5）内、外山墙高度按其平均高度计算。

（6）框架间墙不分内外墙，按墙体净尺寸以体积计算。

（7）围墙高度算至压顶上表面（如有混凝土压顶，则算至压顶下表面），围墙柱并入围墙体积内。

（8）墙体体积按设计图示尺寸以体积计算。计算墙体工程量时，应扣除门窗、洞口，嵌入墙内的钢筋混凝土柱、梁、圈梁、挑梁、过梁及凹进墙内的壁龛、管槽、暖气槽、消火栓箱所占体积；不扣除梁头、外墙板头、檩头、垫木、木楞头、沿椽木、木砖、门窗走头、墙内的加固钢筋、木筋、铁件、钢管及每个面积不大于 $0.3m^2$ 孔洞等所占体积。凸出墙面的窗台虎头砖、压顶线、山墙泛水、烟囱根、门窗套及三皮砖以内的腰线和挑檐等体积亦不增加。凸出墙面的砖垛、三皮砖以上的腰线和挑檐等体积，并入所附墙体体积内计算。

（9）附墙烟囱（包括附墙通风道、垃圾道，混凝土烟风道除外），按其外形体积并入所依附的墙体积内计算。

4.2.4 柱工程量计算

各种柱均按基础分界线以上的柱高乘以柱断面面积，以体积计算。

4.2.5 轻质板墙

轻质板墙按设计图示尺寸以面积计算。

4.2.6 其他砌筑工程量计算

（1）砖砌地沟不分沟底、沟壁，按设计图示尺寸以体积计算。

（2）零星砌体项目，均按设计图示尺寸以体积计算。

（3）多孔砖墙、空心砖墙和空心砌块墙，按相应规定计算墙体外形体积，不扣除砌体材料中的孔洞和空心部分的体积。

（4）装饰砌块夹芯保温复合墙体按实砌复合墙体以面积计算。

（5）混凝土烟风道按设计混凝土砌块体积，以体积计算。计算墙体工程量时，应按混凝土烟风道工程量，扣除其所占墙体的体积。

（6）变压式排烟气道，区分不同断面，以长度计算工程量（楼层交接处的混凝土垫块及垫块安装灌缝已综合在子目中，不单独计算）。计算时，自设计室内地坪或安装起点，计算至上一层楼板的上表面；顶端遇坡屋面时，按其高点计算至屋面板上表面。

（7）混凝土镂空花格墙按设计空花部分外形面积（空花部分不予扣除）以面积计算。定额中混凝土镂空花格按半成品考虑。

（8）石砌护坡按设计图示尺寸以体积计算。

（9）砖背里和毛石背里按设计图示尺寸以体积计算。

（10）本章定额中用砂为符合规范要求的过筛净砂，不包括施工现场的筛砂用工，现场筛砂用工按本定额"第一章土石方工程"的规定另行计算。

4.3　砌体工程定额计量应用

4.3.1　砖基础

【例 2-4-1】　某工程灰砂砖基础如图 2-4-3、图 2-4-4 所示，采用 M5 水泥砂浆砌筑，室内外高差为 0.45m。计算内、外墙砖基础的定额工程量，确定定额项目。

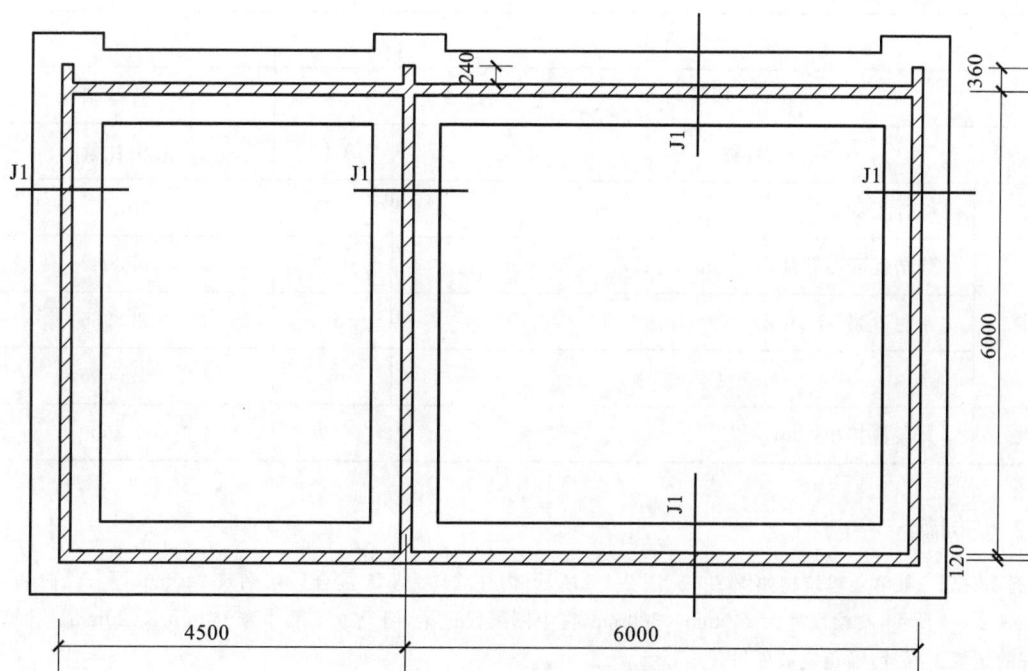

图 2-4-3　某工程灰砂砖基础平面图

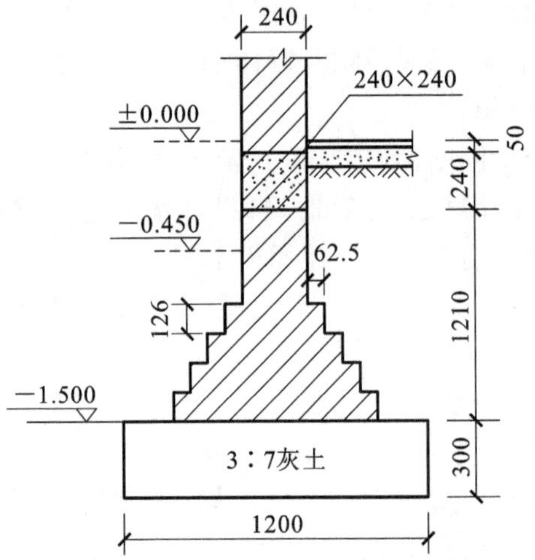

图 2-4-4　某工程灰砂砖基础详图

【解】

$$L_{中} = (6 + 4.5 + 6) \times 2 + 0.24 \times 3 = 33.72 (m)$$

$$L_{内} = 6 - 0.24 = 5.76 (m)$$

$$V = [(0.24 \times 1.50 + 0.0625 \times 5 \times 0.126 \times 4 - 0.24 \times 0.24) \times (33.72 + 5.76)] \div 10$$

$$= 1.816(10m^3)$$

M5 水泥砂浆灰砂砖砌筑砖基础套定额 4-1-1,如表 2-4-3 所示。定额中烧结煤矸石普通砖应换算为灰砂砖。

表 2-4-3　　　　　　　　　　　　　　砖基础定额

工作内容:清理基槽坑,调、运、铺砂浆,运、砌砖等。　　　　　　　　　　　　　　　　（计量单位:10m³）

定额编号			4-1-1
项目名称			砖基础
名称		单位	消耗量
人工	综合工日	工日	10.97
材料	烧结煤矸石普通砖 240mm×115mm×53mm	千块	5.3032
	水泥砂浆 M5.0	m³	2.3985
	水	m³	1.0606
机械	灰浆搅拌机 200L	台班	0.3000

4.3.2　砖墙

【例 2-4-2】　某单层建筑物如图 2-4-5、图 2-4-6 所示,内外墙均为 M5 混合砂浆砌筑 240mm 厚灰砂砖墙,门窗尺寸如表 2-4-4 所示,圈梁尺寸为 240mm×300mm,窗上圈梁代过梁,门上过梁尺寸为 240mm×120mm。计算该砖墙工程的定额工程量,确定定额项目。

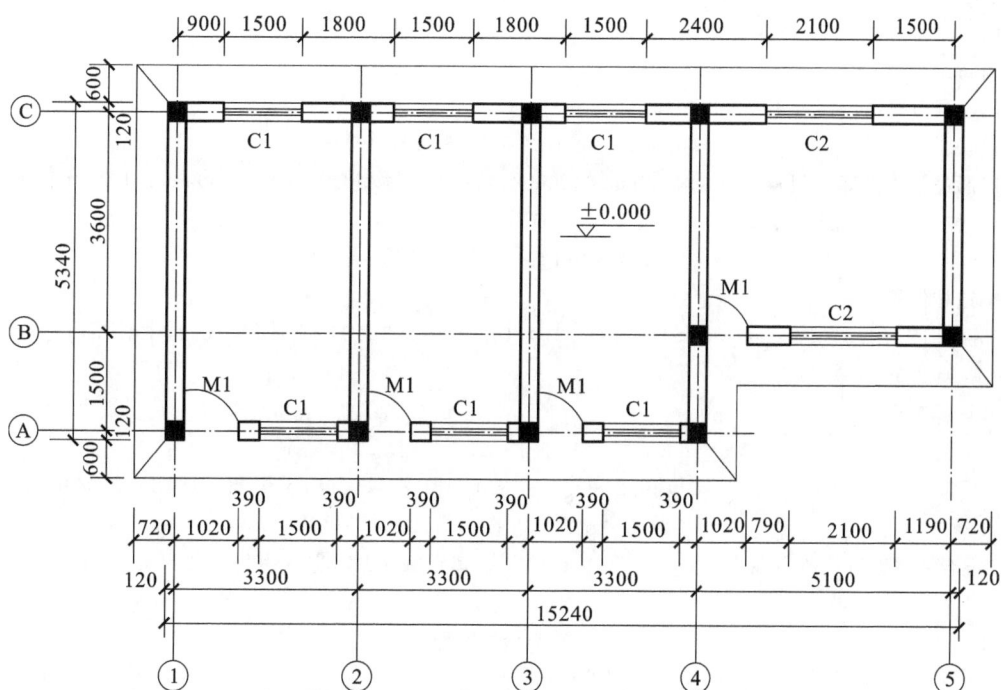

图 2-4-5　某单层建筑物平面图

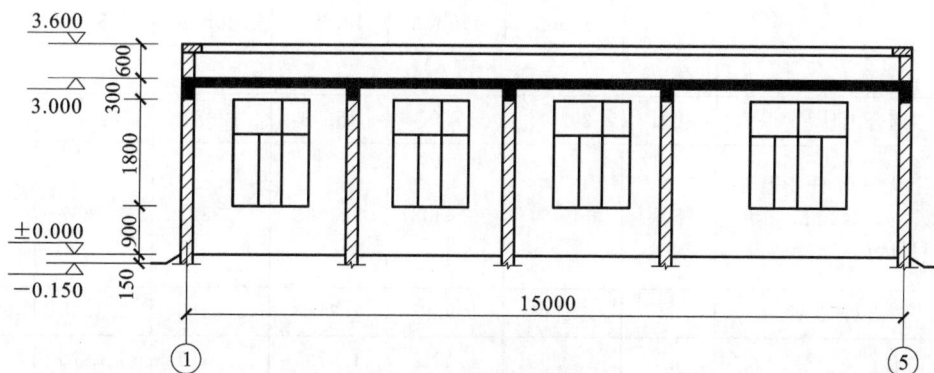

图 2-4-6　某单层建筑物剖面图

表 2-4-4　　　　　　　　　　　　门窗统计表

门窗名称	代号	洞口尺寸/(mm×mm)	数量/樘	单樘面积/m²	合计面积/m²
双扇铝合金推拉窗	C1	1500×1800	6	2.7	16.2
双扇铝合金推拉窗	C2	2100×1800	2	3.78	7.56
单扇无亮无纱镶板门	M1	1900×2000	4	1.8	7.2

【解】　外墙中心线长度：$L_{中}=(15.0+5.1)\times2=40.2(\mathrm{m})$。

内墙净长度：$L_内 = (5.1 - 0.24) \times 2 + 3.6 - 0.24 = 13.08(\text{m})$。

外墙高：$H_外 = 3.6 - 0.3 = 3.3(\text{m})$。

内墙高：$H_内 = 3.0 - 0.3 = 2.7(\text{m})$。

扣门窗洞面积，取表 2-4-4 中数据相加值，得

$$F_{门窗} = 7.2 + 16.2 + 7.56 = 30.96(\text{m}^2)$$

扣门洞过梁体积 V_{GL}，过梁尺寸为 240mm×120mm，长度按门洞宽度两端共加 500mm 计算，本图实际应加 250mm（一侧为钢筋混凝土构造柱）。

$$V_{GL} = 4 \times 0.24 \times 0.12 \times (0.9 + 0.25) = 0.132(\text{m}^3)$$

扣构造柱体积 V_{GZ}：

$$V_{GZ} = [7 \times 0.24 \times (0.24 + 0.06) + 3 \times 0.24 \times (0.24 + 0.03 \times 3) + 0.24 \times (0.24 + 0.03)] \times 3.3$$
$$= 2.66(\text{m}^3)$$

内外墙体工程量：

$$V_墙 = (L_中 H_外 + L_内 H_内 - F_{门窗}) \cdot D - V_{GL} - V_{GZ}$$
$$= [40.2 \times 3.3 + 13.08 \times 2.7 - 30.96] \times 0.24 - 0.13 - 2.66] \div 10$$
$$= 3.01(10\text{m}^3)$$

M5 混合砂浆砌筑一砖厚混水墙定额如表 2-4-5 所示，套定额 4-1-7，定额中烧结煤矸石普通砖应换算为灰砂砖。

表 2-4-5   **实心砖墙定额**

工作内容：调、运、铺砂浆，运、砌砖，立门窗框，安放木砖、垫块等。   （计量单位：10m³）

定额编号		4-1-4	4-1-5	4-1-6	4-1-7	4-1-8	4-1-9
项目名称		实心砖墙（墙厚）					
		53mm	115mm	180mm	240mm	365mm	490mm
名称	单位	消耗量					
人工	综合工日	工日	20.95	17.95	15.58	12.72	11.31	10.82
材料	烧结煤矸石普通砖 240mm×115mm×53mm	千块	6.1464	5.6308	5.3963	5.3833	5.3367	5.3010
	混合砂浆 M5.0	m³	1.1993	1.9783	2.3165	2.3165	2.4395	2.4908
	水	m³	1.2293	1.1262	1.0793	1.0767	1.0673	1.0602
机械	灰浆搅拌机 200L	台班	0.1500	0.2470	0.2900	0.2900	0.3050	0.3110

4.3.3 填充墙

【例 2-4-3】某单层钢筋混凝土框架结构建筑物，层高为 4.2m。平面图、柱独立基础配筋图、柱网布置及配筋图、一层顶梁结构图、一层顶板结构图如图 2-4-7～图 2-4-11 所示。

外墙为 240mm 厚加气混凝土砌块墙，墙体砌筑在顶面标高为 -0.20m 的钢筋混凝土基础梁上，M5.0 混合砂浆砌筑。M1 为 1900mm×3300mm 的铝合金平开门；C1 为 2100mm×2400mm 的铝合金推拉窗；C2 为 1200mm×2400mm 的铝合金推拉窗；C3 为 1800mm×2400mm 的铝合金推拉窗；窗台高 900mm。门窗洞口上设钢筋混凝土过梁，截面尺寸为 240mm×180mm，过梁两端各伸出洞边 250mm。计算砌块墙的工程量，确定定额项目。

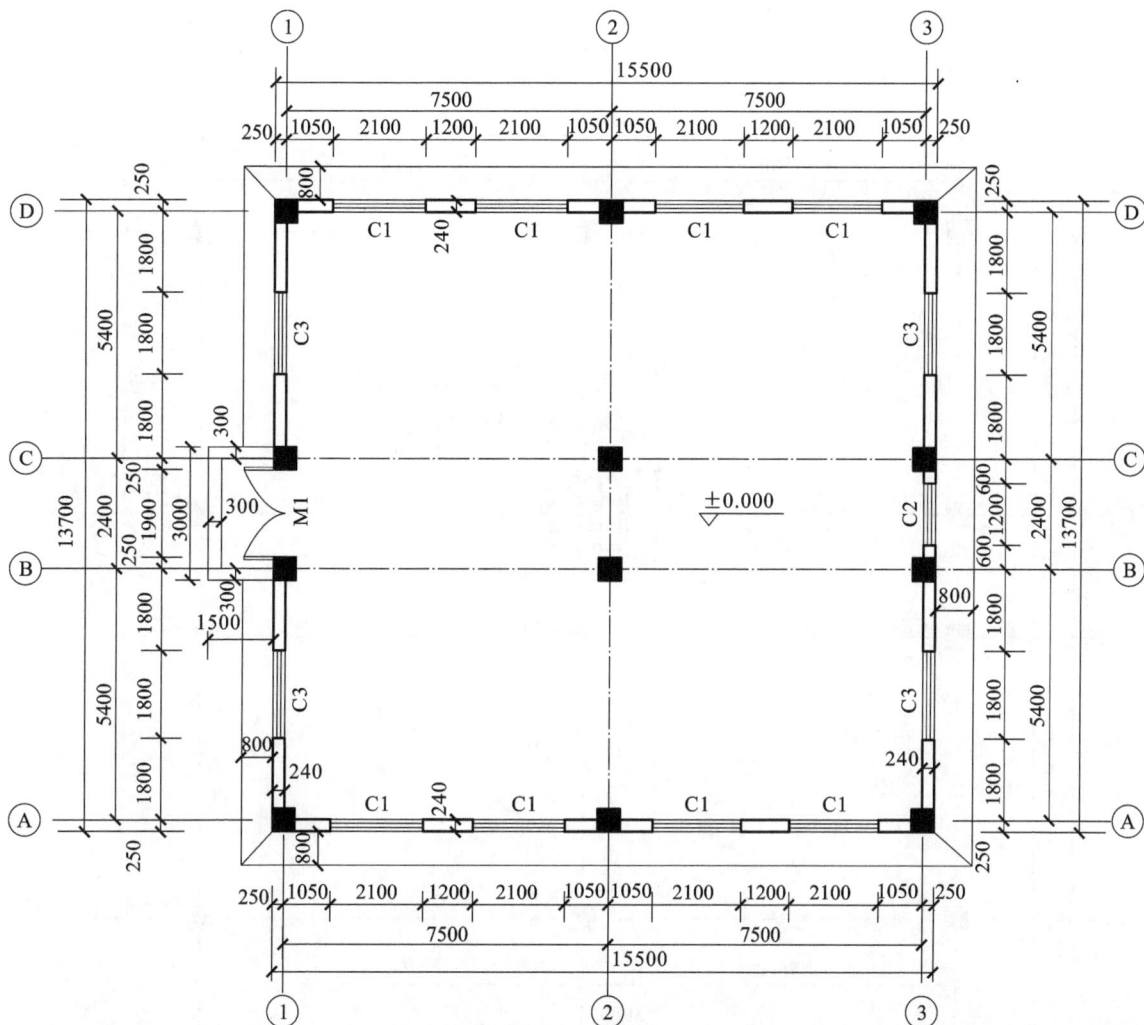

图 2-4-7　平面图

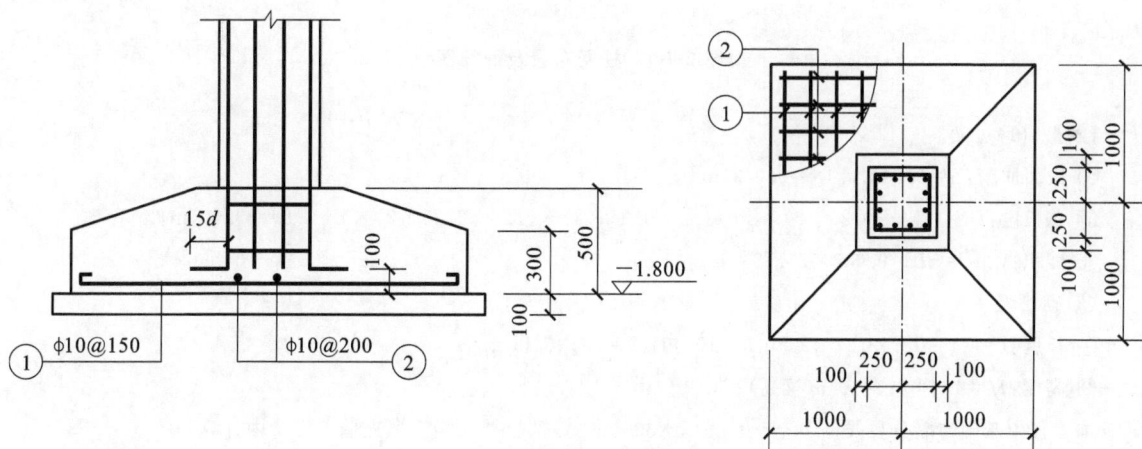

图 2-4-8　柱独立基础配筋图

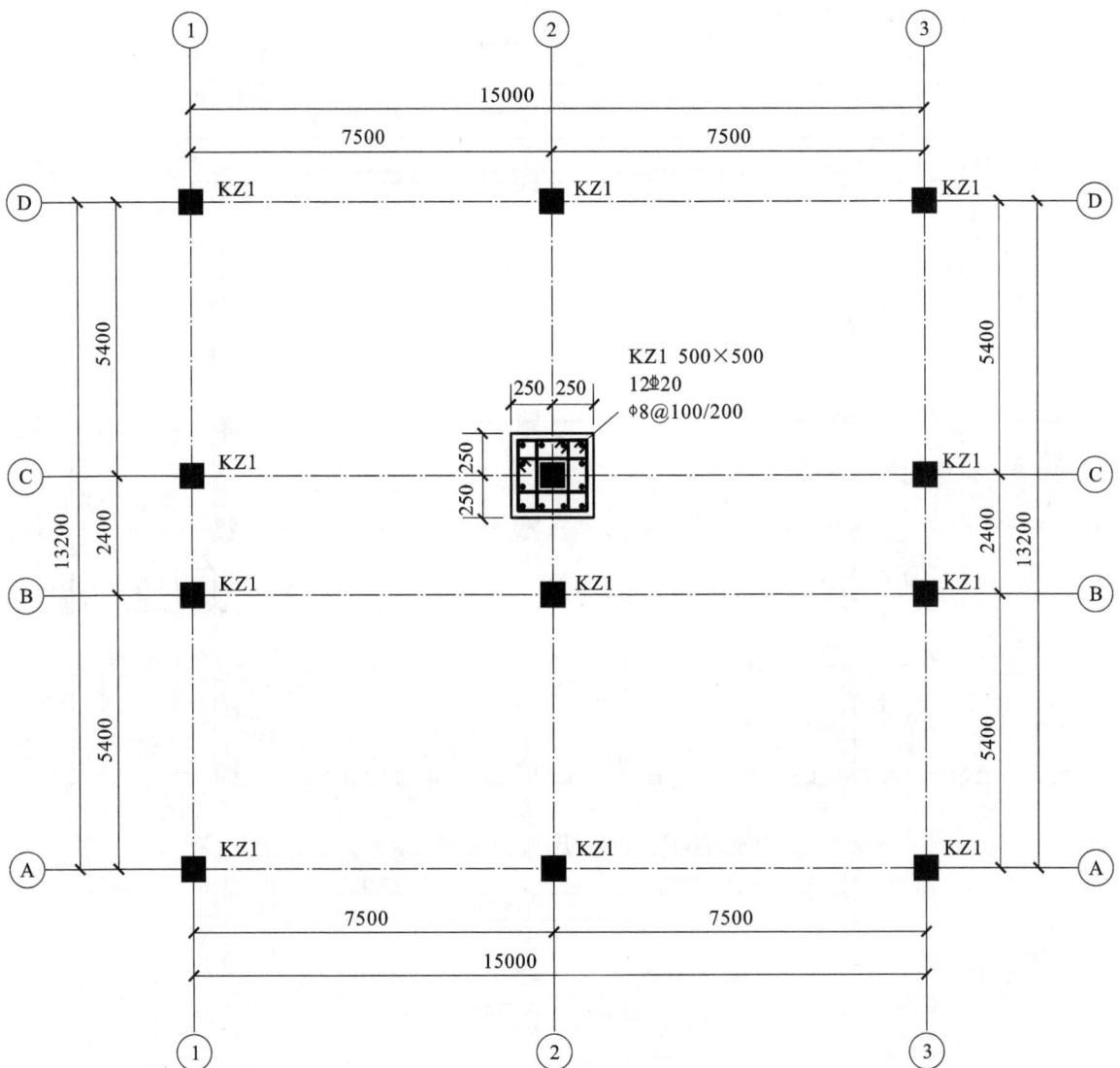

图 2-4-9 柱网布置及配筋图

【解】 (1)过梁。

① 截面面积：$S = 0.24 \times 0.18 = 0.043 (\text{m}^2)$。

② 总长度：$L = (2.1 + 0.25 \times 2) \times 8 + (1.2 + 0.25 \times 2) + (1.8 + 0.25 \times 2) \times 4 + 1.9 = 33.60 (\text{m})$。

③ 体积：$V_{过梁} = SL = 0.043 \times 33.60 = 1.45 (\text{m}^3)$。

(2)砌块墙。

① 长度：$L = (15.0 + 13.2) \times 2 - 0.5 \times 10(扣柱) = 51.40 (\text{m})$。

② 高度：$H = 4.2 + 0.2 - 0.6(梁高) = 3.80 (\text{m})$。

本工程中基础与墙分界线位于 $-200\text{mm} \leqslant \pm 300\text{mm}$，该部分并入相应填充墙工程量内计算。

③ 扣门窗洞口面积：$S = 1.9 \times 3.3 \times 1 + 2.1 \times 2.4 \times 8 + 1.2 \times 2.4 \times 1 + 1.8 \times 2.4 \times 4 = 66.75 (\text{m}^2)$。

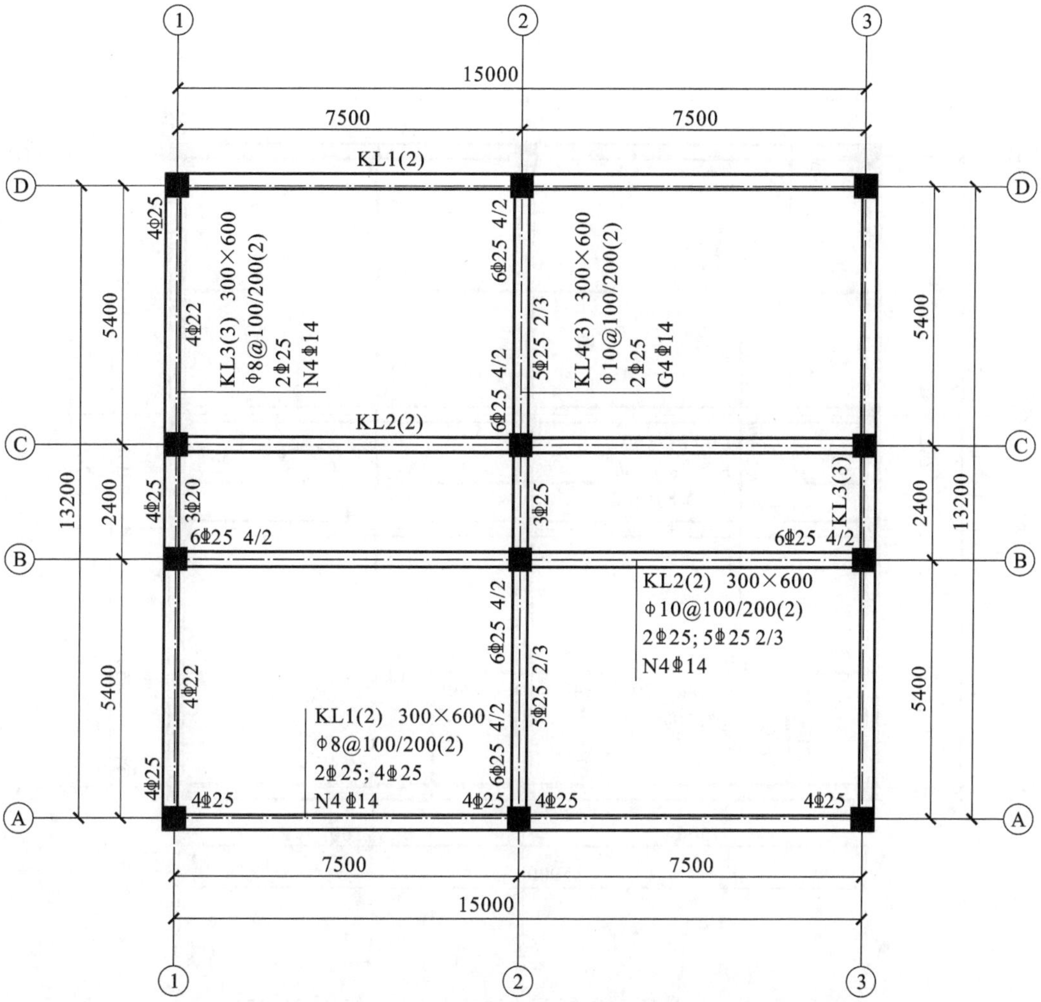

图 2-4-10 一层顶梁结构图

④ 240mm 厚墙体总体积：

$$V = [(51.40 \times 3.80 - 66.75) \times 0.24 - 1.45] \div 10 = 2.941(10\text{m}^3)$$

⑤ 填充墙高度 3.8m＞3.6m，因此超过部分应单独计算工程量。

240mm 厚墙体 3.6m 层高以上部分体积：$V_1 = 51.40 \times 0.20 \times 0.24 \div 10 = 0.250(10\text{m}^3)$。

M5.0 混合砂浆砌筑 240mm 厚（3.6m 以上部分）加气混凝土砌块，填充墙套定额项目 4-2-1，定额人工乘以系数 1.3。

⑥ 填充墙高度 3.6m 以下部分工程量。

240mm 厚墙体 3.6m 层高以下部分体积：$V_2 = V - V_1 = 29.41 - 2.50 = 26.91(\text{m}^3)$。

M5.0 混合砂浆砌筑 240mm 厚加气混凝土砌块填充墙定额如表 2-4-6 所示，套定额 4-2-1。

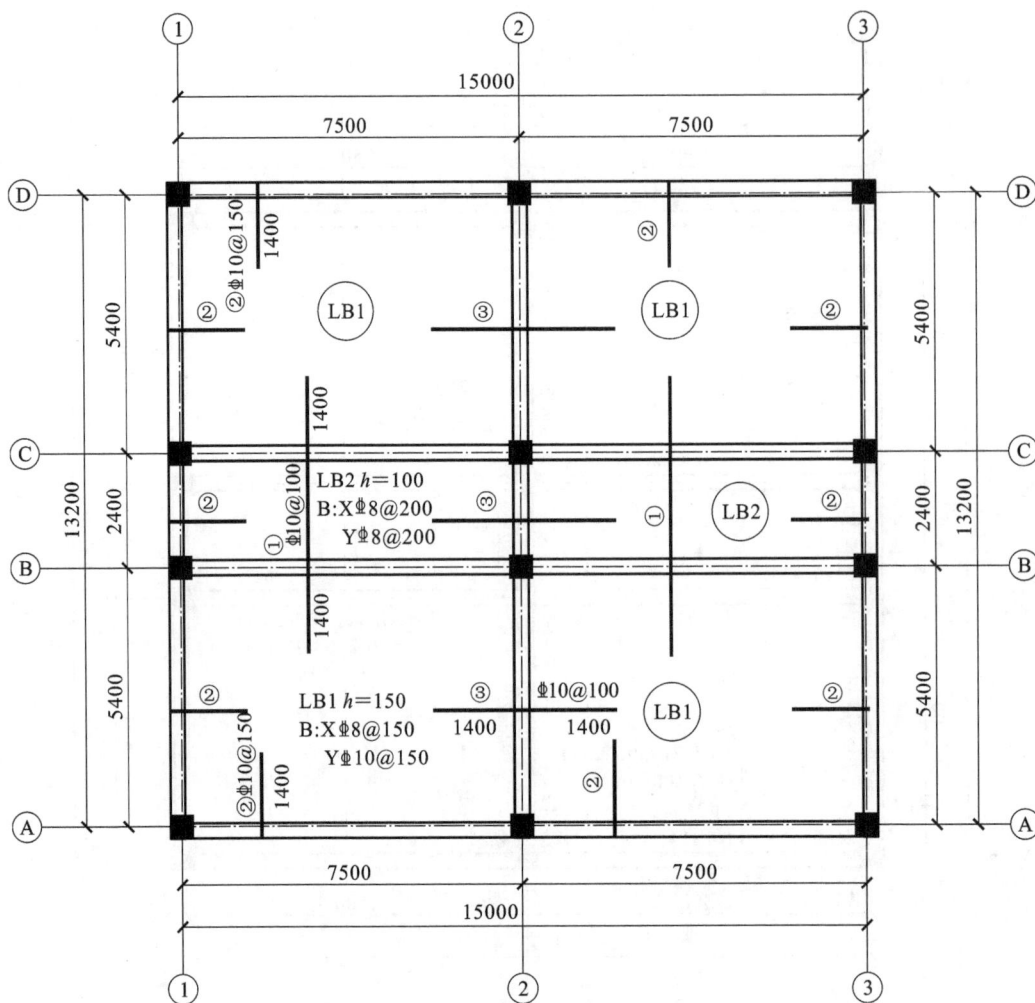

图 2-4-11 一层顶板结构图（未注明的板分布筋为φ8@250）

表 2-4-6 砌块砌体定额

工作内容：调、运、铺砂浆，运、砌砖，立门窗框，安放木砖、垫块等。　　　　　（计量单位：10m³）

定额编号			4-2-1	4-2-2	4-2-3
项目名称			加气混凝土砌块墙	轻骨料混凝土小型砌块墙	承重混凝土小型空心砌块墙
名称		单位	消耗量		
人工	综合工日	工日	15.43	14.90	15.05
材料	蒸压粉煤灰加气混凝土砌块 600mm×200mm×240mm	m³	9.4640	—	—
	陶粒混凝土小型砌块 390mm×190mm×190mm	m³	—	8.9770	—
	烧结页岩空心砌块 290mm×190mm×190mm	m³	—	—	8.8210

续表

定额编号			4-2-1	4-2-2	4-2-3
项目名称			加气混凝土砌块墙	轻骨料混凝土小型砌块墙	承重混凝土小型空心砌块墙
名称		单位	消耗量		
材料	烧结煤矸石普通砖 240mm×115mm×53mm	m³	0.4340	0.4340	0.4340
	混合砂浆 M5.0	m³	1.0190	1.3570	1.5290
	水	m³	1.4850	1.4117	1.3883
机械	灰浆搅拌机 200L	台班	0.1270	0.1696	0.1911

4.4 砌筑工程定额 BIM 计量案例

砌筑工程定额 BIM 计量案例

知识归纳

(1)砌筑工程中基础与墙体的分界线。

(2)条形基础计算长度。

(3)独立基础工程量计算规则。

(4)墙体计算规则。

(5)柱工程量计算规则。

(6)填充墙工程量计算规则。

独立思考

2-4-1 简述砌筑砂浆的定额换算。

2-4-2 简述零星砌体的概念。

2-4-3 怎样确定砌筑工程中基础与墙体的分界线？

2-4-4 简述条形基础工程量计算规则。

2-4-5 简述独立基础工程量计算规则。

2-4-6 简述墙体工程量计算规则。

2-4-7 简述柱工程量计算规则。

习　题

2-4-1　某建筑物基础平面图、剖面图如图 2-1-14、图 2-1-15 所示。该条形基础采用 M5 水泥砂浆砌筑混凝土实心砖,基础防潮层做法为 1∶2 防水砂浆掺 5‰ 防水粉,垫层为 C10 混凝土。计算砖基础的定额工程量,确定定额项目。

2-4-2　某单层房屋工程建筑平面、墙身大样图及楼面结构如图 2-4-12 所示,砌筑砂浆采用 M5 混合砂浆。设计室内外高差为 0.3m,C1 为 1500mm× 1300mm,M1 为 900mm×2300mm。混凝土强度等级为 C20,楼板厚 100mm。试计算该砖墙的定额工程量,确定定额项目。

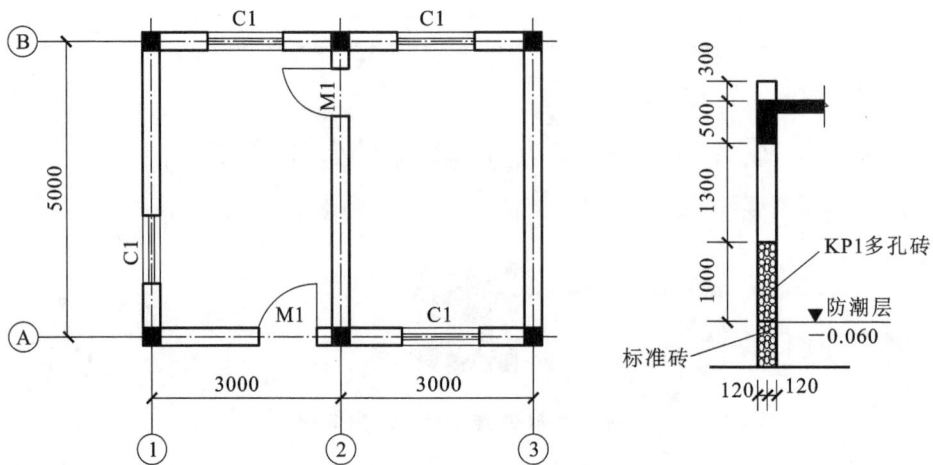

(a)

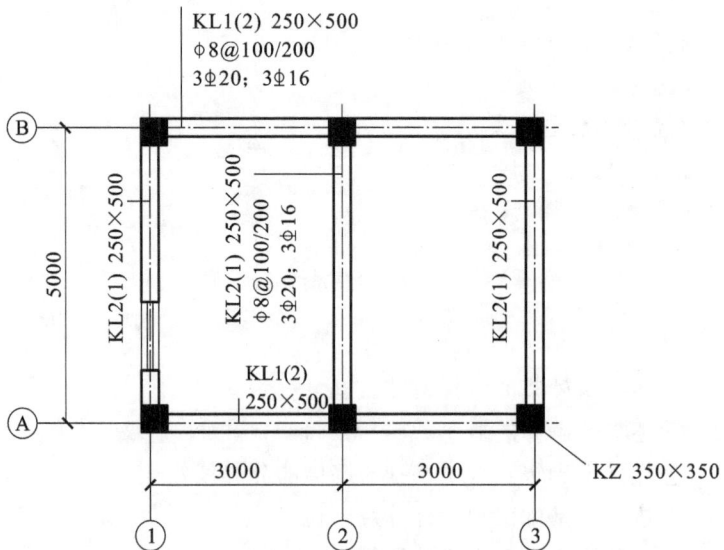

(b)

图 2-4-12　某单层房屋示意图

(a)建筑平面图;(b)结构平面图

5 钢筋及混凝土工程定额

![内容提要图标] **内容提要**

本章的主要内容是钢筋及混凝土工程定额计量与计价,主要介绍现浇混凝土、预制混凝土、钢筋等的工程量计算及定额应用,便于学生理解各类钢筋及混凝土结构的工程量计算要求、定额应用与相关调整内容。

![能力要求图标] **能力要求**

通过本章的学习,学生应了解现浇混凝土、预制混凝土和钢筋的定额项目划分及计算规则;能根据工程实际计算钢筋、混凝土基础、柱、梁、板、墙等定额工程量,确定定额项目。

5.1 钢筋及混凝土工程定额说明

钢筋及混凝土工程定额包括现浇混凝土、预制混凝土、混凝土搅拌制作及泵送、钢筋、预制混凝土构件安装。

5.1.1 混凝土

(1)定额内混凝土搅拌项目包括筛砂子、筛洗石子、搅拌、前台运输上料等内容,混凝土浇筑项目包括润湿模板、浇灌、捣固、养护等内容。

(2)毛石混凝土,按毛石占混凝土总体积的20%计算,如设计要求不同,允许换算。

(3)小型混凝土构件,指单件体积小于或等于0.1m³的定额未列项目。

(4)现浇钢筋混凝土柱、墙、后浇带定额项目,综合了底部灌注1:2水泥砂浆的用量。

(5)定额中已列出常用混凝土强度等级,如与设计要求不同,允许换算。

(6)混凝土柱、墙连接时,柱单面凸出墙面大于墙厚或双面凸出墙面时,柱按其完整断面计算,墙长算至柱侧面;柱单面凸出墙面小于墙厚时,其凸出部分并入墙体积内计算。

(7)轻型框剪墙,是轻型框架剪力墙的简称,结构设计中也称短肢剪力墙结构。轻型框剪墙由墙柱、墙身、墙梁三种构件构成。墙柱,即短肢剪力墙,也称边缘构件(又分为约束边缘构件和构造边缘构件),呈十字形、T形、Y形、L形、一字形等形状,柱式配筋。墙身为一般剪力墙。墙柱与墙身相连,还可能形成工字、匚、Z字等形状。墙梁处于填充墙大洞口或其他洞口上方,梁式配筋。通常情况下,墙柱、墙身、墙梁厚度(不大于300mm)相同,构造上没有明显的区分界限。

轻型框剪墙子目,已综合考虑了墙柱、墙身、墙梁的混凝土浇筑因素,计算工程量时执行墙的相应规则,墙柱、墙身、墙梁不分别计算。

(8)叠合箱、蜂巢芯混凝土楼板浇筑时,混凝土子目中人工、机械乘以系数1.15。

(9)阳台是指主体结构外的阳台,定额已综合考虑了阳台的各种类型因素,使用时不得分解。主体结构内的阳台,按梁、板相应规定计算。

(10)劲性混凝土柱(梁)中的混凝土在执行定额相应子目时,人工、机械乘以系数1.15。

(11)有梁板及平板的区分如图2-5-1所示。

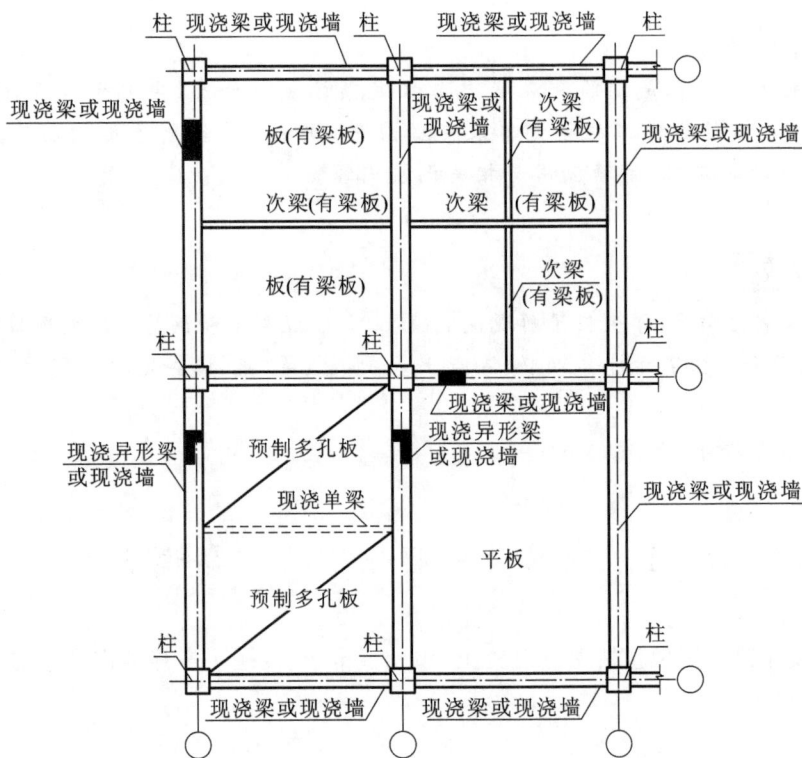

图2-5-1 现浇梁、板区分示意图

5.1.2 钢筋

(1)定额按钢筋新平法规定的HPB300、HRB335、HRB400、HRB500综合规格编制,并按现浇构件钢筋、预制构件钢筋、预应力钢筋及箍筋分别列项。

(2)预应力构件中非预应力钢筋按预制钢筋相应项目计算。

(3)绑扎低碳钢丝、成型点焊和接头焊接用的电焊条已综合在定额项目内,不另行计算。

(4)非预应力钢筋不包括冷加工,如设计要求冷加工,则另行计算。

(5)预应力钢筋如设计要求人工时效处理,则另行计算。

(6)后张法钢筋的锚固是按钢筋帮条焊、U形插垫编制的,如采用其他方法锚固,可另行计算。

(7)表2-5-1所列构件,其钢筋可按表内系数调整人工、机械用量。

表2-5-1　　　　　　　　　　　　　　钢筋人工、机械调整系数表

项目	预制构件钢筋		现浇构件钢筋	
系数范围	拱梯形屋架	托架梁	小型构件(或小型池槽)	构筑物
人工、机械调整系数	1.16	1.05	2	1.25

(8)马凳钢筋子目发生时按实计算。

(9)防护工程的钢筋锚杆,护壁钢筋、钢筋网执行现浇构件钢筋子目。

(10)冷轧扭钢筋,执行冷轧带肋钢筋子目。

(11)砌体加固筋,定额按焊接连接编制;实际采用非焊接方式连接时,不得调整。

(12)构件箍筋按钢筋规格HPB300编制,实际箍筋采用HRB335及HRB335以上规格钢筋时,执行构件箍筋HPB300子目,换算钢筋种类,机械乘以系数1.38。

(13)圆钢筋电渣压力焊接头,执行螺纹钢筋电渣压力焊接头子目,换算钢筋种类,其他不变。

(14)预制混凝土构件中,不同直径的钢筋点焊成一体时,按各自的直径计算钢筋工程量,按不同直径钢筋的总工程量,执行最小直径钢筋的点焊子目。如果最大与最小钢筋的直径比大于2,最小直径钢筋点焊子目的人工乘以系数1.25。

(15)劲性混凝土柱(梁)中的钢筋人工乘以系数1.25。

(16)定额中设置钢筋间隔件子目,发生时按实计算。

(17)对拉螺栓增加子目,主要适用于混凝土墙中设置不可周转使用的对拉螺栓的情况,按照混凝土墙的模板接触面积乘以系数0.5计算,如地下室墙体止水螺栓。

(18)常用混凝土构件的钢筋分类。

① 受力钢筋(主筋)。在构件中以承受拉应力和压应力为主的钢筋称为受力钢筋,简称受力筋。受力筋用于梁、板、柱等各种钢筋混凝土构件中,分为直筋和弯起筋,还可分为正筋(拉应力)和负筋(压应力)两种。

② 箍筋。承受一部分斜拉应力(剪应力),并为固定受力筋、架立筋的位置所设的钢筋称为箍筋。箍筋一般用于梁和柱中。

③ 架立钢筋。架立钢筋简称架立筋,用于固定梁内钢筋的位置,把纵向的受力钢筋和箍筋绑扎成骨架。

④ 分布钢筋。分布钢筋简称分布筋,用于各种板内。分布筋与板的受力钢筋垂直设置,其作用是将承受的荷载均匀地传递给受力筋,并固定受力筋的位置及抵抗热胀冷缩所引起的温度变形。

⑤ 其他钢筋。除以上四种钢筋外,还会因构造要求或者施工安装需要而配制钢筋,如腰筋、附加吊筋、拉结筋、马凳筋及吊环等。

(19)钢筋的混凝土保护层厚度。

为了使钢筋在构件中不被锈蚀,加强钢筋与混凝土的黏结力,在各种构件中的钢筋外面,必须有一定厚度的混凝土,这层混凝土称为保护层。保护层的厚度因混凝土构件种类和所处环境类别不同而取不同数值。混凝土结构的环境类别如表2-5-2所示,混凝土保护层的最小厚度如表2-5-3所示。

表 2-5-2   **混凝土结构的环境类别**

环境类别	条件
一	室内干燥环境； 无侵蚀性静水浸没环境
二 a	室内潮湿环境； 非严寒和非寒冷地区的露天环境； 非严寒和非寒冷地区与无侵蚀性的水或土壤直接接触的环境； 严寒和寒冷地区的冰冻线以下与无侵蚀性的水或土壤直接接触的环境
二 b	干湿交替环境； 水位频繁变动环境； 严寒和寒冷地区的露天环境； 严寒和寒冷地区的冰冻线以上与无侵蚀性的水或土壤直接接触的环境
三 a	严寒和寒冷地区冬季水位变动区环境； 受除冰盐影响环境； 海风环境
三 b	盐渍土环境； 受除冰盐作用环境； 海岸环境
四	海水环境
五	受人为或自然的侵蚀性物质影响的环境

注：1.室内潮湿环境是指构件表面经常处于结露或湿润状态的环境。

2.严寒和寒冷地区的划分应符合《民用建筑热工设计规范》(GB 50176—2016)的有关规定。

3.海岸环境和海风环境宜根据当地情况，考虑主导风向及结构所处迎风、背风部位等因素的影响，由调查研究和工程经验确定。

4.受除冰盐影响环境是指受到除冰盐盐雾影响的环境；受除冰盐作用环境是指被冰盐溶液溅射的环境，以及使用除冰盐地区的洗车房、停车楼等建筑。

5.露天环境是指混凝土结构表面所处的环境。

表 2-5-3   **混凝土保护层的最小厚度**   （单位：mm）

环境类别	板、墙	梁、柱
一	15	20
二 a	20 ·	25
二 b	25	35
三 a	30	40
三 b	40	50

注：1.表中混凝土保护层厚度是指最外层钢筋外边缘至混凝土表面的距离，适用于设计年限为50年的混凝土结构。

2.构件中受力钢筋的保护层厚度不应小于钢筋的公称直径。

3.设计使用年限为100年的混凝土结构，一类环境中，最外层钢筋的保护层厚度不应小于表中数值的1.4倍；二、三类环境中，应采取专门的有效措施。

4.混凝土强度等级不大于C25时，表面保护层厚度数值应增加5mm。

5.基础底面钢筋的保护层厚度，有混凝土垫层时应从垫层顶面算起，且不应小于40mm。

（20）钢筋的锚固长度。

图集 16G101-1、16G101-2、16G101-3 中钢筋锚固长度的规定如表 2-5-4、表 2-5-5 所示。

表 2-5-4　　　　　　　　　　　　　　**受拉钢筋基本锚固长度 l_{ab}**

钢筋种类	混凝土强度等级								
	C20	C25	C30	C35	C40	C45	C50	C55	≥C60
HPB300	$39d$	$34d$	$30d$	$28d$	$25d$	$24d$	$23d$	$22d$	$21d$
HRB335、HRBF335	$38d$	$33d$	$29d$	$27d$	$25d$	$23d$	$22d$	$21d$	$21d$
HRB400、HRBF400、RRB400	—	$40d$	$35d$	$32d$	$29d$	$28d$	$27d$	$26d$	$25d$
HRB500、HRBF500	—	$48d$	$43d$	$39d$	$36d$	$34d$	$32d$	$31d$	$30d$

表 2-5-5　　　　　　　　　　　　**抗震设计时受拉钢筋基本锚固长度 l_{abE}**

钢筋种类		混凝土强度等级								
		C20	C25	C30	C35	C40	C45	C50	C55	≥C60
HPB300	一、二级	$45d$	$39d$	$35d$	$32d$	$29d$	$28d$	$26d$	$25d$	$24d$
	三级	$41d$	$36d$	$32d$	$29d$	$26d$	$25d$	$24d$	$23d$	$22d$
HRB335、HRBF335	一、二级	$44d$	$38d$	$33d$	$31d$	$29d$	$26d$	$25d$	$24d$	$24d$
	三级	$40d$	$35d$	$31d$	$28d$	$26d$	$24d$	$23d$	$22d$	$22d$
HRB400、HRBF400、RRB400	一、二级	—	$46d$	$40d$	$37d$	$33d$	$32d$	$31d$	$30d$	$29d$
	三级	—	$42d$	$37d$	$34d$	$30d$	$29d$	$28d$	$27d$	$26d$
HRB500、HRBF500	一、二级	—	$55d$	$49d$	$45d$	$41d$	$39d$	$37d$	$36d$	$35d$
	三级	—	$50d$	$45d$	$41d$	$38d$	$36d$	$34d$	$33d$	$32d$

注：1. 四级抗震时，$l_{abE}=l_{ab}$。

2. 当锚固钢筋的保护层厚度不大于 $5d$ 时，锚固钢筋长度范围内应设置横向构造钢筋，其直径不应小于 $d/4$（d 为锚固钢筋的最大直径）；梁、柱等构件间距不应大于 $5d$，板、墙等构件间距不应大于 $10d$，且均不应大于 100mm（d 为锚固钢筋的最小直径）。

（21）钢筋弯折的弯弧内直径 D。

钢筋弯折的弯弧内直径 D 如图 2-5-2 所示。

钢筋弯折的弯弧内直径 D 应符合下列规定：

① 光圆钢筋，不应小于钢筋直径的 2.5 倍。

② 335MPa 级、400MPa 级带肋钢筋，不应小于钢筋直径的 4 倍。

③ 500MPa 级带肋钢筋，当直径 $d \leqslant 25mm$ 时，不应小于钢筋直径的 6 倍；当直径 $d > 25mm$ 时，不应小于钢筋直径的 7 倍。

④ 位于框架结构顶层端节点处的梁上部纵向钢筋和柱外侧纵向钢筋，在节点角部弯折处，当钢筋直径 $d \leqslant 25mm$ 时，不应小于钢筋直径的 12 倍；当直径 $d > 25mm$

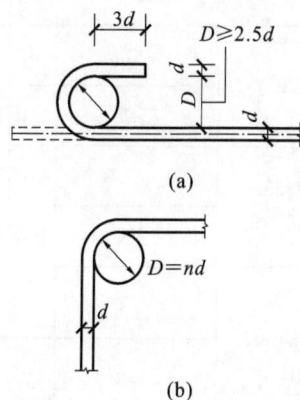

图 2-5-2　钢筋弯折的弯弧内直径 D

（a）光圆钢筋末端180°弯钩；（b）末端90°弯折

时，不应小于钢筋直径的 16 倍。

⑤ 箍筋弯折处尚不应小于纵向受力钢筋直径；箍筋弯折处纵向受力钢筋为搭接或并筋时，应按钢筋实际排布情况确定箍筋弯弧内直径。

(22)受拉钢筋锚固长度 l_a、l_{aE}。

受拉钢筋锚固长度 l_a 和受拉钢筋抗震锚固长度 l_{aE} 如表 2-5-6、表 2-5-7 所示。

表 2-5-6　　　　　　　　　　　　　受拉钢筋锚固长度 l_a

钢筋种类	混凝土强度等级																
	C20	C25		C30		C35		C40		C45		C50		C55		≥C60	
	$d\leqslant25$	$d\leqslant25$	$d>25$	$d\leqslant25$	$d>25$	$d\leqslant25$	$d>25$	$d\leqslant25$	$d>25$	$d\leqslant25$	$d>25$	$d\leqslant25$	$d>25$	$d\leqslant25$	$d>25$	$d\leqslant25$	$d>25$
HPB300	39d	34d	—	30d	—	28d	—	25d	—	24d	—	23d	—	22d	—	21d	—
HRB335、HRBF335	38d	33d	—	29d	—	27d	—	25d	—	23d	—	22d	—	21d	—	21d	—
HRB400、HRBF400、RRB400	—	40d	44d	35d	39d	32d	35d	29d	32d	28d	31d	27d	30d	26d	29d	25d	28d
HRB500、HRBF500	—	48d	53d	43d	47d	39d	43d	36d	40d	34d	37d	32d	35d	31d	34d	30d	33d

注：d 的单位是 mm，下表同。

表 2-5-7　　　　　　　　　　　　　受拉钢筋抗震锚固长度 l_{aE}

钢筋种类		混凝土强度等级																
		C20	C25		C30		C35		C40		C45		C50		C55		≥C60	
		$d\leqslant25$	$d\leqslant25$	$d>25$	$d\leqslant25$	$d>25$	$d\leqslant25$	$d>25$	$d\leqslant25$	$d>25$	$d\leqslant25$	$d>25$	$d\leqslant25$	$d>25$	$d\leqslant25$	$d>25$	$d\leqslant25$	$d>25$
HPB300	一、二级	45d	39d	—	35d	—	32d	—	29d	—	28d	—	26d	—	25d	—	24d	—
	三级	41d	36d	—	32d	—	29d	—	26d	—	25d	—	24d	—	23d	—	22d	—
HRB335、HRBF335	一、二级	44d	38d	—	33d	—	31d	—	29d	—	26d	—	25d	—	24d	—	24d	—
	三级	40d	35d	—	30d	—	28d	—	26d	—	24d	—	23d	—	22d	—	22d	—
HRB400、HRBF400、RRB400	一、二级	—	46d	51d	40d	45d	37d	40d	33d	37d	32d	36d	31d	35d	30d	33d	29d	32d
	三级	—	42d	46d	37d	41d	34d	37d	30d	34d	29d	33d	28d	32d	27d	30d	26d	29d

续表

钢筋种类		混凝土强度等级															
		C20	C25		C30		C35		C40		C45		C50		C55		≥C60
		$d{\leqslant}25$	$d{\leqslant}25$	$d{>}25$	$d{\leqslant}25$	$d{>}25$	$d{\leqslant}25$	$d{>}25$	$d{\leqslant}25$	$d{>}25$	$d{\leqslant}25$	$d{>}25$	$d{\leqslant}25$	$d{>}25$	$d{\leqslant}25$	$d{>}25$	$d{\leqslant}25$ $d{>}25$
HRB500、HRBF500	一、二级	—	$55d$	$61d$	$49d$	$54d$	$45d$	$49d$	$41d$	$46d$	$39d$	$43d$	$37d$	$40d$	$36d$	$39d$	$35d$ $38d$
	三级	—	$50d$	$56d$	$45d$	$49d$	$41d$	$45d$	$38d$	$42d$	$36d$	$39d$	$34d$	$37d$	$33d$	$36d$	$32d$ $35d$

注:1. 当为环氧树脂涂层带肋钢筋时,表中数据尚应乘以 1.25。

2. 当纵向受拉钢筋在施工过程中受扰动时,表中数据尚应乘以 1.1。

3. 当锚固长度范围内纵向受力钢筋周边保护层厚度为 $3d$、$5d$(d 为锚固钢筋的直径)时,表中数据可分别乘以 0.8、0.7;中间时按内插取值。

4. 当纵向受拉普通钢筋锚固长度修正系数(注 1~注 3)多于一项时,可按连乘计算。

5. 受拉钢筋的锚固长度 l_a、l_{aE} 计算值不应小于 200mm。

6. 四级抗震时,$l_{aE}=l_a$。

7. 当锚固钢筋的保护层厚度不大于 $5d$ 时,锚固钢筋长度范围内应设置横向构造钢筋,其直径不应小于 $d/4$(d 为锚固钢筋的最大直径);梁、柱等构件间距不应大于 $5d$,板、墙等构件间距不应大于 $10d$,且均不应大于 100mm(d 为锚固钢筋的最小直径)。

(23)纵向钢筋弯钩与机械锚固形式。

钢筋的末端弯钩或机械锚固形式如图 2-5-3 所示。

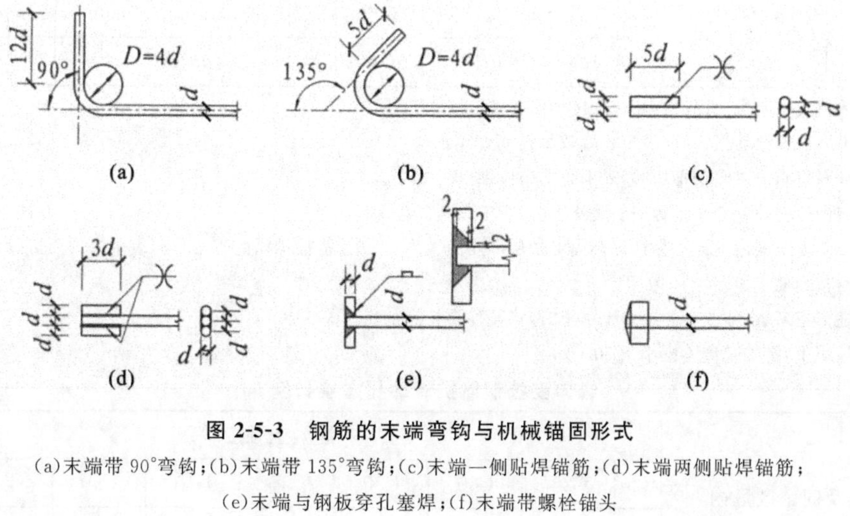

图 2-5-3　钢筋的末端弯钩与机械锚固形式

(a)末端带 90°弯钩;(b)末端带 135°弯钩;(c)末端一侧贴焊锚筋;(d)末端两侧贴焊锚筋;
(e)末端与钢板穿孔塞焊;(f)末端带螺栓锚头

(24)纵向受拉钢筋搭接长度 l_l。

钢筋有三种连接方法,即绑扎搭接接头、焊接接头、机械连接。钢筋连接的原则如下:

① 钢筋接头宜设置在受力较小处;

② 同一根钢筋不宜设置 2 个以上接头;

③ 同一构件中的纵向受力钢筋接头宜相互错开;

④ 直径大于 12mm 的钢筋,应优先采用焊接接头或机械连接接头;

⑤ 轴心受拉构件和小偏心受拉构件的纵向受力钢筋直径 $d>28$mm 的受拉钢筋、直径

$d>32$mm 的受压钢筋,不得采用绑扎搭接接头;

⑥ 直接承受动力荷载的构件,纵向受力钢筋不得采用绑扎搭接接头。

绑扎搭接接头的最小搭接长度应符合表 2-5-8、表 2-5-9 的相关规定。

表 2-5-8   **纵向受拉钢筋搭接长度 l_l**

钢筋种类及同一区段内搭接钢筋面积百分比		混凝土强度等级															
		C20	C25		C30		C35		C40		C45		C50		C55		≥C60
		$d{\leqslant}25$	$d{\leqslant}25$	$d{>}25$	$d{\leqslant}25$	$d{>}25$	$d{\leqslant}25$	$d{>}25$	$d{\leqslant}25$	$d{>}25$	$d{\leqslant}25$	$d{>}25$	$d{\leqslant}25$	$d{>}25$	$d{\leqslant}25$	$d{>}25$	$d{\leqslant}25$	$d{>}25$
HPB300	≤25%	47d	41d	—	36d	—	34d	—	30d	—	29d	—	28d	—	26d	—	25d	—
	≤50%	55d	48d	—	42d	—	39d	—	35d	—	34d	—	32d	—	31d	—	29d	—
	100%	62d	54d	—	48d	—	45d	—	40d	—	38d	—	37d	—	35d	—	34d	—
HRB335、HRBF335	≤25%	46d	40d	—	35d	—	32d	—	30d	—	28d	—	26d	—	25d	—	25d	—
	≤50%	53d	46d	—	41d	—	38d	—	35d	—	32d	—	31d	—	29d	—	29d	—
	100%	61d	53d	—	46d	—	43d	—	40d	—	37d	—	35d	—	34d	—	34d	—
HRB400、HRBF400、RRB400	≤25%	—	48d	53d	42d	47d	38d	42d	35d	38d	34d	37d	32d	36d	31d	35d	30d	34d
	≤50%	—	56d	62d	49d	55d	45d	49d	41d	45d	39d	43d	38d	42d	36d	41d	35d	39d
	100%	—	64d	70d	56d	62d	51d	56d	46d	51d	45d	50d	43d	48d	42d	46d	40d	45d
HRB500、HRBF500	≤25%	—	58d	64d	52d	56d	47d	52d	43d	48d	41d	44d	38d	42d	37d	41d	36d	40d
	≤50%	—	67d	74d	60d	66d	55d	60d	50d	56d	48d	52d	45d	49d	43d	48d	42d	46d
	100%	—	77d	85d	69d	75d	62d	69d	58d	64d	54d	59d	51d	56d	50d	54d	48d	53d

注:1. 表中数值为纵向受拉钢筋绑扎搭接接头的搭接长度。

2. 两根不同直径钢筋搭接时,表中 d 取较细钢筋直径。

3. 当为环氧树脂涂层带肋钢筋时,表中数据尚应乘以 1.25。

4. 当纵向受拉钢筋在施工过程中易受扰动时,表中数据尚应乘以 1.1。

5. 当搭接长度范围内纵向受力钢筋周边保护层厚度为 $3d$、$5d$(d 为搭接钢筋的直径)时,表中数据尚可分别乘以 0.8、0.7;中间时按内插值。

6. 当上述修正系数(注 3~注 5)多于一项时,可按连乘计算。

7. 任何情况下,搭接长度不应小于 300mm。

表 2-5-9   **纵向受拉钢筋抗震绑扎搭接长度 l_{lE}**

钢筋种类及同一区段内搭接钢筋面积百分比			混凝土强度等级															
			C20	C25		C30		C35		C40		C45		C50		C55		≥C60
			$d{\leqslant}25$	$d{\leqslant}25$	$d{>}25$	$d{\leqslant}25$	$d{>}25$	$d{\leqslant}25$	$d{>}25$	$d{\leqslant}25$	$d{>}25$	$d{\leqslant}25$	$d{>}25$	$d{\leqslant}25$	$d{>}25$	$d{\leqslant}25$	$d{>}25$	$d{\leqslant}25$	$d{>}25$
一、二级抗震等级	HPB300	≤25%	54d	47d	—	42d	—	38d	—	35d	—	34d	—	31d	—	30d	—	29d	—
		≤50%	63d	55d	—	49d	—	45d	—	41d	—	39d	—	36d	—	35d	—	34d	—
		100%	62d	54d	—	48d	—	45d	—	40d	—	38d	—	37d	—	35d	—	34d	—

续表

钢筋种类及同一区段内搭接钢筋面积百分比			混凝土强度等级															
			C20	C25		C30		C35		C40		C45		C50		C55		≥C60	
			$d\leqslant25$	$d\leqslant25$	$d>25$	$d\leqslant25$	$d>25$	$d\leqslant25$	$d>25$	$d\leqslant25$	$d>25$	$d\leqslant25$	$d>25$	$d\leqslant25$	$d>25$	$d\leqslant25$	$d>25$	$d\leqslant25$	$d>25$
一、二级抗震等级	HRB335、HRBF335	≤25%	—	55d	61d	48d	54d	44d	48d	40d	44d	38d	43d	37d	42d	36d	40d	35d	38d
		≤50%	—	55d	61d	48d	54d	44d	48d	40d	44d	38d	43d	37d	42d	36d	40d	35d	38d
		100%	—	55d	61d	48d	54d	44d	48d	40d	44d	38d	43d	37d	42d	36d	40d	35d	38d
	HRB400、HRBF400、RRB400	≤25%	—	48d	53d	42d	47d	38d	42d	35d	38d	34d	37d	32d	36d	31d	35d	30d	34d
		≤50%	—	64d	71d	56d	63d	52d	56d	46d	52d	45d	50d	43d	49d	42d	46d	41d	45d
	HRB500、HRBF500	≤25%	—	66d	73d	59d	65d	54d	59d	49d	55d	47d	52d	44d	48d	43d	47d	42d	46d
		≤50%	—	77d	85d	69d	76d	63d	69d	57d	64d	55d	60d	52d	56d	50d	55d	49d	53d
三级抗震等级	HPB300	≤25%	49d	43d	—	38d	—	35d	—	31d	—	30d	—	29d	—	28d	—	26d	—
		≤50%	57d	50d	—	45d	—	41d	—	36d	—	35d	—	34d	—	32d	—	31d	—
	HRB335、HRBF335	≤25%	48d	42d		36d		34d		31d		29d		28d		26d		26d	
		≤50%	56d	49d		42d		39d		36d		34d		32d		31d		31d	—
		100%	—	55d	61d	48d	54d	44d	48d	40d	44d	38d	43d	37d	42d	36d	40d	35d	38d
	HRB400、HRBF400、RRB400	≤25%	—	50d	55d	44d	49d	41d	44d	36d	41d	35d	40d	34d	38d	32d	36d	31d	35d
		≤50%	—	59d	64d	52d	57d	48d	52d	42d	48d	41d	46d	39d	45d	38d	42d	36d	41d
	HRB500、HRBF500	≤25%	—	60d	67d	54d	59d	49d	55d	46d	50d	43d	47d	41d	44d	40d	43d	38d	42d
		≤50%	—	70d	78d	63d	69d	57d	63d	53d	59d	50d	55d	48d	52d	50d	50d	45d	49d

注:1. 表中数值为纵向受拉钢筋绑扎搭接接头的搭接长度。

2. 两根不同直径钢筋搭接时,表中 d 取较细钢筋直径,mm。

3. 当为环氧树脂涂层带肋钢筋时,表中数据尚应乘以 1.25。

4. 当纵向受拉钢筋在施工过程中易受扰动时,表中数据尚应乘以 1.1。

5. 当搭接长度范围内纵向受力钢筋周边保护层厚度为 $3d$、$5d$(d 为搭接钢筋的直径)时,表中数据尚可分别乘以 0.8、0.7;中间时按内插取值。

6. 当上述修正系数(注3～注5)多于一项时,可按连乘计算。

7. 任何情况下,搭接长度不应小于 300mm。

8. 四级抗震等级时,$l_{lE}=l_l$。

(25)钢筋的弯起增加长度。

钢筋的弯起角度一般有30°、45°和60°三种,如图 2-5-4 所示。其弯起增加长度是指钢筋斜长与水平投影长度之间的差值($S-L$)。

弯起钢筋的增加长度,可按弯起角度、弯起钢筋净高 h_0(构件断面高－两端保护层厚度)计算,其计算值如表 2-5-10 所示。

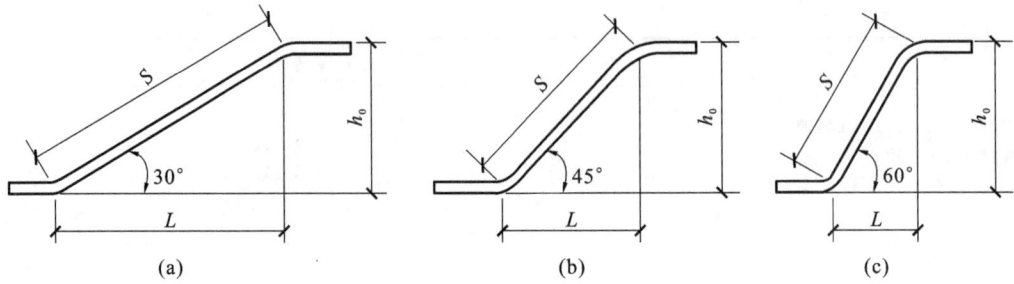

图 2-5-4 弯起钢筋斜长计算简图

(a)弯起角度 30°;(b)弯起角度 45°;(c)弯起角度 60°

表 2-5-10 　　　　　　　　　　　　　弯起钢筋斜长系数

弯起角度	$\alpha=30°$	$\alpha=45°$	$\alpha=60°$
斜边长度 S	$2h_0$	$1.41h_0$	$1.15h_0$
底边长度 L	$1.73h_0$	h_0	$0.58h_0$
弯起增加长度 $S-L$	$0.27h_0$	$0.41h_0$	$0.57h_0$

(26)钢筋单位理论重量。

钢筋单位理论重量如表 2-5-11 所示。

表 2-5-11 　　　　　　　　　　　　　　钢筋单位理论重量表

钢筋直径 d/mm	$\phi6$	$\phi8$	$\phi10$	$\phi12$	$\phi14$	$\phi16$	$\phi18$	$\phi20$	$\phi22$	$\phi25$
理论重量/(kg/m)	0.222	0.395	0.617	0.888	1.21	1.58	2.00	2.47	3.00	3.86

5.1.3 预制构件安装

(1)预制构件安装的安装高度小于或等于 20m。

(2)预制构件安装中机械吊装按单机作业编制。

(3)预制构件安装的安装项目是以轮胎式起重机、塔式起重机(塔式起重机台班消耗量包括在垂直运输机械项目内)分别列项编制的。如使用汽车式起重机,则按轮胎起重机相应定额项目乘以系数 1.05。

(4)小型构件安装是指单体体积小于或等于 0.1m³,且预制构件安装定额中未单独列项的构件。

(5)升板预制柱加固是指柱安装后,至楼板提升完成期间所需要的加固搭设。

(6)预制混凝土构件安装子目均不包括为安装工程所搭设的临时性脚手架及临时平台,发生时按有关规定另行计算。

(7)预制混凝土构件必须在跨外安装就位时,按相应构件安装子目中的人工、机械台班乘以系数 1.18。使用塔式起重机安装时,不再乘以系数。

5.2 钢筋及混凝土工程量计算规则

5.2.1 现浇混凝土工程量

现浇混凝土工程量,按以下规定计算。

混凝土工程量除另有规定者外,均按图示尺寸以体积计算。不扣除构件内钢筋、铁件及墙、板中面积小于或等于 0.3m² 的孔洞所占体积,但劲性混凝土中的金属构件、空心楼板中的预埋管道所占体积应予扣除。

(1)基础工程量计算。

① 带形基础,外墙按设计外墙中心线长度、内墙按设计内墙基础净长度乘以设计断面面积,以体积计算。

② 满堂基础,按设计图示尺寸以体积计算。

③ 箱式满堂基础分别按无梁式满堂基础、柱、墙、梁、板有关规定计算,套用相应定额子目。

④ 独立基础,包括各种形式的独立基础及柱墩,其工程量按图示尺寸以体积计算。柱与柱基的划分以柱基的扩大顶面为分界线。

⑤ 带形桩承台按带形基础的计算规则计算,独立桩承台按独立基础的计算规则计算。不扣除伸入承台基础的桩头所占体积。

⑥ 设备基础,除块体基础外,分别按基础、柱、梁、板、墙等有关规定计算,套用相应定额子目。楼层上的钢筋混凝土设备基础,按有梁板项目计算。

(2)柱工程量计算。

柱按图示断面尺寸乘以柱高以体积计算。柱高按下列规定确定。

① 现浇混凝土柱与基础的划分,以基础扩大面的顶面为分界线,以下为基础,以上为柱。框架柱的柱高,自柱基上表面至柱顶高度计算,见图 2-5-5。

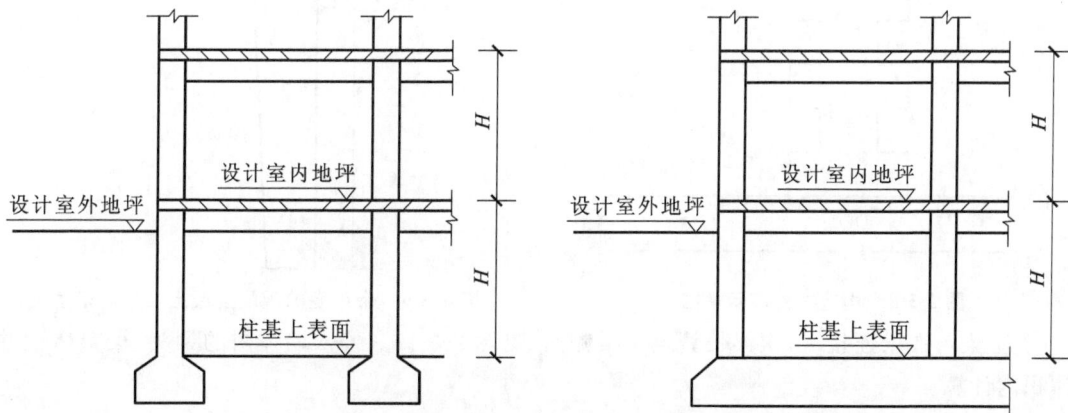

图 2-5-5　框架柱柱高示意图

② 有梁板的柱高,自柱基上表面(或楼板上表面)至上一层楼板上表面之间的高度计算,见图 2-5-6。

③ 无梁板的柱高,自柱基上表面(或楼板上表面)至柱帽下表面之间的高度计算,见图 2-5-7。

④ 构造柱按设计高度计算,与墙嵌接部分(马牙槎)的体积,按构造柱出槎长度的一半(有槎与无槎的平均值)乘以出槎宽度,再乘以构造柱柱高,并入构造柱体积内计算。构造柱柱高示意图见图 2-5-8。

⑤ 依附柱上的牛腿,并入柱体积内计算。带牛腿的现浇混凝土柱柱高示意图见图 2-5-9。

(3)梁工程量计算。

梁按图示断面尺寸乘以梁长,以体积计算。梁长及梁高按下列规定确定。

① 梁与柱连接时,梁长算至柱侧面,见图 2-5-10。

图 2-5-6　有梁板柱高示意图

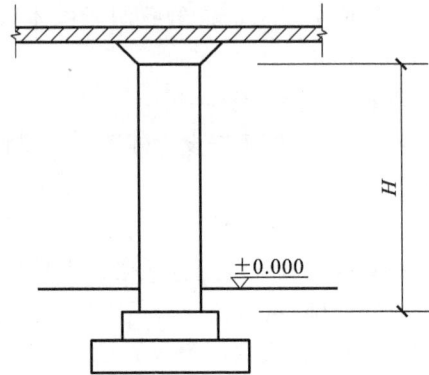

图 2-5-7　无梁板柱高示意图

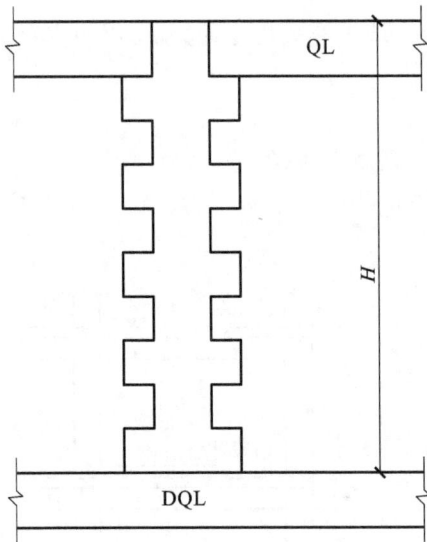

图 2-5-8　构造柱柱高示意图

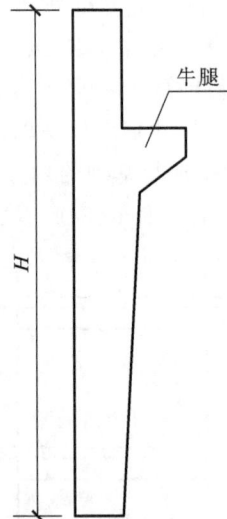

图 2-5-9　带牛腿的现浇混凝土柱柱高示意图

② 主梁与次梁连接时,次梁长算至主梁侧面,见图 2-5-11。伸入墙体内的梁头、梁垫体积并入梁体积内计算。

③ 过梁长度按设计规定计算,设计无规定时,按门窗洞口宽度,两端各加 250mm 计算。

④ 房间与阳台连通,洞口上坪与圈梁连成一体的混凝土梁,按过梁的计算规则计算工程量,执行单梁子目。

⑤ 圈梁与梁连接时,圈梁体积应扣除伸入圈梁内的梁体积。圈梁与构造柱连接时,圈梁长度算至构造柱侧面。构造柱有马牙槎时,圈梁长度算至构造柱主断面的侧面。基础圈梁,按圈梁计算。

⑥ 在圈梁部位挑出外墙的混凝土梁,以外墙外边线为界限,挑出部分按图示尺寸以体积计算。

⑦ 梁(单梁、框架梁、圈梁、过梁)与板整体现浇时,梁高计算至板底。

(4)墙工程量计算。

墙按图示中心线长度乘以设计高度及墙体厚度,以体积计算。扣除门窗洞口及单个面积大于 $0.3m^2$ 孔洞的体积,墙垛突出部分并入墙体积内计算。

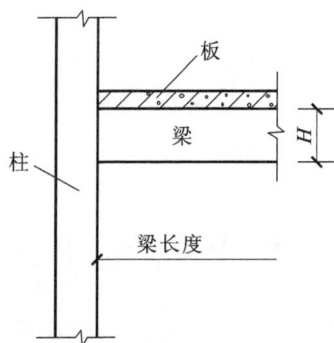

图 2-5-10　梁与柱连接示意图　　　　　　图 2-5-11　主梁与次梁连接示意图

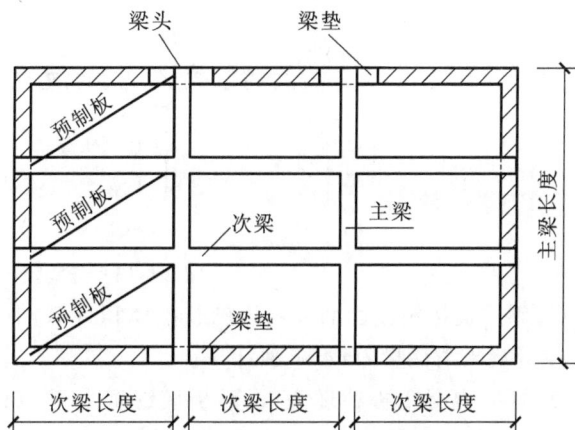

① 现浇混凝土墙(柱)与基础的划分以基础扩大面的顶面为分界线,以下为基础,以上为墙(柱)身。

② 现浇混凝土柱、梁、墙、板的分界规定如下:

a.混凝土墙中的暗柱、暗梁,并入相应墙体积内,不单独计算。

b.混凝土柱、墙连接时,柱单面凸出大于墙厚或双面凸出墙面时,柱、墙分别单独计算,墙算至柱侧面;柱单面凸出小于墙厚时,其凸出部分并入墙体积内计算。

c.梁、墙连接时,墙高算至梁底。

d.墙、墙相交时,外墙按外墙中心线长度计算,内墙按墙间净长度计算。

e.柱、墙与板相交时,柱和外墙的高度算至板上坪,内墙的高度算至板底。板的宽度按外墙间净宽度(无外墙时,按板边缘之间的宽度)计算,不扣除柱、垛所占板的面积。

③ 电梯井壁工程量计算执行外墙的相应规定。

④ 轻型框剪墙,由剪力墙柱、剪力墙身、剪力墙梁三类构件构成,计算工程量时按混凝土墙的计算规则合并计算。

(5)板工程量计算。

板按图示面积乘以板厚以体积计算。

① 有梁板包括主、次梁及板,工程量按梁、板体积之和计算,见图 2-5-12。

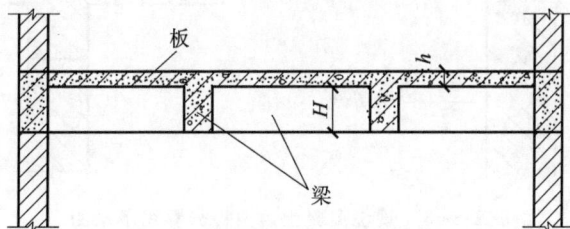

图 2-5-12　有梁板(包括主、次梁与板)

② 无梁板按板和柱帽体积之和计算,见图 2-5-13。

③ 平板按板图示体积计算。伸入墙内的板头、平板边沿的翻檐,均并入平板体积内计算。

④ 轻型框剪墙支撑的板按现浇混凝土平板的计算规则,以体积计算。

图 2-5-13 无梁板(包括柱帽)

⑤ 斜屋面按板断面面积乘以斜长以体积计算,有梁时,梁板合并计算。屋脊处加厚混凝土已包括在混凝土消耗量内,不单独计算。

⑥ 预制混凝土板补现浇板缝,板底缝宽大于 40mm 且小于或等于 100mm 时,按小型构件计算;板底缝宽大于 100mm 时,按平板计算。

⑦ 坡屋面顶板,按斜板计算。屋脊处八字脚的加厚混凝土(素混凝土)已包括在消耗量内,不单独计算,如图 2-5-14 所示。若屋脊处八字脚的加厚混凝土配置钢筋作为梁使用,则应按设计尺寸并入斜板工程量内计算。

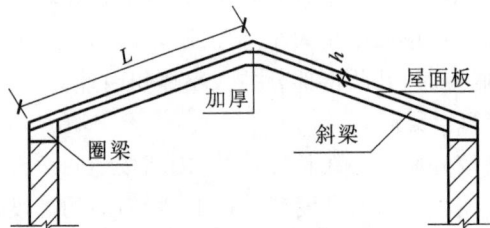

图 2-5-14 现浇斜屋面板

⑧ 现浇挑檐与板(包括屋面板)连接时,以外墙外边线为界限;与圈梁(包括其他梁)连接时,以梁外边线为界限。外边线以外为挑檐。现浇混凝土挑檐板分界线示意图见图 2-5-15。

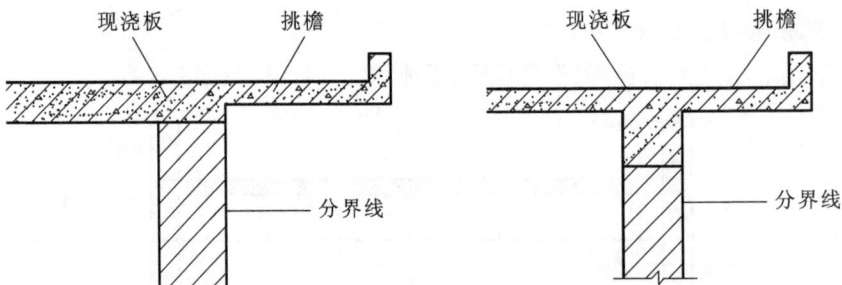

图 2-5-15 现浇混凝土挑檐板分界线示意图

⑨ 叠合箱、蜂巢芯混凝土楼板扣除构件内叠合箱、蜂巢芯所占体积,按有梁板相应规则计算。

(6)其他。

① 整体楼梯包括休息平台、平台梁、楼梯底板、斜梁及楼梯的连接梁、楼梯段,按水平投影面积计算,不扣除宽度小于或等于 500mm 的楼梯井,伸入墙内部分不另增加。踏步旋转楼梯,按其楼梯部分的水平投影面积乘以周数计算(不包括中心柱)。

a.混凝土楼梯(含直形和旋转形)与楼板,以楼梯顶部与楼板的连接梁为界,连接梁以外为楼板。楼梯基础,按基础的相应规定计算。楼梯工程量计算示意图见图2-5-16。

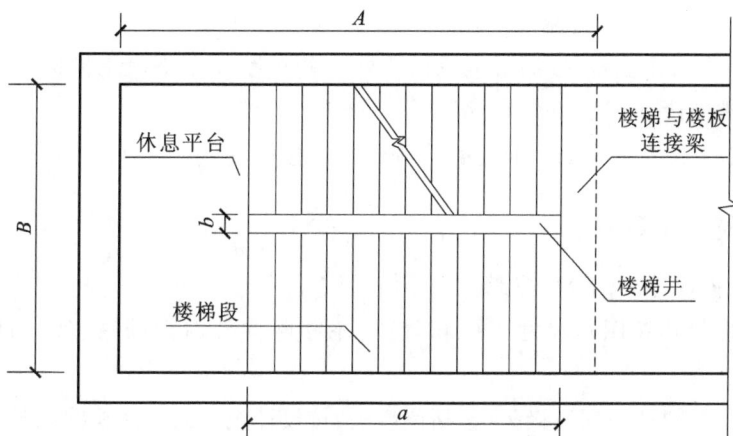

图2-5-16 楼梯工程量计算示意图

b.踏步底板、休息平台的板厚不同时,应分别计算。踏步底板的水平投影面积包括底板和连接梁,休息平台的投影面积包括平台板和平台梁。

c.弧形楼梯,按旋转楼梯计算。

d.独立式单跑楼梯间,楼梯踏步两端的板,均视为楼梯的休息平台板。非独立式楼梯间单跑楼梯,楼梯踏步两端宽度(自连接梁外边沿起)不大于1.2m的板,均视为楼梯的休息平台板。单跑楼梯侧面与楼板之间的空隙视为单跑楼梯的楼梯井。

② 阳台、雨篷按伸出外墙部分的水平投影面积计算,伸出外墙的牛腿不另计算,其嵌入墙内的梁另按梁有关规定单独计算,雨篷的翻檐按展开面积并入雨篷内计算,如图2-5-17所示。井字梁雨篷,按有梁板计算规则计算,如图2-5-18所示。

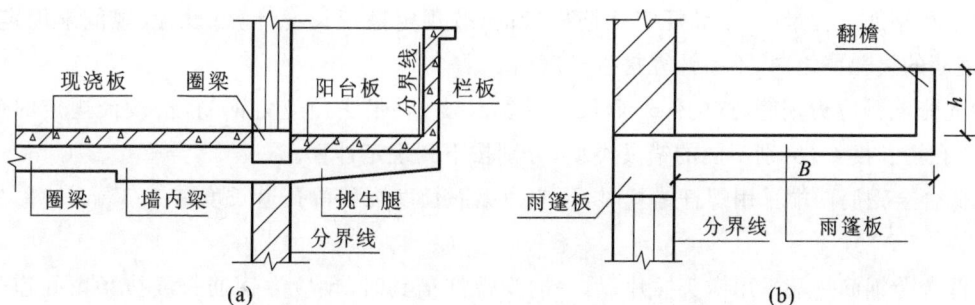

图2-5-17 现浇混凝土雨篷

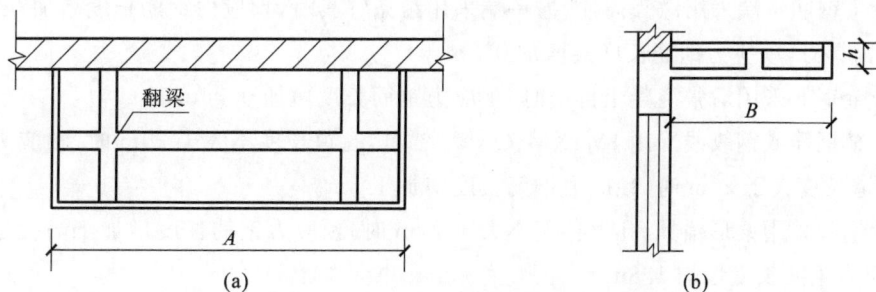

图2-5-18 井字梁雨篷

③ 栏板以体积计算,伸入墙内的栏板,与栏板合并计算。

④ 混凝土挑檐、阳台、雨篷的翻檐,总高度不大于 300mm 时,按展开面积并入相应工程量内;总高度大于 300mm 时,按栏板计算。三面梁式雨篷,按有梁式阳台计算。

⑤ 飘窗左右的混凝土立板,按混凝土栏板计算。飘窗上、下的混凝土挑板,空调室外机的混凝土搁板,按混凝土挑檐计算。

⑥ 单件体积小于或等于 0.1m³ 且定额未列子目的构件,按小型构件以体积计算。

5.2.2　预制混凝土工程量

预制混凝土工程量,按以下规定计算。

(1)混凝土工程量均按图示尺寸以体积计算,不扣除构件内钢筋、铁件、预应力钢筋所占的体积。

(2)预制混凝土框架柱的现浇接头(包括梁接头)按设计规定断面面积乘以长度以体积计算。

(3)混凝土与钢构件组合的构件,混凝土部分按构件实际体积以体积计算;钢构件部分按理论重量,以重量计算。

5.2.3　混凝土搅拌、制作和泵送

混凝土搅拌、制作和泵送子目,按各混凝土构件的混凝土消耗量之和,以体积计算。

5.2.4　钢筋工程量

钢筋工程量及定额应用,按以下规定计算。

(1)钢筋工程应区别现浇、预制构件,不同钢种和规格,计算时分别按设计长度乘以单位理论重量,以重量计算。钢筋电渣压力焊接、套筒挤压等接头,按数量计算。

(2)计算钢筋工程量时,设计规定钢筋搭接的,按规定搭接长度计算;设计、规范未规定的,已包括在钢筋的损耗率之内,不另计算搭接长度。

(3)先张法预应力钢筋,按构件外形尺寸计算长度;后张法预应力钢筋,按设计规定的预应力钢筋预留孔道长度,并区别不同的锚具类型,分别按下列规定计算。

① 低合金钢筋两端采用螺杆锚具时,预应力钢筋长度按预留孔道长度减 0.35m 计算,螺杆另行计算。

② 低合金钢筋一端采用镦头插片,另一端为螺杆锚具时,预应力钢筋长度按预留孔道长度计算,螺杆另行计算。

③ 低合金钢筋一端采用镦头插片,另一端采用帮条锚具时,预应力钢筋长度增加 0.15m;两端均采用帮条锚具时,预应力钢筋长度共增加 0.3m。

④ 低合金钢筋采用后张混凝土自锚时,预应力钢筋长度增加 0.35m。

⑤ 低合金钢筋或钢绞线采用 JM、XM、QM 型锚具,孔道长度不大于 20m 时,预应力钢筋长度增加 1m;孔道长度大于 20m 时,预应力钢筋长度增加 1.8m。

⑥ 碳素钢丝采用锥形锚具,孔道长度不大于 20m 时,预应力钢筋长度增加 1m;孔道长度大于 20m 时,预应力钢筋长度增加 1.8m。

⑦ 碳素钢丝两端采用镦粗头时,预应力钢丝长度增加 0.35m。

（4）其他。

① 马凳。

a.现场布置是通长设置，按设计图纸规定或已审批的施工方案计算。

b.设计无规定时，现场马凳布置方式是其他形式的，马凳的材料应比底板钢筋降低一个规格（若底板钢筋规格不同，按其中规格大的钢筋降低一个规格计算），长度按底板厚度的 2 倍加 200mm 计算，按 1 个/m² 计入马凳筋工程量。

② 墙体拉结 S 钩，设计有规定的按设计规定，设计无规定时按 φ8 钢筋，长度按墙厚加 150mm 计算，按 3 个/m² 计入钢筋总量。

马凳、S 钩示意图见图 2-5-19。

③ 砌体加固钢筋按设计用量以重量计算。

④ 锚喷护壁钢筋、钢筋网按设计用量以重量计算。防护工程的钢筋锚杆，护壁钢筋、钢筋网，执行现浇构件钢筋子目。

图 2-5-19　马凳、S 钩示意图

⑤ 螺纹套筒接头、冷挤压带肋钢筋接头、电渣压力焊接头，按设计要求或施工组织设计规定，以数量计算。

⑥ 混凝土构件预埋铁件工程量，按设计图纸尺寸，以重量计算。

⑦ 桩基工程钢筋笼制作安装，按设计图示长度乘以理论重量，以重量计算。

⑧ 钢筋间隔件子目，发生时按实际计算。编制标底时，按水泥基类间隔件 1.21 个/m²（模板接触面积）计算编制。设计与定额不同时可以换算。

⑨ 对拉螺栓增加子目，按混凝土墙的模板接触面积乘以系数 0.5 计算。

（5）钢筋工程量计算。

钢筋工程量按式（2-5-1）计算。

$$钢筋工程量（kg）= 钢筋图示长度（m）× 钢筋单位理论重量（kg/m） \qquad (2-5-1)$$

钢筋单位理论重量（单位：kg/m）可按表 2-5-11 取值，根据式（2-5-2）计算。

$$钢筋单位理论重量 = 0.617D^2 \qquad (2-5-2)$$

式中　D——钢筋直径，cm。

① 普通钢筋长度计算。

普通钢筋长度可按式（2-5-3）计算。

$$钢筋图示长度 = 构件长度 - 两端保护层厚度 + 末端弯钩长度 +$$
$$弯起增加长度 + 钢筋搭接长度 \qquad (2-5-3)$$

② 平法标注钢筋长度计算。

平法标注钢筋的长度可按式（2-5-4）计算。

$$钢筋图示长度 = 净长 + 末端弯钩长度 + 弯起增加长度 +$$
$$钢筋搭接长度 + 节点锚固长度 \qquad (2-5-4)$$

③ 箍筋长度计算。

箍筋需先计算单个箍筋长度，再计算箍筋的个数，汇总计算箍筋总长度。封闭箍筋及拉筋弯钩等构造如图 2-5-20 所示。

箍筋一般用于混凝土梁、柱等构件。按其形状，箍筋可分为一字形箍筋（拉筋）、开口式箍筋、封闭式箍筋（封闭外箍、封闭内箍）、螺旋式箍筋等。其中，最常见的箍筋是混凝土矩形梁、柱的封闭外箍和拉筋。

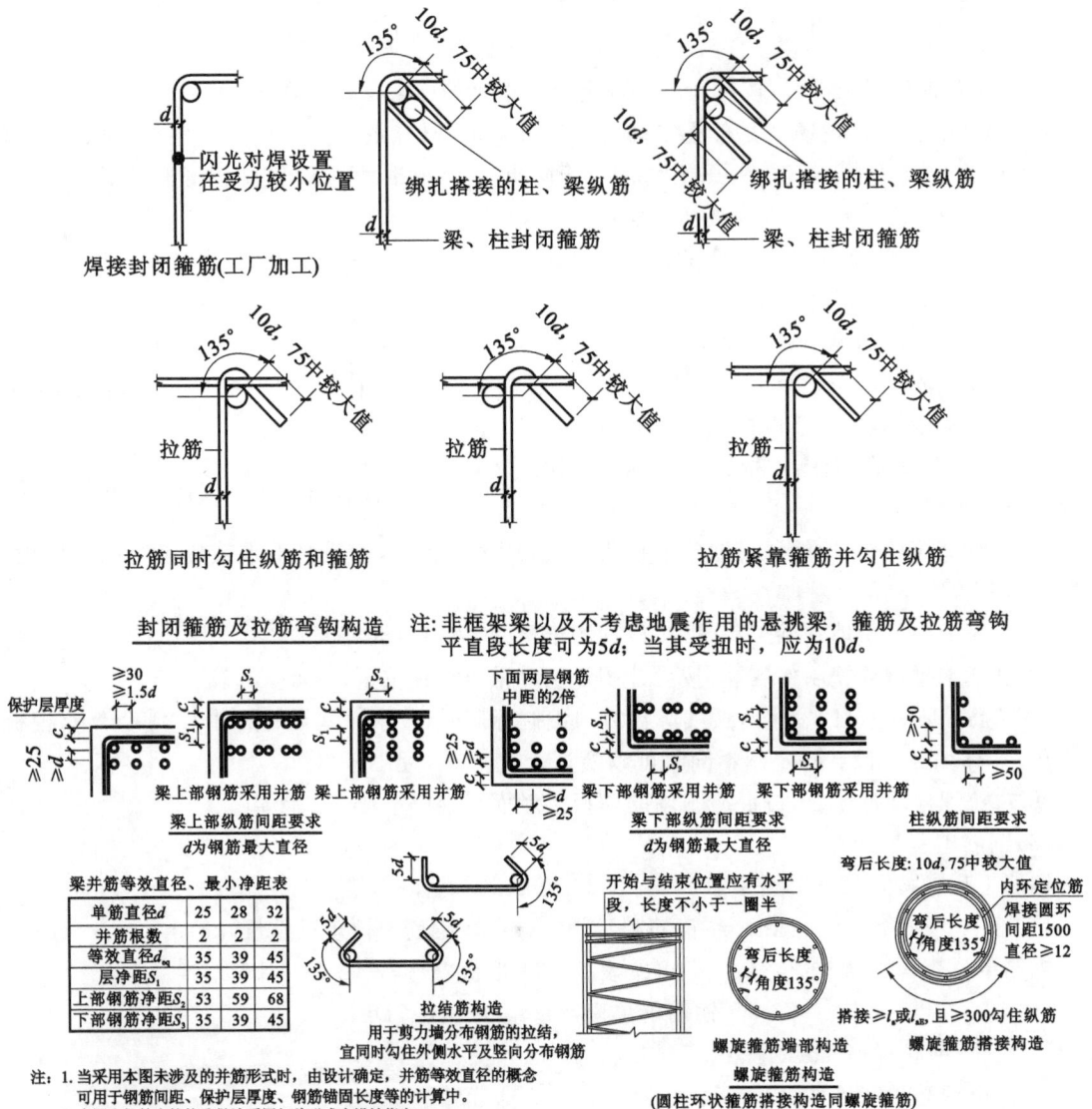

焊接封闭箍筋(工厂加工)

绑扎搭接的柱、梁纵筋

梁、柱封闭箍筋

绑扎搭接的柱、梁纵筋

梁、柱封闭箍筋

拉筋

拉筋

拉筋

拉筋同时勾住纵筋和箍筋

拉筋紧靠箍筋并勾住纵筋

封闭箍筋及拉筋弯钩构造

注:非框架梁以及不考虑地震作用的悬挑梁,箍筋及拉筋弯钩平直段长度可为5d;当其受扭时,应为10d。

梁上部钢筋采用并筋 梁上部钢筋采用并筋

梁上部纵筋间距要求
d为钢筋最大直径

下面两层钢筋中距的2倍

梁下部钢筋采用并筋 梁下部钢筋采用并筋

梁下部纵筋间距要求
d为钢筋最大直径

柱纵筋间距要求

梁并筋等效直径、最小净距表

单筋直径d	25	28	32
并筋根数	2	2	2
等效直径d_{eq}	35	39	45
层净距S_1	35	39	45
上部钢筋净距S_2	53	59	68
下部钢筋净距S_3	35	39	45

拉结筋构造
用于剪力墙分布钢筋的拉结,宜同时勾住外侧水平及竖向分布钢筋

开始与结束位置应有水平段,长度不小于一圈半

螺旋箍筋端部构造

螺旋箍筋构造
(圆柱环状箍筋搭接构造同螺旋箍筋)

弯后长度:10d,75中较大值
内环定位筋
焊接圆环间距1500
直径≥12
弯后长度
角度135°
搭接≥l_{aE}或l_a,且≥300勾住纵筋
螺旋箍筋搭接构造

注:1.当采用本图未涉及的并筋形式时,由设计确定,并筋等效直径的概念可用于钢筋间距、保护层厚度、钢筋锚固长度等的计算中。
2.本图中拉筋弯钩构造做法采用何种形式由设计指定。
3.并筋连接接头宜按每根单筋错开,接头面积百分率应按同一连接区段内所有的单根钢筋计算。钢筋的搭接长度应按单筋分别计算。
4.机械连接套筒的横向净间距不宜小于25。

图 2-5-20　封闭箍筋及拉筋弯钩等构造

混凝土矩形梁、柱采用绑扎搭接的封闭箍筋的单钩增加长度,如图 2-5-21(a)、(b)所示。箍筋的弯心直径为 $4d$(d 为箍筋直径),详见《混凝土结构施工钢筋排布规则与构造详图(现浇混凝土框架、剪力墙、梁、板)》(12G901-1)第 1~6 页第 7 条。

a.箍筋单个弯钩增加长度(包括量度差)。

封闭箍筋单个弯钩增加长度可按式(2-5-5)计算。

$$单个弯钩增加长度 = 弯弧段长度 + 平直段长度 - 单边已算长度 \qquad (2-5-5)$$

抗震设计时:

$$单个弯钩增加长度 = 2\pi \times 2.5d \times 135/360 + 10d - 3d$$
$$= 5.89d + 10d - 3d$$
$$= 12.89d$$

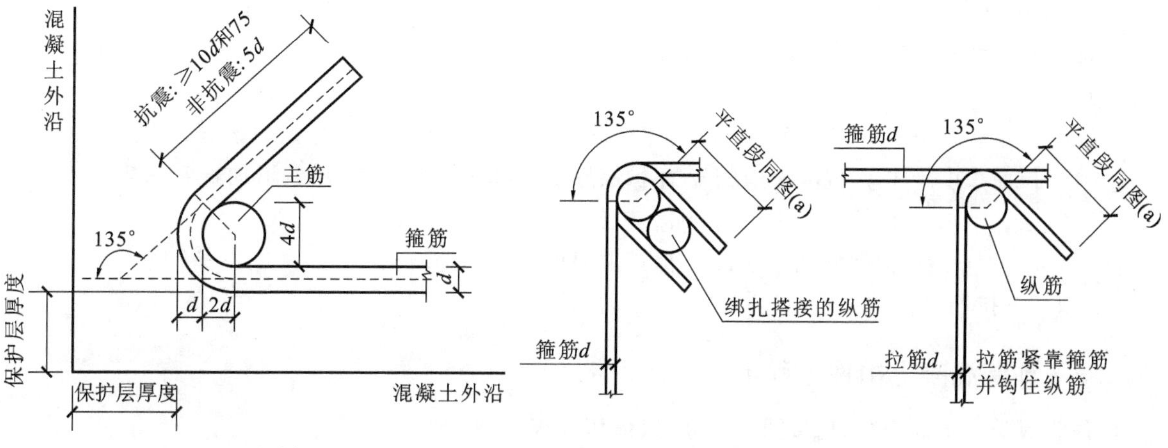

(a) (b) (c)

图 2-5-21 箍筋末端弯钩

(a)箍筋末端135°弯钩；(b)封闭外箍末端135°弯钩；(c)拉筋末端135°弯钩

非框架梁及不考虑抗震设计时：

$$单个弯钩增加长度 = 2\pi \times 2.5d \times 135/360 + 5d - 3d = 5.89d + 5d - 3d = 7.89d$$

b. 弯曲90°量度差。

$$弯曲90°量度差 = 2 \times 3d - 2\pi \times 2.5d \times 90/360 = 2.075d \approx 2d$$

c. 绑扎搭接封闭箍筋长度计算。

混凝土矩形梁、柱等绑扎搭接封闭箍筋长度，可按式(2-5-6)计算。

$$封闭箍筋长度 = 构件混凝土周长 - 8 \times 保护层厚度 - 8 \times d/2 + 2 \times 单钩增加长度 - 3 \times 90°量度差 \tag{2-5-6}$$

抗震设计时：

$$\begin{aligned}封闭箍筋长度 &= 构件混凝土周长 - 8 \times 保护层厚度 - 8 \times d/2 + 2 \times 单钩增加长度 - 3 \times 90°量度差 \\ &= 构件混凝土周长 - 8 \times 保护层厚度 - 8 \times d/2 + 2 \times 12.89d - 3 \times 2d \\ &= 构件混凝土周长 - 8 \times 保护层厚度 + 15.78d\end{aligned}$$

非框架梁及不考虑抗震设计时：

$$\begin{aligned}封闭箍筋长度 &= 构件混凝土周长 - 8 \times 保护层厚度 - 8 \times d/2 + 2 \times 单钩增加长度 - 3 \times 90°量度差 \\ &= 构件混凝土周长 - 8 \times 保护层厚度 - 8 \times d/2 + 2 \times 7.89d - 3 \times 2d \\ &= 构件混凝土周长 - 8 \times 保护层厚度 + 5.78d\end{aligned}$$

式中 d——箍筋直径。

箍筋的布置通常分为加密区和非加密区，计算个数时可区分加密区个数和非加密区个数分别计算后汇总，按式(2-5-7)计算。

$$箍筋个数 = 加密区长度 / 加密区间距 + 非加密区长度 / 非加密区间距 + 1 \tag{2-5-7}$$

④ 拉筋工程量计算。

混凝土矩形梁、柱，单根拉筋长度按式(2-5-8)计算。

拉筋长度 ＝ 构件混凝土边长 － 保护层厚度 × 2 － $d/2$ × 2 ＋ 单钩增加长度 × 2   (2-5-8)

混凝土矩形梁、柱，拉筋的单钩增加长度如图 2-5-21 所示。抗震设计时，单钩增加长度(同箍筋)为 $12.89d$。

混凝土矩形梁、柱，单根拉筋长度可简化计算如下：

拉筋长度 ＝ 构件混凝土边长 － 保护层厚度 × 2 － $d/2$ × 2 ＋ 单钩增加长度 × 2

＝ 构件混凝土边长 － 保护层厚度 × 2 － d ＋ $12.89d$ × 2

＝ 构件混凝土边长 － 保护层厚度 × 2 ＋ $24.78d$

式中　d——拉筋直径。

5.2.5　预制混凝土构件工程量

预制混凝土构件安装，均按图示尺寸，以体积计算。

(1)预制混凝土构件安装子目中的安装高度，是指建筑物的总高度。

(2)焊接成型的预制混凝土框架结构，其柱安装按框架柱计算，梁安装按框架梁计算。

(3)预制钢筋混凝土工字形柱、矩形柱、空腹柱、双肢柱、空心柱、管道支架等的安装，均按柱安装计算。

(4)柱加固子目，指柱安装后至楼板提升完成前的预制混凝土柱的搭设加固。其工程量按提升混凝土板的体积计算。

(5)组合屋架安装，以混凝土部分的实体积计算，钢杆件部分不另计算。

(6)预制钢筋混凝土多层柱安装，首层柱按柱安装计算，二层及二层以上按柱接柱计算。

5.3　钢筋及混凝土工程定额计量应用

5.3.1　现浇混凝土工程

【例 2-5-1】　某工程现浇混凝土带形基础，如图 2-5-22 所示。混凝土强度等级为 C25，场外集中搅拌量为25m³/h，运距 5km，采用固定泵泵送混凝土，流量为 15m³/h。计算带形基础的现浇混凝土工程量，确定定额项目。

【解】　现浇钢筋混凝土(C25)带形基础工程量：

$$V = \{[(8.00+4.60) \times 2+4.60-1.20] \times (1.20 \times 0.15+0.90 \times 0.10) +$$
$$0.60 \times 0.30 \times 0.10(A \text{ 折合体积}) + 4 \times 0.30 \times 0.10 \times 0.30 \div 2 \div 3(B \text{ 体积})\} \div 10$$
$$= 0.775(10\text{m}^3)$$

现浇钢筋混凝土(C25)带形基础定额如表 2-5-12 所示，套定额 5-1-4，C30 混凝土换算为 C25。

表 2-5-12　　　　　　　　　**现浇混凝土带形基础、独立基础定额**

工作内容：1.混凝土浇筑、振捣、养护等。

　　　　　2.毛石场内运输、铺设等。　　　　　　　　　　　　　　　　　(计量单位：10m³)

定额编号		5-1-3	5-1-4	5-1-5	5-1-6
项目名称		带形基础		独立基础	
		毛石混凝土	混凝土	毛石混凝土	混凝土
名称	单位	消耗量			
人工　综合工日	工日	7.11	6.73	7.31	6.25

续表

定额编号		5-1-3	5-1-4	5-1-5	5-1-6
项目名称		带形基础		独立基础	
		毛石混凝土	混凝土	毛石混凝土	混凝土
名称	单位	消耗量			
材料 C30 现浇混凝土碎石小于40	m³	8.5850	10.1000	8.5850	10.1000
塑料薄膜	m²	12.0120	12.6315	15.9285	16.3905
阻燃毛毡	m²	2.3900	2.5200	3.1700	3.2600
水	m³	0.8600	0.8800	0.9478	0.9826
毛石	m³	2.7540	—	2.7524	—
机械 混凝土振捣器 插入式	台班	0.4906	0.5771	0.4906	0.5771

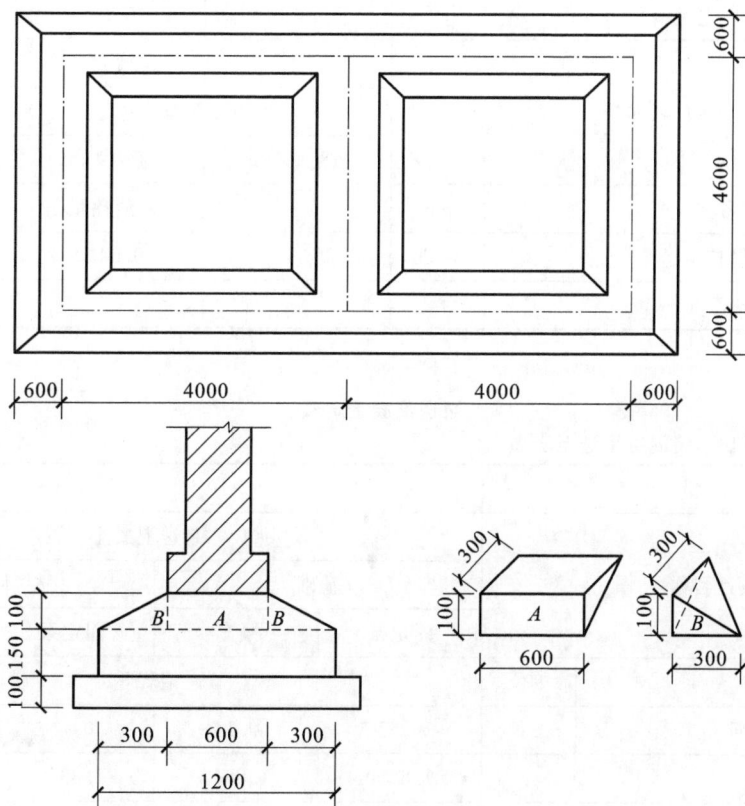

图 2-5-22 带形基础平面图、剖面图

由表 2-5-13 可知,混凝土搅拌、制作和泵送子目工程量:0.775×1.01=0.783(10m³)。

混凝土搅拌、制作和泵送定额参见表 2-5-13,场外集中搅拌量(25m³/h)套定额 5-3-4。

混凝土运输车运输混凝土(运距为 5km 内)定额参见表 2-5-14,套定额 5-3-6。

固定泵泵送基础混凝土定额参见表 2-5-15,套定额 5-3-9。

泵送增加材料定额参见表 2-5-16,套定额 5-3-15。

表 2-5-13 场外集中搅拌混凝土定额

工作内容:筛洗碎石、砂、石,水泥上料,混凝土搅拌,装入运输车内。 （计量单位:10m³)

定额编号			5-3-4	5-3-5
项目名称			场外集中搅拌混凝土	
			25m³/h	50m³/h
名称		单位	消耗量	
人工	综合工日	工日	0.65	0.48
材料	水	m³	5.0000	5.0000
机械	混凝土搅拌站 25m³/h	台班	0.1380	—
	混凝土搅拌站 50m³/h	台班	—	0.0830

表 2-5-14 运输混凝土定额

工作内容:混凝土场外运输,运输途中搅拌运至现场,按指定地点自动卸车。 （计量单位:10m³)

定额编号			5-3-6	5-3-7	5-3-8
项目名称			运输混凝土		
			混凝土运输车		机动翻斗车
			运距≤5km	每增 1km	运距≤1km
名称		单位	消耗量		
机械	混凝土搅拌输送车 4m³	台班	0.3470	0.0490	—
	机动翻斗车 1t	台班	—	—	2.6790

表 2-5-15 泵送混凝土定额

工作内容:准备机具,将混凝土送至浇灌点。 （计量单位:10m³)

定额编号			5-3-9	5-3-10	5-3-11	5-3-12
项目名称			泵送混凝土			
			基础		柱、墙、梁、板	
			固定泵	泵车	固定泵	泵车
名称		单位	消耗量			
人工	综合工日	工日	0.65	0.14	0.76	0.27
材料	草袋	m²	1.8600	1.8600	1.8600	1.8600
	水	m³	1.3800	1.3800	1.3800	1.3800
机械	混凝土输送泵 30m³/h	台班	0.0690	—	0.0830	—
	混凝土输送泵 60m³/h	台班	—	0.0480	—	0.0580

表 2-5-16   **泵送混凝土其他构件及增加材料定额**

工作内容:准备机具,将混凝土送至浇灌点。   (计量单位:10m³)

定额编号			5-3-13	5-3-14	5-3-15
项目名称			泵送混凝土		
			其他构件		增加材料
			固定泵	泵车	
名称		单位	消耗量		
人工	综合工日	工日	2.24	0.54	—
材料	草袋	m²	1.8600	1.8600	
	水	m³	1.3800	1.3800	
	普通硅酸盐水泥 42.5MPa	t	—	—	0.4000
	泵送剂	kg			54.1500
机械	混凝土输送泵 30m³/h	台班	0.1250		
	混凝土输送泵 60m³/h	台班		0.0860	

【例 2-5-2】 现浇毛石混凝土独立基础,毛石含量为 30%。基础尺寸如图 2-5-23 所示,共 40 个。混凝土强度等级为 C25,场外集中搅拌量为 25m³/h,运距为 5km,泵车泵送混凝土。计算现浇毛石混凝土独立基础混凝土工程量,确定定额项目。

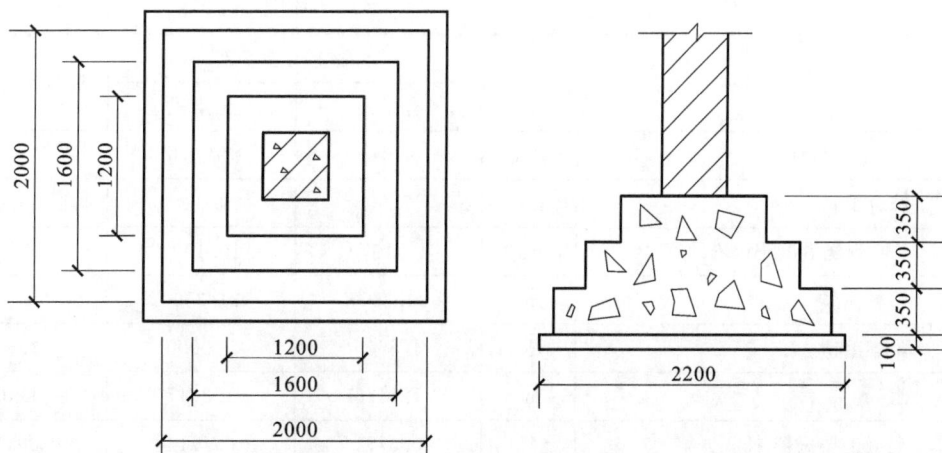

图 2-5-23 毛石混凝土独立基础

【解】 现浇毛石混凝土独立基础工程量 = (2.00×2.00+1.60×1.60+1.20×1.20)×
$$0.35×40÷10 = 11.20(10m³)$$

现浇毛石混凝土独立基础(C25)定额参见表 2-5-12,套定额 5-1-5,C30 混凝土换算为 C25。

因为毛石含量与定额不同,应换算毛石和混凝土用量。定额中毛石含量为 20%,定额毛石体积为 2.7524m³,实际毛石含量为 30%,定额毛石体积应换算为:2.7524×0.3/0.2 = 4.129(m³)。

每 10m³ 混凝土定额含量为 8.585m³,设计混凝土体积为 80%,实际体积为 70%,实际定额含量为:8.585×0.7/0.8 = 7.512(m³)。

混凝土拌制、制作及泵送工程量 = 7.512×11.20÷10 = 8.413(10m³)

场外集中搅拌量(25m³/h)套定额 5-3-4。

混凝土运输车运输混凝土(运距为 5km 内)套定额 5-3-6。

泵车泵送基础混凝土套定额 5-3-10。

泵送增加材料套定额 5-3-15。

【例 2-5-3】 有梁式满堂基础尺寸如图 2-5-24 所示,混凝土强度等级为 C30,场外集中搅拌量为 50m³/h,运距为 10km,泵车泵送混凝土。试计算有梁式满堂基础混凝土和搅拌、制作及泵送工程量,确定定额项目。

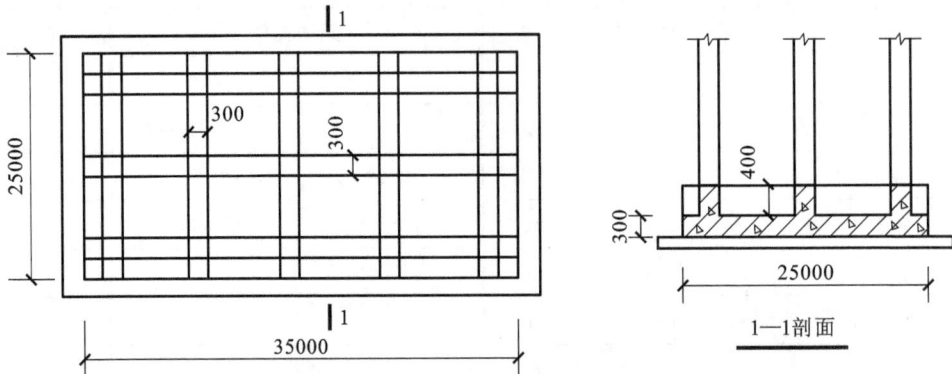

图 2-5-24 满堂基础平面及剖面图

【解】 混凝土工程量 = {35×25×0.3+0.3×0.4×[35×3+(25-0.3×3)×5]}÷10

= 28.956(10m³)

有梁式满堂基础现浇混凝土(C30)定额参见表 2-5-17,套定额 5-1-7。

表 2-5-17 **有梁式满堂基础、杯形基础现浇混凝土定额**

工作内容:混凝土浇筑、振捣、养护等。 (计量单位:10m³)

定额编号			5-1-7	5-1-8	5-1-9
项目名称			混凝土满堂基础		混凝土杯形基础
			有梁式	无梁式	
名称		单位	消耗量		
人工	综合工日	工日	7.50	6.08	6.20
材料	C30 现浇混凝土碎石小于 40	m³	10.1000	10.1000	10.1000
	塑料薄膜	m²	24.3600	24.3600	21.1943
	阻燃毛毡	m²	4.8600	5.0000	3.6700
	水	m³	1.3478	1.3217	1.1034
机械	混凝土振捣器 插入式	台班	0.5771	0.5714	0.5714
	混凝土抹平机 5.5kW	台班	0.0350	0.0300	—

混凝土拌制、制作及运输工程量 = 28.956×10.10÷10 = 29.246(10m³)

场外集中搅拌量(50m³/h)套定额 5-3-5。

混凝土运输车运输混凝土(运距 5km)套定额 5-3-6。

混凝土运输车运输混凝土(运距 5km 外每增加 1km)套定额 5-3-7。本工程运距增加 5km,工程量 = 29.246×5 = 146.23(10m³)。

泵车泵送基础混凝土套定额 5-3-10。

泵送增加材料套定额 5-3-15。

【例 2-5-4】 某工程构造柱如图 2-5-25 所示,总高为 25m,共 18 根,混凝土强度等级为 C25,场外集中搅拌混凝土 25m³/h,运距为 5km。计算混凝土工程量,确定定额项目。

【解】　C25 现浇混凝土构造柱工程量＝(0.24＋0.06)×0.24×25×18÷10＝3.24(10m³)

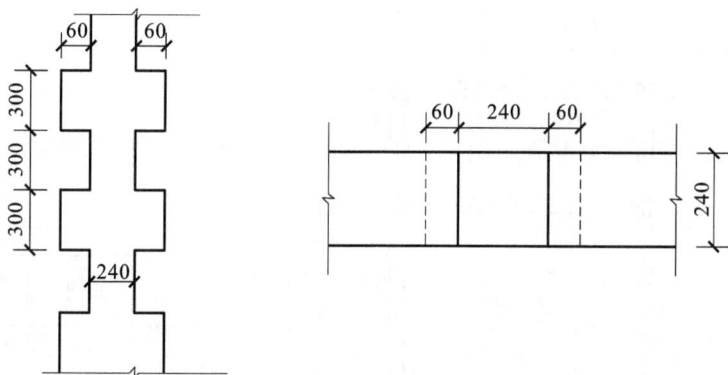

图 2-5-25　现浇混凝土构造柱

现浇混凝土构造柱定额参见表 2-5-18,套定额 5-1-17,混凝土等级换算为 C25。

表 2-5-18　　　　　　　　　　　**现浇混凝土柱定额**

工作内容:混凝土浇筑、振捣、养护等。　　　　　　　　　　　　　　　　(计量单位:10m³)

定额编号		5-1-14	5-1-15	5-1-16	5-1-17
项目名称		矩形柱	圆形柱	异形柱	构造柱
名称	单位	消耗量			
人工　综合工日	工日	17.22	19.02	19.23	29.79
材料　C30 现浇混凝土碎石小于 31.5	m³	9.8691	9.8691	9.8691	—
C20 现浇混凝土碎石小于 31.5	m³	—	—	—	9.8691
水泥抹灰砂浆 1:2	m³	0.2343	0.2343	0.2343	0.2343
塑料薄膜	m²	5.0000	4.3000	4.2000	5.1500
阻燃毛毡	m²	1.0000	0.8600	0.8400	1.0300
水	m³	0.7913	0.5700	0.7130	0.6000
机械　灰浆搅拌机 200L	台班	0.0400	0.0400	0.0400	0.0400
混凝土振捣器 插入式	台班	0.6767	0.6767	0.6700	1.2400

混凝土搅拌、制作及运输工程量＝3.24×9.8691÷10＝3.20(10m³)

场外搅拌混凝土 25m³/h,套定额 5-3-4。

混凝土运输车运输混凝土(运距 5km),套定额 5-3-6。

【例 2-5-5】　某单层建筑如图 2-5-26～图 2-5-29 所示。工程为框架结构,混凝土构件均采用 C25 现浇混凝土,柱截面尺寸为 300mm×300mm,柱下独立基础扩大顶面标高为－1.3m,屋面板厚为 100mm,挑檐与屋面板一起现浇,场外集中搅拌混凝土 25m³/h,混凝土运输车运距 5km 内,采用泵车泵送混凝土。计算柱、有梁板、挑檐板混凝土定额工程量,确定定额项目。

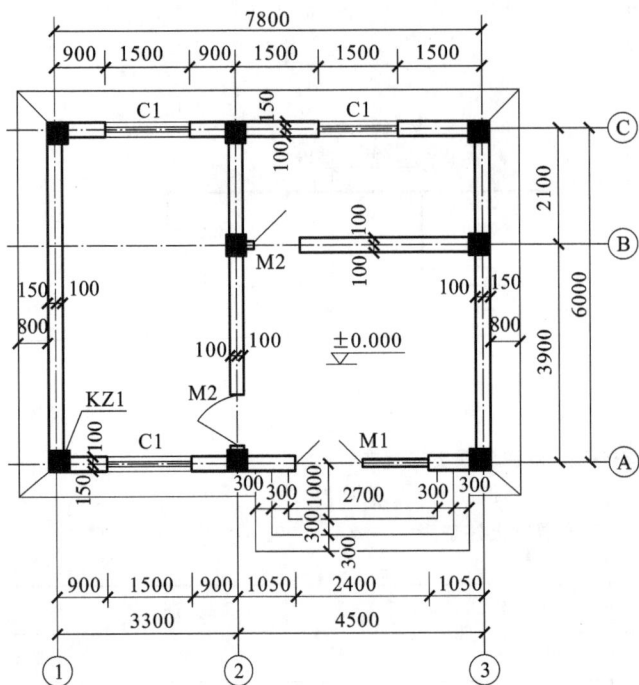

图 2-5-26　建筑物平面图

门窗表

类型	编号	洞口尺寸/mm	
		宽	高
门	M1	2400	2700
	M2	900	2100
窗	C1	1500	1800

注：
M1为无纱连窗门；
M2为无纱镶板门单扇；
C1为单层玻璃窗双扇；
墙裙高1800mm。

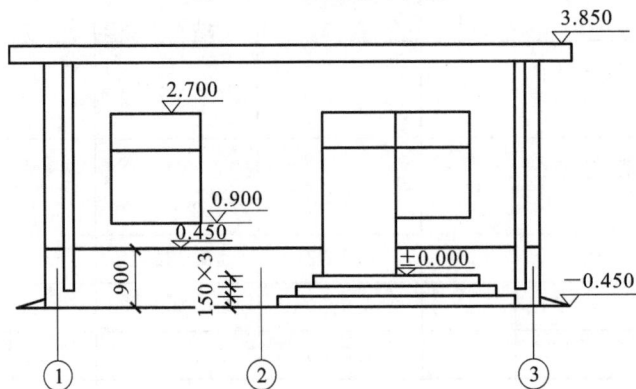

图 2-5-27　①～③轴立面图

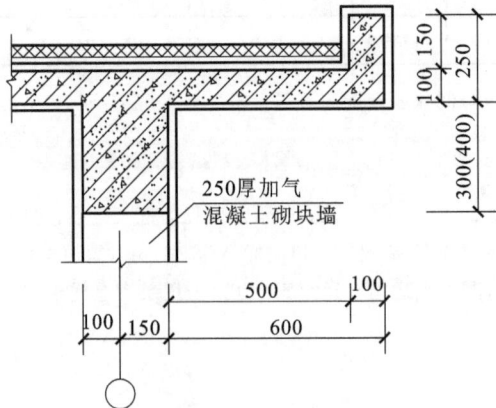

图 2-5-28　挑檐大样图

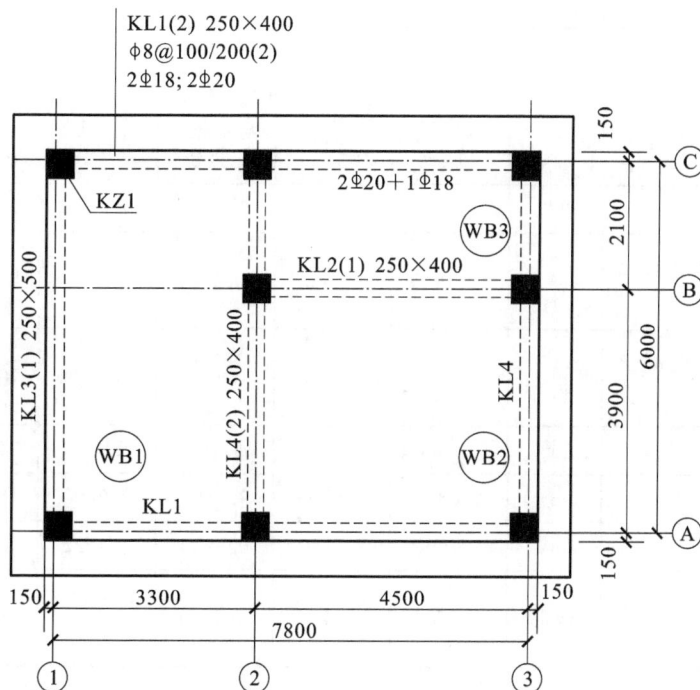

图 2-5-29 一层顶梁配筋平面图

【解】 (1)现浇混凝土柱。

① 混凝土柱工程量$=0.30\times0.30\times(1.30+3.60+0.10)\times8\div10=0.36(10m^3)$。

现浇混凝土柱定额如表 2-5-18 所示,套定额 5-1-14,定额中 C30 混凝土换算为 C25。

② 混凝土搅拌、制作及泵送。

表 2-5-18 中矩形柱浇筑混凝土含量为 $9.8691m^3/10m^3$。

$$混凝土制作、搅拌及运输工程量=0.36\times9.8691\div10=0.355(10m^3)$$

(2)现浇混凝土框架梁。

① 混凝土梁 KL1 工程量$=0.25\times(0.4-0.1)\times(7.8-0.3\times2)\times2\div10=0.108(10m^3)$。

② 混凝土梁 KL2 工程量$=0.25\times(0.4-0.1)\times(4.5-0.3)\div10=0.032(10m^3)$。

③ 混凝土梁 KL3 工程量$=0.25\times(0.5-0.1)\times(6.0-0.15\times2)\div10=0.057(10m^3)$。

④ 混凝土梁 KL4 工程量$=0.25\times(0.4-0.1)\times(6.0-0.3\times2)\times2\div10=0.081(10m^3)$。

⑤ 混凝土梁工程量$=0.108+0.032+0.057+0.081=0.278(10m^3)$。

⑥ 现浇框架梁定额如表 2-5-19 所示,套定额 5-1-19,定额中 C30 混凝土换算为 C25。

⑦ 框架梁混凝土搅拌、制作及泵送。

现浇混凝土梁搅拌、制作及运输工程量参见表 2-5-19,定额 5-1-19 子目框架梁浇筑混凝土含量为 $10.10m^3/10m^3$。

表 2-5-19 现浇混凝土梁定额

工作内容:混凝土浇筑、振捣、养护等。 (计量单位:$10m^3$)

定额编号			5-1-18	5-1-19	5-1-20	5-1-21	5-1-22	5-1-23
项目名称			基础梁	框架梁、连续梁	单梁、斜梁,异形梁,拱形梁	圈梁及压顶	过梁	弧形梁
名称		单位	消耗量					
人工	综合工日	工日	8.81	9.32	9.20	25.60	30.24	11.75

续表

定额编号		5-1-18	5-1-19	5-1-20	5-1-21	5-1-22	5-1-23
项目名称		基础梁	框架梁、连续梁	单梁、斜梁、异形梁、拱形梁	圈梁及压顶	过梁	弧形梁
名称	单位	消耗量					
材料 — C30 现浇混凝土 碎石小于 31.5	m³	10.1000	10.1000	10.1000	—	—	10.1000
材料 — C20 现浇混凝土 碎石小于 20	m³	—	—	—	10.1000	10.1000	—
材料 — 塑料薄膜	m²	31.3530	29.7500	36.7080	42.7455	94.2585	50.6520
材料 — 阻燃毛毡	m²	6.0300	5.9500	9.9800	8.2600	18.5700	9.9800
材料 — 水	m³	1.7100	1.7500	0.9913	1.4522	4.3217	2.3790
机械 — 混凝土振捣器 插入式	台班	0.6700	0.6700	0.6700	0.6700	0.6700	0.6700

混凝土制作、搅拌及运输工程量＝0.275×10.10÷10＝0.278(10m³)

(3)现浇混凝土平板。

① 混凝土平板工程量＝(7.8＋0.3)×(6.0＋0.3)×0.1÷10＝0.510(10m³)。

② 现浇板定额如表 2-5-20 所示,套定额 5-1-33,定额中 C30 混凝土换算为 C25。

表 2-5-20　　　　　　　　　　　　　　　现浇板定额

工作内容:混凝土浇筑、振捣、养护等。　　　　　　　　　　　　　　　　　　　(计量单位:10m³)

定额编号		5-1-31	5-1-32	5-1-33	5-1-34	5-1-35
项目名称		有梁板	无梁板	平板	拱板	斜板、折板(坡屋面)
名称	单位	消耗量				
人工 — 综合工日	工日	5.90	5.47	6.78	16.04	7.46
材料 — C30 现浇混凝土 碎石小于 20	m³	10.1000	10.1000	10.1000	10.1000	10.2000
材料 — 塑料薄膜	m²	49.9590	52.7520	71.4105	22.5645	22.5645
材料 — 阻燃毛毡	m²	10.9900	10.5100	14.2200	4.5000	14.2200
材料 — 水	m³	2.9739	3.0174	4.1044	1.6522	4.1044
机械 — 混凝土振捣器 插入式	台班	0.3500	0.3500	0.3500	0.3500	0.3800
机械 — 混凝土振捣器 平板式	台班	0.3500	0.3500	0.3500	0.3500	0.3800

③ 现浇平板混凝土搅拌、制作及泵送。

现浇混凝土平板搅拌、制作及运输工程量参见表 2-5-20,定额 5-1-33 子目平板浇筑混凝土含量为 10.10m³/10m³。

混凝土平板制作、搅拌及运输工程量＝0.510×10.10÷10＝0.515($10m^3$)

(4)现浇混凝土柱、梁、板搅拌、制作及泵送。

① 现浇混凝土柱、梁、板搅拌、制作及泵送工程量合计：

$$V = 0.355 + 0.278 + 0.515 = 1.148(10m^3)$$

② 场外集中搅拌混凝土25m^3/h,套定额5-3-4。混凝土运输车运输混凝土5km以内,套定额5-3-6。泵车泵送混凝土,套定额5-3-12。

(5)现浇混凝土挑檐板。

① 挑檐工程量＝[(7.8+0.3+6.0+0.3)×2×0.6+0.6×0.6×4]×0.1÷10＝0.187($10m^3$)。

② 翻檐高度150mm≤300mm,按展开面积并入相应工程量内。

翻檐工程量＝(7.8+0.3+0.55×2+6.0+0.3+0.55×2)×2×0.15×0.1÷10＝0.05($10m^3$)

③ 现浇挑檐板工程量＝0.187+0.05＝0.237($10m^3$)。

④ 现浇挑檐板等定额如表2-5-21所示,套定额5-1-49,定额中C30混凝土换算为C25。

表2-5-21 现浇挑檐板等定额

工作内容：混凝土浇筑、振捣、养护等。 （计量单位：$10m^3$）

定额编号		5-1-48	5-1-49	5-1-50	5-1-51	5-1-52	5-1-53
项目名称		栏板	挑檐、天沟	地沟、电缆沟	小型构件	台阶	小型池槽
名称	单位	消耗量					
人工 综合工日	工日	23.83	23.74	14.25	22.44	15.01	20.99
材料 C30现浇混凝土碎石小于20	m^3	10.1000	10.1000	10.1000	10.1000	10.1000	10.1000
塑料薄膜	m^2	92.0010	85.5645	25.5465	336.9500	84.2100	84.1500
阻燃毛毡	m^2	18.4000	17.0400	5.1100	67.3900	16.7700	16.8300
水	m^3	6.6870	5.2435	1.8870	16.7565	4.6522	6.3304
机械 混凝土振捣器插入式	台班	2.0000	2.0000	2.0000	—	2.0000	—

⑤ 现浇挑檐板混凝土搅拌、制作及泵送。

现浇混凝土挑檐板搅拌、制作及运输工程量参见表2-5-21,定额5-1-49子目挑檐板浇筑混凝土含量为10.10m^3/10m^3。

混凝土挑檐板制作、搅拌及运输工程量＝0.223×10.10÷10＝0.225($10m^3$)

场外集中搅拌混凝土25m^3/h,套定额5-3-4。

混凝土运输车运输混凝土(运距为5km以内)套定额5-3-6。

泵车泵送挑檐板混凝土定额参见表2-5-16,套定额5-3-14。

泵送增加材料,套定额5-3-15。

【例2-5-6】某现浇钢筋混凝土有梁板如图2-5-30所示,墙厚为240mm,混凝土强度等级为C25。场外集中搅拌混凝土50m^3/h,混凝土运输车运距5km内,采用泵车泵送混凝土。试计算有梁板混凝土的工程量,确定定额项目。

【解】 (1)现浇板工程量＝2.6×3×2.4×3×0.12÷10＝0.674($10m^3$)。

(2)板下梁工程量＝[0.25×(0.5-0.12)×2.4×3×2+0.2×(0.4-0.12)×(2.6×3-0.5)×2+0.25×

0.50×0.12×4+0.20×0.40×0.12×4]÷10＝0.228($10m^3$)。

图 2-5-30　现浇钢筋混凝土有梁板

(3)有梁板工程量＝0.674＋0.228＝0.902(10m³)。

(4)有梁板现浇混凝土套定额 5-1-31,定额中 C30 混凝土换算为 C25。

(5)现浇有梁板混凝土搅拌、制作及泵送。

现浇混凝土有梁板搅拌、制作及运输工程量参见表 2-5-20,定额 5-1-31 子目有梁板浇筑混凝土含量为 10.10m³/10m³。

$$混凝土有梁板制作、搅拌及运输工程量＝0.902×10.10÷10＝0.911(10m³)$$

场外集中搅拌混凝土 50m³/h,套定额 5-3-5。

混凝土运输车运输混凝土 5km 以内套定额 5-3-6。

泵车泵送有梁板混凝土,套定额 5-3-12。

泵送增加材料,套定额 5-3-15。

【例 2-5-7】　某工程无梁板如图 2-5-31 所示,混凝土强度等级为 C25。场外集中搅拌混凝土 50m³/h,混凝土运输车运距 5km 内,采用泵车泵送混凝土。试计算无梁板混凝土工程量,确定定额项目。

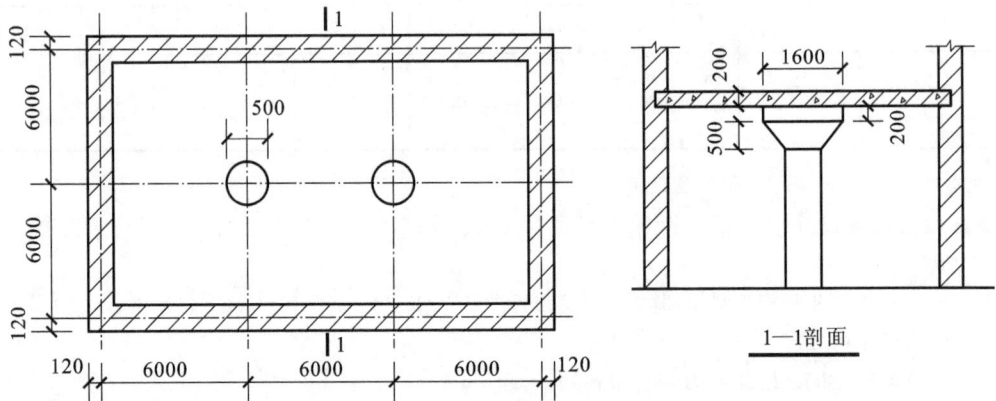

图 2-5-31　现浇无梁板

【解】　(1)无梁板混凝土工程量。

$$V＝[18.00×12.00×0.20＋3.14×0.80×0.80×0.20×2＋(0.25×0.25＋0.80×0.80＋0.25×0.8)×$$
$$3.14×0.50÷3×2]÷10$$
$$＝4.495(10m³)$$

(2)无梁板现浇混凝土套定额 5-1-32,定额中 C30 混凝土换算为 C25。

(3)现浇无梁板混凝土搅拌、制作及泵送。

现浇混凝土无梁板搅拌、制作及运输工程量参见表 2-5-20,定额 5-1-32 子目无梁板浇筑混凝土含量为 10.10m³/10m³。

混凝土无梁板制作、搅拌及运输工程量＝4.495×10.10÷10＝4.540(10m³)

场外集中搅拌混凝土 50m³/h,套定额 5-3-5。

混凝土运输车运输混凝土 5km 以内套定额 5-3-6。

泵车泵送无梁板混凝土,套定额 5-3-12。

泵送增加材料,套定额 5-3-15。

【例 2-5-8】 某双跑楼梯如图 2-5-32 所示,楼梯平台梁宽 240mm,梯板及休息平台厚 120mm,混凝土强度等级为 C20。场外集中搅拌混凝土 50m³/h,混凝土运输车运距 5km 内,采用泵车泵送混凝土。试计算楼梯混凝土工程量,确定定额项目。

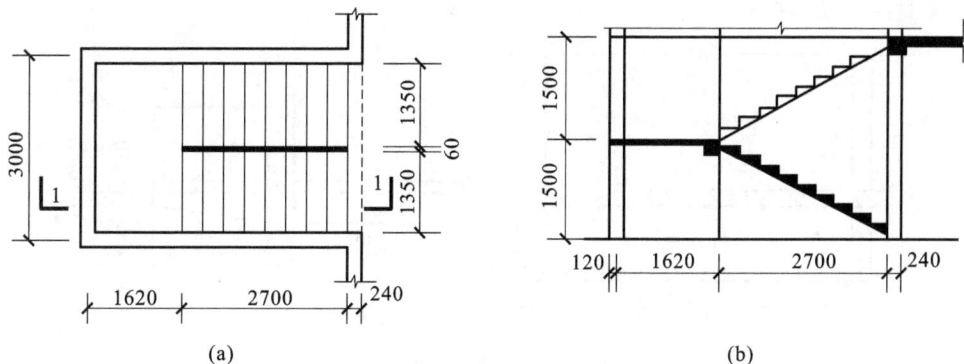

图 2-5-32 现浇混凝土楼梯

(a)平面图;(b)1—1 剖面图

【解】 (1)楼梯工程量＝(3－0.24)×(1.62－0.12＋2.7＋0.24)÷10＝1.225(10m²)。

(2)现浇 C20 混凝土直形楼梯(无斜梁,板厚 120mm)定额参见表 2-5-22,套定额 5-1-39(100mm 厚),定额中 C30 混凝土换算为 C20;套定额 5-1-43(楼梯板厚每增减 10mm),工程量＝2×1.225＝2.45(10m²),定额中 C30 混凝土换算为 C20。

表 2-5-22 **现浇混凝土直形楼梯**

工作内容:混凝土浇筑、振捣、养护等。

(计量单位:10m²)

定额编号			5-1-39	5-1-40	5-1-41	5-1-42	5-1-43
项目名称			直形楼梯(板厚100mm)		旋转楼梯(板厚100mm)		楼梯板厚每增减10mm
			无斜梁	有斜梁	无梁	有梁	
名称		单位	消耗量				
人工	综合工日	工日	4.60	5.65	3.77	7.03	0.23
材料	C30 现浇混凝土碎石小于 20	m³	2.1796	2.6866	1.7816	3.3431	0.1101
	塑料薄膜	m²	13.1093	13.3980	13.3403	13.3403	—
	阻燃毛毡	m²	2.2700	2.3200	2.3100	2.3100	—
	水	m³	0.8100	0.8100	0.8100	0.8500	—
机械	混凝土振捣器插入式	台班	0.4100	0.4100	0.3500	0.6600	0.0200

(3)现浇直形楼梯混凝土搅拌、制作及泵送。

现浇混凝土直形楼梯搅拌、制作及运输工程量参见表 2-5-22,定额 5-1-39 子目浇筑混凝土含量为 2.1796m³/10m²。定额 5-1-43 子目浇筑混凝土含量为 0.1101m³/10m²。

混凝土楼梯制作、搅拌及运输工程量＝(1.225×2.1796＋2.45×0.1101)÷10

＝0.294(10m³)

场外集中搅拌混凝土 50m³/h，套定额 5-3-5。

混凝土运输车运输混凝土 5km 以内套定额 5-3-6。

泵车泵送楼梯混凝土，套定额 5-3-14。

泵送增加材料，套定额 5-3-15。

【例 2-5-9】 现浇混凝土阳台、栏板如图 2-5-33 所示。栏板两侧伸入墙内 60mm，混凝土强度等级为 C25。场外集中搅拌混凝土 50m³/h，混凝土运输车运距 5km 内，采用泵车泵送混凝土。试计算现浇混凝土阳台、栏板的现浇混凝土工程量，确定定额项目。

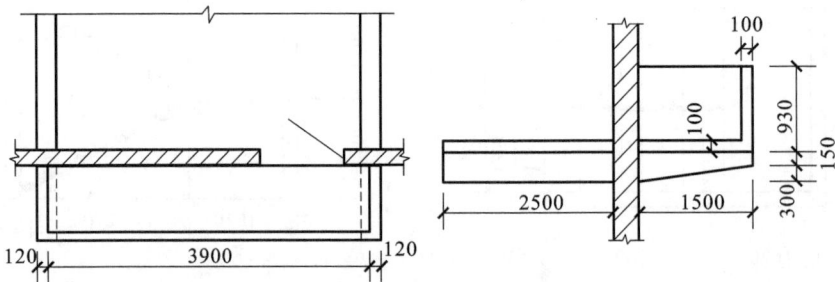

图 2-5-33　现浇混凝土阳台、栏板

【解】 (1)阳台。

混凝土工程量＝(3.90＋0.24)×1.50÷10＝0.621(10m²)

阳台底板现浇混凝土(C25)定额参见表 2-5-23，套定额 5-1-44，定额中混凝土 C30 换算为 C25。

现浇混凝土阳台搅拌、制作及运输工程量定额参见表 2-5-23，定额 5-1-44 子目浇筑混凝土含量为 1.01m³/10m²。

阳台制作、搅拌及运输工程量＝0.621×1.01÷10＝0.063(10m³)

表 2-5-23　　　　　　　　　　**阳台等现浇混凝土定额**

工作内容：混凝土浇筑、振捣、养护等。　　　　　　　　　　　　　　　　　(计量单位：10m²)

定额编号			5-1-44	5-1-45	5-1-46	5-1-47
项目名称			阳台(板厚 100mm)		雨篷(板厚 100mm)	阳台、雨篷板厚每增减 10mm
			板式	有梁式		
名称		单位	消耗量			
人工	综合工日	工日	2.47	4.09	2.41	0.24
材料	C30 现浇混凝土碎石小于 20	m³	1.0100	1.6817	1.0100	0.1010
	塑料薄膜	m²	13.2825	13.2825	13.2825	—
	阻燃毛毡	m²	2.3000	2.3000	2.3000	—
	水	m³	0.7700	0.8100	0.7900	—
机械	混凝土振捣器 插入式	台班	0.1400	0.2100	0.1200	0.0140

(2)栏板。

工程量＝[3.9＋0.24＋(1.5－0.1＋0.06)×2]×(0.93－0.10)×0.10÷10＝0.059(10m³)

栏板现浇混凝土(C25)定额参见表2-5-21,套定额5-1-48,定额中混凝土C30换算为C25。

现浇混凝土栏板搅拌、制作及运输工程量定额参见表2-5-21,定额5-1-48子目浇筑混凝土含量为10.10m³/10m³。

$$栏板制作、搅拌及运输工程量＝0.059×10.10÷10＝0.060(10m^3)$$

(3)阳台、栏板混凝土搅拌、制作及泵送。

$$阳台、栏板搅拌、制作及泵送工程量＝0.063＋0.060＝0.123(10m^3)$$

场外集中搅拌混凝土50m³/h,套定额5-3-5。

混凝土运输车运输混凝土5km以内定额参见表2-5-14,套定额5-3-6。

泵车泵送阳台混凝土,套定额5-3-14。

泵送增加材料,套定额5-3-15。

5.3.2　预制混凝土工程

【例2-5-10】　某工程采用预制混凝土方柱60根,如图2-5-34所示。混凝土强度等级为C30。试计算预制混凝土方柱工程量,确定定额项目。

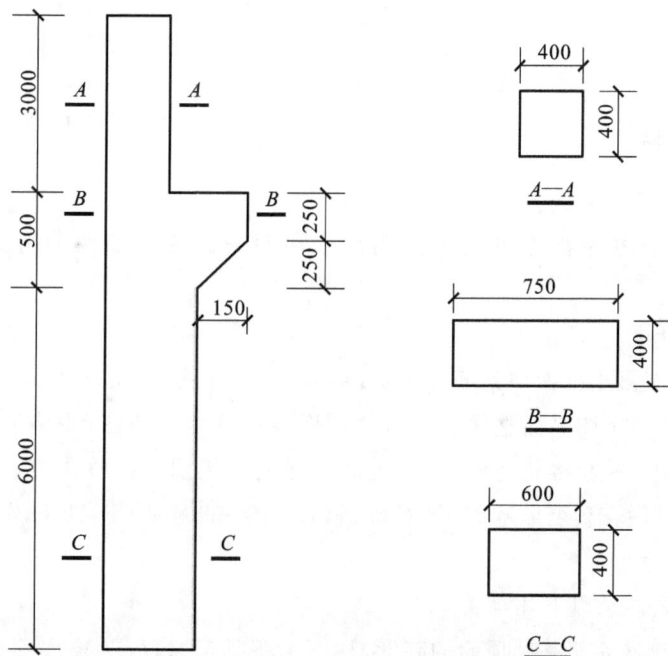

图2-5-34　预制混凝土方柱

【解】　预制混凝土柱工程量:

$$V＝[0.4×0.4×3.0+0.6×0.4×6.5+(0.25+0.50)×0.15÷2×0.4]×60÷10$$
$$＝12.375(10m^3)$$

预制混凝土矩形柱定额参见表2-5-24,套定额5-2-1。

表2-5-24　　　　　　　　　　　　　　预制混凝土柱定额

工作内容:混凝土浇筑、振捣、养护、构件归堆。　　　　　　　　　　　　　　　　　　(计量单位:10m³)

定额编号			5-2-1	5-2-2	5-2-3	5-2-4
项目名称			矩形柱	异形柱	框架形混凝土支架	异形混凝土支架
名称		单位	消耗量			
人工	综合工日	工日	6.80	7.24	9.49	11.19

定额编号		5-2-1	5-2-2	5-2-3	5-2-4
项目名称		矩形柱	异形柱	框架形混凝土支架	异形混凝土支架
名称	单位	消耗量			
材料	C30 预制混凝土碎石小于 20	m³	10.2210	10.2210	10.2210	10.2210
	塑料薄膜	m²	38.7320	28.0830	38.9620	27.8300
	水	m³	1.8320	1.3730	1.8300	1.3730
机械	混凝土振捣器 插入式	台班	0.6780	0.6700	0.6780	0.6780
	机动翻斗车 1t	台班	0.6380	0.6300	0.6380	0.6380

5.3.3 钢筋工程

5.3.3.1 柱钢筋计算

(1)柱平法施工图表示方法。

柱平法施工图是在柱平面布置图上采用列表注写方式或截面注写方式表达钢筋的配筋信息。

(2)柱平法钢筋计量。

平法标注的现浇混凝土框架柱钢筋及构造(部分内容)如图 2-5-35～图 2-5-40 所示,全部构造内容参见《混凝土结构施工图平面整体表示方法制图规则和构造详图(现浇混凝土框架、剪力墙、梁、板)》(16G101-1)规范柱标准构造详图及《混凝土结构施工图平面整体表示方法制图规则和构造详图(独立基础、条形基础、筏形基础、桩基础)》(16G101-3)柱插筋在基础中的锚固。其钢筋计算长度如表 2-5-25 所示。

图 2-5-38 中,需要注意以下几点。

(1)图中 h_j 为基础底面至基础顶面的高度,柱下为基础梁时,h_j 为梁底面至顶面的高度,当柱两侧基础梁标高不同时取较低标高。

(2)锚固区横向箍筋应满足直径大于或等于 $d/4$(d 为纵筋最大直径),间距小于或等于 $5d$(d 为纵筋最小直径)且小于或等于 100mm 的要求。

(3)当柱纵筋在基础中保护层厚度不一致(如纵筋部分位于梁中,部分位于板内)时,保护层厚度不大于 $5d$ 的部分应设置锚固区横向钢筋。

(4)当符合下列条件之一时,可仅将柱四角纵筋伸至底板钢筋网片上或者筏形基础中间层钢筋网片上(伸至钢筋网片上的柱纵筋间距不应大于 1000),其余纵筋锚固在基础顶面下 l_{aE} 即可。

① 柱为轴心受压或小偏心受压,基础高度或基础顶面至中间层钢筋网片顶面距离不小于 1200mm;

② 柱为大偏心受压,基础高度或基础顶面至中间层钢筋网片顶面距离不小于 1400mm。

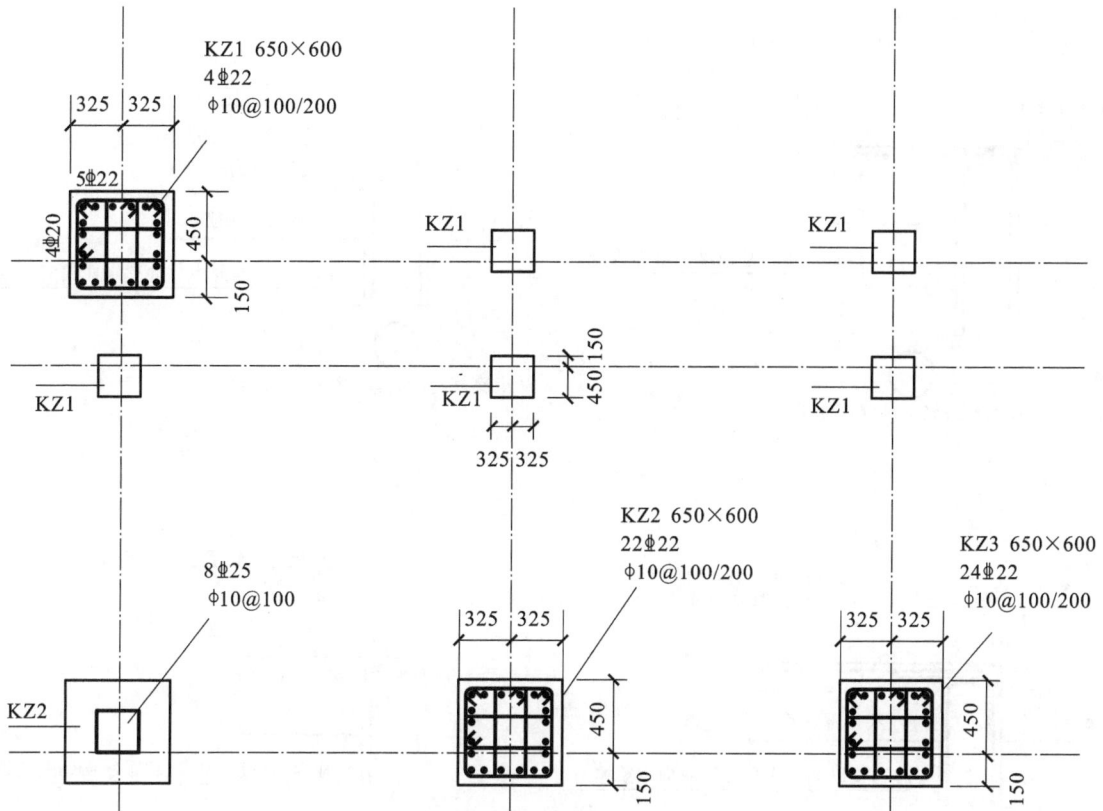

图 2-5-35 柱的平面整体配筋示意图

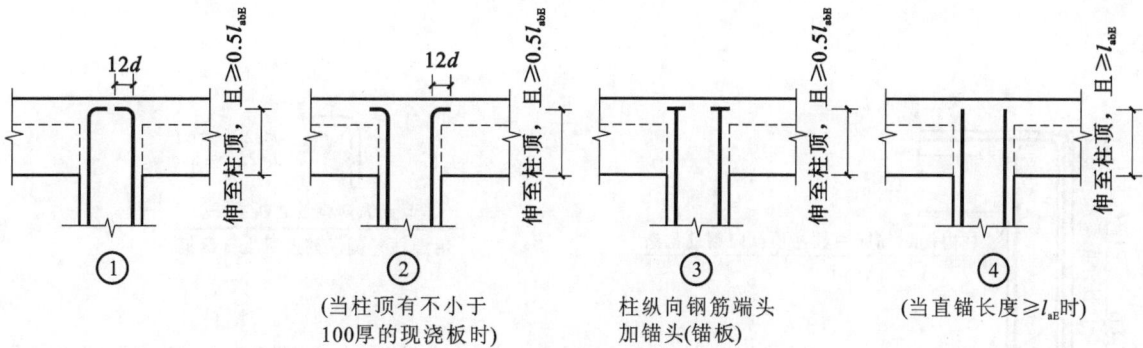

① ② ③ ④

(当柱顶有不小于100厚的现浇板时) 柱纵向钢筋端头加锚头(锚板) (当直锚长度≥l_{aE}时)

图 2-5-36 KZ 中柱柱顶纵向钢筋构造

(注:中柱柱顶纵向钢筋构造分四种构造做法,施工人员应根据各种做法所需要的条件正确选用。)

(5)图中 d 为柱纵筋直径。

① 柱筋作为梁上部钢筋使用

在柱宽范围的柱箍筋内侧设置间距小于或等于150，但不少于3根直径不小于10的角部附加钢筋

300

钢筋直径不小于10

柱外侧纵向钢筋直径不小于梁上部钢筋时，可弯入梁内作为梁上部纵向钢筋

柱内侧纵筋同中柱柱顶纵向钢筋构造

② 从梁底算起$1.5l_{abE}$超过柱内侧边缘

柱外侧纵向钢筋配筋率大于1.2%时分两批截断

$\geq 1.5l_{abE}$ $\geq 20d$

$\geq 15d$

梁底

梁上部纵筋

柱内侧纵筋同中柱柱顶纵向钢筋构造

③ 从梁底算起$1.5l_{abE}$未超过柱内侧边缘

$1.5l_{abE}$ $\geq 20d$

柱外侧纵向钢筋配筋率大于1.2%时分两批截断

$\geq 15d$

$\geq 15d$

梁底

梁上部纵筋

柱内侧纵筋同中柱柱顶纵向钢筋构造

④ (用于①、②或③节点未伸入梁内的柱外侧钢筋锚固)

当现浇板厚度不小于100时，也可按②节点方式伸入板内锚固，且伸入板内长度不宜小于15d

柱顶第一层钢筋伸至柱内边向下弯折8d

柱顶第二层钢筋伸至柱内边

8d

柱内侧纵筋同中柱柱顶纵向钢筋构造

⑤ 梁、柱纵向钢筋搭接接头沿节点外侧直线布置

梁上部纵筋

$\geq 1.7l_{abE}$且伸至梁底

$\geq 20d$

柱内侧纵筋同中柱柱顶纵向钢筋构造

梁上部纵向钢筋配筋率大于1.2%时，应分两批截断。当梁上部纵向钢筋为两排时，先断第二排钢筋

$d \leq 25, r=6d$
$d > 25, r=8d$

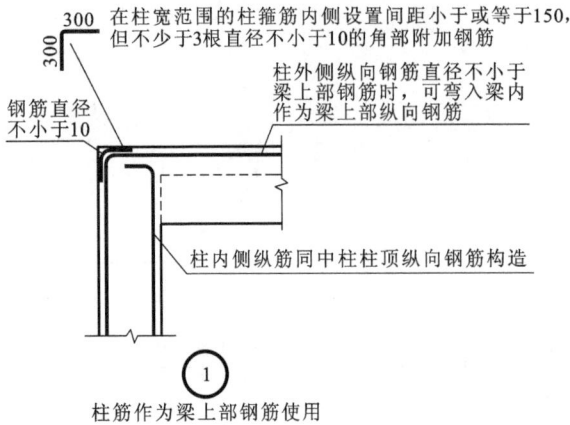

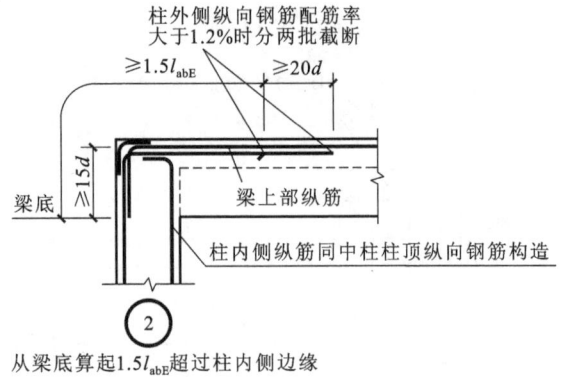

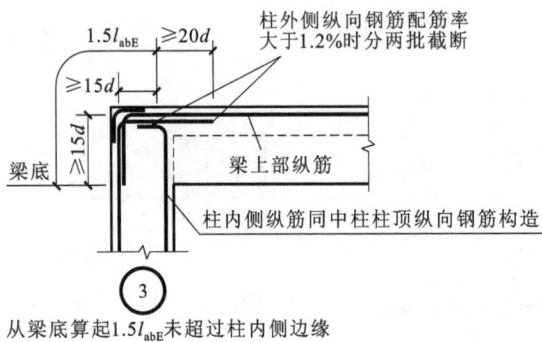

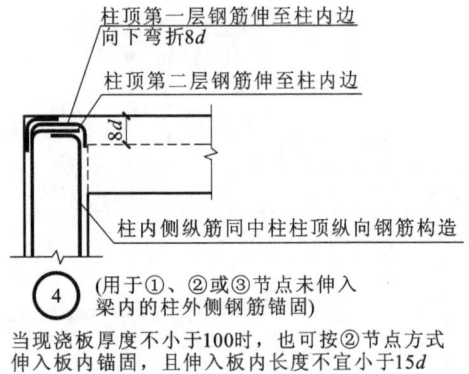

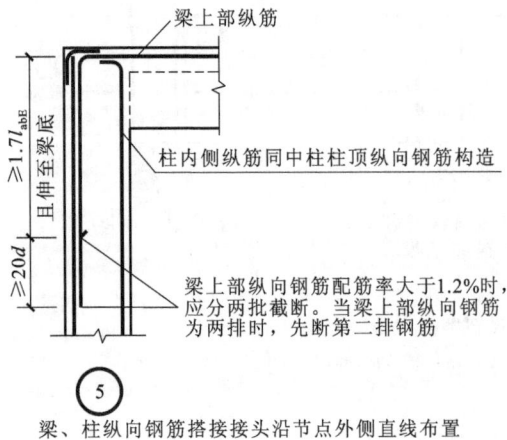

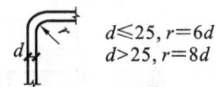

节点纵向钢筋弯折要求
用于柱外侧纵筋及梁上部纵筋

注：1. 节点①、②、③、④应配合使用，点节④不应单独使用(仅用于未伸入梁内的柱外侧纵筋锚固)，伸入梁内的柱外侧纵筋不宜少于柱外侧全部纵筋面积的65%。可选②+④或③+④或①+②+④或①+③+④的做法。
2. 节点⑤用于梁、柱纵向钢筋接头沿节点柱顶外侧直线布置的情况，可与节点①组合使用。

图 2-5-37 KZ 边柱和角柱柱顶纵向钢筋构造

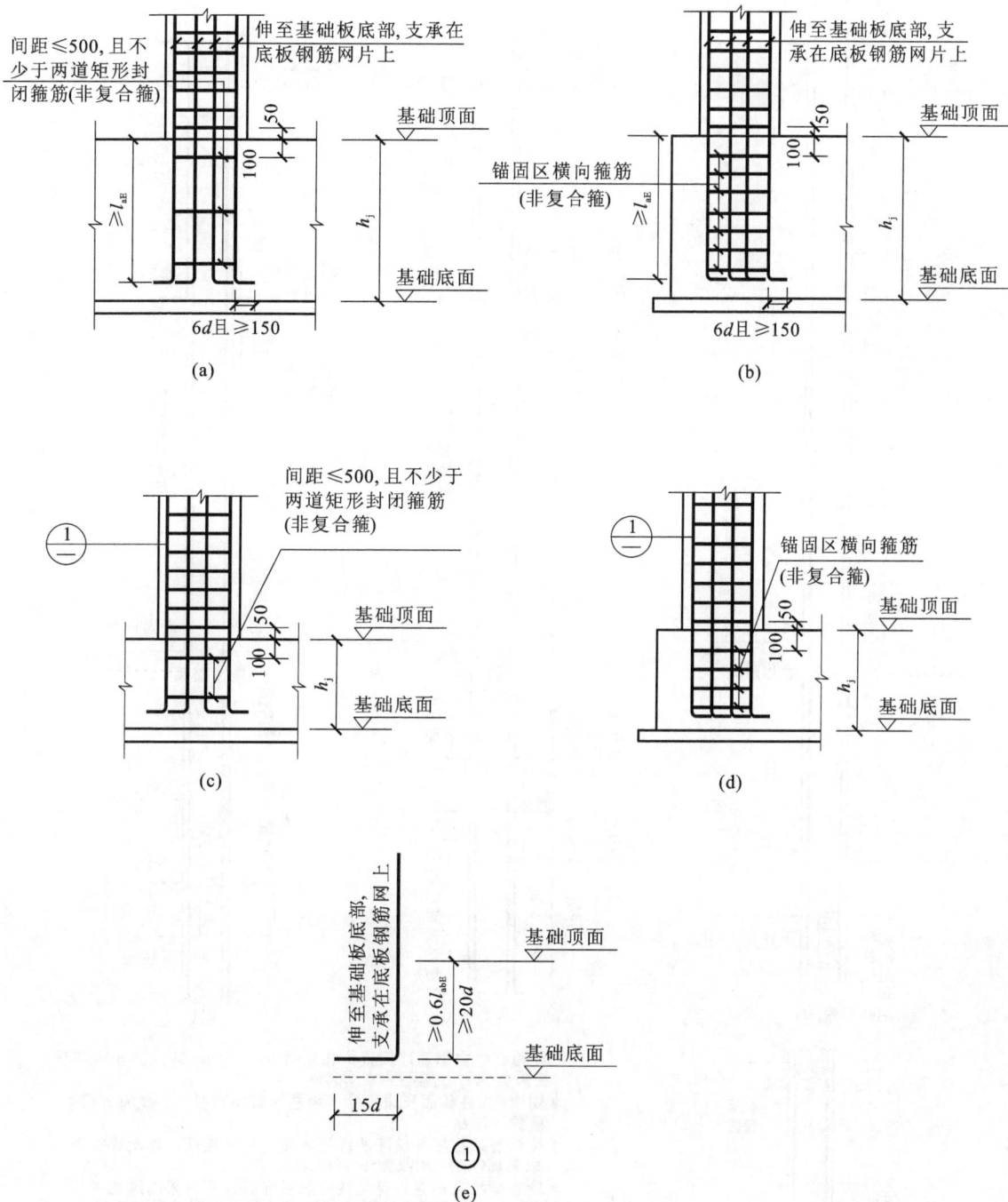

图 2-5-38 **KZ 纵向钢筋在基础中构造**

(a)保护层厚度大于 $5d$,基础高度满足直锚;(b)保护层厚度小于或等于 $5d$,基础高度满足直锚;

(c)保护层厚度大于 $5d$,基础高度不满足直锚;(d)保护层厚度小于或等于 $5d$,基础高度不满足直锚;

(e)节点详图

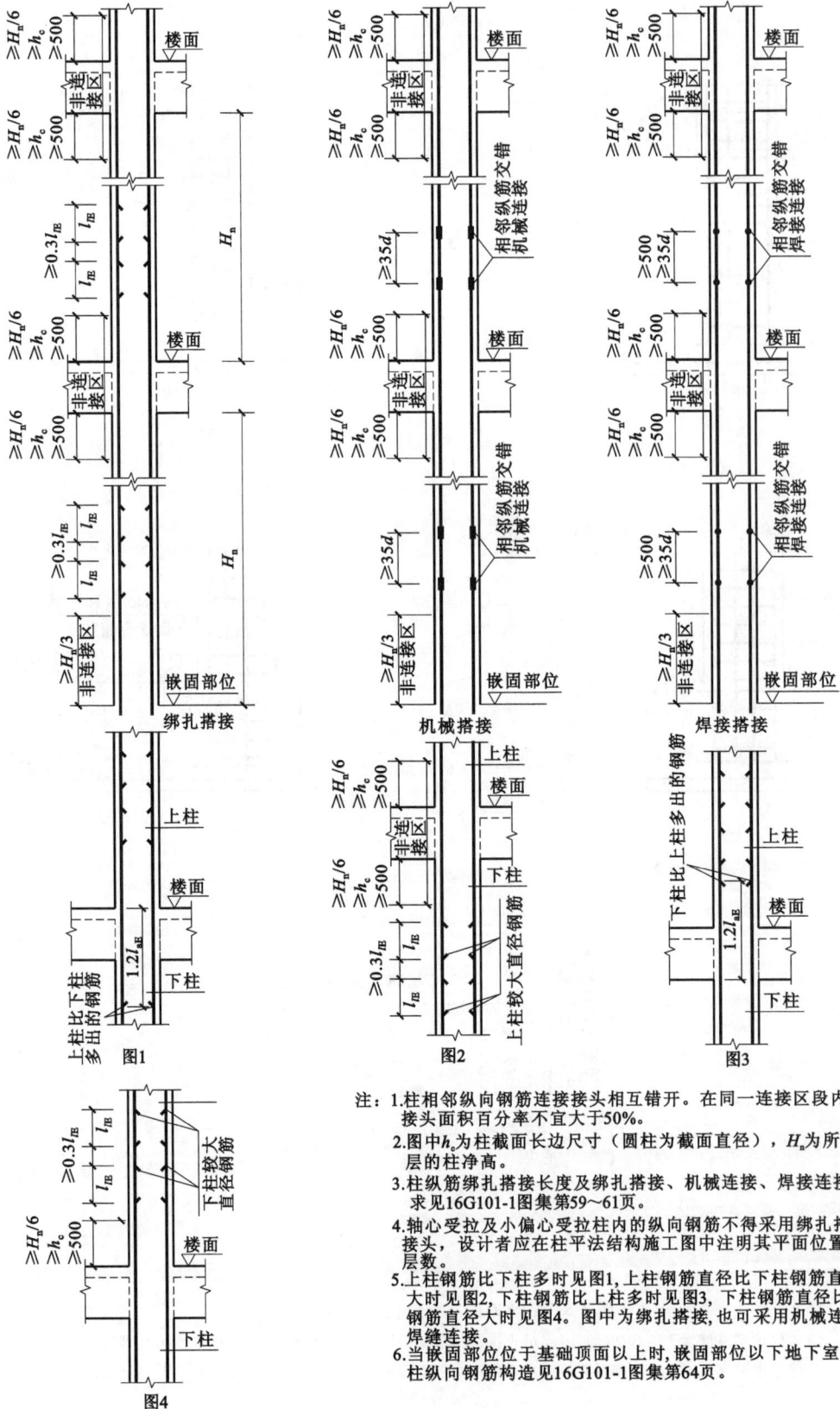

注：1.柱相邻纵向钢筋连接接头相互错开。在同一连接区段内钢筋接头面积百分率不宜大于50%。

2.图中h_c为柱截面长边尺寸（圆柱为截面直径），H_n为所在楼层的柱净高。

3.柱纵筋绑扎搭接长度及绑扎搭接、机械连接、焊接连接要求见16G101-1图集第59～61页。

4.轴心受拉及小偏心受拉柱内的纵向钢筋不得采用绑扎搭接接头，设计者应在柱平法结构施工图中注明其平面位置及层数。

5.上柱钢筋比下柱多时见图1，上柱钢筋直径比下柱钢筋直径大时见图2，下柱钢筋比上柱多时见图3，下柱钢筋直径比上柱钢筋直径大时见图4。图中为绑扎搭接，也可采用机械连接和焊缝连接。

6.当嵌固部位位于基础顶面以上时，嵌固部位以下地下室部分柱纵向钢筋构造见16G101-1图集第64页。

图2-5-39 KZ纵向钢筋连接构造

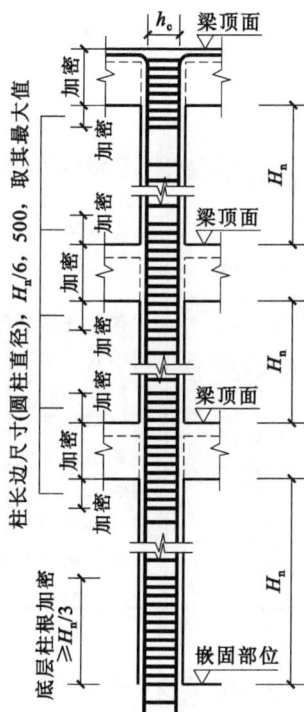

图 2-5-40　KZ、QZ、LZ 箍筋加密区范围

（注：QZ 嵌固部位为墙顶面，LZ 嵌固部位为梁顶面。）

表 2-5-25 　　　　　　　　　　　　　　　**平法标注 KZ 钢筋计算长度**

钢筋部位及名称	计算公式	备注
柱插筋	长度＝伸入上层的钢筋长度＋基础高度－保护层厚度＋末端弯折长度	伸入上层的钢筋长度为 $H_n/3$ 或（$H_n/3＋\max\{500,35d\}$），其中 H_n 表示所在楼层的柱净高。末端弯折长度，当基础高度大于 $l_{aE}(l_a)$ 时，为 $6d$ 且大于或等于 150mm；当基础高度小于或等于 $l_{aE}(l_a)$，为 $15d$。 参见图 2-5-38 和图 2-5-39
柱在基础部分的箍筋根数	当保护层厚度大于 $5d$，为间距小于或等于 500mm，且不少于两道；当保护层厚度小于或等于 $5d$，为间距小于或等于 $10d$ 且小于或等于 100mm	参见图 2-5-40
中间层柱纵筋	长度＝层高－当前层伸出楼面的高度＋上一层伸出楼面的高度	当前层伸出楼面的高度和上一层伸出楼面的高度为 $\max\{H_n/6,h_c,500\}$ 或（$\max\{H_n/6,h_c,500\}＋\max\{500,35d\}$）。 参见图 2-5-39
边柱、角柱	长度＝H_n－当前层伸出楼面的高度＋顶层钢筋锚固值	顶层钢筋锚固值外侧为 $\max\{1.5l_{abE},（梁高－保护层厚度＋柱宽－保护层）\}$，内侧为弯锚（$\leqslant l_{aE}$）：梁高－保护层厚度＋$12d$；直锚（$\geqslant l_{aE}$）：梁高－保护层厚度。 参见图 2-5-37 和图 2-5-39

钢筋 部位及名称	计算公式	备注
中柱 顶层纵筋	长度＝H_n－当前层伸出楼面的高度＋顶层钢筋锚固值	弯锚（$\leqslant l_{aE}$）：梁高－保护层厚度＋12d；直锚（$\geqslant l_{aE}$）：梁高－保护层厚度。 参见图 2-5-39
箍筋	长度＝构件混凝土周长－8×保护层厚度＋15.78d（抗震设计时） 中间层的箍筋根数＝N 个加密区/加密区间距＋N 个非加密区/非加密区间距－1	首层柱箍筋的加密区有三个,分别为:下部的箍筋加密区长度取 H_n/3;上部取 max｛500,柱长边尺寸,H_n/6｝;梁节点范围内加密;如果该柱采用绑扎搭接,搭接范围内同时需要加密。 首层以上柱箍筋分别为:上、下部的箍筋加密区长度均取 max｛500,柱长边尺寸,H_n/6｝;梁节点范围内加密;如果该柱采用绑扎搭接,搭接范围内同时需要加密。 参见图 2-5-40

【例 2-5-11】 某工程中 KZ1 为边柱,如图 2-5-41 所示。φ为 HPB300 级钢筋,Φ为 HRB335 级钢筋。该钢筋混凝土构件的环境类别为一类,C25 混凝土,三级抗震,采用电渣压力焊连接,水泥基钢筋间隔件。主筋在基础内水平弯折长度为 200mm。基础箍筋 2 根,主筋的交错位置、箍筋的加密区位置及长度按 16G101-1 图集规范计算。试计算钢筋的定额工程量,确定定额项目。

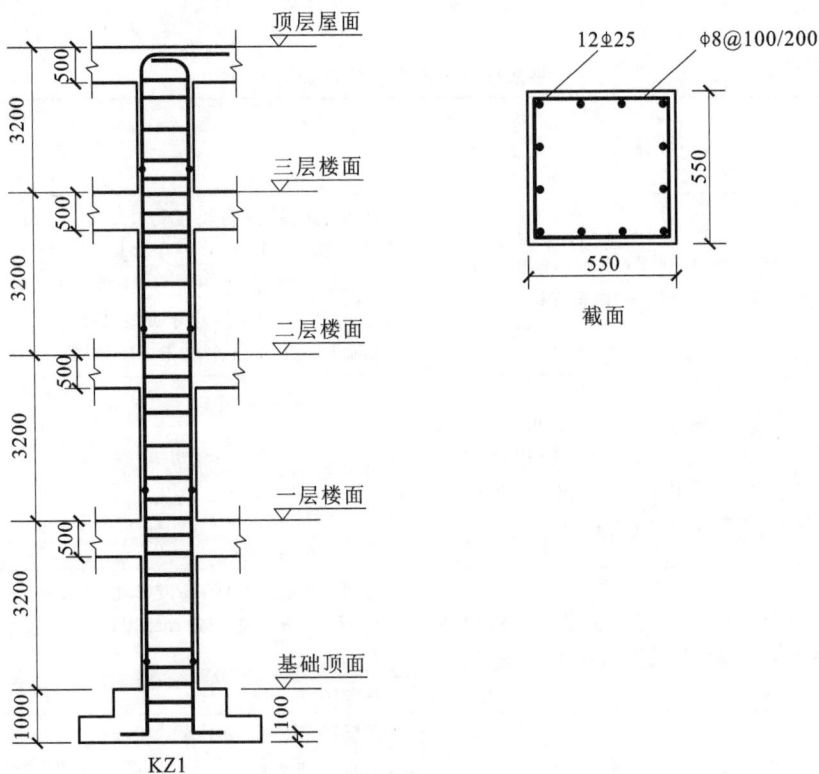

图 2-5-41 边柱 KZ1 配筋

【解】　查表确定柱最外层钢筋保护层厚度为 25mm，则主筋的保护层厚度 $c=33$mm。锚固长度为 $35d$。柱纵筋根据规范要求，焊接接头应错开，计算钢筋工程量时，12 根纵筋分两批焊接计算其长度。

(1)基础插筋。

$6\oplus 25$：

$$L_1 = 底部弯折+基础高度+基础顶面到上层接头的距离(满足大于或等于 H_n/3)$$
$$= 0.2+(1-0.1)+(3.2-0.5)/3=2.0(m)$$

$6\oplus 25$：

$$L_2 = 底部弯折+基础高度+基础顶面到上层接头的距离+纵筋交错距离$$
$$= 0.2+(1-0.1)+(3.2-0.5)/3+\max\{35d,500\}=2.875(m)$$

(2)一层柱纵筋。

$12\oplus 25$：

$$L_1 = L_2 = 层高-基础顶面至接头距离+上层楼面至接头距离$$
$$= 3.2-H_n/3+\max\{H_n/6, h_c, 500\}=3.2-0.9+0.55=2.85(m)$$

(3)二层柱纵筋(三层柱纵筋)。

$12\oplus 25$：

$$L_1 = L_2 = 层高-本层楼面至接头距离+上层楼面至接头距离$$
$$= 3.2-\max\{H_n/6, h_c, 500\}+\max\{H_n/6, h_c, 500\}=3.2-0.55+0.55=3.2(m)$$

(4)顶层柱纵筋。

① 柱外侧纵筋 $4\oplus 25$。

$2\oplus 25$：

$$L_1 = H_n-本层楼面至接头距离+\max\{1.5l_{aE},(梁高-保护层厚度+柱宽-保护层厚度)\}$$
$$= 3.2-0.5-\max\{H_n/6, h_c, 500\}+\max\{1.5\times 35d, 500-33+550-33\}$$
$$= 3.2-0.5-0.55+1.31=3.46(m)$$

$2\oplus 25$：

$$L_2 = H_n-(本层楼面至接头距离+本层相邻纵筋交错距离)+锚固长度$$
$$= 3.2-0.5-(\max\{H_n/6, h_c, 500\}+\max\{35d, 500\})+\max\{1.5\times 35d, 500-33+550-33\}$$
$$= 3.2-0.5-1.425+1.31=2.59(m)$$

② 柱内侧纵筋 $8\oplus 25$。

$4\oplus 25$：

$$L_1 = H_n-本层楼面至接头距离+锚固长度$$
$$= 3.2-\max\{H_n/6, h_c, 500\}+H_b-c+12d$$
$$= 3.2-0.5-0.55+0.5-0.033+12\times 0.025=2.92(m)$$

$4\oplus 25$：

$$L_2 = H_n-(本层楼面至接头距离+本层相邻纵筋交错距离)+锚固长度$$
$$= 3.2-0.5-(\max\{H_n/6, h_c, 500\}+\max\{35d, 500\})+H_b-c+12d$$
$$= 3.2-0.5-1.425+0.767=2.04(m)$$

(5)箍筋。

① 单根箍筋长度(抗震设计)。

$$封闭箍筋长度=构件混凝土周长-8\times 保护层厚度+19.57d$$
$$= 550\times 4-8\times 25+15.78d\times 8=2126(mm)=2.126m$$

② 箍筋根数。

$$一层加密区长度=H_n/3+H_b+\max\{柱长边尺寸, H_n/6, 500\}$$
$$= (3200-500)/3+500+550=1950(mm)=1.95m$$

非加密区长度＝H_n－加密区长度＝3200－1950＝1250(mm)＝1.25m

一层箍筋根数:n＝1950÷100＋1250/200＋1＝27(根)。

二层加密区长度＝2×max{柱长边尺寸,H_n/6,500}＋H_b

＝2×550＋500＝1600(mm)＝1.6m

非加密区长度＝H_n－加密区长度＝3200－1600＝1600(mm)＝1.6m

二(三、四)层箍筋数:n＝1600÷100＋1600/200＋1＝25(根)。

一至四层柱箍筋总数:N＝2＋27＋25×3＝104(根)。

(6)钢筋工程量及定额项目。

① φ25钢筋工程量。

[(2.0＋2.875)×6＋2.85×12＋3.2×24＋(3.46＋2.59)×2＋(2.92＋2.04)×4]×3.85＝663(kg)＝0.663t

② φ25现浇构件钢筋定额项目。

现浇构件 HRB335 级钢筋,直径小于或等于 25mm 定额参见表 2-5-26,套用定额 5-4-7。

表 2-5-26

现浇构件钢筋定额

工作内容:钢筋制作、绑扎、安装。 (计量单位:t)

定额编号		5-4-5	5-4-6	5-4-7	5-4-8
项目名称		现浇构件钢筋 HRB335(HRB400)			
		≤φ10	≤φ18	≤φ25	＞φ25
名称	单位	消耗量			
人工 综合工日	工日	12.69	9.73	6.26	4.86
材料 钢筋 HRB335≤φ10	t	1.0200	—	—	—
钢筋 HRB335≤φ8	t	—	1.0400	—	—
钢筋 HRB335≤φ25	t	—	—	1.0400	—
钢筋 HRB335＞φ25	t	—	—	—	1.0400
镀锌低碳钢丝 22#	kg	10.0367	3.1650	—	—
电焊条 E4303 φ3.2mm	kg	—	7.8000	—	—
水	m³	—	—	0.0930	0.1214
机械 电动单筒慢速卷扬机 50kN	台班	0.3003	0.2226	0.1408	—
对焊机 75kV·A	台班	—	0.1276	—	—
钢筋切断机 40mm	台班	0.3575	0.1016	0.0968	0.0964
钢筋弯曲机 40mm	台班	0.2770	0.1860	0.1520	0.1323
交流弧焊机 32kV·A	台班	—	0.4642	—	—

③ φ8箍筋工程量。

2.126×104×0.395＝87.34(kg)＝0.087t

④ 箍筋定额项目。

现浇构件箍筋直径小于或等于 10mm 定额参见表 2-5-27,套用定额 5-4-30。

表2-5-27　　　　　　　　　　　现浇构件箍筋定额
工作内容:钢筋制作、绑扎、安装。　　　　　　　　　　　　　　　　　　　　　　　（计量单位:t）

定额编号		5-4-29	5-4-30	5-4-31
项目名称		现浇构件箍筋		
		≤φ5	≤φ10	>φ10
名称	单位	消耗量		
人工　综合工日	工日	39.50	21.22	11.64
材料　箍筋≤φ5	t	1.0200	—	—
箍筋≤φ10	t	—	1.0200	—
箍筋>φ10	t	—	—	1.0400
镀锌低碳钢丝22#	kg	15.6700	10.0370	4.6200
机械　电动单筒慢速卷扬机50kN	台班	0.2910	0.2730	0.2320
钢筋切断机40mm	台班	0.1500	0.1350	0.0740
钢筋弯曲机40mm	台班	—	0.8600	0.5380

(7)钢筋电渣压力焊工程量及定额项目。

HRB335级φ25钢筋电渣压力焊工程量＝12×4÷10＝4.8(10个)。

电渣压力焊接头定额参见表2-5-28,套定额5-4-62。

表2-5-28　　　　　　　　　　电渣压力焊接头定额
工作内容:钢筋接头校正、除锈、打磨、焊接、挤压、卸夹具、回收焊剂,
　　　　　搭拆简易脚手架,落跳板等。　　　　　　　　　　　（计量单位:10个）

定额编号		5-4-61	5-4-62	5-4-63
项目名称		电渣压力焊接头		
		φ22	φ25	φ28
名称	单位	消耗量		
人工　综合工日	工日	0.41	0.50	0.55
材料　电渣	kg	2.2700	3.0700	3.5300
螺纹钢筋φ22	kg	3.2627	—	—
螺纹钢筋φ25	kg	—	4.8941	—
螺纹钢筋φ28	kg	—	—	5.8729
机械　电渣焊机1000A	台班	0.1240	0.1370	0.1430

(8)钢筋间隔件工程量及定额项目。

　　　　钢筋间隔件工程量＝0.55×4×(3.2−0.5)×4×1.21÷10＝2.9(10个)

水泥基钢筋间隔件定额参见表2-5-29,套定额5-4-76。

表 2-5-29
工作内容：钢筋制作、绑扎、安装。

钢筋间隔件等定额

定额编号			5-4-75	5-4-76	5-4-77
项目名称			马凳钢筋	钢筋间隔件	对拉螺栓增加
			t	10个	10m²
名称		单位	消耗量		
人工	综合工日	工日	23.14	0.09	1.79
材料	钢筋φ4	kg	—	—	0.5406
	钢筋φ8	t	1.0200	—	—
	镀锌低碳钢丝22#	kg	8.8000	0.9240	—
	水泥基类间隔件	个	—	10.5000	—
	对拉螺栓14	t	—	—	0.0666
	止水铁片3mm厚	kg	—	—	1.5187
	螺帽M14	个	—	—	1.0000
机械	电动单筒慢速卷扬机50kN	台班	0.3050	—	—
	钢筋切断机40mm	台班	0.1140	—	—
	钢筋弯曲机40mm	台班	0.2980	—	—
	交流弧焊机32kV·A	台班	0.4710	—	0.0232

5.3.3.2 梁钢筋计算

(1)梁平法施工图表示方法。

梁平法施工图是在梁平面布置图上采用平面注写方式或截面注写方式表达钢筋的配筋信息。施工时，原位标注取值优先，如图2-5-42所示。

(2)梁平法钢筋计量。

平法标注的现浇混凝土框架梁钢筋及构造(部分内容)如图2-5-43～图2-5-48所示，全部构造内容参见《混凝土结构施工图平面整体表示方法制图规则和构造详图(现浇混凝土框架、剪力墙、梁、板)》(16G101-1)规范梁标准构造详图。钢筋计算长度公式如表2-5-30所示。

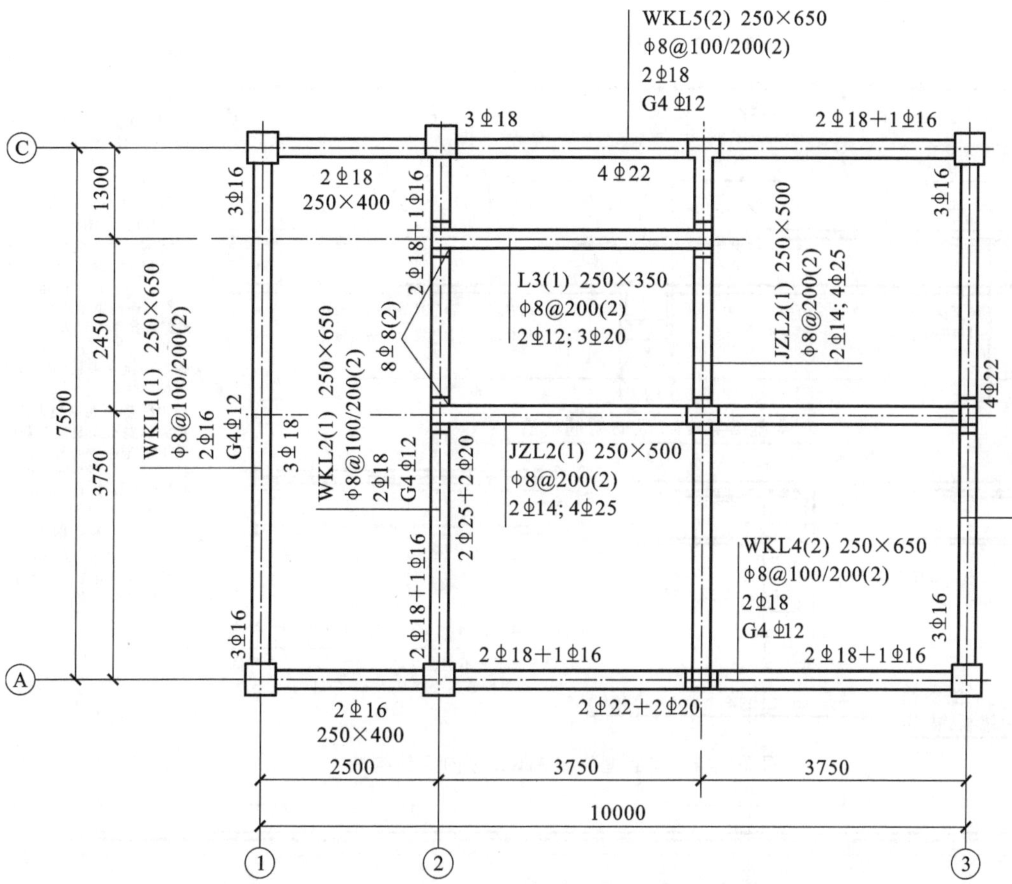

图 2-5-42 屋面梁平面整体配筋示意图

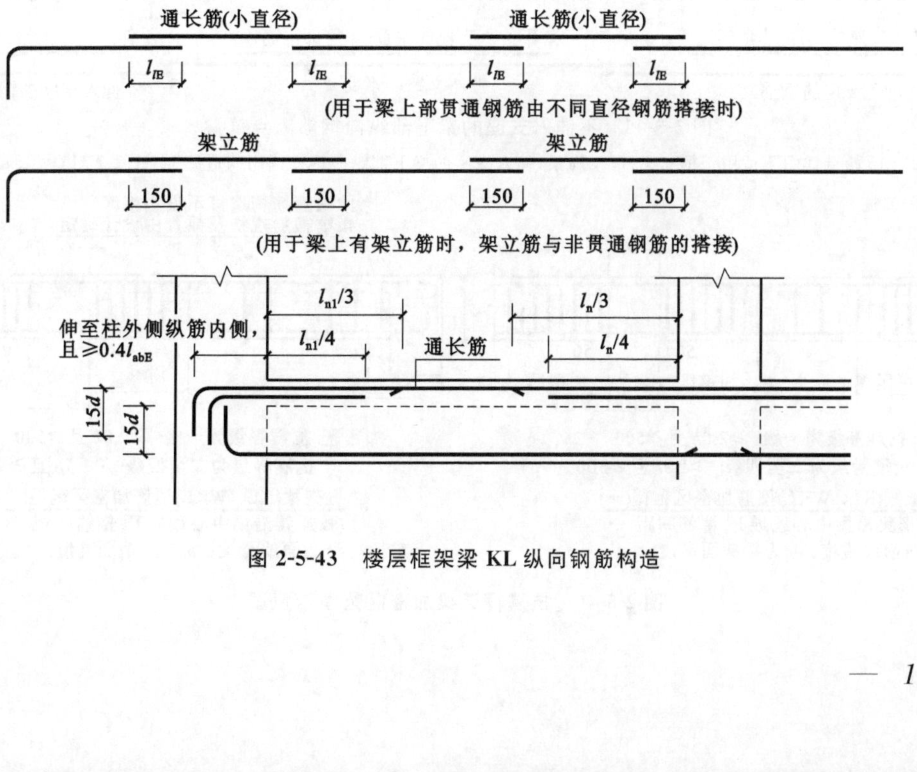

图 2-5-43 楼层框架梁 KL 纵向钢筋构造

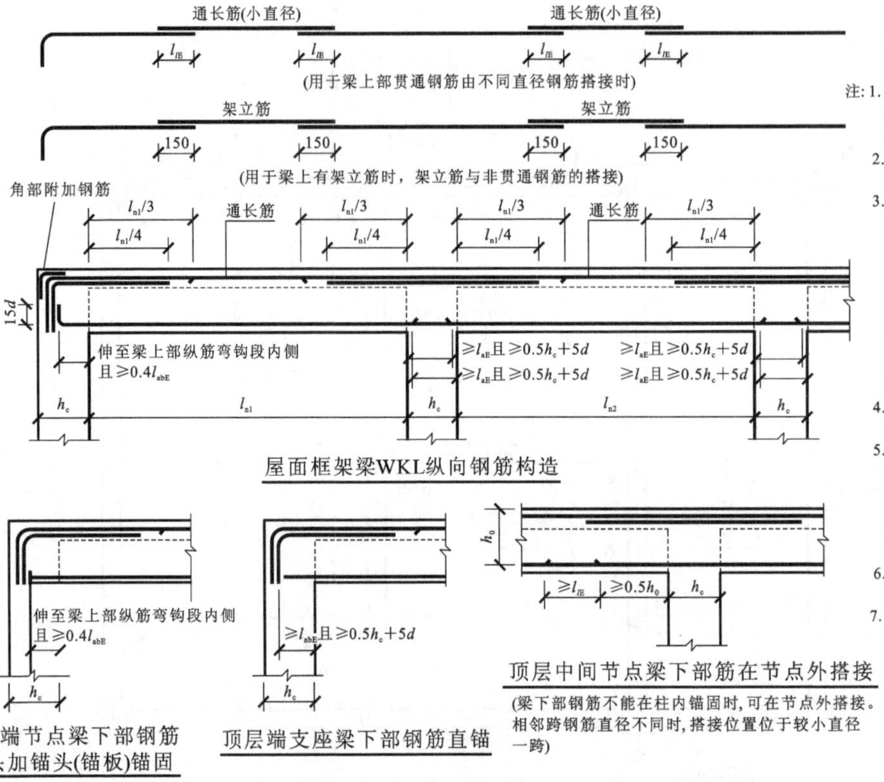

通长筋(小直径)   通长筋(小直径)

l_{lE} l_{lE} l_{lE} l_{lE}

(用于梁上部贯通钢筋由不同直径钢筋搭接时)

架立筋   架立筋

150   150   150   150

(用于梁上有架立筋时,架立筋与非贯通钢筋的搭接)

注:1. 跨度值l_n为左跨l_{ni}和右跨l_{ni+1}的较大值,其中$i=1,2,3,\cdots$

2. 图中h_c为柱截面沿框架方向的高度。

3. 梁上部通长钢筋与非贯通钢筋直径相同时,连接位置宜位于跨中$l_{ni}/3$范围内;梁下部钢筋连接位置宜位于支座$l_{ni}/3$范围内;且在同一连接区段内连接钢筋接头面积百分率不宜大于50%。

4. 钢筋连接要求见16G101-1图集第59页。

5. 当梁纵筋(不包括侧面G打头的构造筋及架立筋)采用绑扎搭接长时,搭接区内箍筋直径及间距要求见16G101-1图集第59页。

6. 梁侧面纵向构造钢筋要求见16G101-1图集第90页。

7. 顶层端节点处梁上部钢筋与角部附加钢筋构造见16G101-1图集第67页。

角部附加钢筋

$l_{n1}/3$ 通长筋 $l_{n1}/3$ $l_{n1}/3$ 通长筋 $l_{n1}/3$

$l_{n1}/4$ $l_{n1}/4$ $l_{n1}/4$ $l_{n1}/4$

15d

伸至梁上部纵筋弯钩段内侧且$\geq 0.4l_{abE}$

$\geq l_{aE}$且$\geq 0.5h_c+5d$ $\geq l_{aE}$且$\geq 0.5h_c+5d$

$\geq l_{aE}$且$\geq 0.5h_c+5d$ $\geq l_{aE}$且$\geq 0.5h_c+5d$

h_c l_{n1} h_c l_{n2} h_c

屋面框架梁WKL纵向钢筋构造

伸至梁上部纵筋弯钩段内侧且$\geq 0.4l_{abE}$

h_c

顶层端节点梁下部钢筋端头加锚头(锚板)锚固

$\geq l_{abE}$且$\geq 0.5h_c+5d$

h_c

顶层端支座梁下部钢筋直锚

h_0

$\geq l_{lE}$ $\geq 0.5h_0$ h_c

顶层中间节点梁下部筋在节点外搭接

(梁下部钢筋不能在柱内锚固时,可在节点外搭接。相邻跨钢筋直径不同时,搭接位置位于较小直径一跨)

图 2-5-44　屋面框架梁 WKL 纵向钢筋构造

$0.1l_{n1}$ $0.1l_{n1}$ $0.1l_{n2}$ $0.1l_{n2}$ $0.1l_{n3}$

l_{n1} l_{n2} l_{n3}

不伸入支座的钢筋(非角部钢筋)   不伸入支座的钢筋(非角部钢筋)   不伸入支座的钢筋(非角部钢筋)

伸入支座的钢筋   伸入支座的钢筋   伸入支座的钢筋

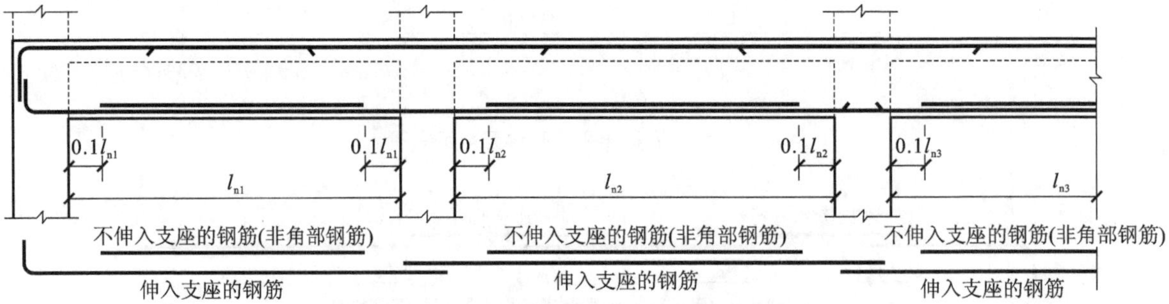

图 2-5-45　不伸入支座的梁下部纵向钢筋断点位置

(注:图 2-5-45 构造详图不适用于框支梁、框架扁梁;伸入支座的梁下部纵向钢筋锚固构造见 16G101-1 图集第 84、85 页。)

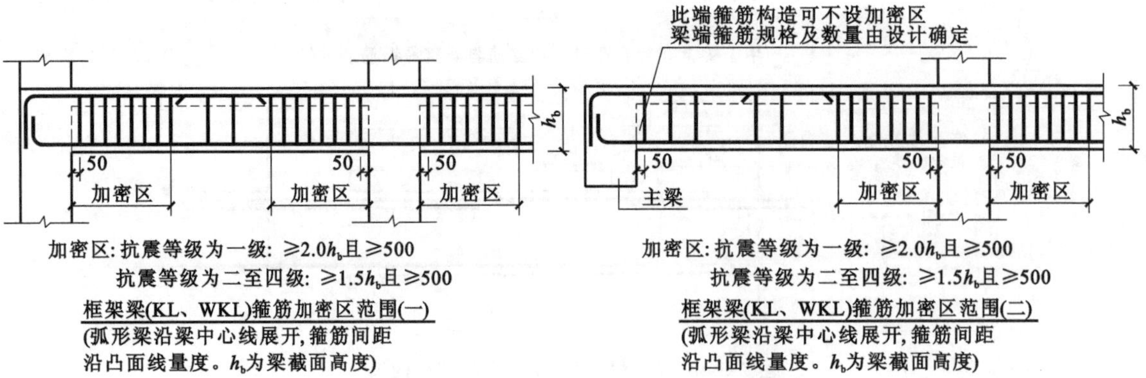

此端箍筋构造可不设加密区
梁端箍筋规格及数量由设计确定

h_b

50   50   50

加密区   加密区   加密区

加密区:抗震等级为一级:$\geq 2.0h_b$且≥ 500
抗震等级为二至四级:$\geq 1.5h_b$且≥ 500

框架梁(KL、WKL)箍筋加密区范围(一)
(弧形梁沿梁中心线展开,箍筋间距沿凸面线量度。h_b为梁截面高度)

h_b

50   50   50   50

主梁   加密区   加密区

加密区:抗震等级为一级:$\geq 2.0h_b$且≥ 500
抗震等级为二至四级:$\geq 1.5h_b$且≥ 500

框架梁(KL、WKL)箍筋加密区范围(二)
(弧形梁沿梁中心线展开,箍筋间距沿凸面线量度。h_b为梁截面高度)

图 2-5-46　抗震框架梁加密区范围示意图

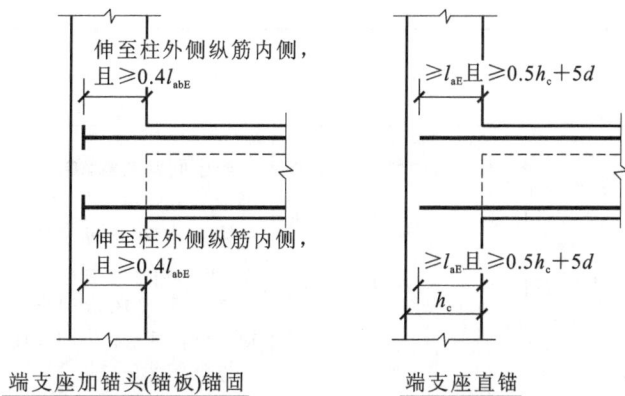

图 2-5-47 端支座加锚头（锚板）锚固

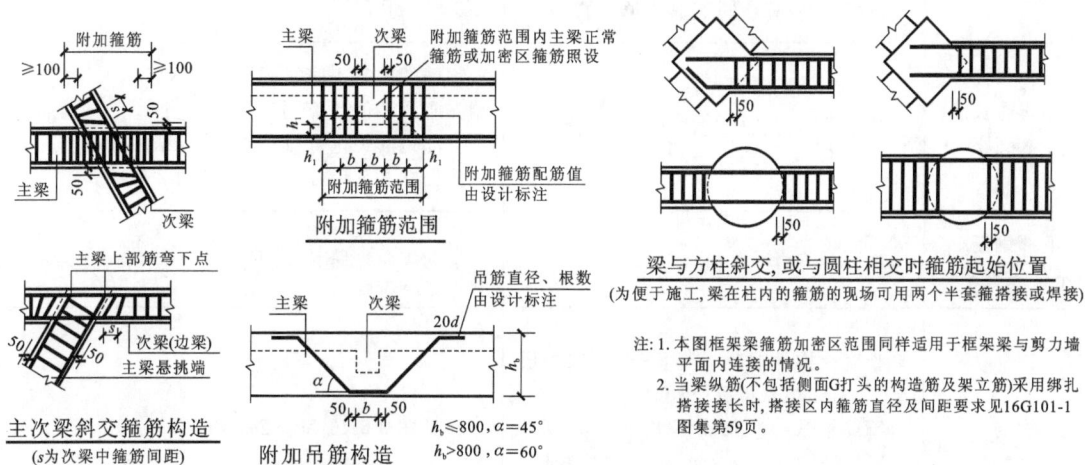

注：1. 本图框架梁箍筋加密区范围同样适用于框架梁与剪力墙平面内连接的情况。
2. 当梁纵筋（不包括侧面G打头的构造筋及架立筋）采用绑扎搭接连接时，搭接区内箍筋直径及间距要求见16G101-1图集第59页。

图 2-5-48 附加吊筋和箍筋构造示意图

表 2-5-30 　　　　　平法标注框架梁钢筋计算长度公式

钢筋部位及名称	计算公式	备注
上部通长筋或下部通长筋	长度＝通跨净跨长＋首尾端支座锚固值	首尾端支座锚固长度的取值判断： 当 h_c－保护层厚度（直锚长度）＞l_{aE} 时，取 max $\{l_{aE},0.5h_c+5d\}$； 当 h_c－保护层厚度（直锚长度）≤l_{aE} 时，必须弯锚，取 max $\{l_{aE},h_c$－保护层厚度＋$15d\}$；参见图 2-5-43、图 2-5-44、图 2-5-47
端支座负筋	第一排钢筋长度＝$l_n/3$＋端支座锚固值 第二排钢筋长度＝$l_n/4$＋端支座锚固值	l_n 为本跨净跨长，端支座锚固值计算同上部通长筋；参见图 2-5-43、图 2-5-44、图 2-5-47

钢筋部位及名称	计算公式	备注
中间支座负筋	第一排钢筋长度＝$l_n/3$＋中间支座值＋$l_n/3$ 第二排钢筋长度＝$l_n/4$＋中间支座值＋$l_n/4$	当中间跨两端的支座负筋延伸长度之和大于或等于该跨的净跨长时，其钢筋长度： 第一排为该跨净跨长＋（$l_n/3$＋前中间支座值）＋（$l_n/3$＋后中间支座值）； 第一排为该跨净跨长＋（$l_n/4$＋前中间支座值）＋（$l_n/4$＋后中间支座值）； 参见图 2-5-43
腰筋	构造钢筋长度＝净跨长＋$2\times 15d$ 抗扭钢筋：算法同下部通长钢筋	参见图 2-5-43 和图 2-5-47
下部非通长筋伸入支座	长度＝净跨长＋左右支座锚固值	钢筋的中间支座锚固值＝$\max\{l_{aE}, 0.5h_c+5d\}$，端支座锚固值计算同上部通长筋； 下部钢筋无论分排与否，计算结果均相同。 参见图 2-5-43、图 2-5-45 和图 2-5-47
下部钢筋不伸入支座	长度＝本跨净跨长－$2\times 0.1l_n$	l_n 为本跨净跨长，参见图 2-5-45
箍筋	长度＝构件混凝土周长－$8\times$保护层厚度＋$15.78d$（抗震设计时） 箍筋根数＝[（加密区长度－0.05）/加密区间距＋1]$\times 2$＋（非加密区长度/非加密区间距－1）	参见图 2-5-46 和图 2-5-48
吊筋	长度＝$2\times 20d$＋$2\times$斜段长度＋次梁宽度＋2×50	框梁高度大于 800mm，夹角为 60°；框架高度小于或等于 800mm，夹角为 45°，参见图 2-5-48
架立筋	长度＝本跨净跨长－左侧负筋伸入长度－右侧负筋伸入长度＋$2\times$搭接长度（0.15）	参见图 2-5-43

梁侧面纵向构造筋及拉筋见图 2-5-49，在图 2-5-49 中，需要注意以下几点。

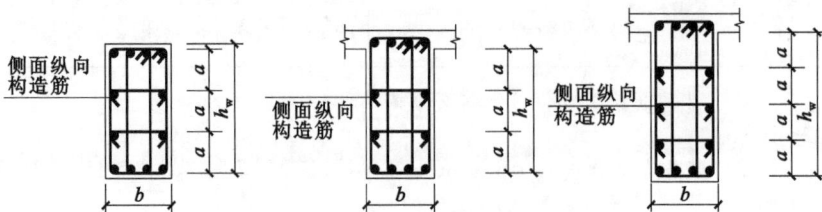

图 2-5-49　梁侧面纵向构造筋和拉筋

（1）当 $h_w \geqslant 450$mm 时，在梁的两侧面应沿高度配置纵向构造钢筋。纵向构造钢筋间距 $a \leqslant 200$mm。

(2)当梁侧面配有直径不小于构造纵筋的受扭纵筋时,受扭钢筋可以代替构造钢筋。

(3)梁侧面构造纵筋的搭接与锚固长度可取 $15d$。梁侧面受扭纵筋的搭接长度 l_{lE} 或 l_l,其锚固长度为 l_{aE} 或 l_a,锚固方式同框架梁下部纵筋。

(4)当梁宽小于或等于 350mm 时,拉筋直径为 6mm;梁宽大于 350mm 时,拉筋直径为 8mm。拉筋间距为非加密区箍筋间距的 2 倍。当设有多排拉筋时,上下两排拉筋竖向错开设置。

【例 2-5-12】 某工程框架梁 KL1 如图 2-5-50 所示。φ为 HPB300 级钢筋,Φ为 HRB335 级钢筋。混凝土构件的环境类别为一类,柱截面尺寸为 650mm×600mm,抗震等级为二级,混凝土强度等级为 C20。计算框架梁 KL1 的定额钢筋工程量,确定定额项目。

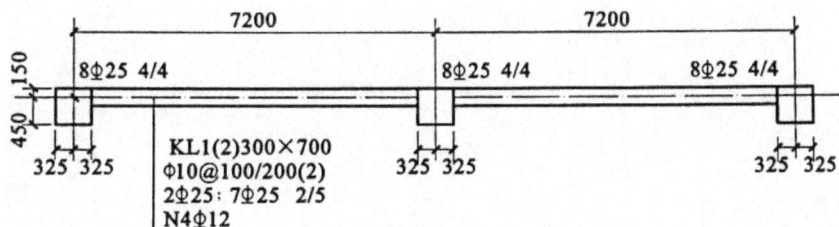

图 2-5-50 框架梁 KL1 配筋图

【解】 查表得最外层保护层厚度为 25mm,即箍筋和拉结筋的保护层厚度为 25mm,主筋的保护层厚度为 35mm。查表 2-5-7 得受拉钢筋抗震锚固长度为 $44d$。

(1)楼层框架梁上部通长筋 2φ25。

$$L = 7.2 \times 2 - 0.325 \times 2 + 2 \times (0.65 - 0.035) + 2 \times \max\{15 \times 0.025, 44 \times 0.025 - 0.6 + 0.035\}$$
$$= 14.4 - 0.65 + 2 \times 0.615 + 1.07 = 16.05(\text{m})$$
$$2L = 16.05 \times 2 = 32.10(\text{m})$$

下部通长筋 7φ25,2/5,计算长度同上部通长筋。

$$7L = 16.05 \times 7 = 112.35(\text{m})$$

(2)抗扭钢筋 N4φ12。

$$L = 7.2 \times 2 - 0.325 \times 2 + 2 \times (0.65 - 0.035) + 2 \times \max\{15 \times 0.012, 44 \times 0.012 - 0.65 + 0.035\}$$
$$= 15.34(\text{m})$$
$$4L = 4 \times 15.34 = 61.36(\text{m})$$

拉筋φ6@400,单根长:

$$L = \text{构件混凝土边长} - \text{保护层厚度} \times 2 + 24.78d$$
$$= 0.3 - 2 \times 0.025 + 24.78 \times 0.006 = 0.399(\text{m})$$

根数:

$$N = [(7.2 - 0.65 - 2 \times 0.05) \times 2/0.4 + 1] \times 2 = 67(\text{根})$$

总长:

$$\text{总长} = 0.399 \times 67 = 26.73(\text{m})$$

(3)左支座处负筋 8φ25,4/4。

上排两根为上部通长筋,另两根有:

$$L = (7.2 - 0.65)/3 + (0.65 - 0.035) + \max\{15 \times 0.025, 44 \times 0.025 - 0.65 + 0.035\}$$
$$= 3.28(\text{m})$$
$$2L = 2 \times 3.28 = 6.56(\text{m})$$

下排 4 根:

$$L = (7.2 - 0.65)/4 + (0.65 - 0.035) + \max\{15 \times 0.025, 44 \times 0.025 - 0.65 + 0.035\}$$
$$= 2.74(\text{m})$$

$$4L = 4 \times 2.74 = 10.96(\text{m})$$

(4)右支座处负筋 $8\Phi 25,4/4$,计算方法同左支座处负筋 $8\Phi 25,4/4$。

(5)中间支座处负筋 $8\Phi 25,4/4$。

上排 2 根:

$$L = (7.2 - 0.65)/3 \times 2 + 0.65 = 5.02(\text{m})$$
$$2L = 2 \times 5.02 = 10.04(\text{m})$$

下排 4 根:

$$L = (7.2 - 0.65)/4 \times 2 + 0.65 = 3.93(\text{m})$$
$$4L = 4 \times 3.93 = 15.72(\text{m})$$

(6)箍筋。

单根长:

$$L = (0.3 + 0.7) \times 2 - 8 \times 0.025 + 15.78 \times 0.01 = 1.958(\text{m})$$

箍筋加密区范围:

$$\max\{1.5 \times 700, 500\} = 1050(\text{mm}) = 1.05\text{m}$$

单跨箍筋根数:

$$(1.05 - 0.05) \div 0.1 \times 2 + (7.2 - 0.65 - 1.05 \times 2) \div 0.2 + 1 = 43(\text{根})$$

两跨箍筋根数:

$$43 \times 2 = 86(\text{根})。$$
$$\text{总长} = 1.958 \times 86 = 168.00(\text{m})$$

钢筋重量汇总计算:

$$\Phi 25 \text{钢筋重量} = (32.1 + 112.35 + 6.56 \times 2 + 10.96 \times 2 + 10.04 + 15.72) \times 3.85$$
$$= 790.21(\text{kg}) = 0.790\text{t}$$

查表 2-5-26,直径小于或等于 25mm,现浇构件 HRB335 钢筋,套定额 5-4-7。

$$\Phi 12 \text{钢筋重量} = 61.36 \times 0.888 = 54.49(\text{kg}) = 0.0545\text{t}$$

查表 2-5-26,直径小于或等于 18mm,现浇构件 HRB335 钢筋,套定额 5-4-6。

$$\Phi 10 \text{钢筋重量} = 168.00 \times 0.617 = 103.66(\text{kg}) = 0.104\text{t}$$
$$\Phi 6 \text{钢筋重量} = 26.73 \times 0.222 = 5.93(\text{kg}) = 0.006\text{t}$$
$$\text{箍筋工程量合计} = 0.104 + 0.006 = 0.110(\text{t})$$

查表 2-5-27,直径小于或等于 10mm,现浇构件 HPB300 箍筋,套定额 5-4-30。

5.3.3.3 板钢筋计算

(1)板平法施工图表示方法。

板平法施工图包括有梁楼盖平法施工图和无梁楼盖平法施工图及楼板相关构造。

有梁楼盖平法施工图是指以梁为支座的楼面板与屋面板平法施工图。楼面板与屋面板布置图,采用平面注写的表达方式,包括板块集中标注和板支座原位标注,如图 2-5-51 所示。

(2)板平法钢筋计量。

平法标注的板钢筋构造(部分内容)如图 2-5-52～图 2-5-54 所示。全部构造内容参见 16G101-1 图集规范中板标准构造详图。

在图 2-5-53 中,需要注意以下方面。

(1)当相邻等跨或不等跨的上部贯通纵筋配置不同时,应将配置较大者越过其标注的跨数终点或起点伸出至相邻跨的跨中连接区域连接。

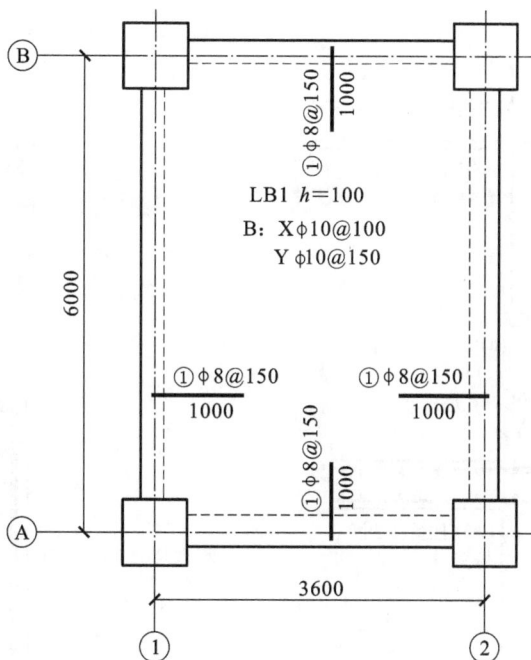

图 2-5-51　板平法施工图示例

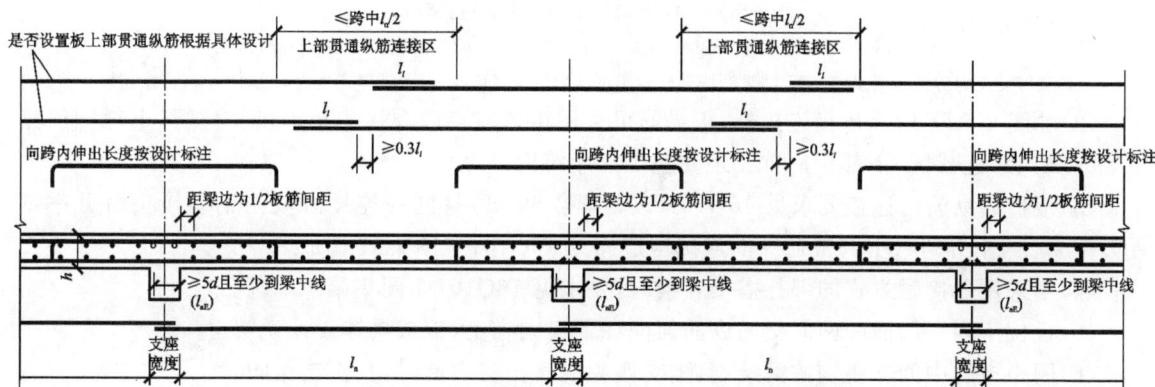

图 2-5-52　有梁楼盖楼面板 LB 和屋面板 WB 钢筋构造

(注:括号内锚固长度 l_{aE} 用于梁板式转换层的板。)

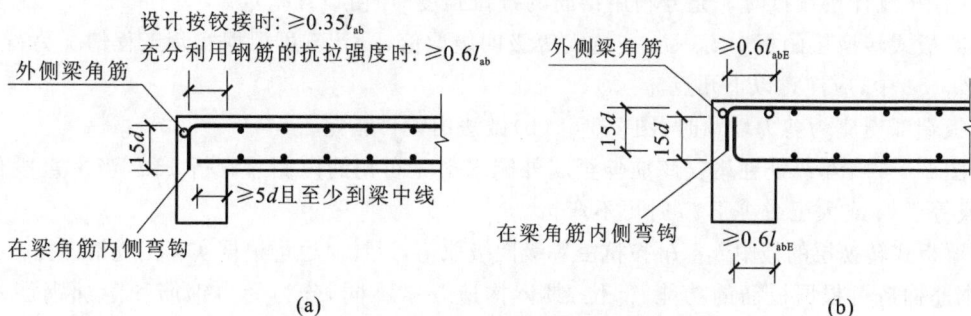

(a)　　　　　　　　　　　　　　　　　　　(b)

图 2-5-53　板在端部支座的锚固构造(一)

(a)普通楼屋面板;(b)用于梁板式转换层的楼面板

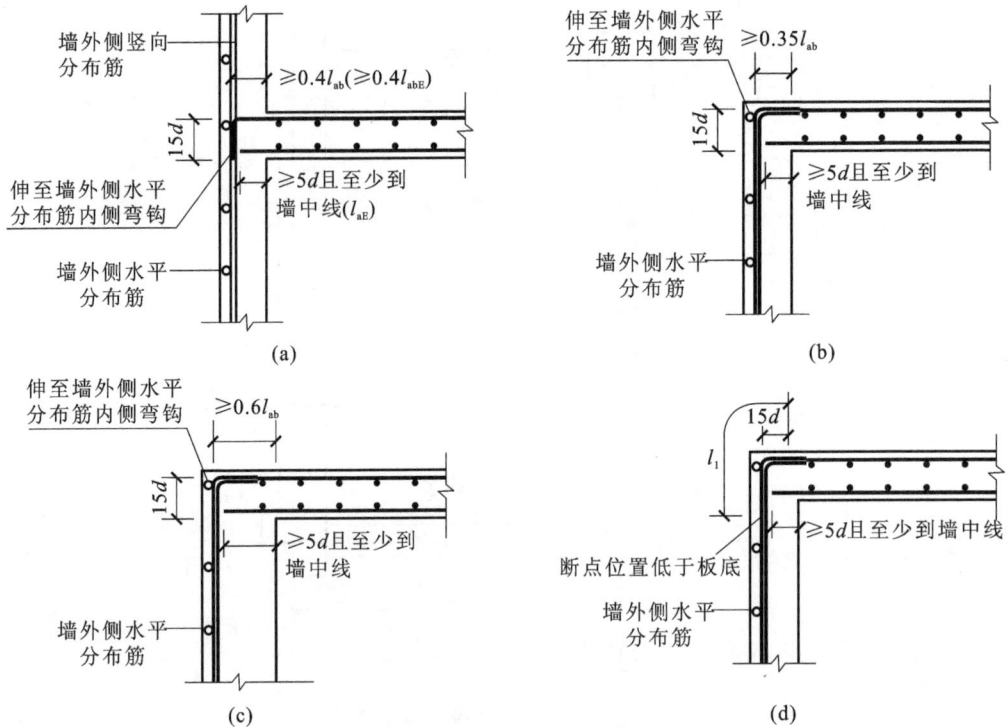

图 2-5-54　板在端部支座的锚固构造（二）

(a)端部支座为剪力墙中间层；(b)端部支座为剪力墙墙顶（板墙按铰接设计时）；

(c)端部支座为剪力墙墙顶（板端上部纵筋按充分利用钢筋的抗拉强度时）；(d)端部支座为剪力墙墙顶（搭接连接）

(2)除图 2-5-53 所示搭接连接外，板纵筋可采用机械连接或焊接连接。接头位置，上部钢筋见图 2-5-53 所示连接区，下部钢筋宜在距支座 1/4 净跨内。

(3)板贯通纵筋的连接要求见 16G101-1 图集第 59 页，且同一连接区段内钢筋接头百分率不宜大于 50％，不等跨板上部贯通纵筋连接构造详见 16G101-1 图集第 101 页。

(4)当采用非接触式的绑扎搭接连接时，要求见 16G101-1 图集第 102 页。

(5)板位于同一层面的两向交叉纵筋何向在下何向在上，应按具体设计说明。

(6)图中板的中间支座均按梁绘制，当支座为混凝土剪力墙时，其构造相同。

(7)图 2-5-53(a)、(b)中纵筋在端支座应伸至梁支座外侧纵筋内侧后弯折 $15d$，当平直段长度分别大于或等于 l_a、大于或等于 l_{aE} 时可不弯折。

(8)图中"设计按铰接时""充分利用钢筋的抗拉强度时"由设计指定。

(9)梁板式转换层的板中 l_{abE}、l_{aE} 按抗震等级四级取值，设计也可根据实际工程情况另行指定。

图 2-5-54 中，应注意以下几点。

(1)板端部支座为剪力墙顶时，图 2-5-54(b)做法由设计指定。

(2)图 2-5-54 中，纵筋在端支座应伸至墙外侧水平分布钢筋内侧后弯折 $15d$，当平直段长度分别大于或等于 l_a 或大于或等于 l_{aE} 时可不弯折。

(3)梁板式转换层的板中 l_{abE}、l_{aE} 按抗震等级四级取值，设计时也可根据实际工程情况另行指定。

板钢筋构造可根据板筋的功能、部位、具体构造要素不同，分为受力钢筋和附加钢筋两大部分。受力钢筋包括板底钢筋（下部贯通筋）、板面钢筋（上部贯通筋）和支座负筋；附加钢筋包括分布钢筋、温度钢筋、阴阳角附加钢筋和洞口附加钢筋等。其钢筋（部分）长度计算如表 2-5-31 所示。单(双)板配筋示意图见图 2-5-55。

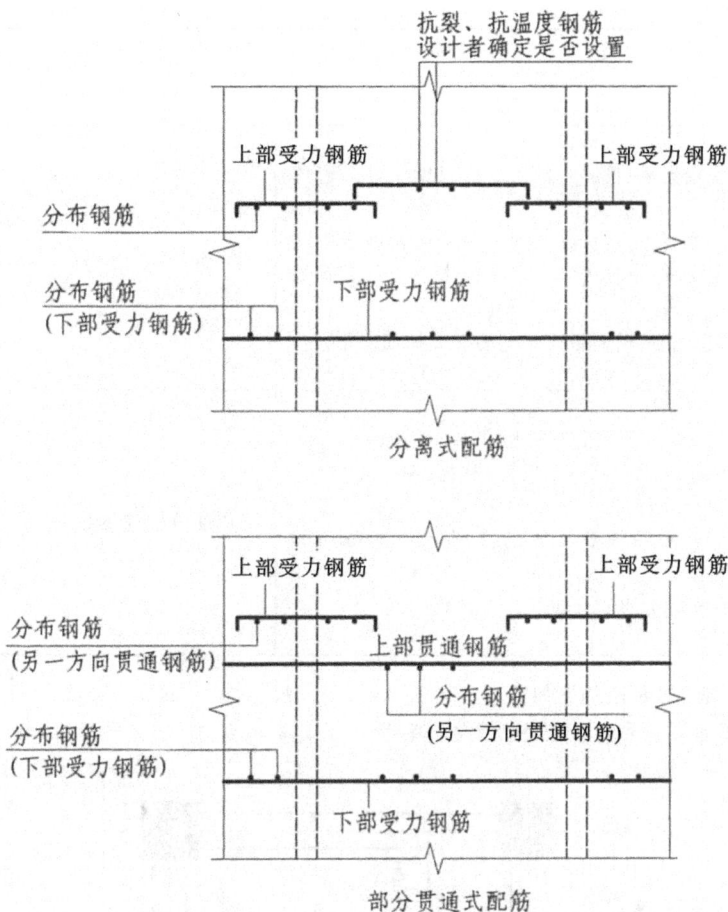

图 2-5-55 单(双)板配筋示意图

表 2-5-31   **板平法钢筋长度计算公式**

钢筋部位及名称	计算公式	备注
板底钢筋	长度＝伸入左支座长度＋净跨长＋伸入右支座长度＋末端弯钩增长值； 第一根钢筋距支座边为 1/2 板筋间距	伸入梁支座长度:不小于 $5d$ 且至少到梁中线(或不小于 l_a); 伸入砌体墙支座长度:大于或等于 120mm 且大于或等于 h(板厚)大于或等于 1/2 的墙厚; 伸入剪力墙支座长度:大于或等于 $5d$ 且至少到墙中线(或大于或等于 l_a); 参见图 2-5-52～图 2-5-54
板面钢筋	长度＝伸入左支座长度＋通跨净长＋伸入右支座长度＋搭接长度×搭接个数＋末端弯钩增长值； 第一根钢筋距支座边为 1/2 板筋间距	伸入梁支座长度－支座宽度－保护层厚度＋$15d$; 伸入砌体墙支座长度＝$0.35l_{ab}+15d$; 伸入剪力墙支座长度＝$0.4l_{ab}+15d$。 参见图 2-5-52～图 2-5-54

钢筋部位及名称	计算公式	备注
支座负筋	端支座:长度＝伸入支座长度＋伸入跨内长度＋弯折长度; 中间支座:长度＝伸入左跨内长度＋中间支座宽度＋伸入右跨内长度＋弯折长度×2; 第一根钢筋距支座边为1/2板筋间距	伸入支座长度同板面钢筋; 弯折长度＝板厚－保护层厚度×2。 参见图 2-5-52～图 2-5-54
负筋分布筋	x 向负筋的分布筋长度＝y 向板跨净长－y 向负筋在跨内长度＋搭接长度（2×150mm）; 分布筋根数计算的范围是 x 向负筋的长度; y 向负筋的分布筋长度计算同理	负筋分布筋参见图 2-5-52

【例 2-5-13】 某现浇楼板配筋图如图 2-5-56 所示,梁截面尺寸为 300mm×600mm,板厚为 120mm,分布筋为 φ6@250,保护层厚度为 15mm。计算板钢筋的工程量,确定定额项目。

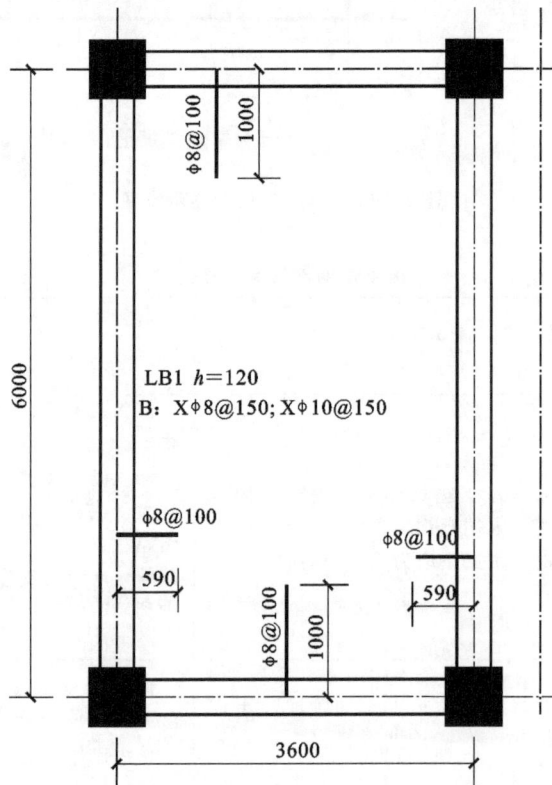

图 2-5-56 某楼板配筋图

【解】　(1)板底钢筋:x 向ϕ8@150。

$$L = 伸入左支座长度+净跨长+伸入右支座长度+末端弯钩增长值$$
$$= \max\{5d,300/2\}+3.6-0.3+\max\{5d,300/2\}+6.25d\times2$$
$$= 0.15+3.3+0.15+0.1=3.7(\text{m})$$

根数:$n=(6000-300-150)/150+1=38$(根)。

重量:$3.7\times38\times0.395=55.537$(kg)。

(2)板底钢筋:y 向ϕ10@150。

$$L = 伸入左支座长度+净跨长+伸入右支座长度+末端弯钩增长值$$
$$= \max\{5d,300/2\}+6.0-0.3+\max\{5d,300/2\}+6.25d\times2$$
$$= 0.15+5.7+0.15+0.125=6.125(\text{m})$$

根数:$n=(3600-300-150)/150+1=22$(根)。

重量:$6.125\times22\times0.617=83.141$(kg)。

(3)支座负筋ϕ8@100。

$$L_1 = 伸入支座长度+伸入跨内长度+弯折长度=(支座宽度-保护层厚度+15d)+$$
$$0.59-0.15+(板厚-保护层厚度\times2)$$
$$= (0.3-0.025+15\times0.008)+0.59-0.15+(0.12-0.015\times2)=0.925(\text{m})$$

根数:$n=(6000-300-150)\div100+1=57$(根)。

$$L_2 = 伸入支座长度+伸入跨内长度+弯折长度$$
$$= (支座宽度-保护层厚度+15d)+1.0-0.15+(板厚-保护层厚度\times2)$$
$$= (0.3-0.025+15\times0.008)+1.0-0.15+(0.12-0.015\times2)=1.335(\text{m})$$

根数:$n=(3600-300-150)\div100+1=33$(根)。

重量:$(0.925\times57+1.335\times33)\times2\times0.395=76.456$(kg)。

(4)负筋分布筋ϕ6@250。

$$L_1 = y向板跨净长-y向负筋在跨内长度+搭接长度(2\times150)$$
$$= 6.0-0.3-(1.0-0.15)\times2+2\times0.15=4.3(\text{m})$$

根数:$n=(590-150)/250=2$(根)。

$$L_2 = x向板跨净长-x向负筋在跨内长度+搭接长度(2\times150)$$
$$= 3.6-0.3-(0.59-0.15)\times2+2\times0.15=2.72(\text{m})$$

根数:$n=(1000-150)/250=3$(根)。

重量:$(4.3\times2+2.72\times3)\times2\times0.222=7.441$(kg)。

现浇混凝土构件 HPB300 级钢筋重量汇总。

ϕ6:7.441kg=0.007t。

ϕ8:76.456+55.537=131.993(kg)=0.132t。

ϕ10:83.141kg=0.083t。

钢筋合计:$0.007+0.132+0.083=0.222$(t)。

现浇混凝土构件 HPB300 级钢筋定额参见表 2-5-32,套定额 5-4-1。

表 2-5-32　　　　　**现浇混凝土构件 HPB300 级钢筋定额**

工作内容:钢筋制作、绑扎、安装。　　　　　　　　　　　　　　　　　　　　　　(计量单位:t)

定额编号		5-4-1	5-4-2	5-4-3	5-4-4
项目名称		现浇构件钢筋 HPB300			
		≤10mm	≤18mm	≤25mm	>25mm
名称	单位	消耗量			
人工　综合工日	工日	15.78	9.02	6.27	5.07

续表

定额编号		5-4-1	5-4-2	5-4-3	5-4-4
项目名称		现浇构件钢筋 HPB300			
		≤10mm	≤18mm	≤25mm	>25mm
名称	单位	消耗量			
材料	钢筋 HPB300≤10mm	t	1.0200	—	—	—
	钢筋 HPB300≤18mm	t	—	1.0400	—	—
	钢筋 HPB300≤25mm	t	—	—	1.0400	—
	钢筋 HPB300>25mm	t	—	—	—	1.0400
	镀锌低碳钢丝 22#	kg	10.0367	2.6780	2.3957	0.7370
	电焊条 E4303 φ3.2mm	kg	—	7.8000	8.9143	12.0000
	水	m³	—	0.1430	0.0930	0.1214
机械	电动单筒慢速卷扬机 50kN	台班	0.2730	0.1670	0.1160	—
	对焊机 75kV·A	台班	—	0.0810	0.0580	0.0670
	钢筋切断机 40mm	台班	0.3253	0.0770	0.0870	0.1080
	钢筋弯曲机 40mm	台班	0.2770	0.1860	0.1520	0.1490
	交流弧焊机 32kV·A	台班	—	0.3580	0.3330	0.3520

5.4 钢筋及混凝土工程定额 BIM 计量案例

钢筋及混凝土工程定额 BIM 计量案例

知识归纳

(1)混凝土柱、墙工程量计算分界。

(2)轻型框剪墙计算规则。

(3)带形基础工程量计算规则。

(4)满堂基础工程量计算规则。

(5)箱式满堂基础工程量计算规则。

(6)独立基础工程量计算规则。

(7)带形桩承台工程量计算规则。

(8)柱工程量计算规则。

(9)梁工程量计算规则。

(10)墙工程量计算规则。

(11)现浇混凝土柱、梁、墙板工程量的计算分界。

(12)板工程量计算规则。

(13)整体楼梯工程量计算规则。

(14)钢筋工程量计算规则。

独立思考

2-5-1 简述现浇混凝土基础工程量计算规则。

2-5-2 简述现浇混凝土柱工程量计算规则。

2-5-3 简述现浇混凝土梁工程量计算规则。

2-5-4 如何确定现浇混凝土墙(柱)与基础的分界线?

2-5-5 如何确定现浇混凝土柱、梁、墙、板的分界?

2-5-6 如何区分有梁板、无梁板、平板?

2-5-7 简述现浇构件钢筋工程量计算规则。

习 题

2-5-1 某四层现浇混凝土框架结构建筑,C25 钢筋混凝土柱如图 2-5-35 所示,环境类别为一类,三级抗震,基础箍筋 2 根,基底标高是—2.4m,基础高度为 1.3m,各层高均为 3.9m,各层梁高均为 350mm。场外集中搅拌混凝土 25m³/h,运距为 5km,固定泵泵送混凝土。试计算框架柱浇筑和搅拌、制作及运输工程量,确定定额项目。

2-5-2 梁配筋如图 2-5-57 所示,现浇混凝土板厚为 100mm。梁所处环境为一类。柱截面尺寸为 600mm×650mm,抗震等级为二级,C30 混凝土,钢筋直径大于 22mm 时为焊接,小于或等于 22mm 时为焊接。φ 为 HPB300 级钢筋; ⏀ 为 HRB335 级钢筋。钢筋按 16G101-1 图集规范计算。场外集中搅拌混凝土 25m³/h,运距为 5km,固定泵泵送混凝土。

(1)计算框架梁浇筑和搅拌、制作及运输工程量,确定定额项目。

(2)计算 KL1 钢筋工程量,确定定额项目。

2-5-3 某现浇楼板配筋如图 2-5-58 所示,C30 混凝土,梁截面尺寸为 450mm×700mm,板厚为 120mm。板分布筋为 φ8@250mm。φ 为 HPB300 级钢筋; ⏀ 为 HRB335 级钢筋。钢筋按 16G101-1 图集计算。场外集中搅拌混凝土 25m³/h,运距为 5km,固定泵泵送混凝土。

(1)计算板浇筑和搅拌、制作及运输工程量,确定定额项目。

(2)计算板钢筋工程量,确定定额项目。

独立思考与
习题答案

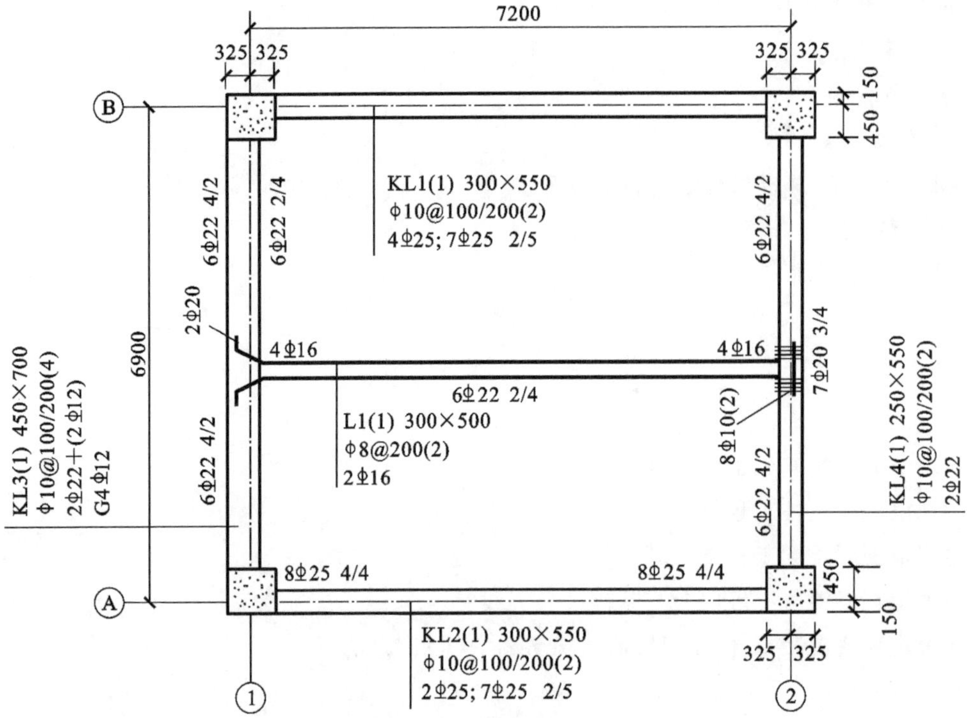

图 2-5-57　梁配筋图

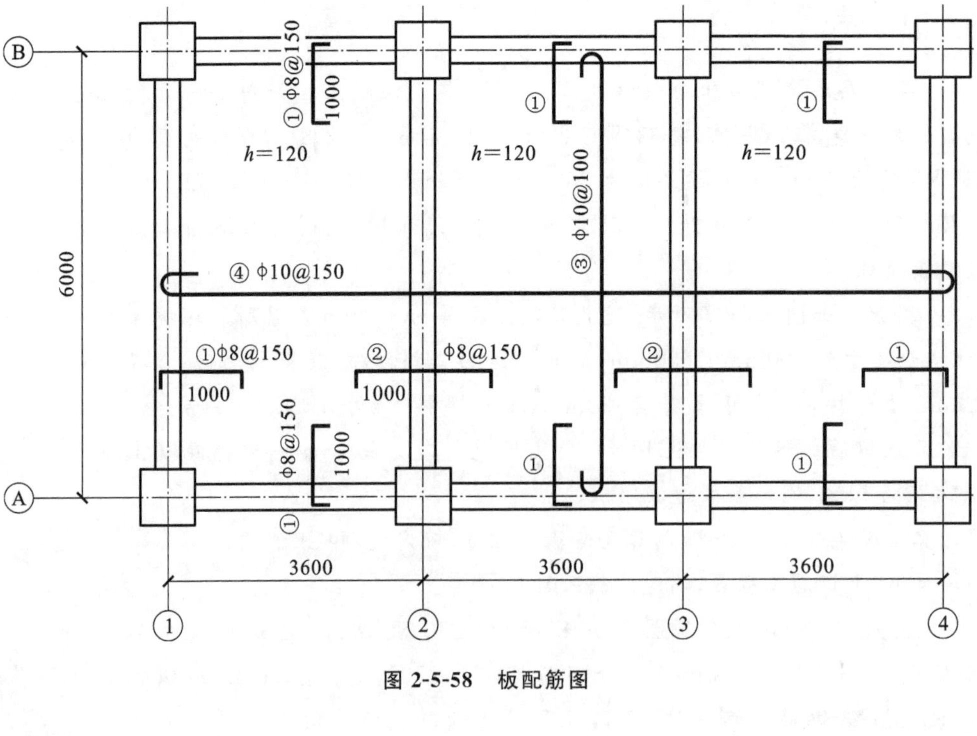

图 2-5-58　板配筋图

6 金属结构工程定额

![内容提要]

内容提要

本章的主要内容是金属结构工程定额的计量与计价,主要介绍各类金属结构的定额计量规则与相关调整内容,便于学生理解金属结构工程的定额应用。

能力要求

通过本章的学习,学生应了解金属结构相关定额的项目划分及计算规则;能根据工程实际计算各类金属结构的定额工程量,确定定额项目。

6.1 金属结构工程定额说明

本章定额包括金属结构制作、无损探伤检验、除锈、平台摊销、金属结构安装等内容。

(1)本章构件制作均包括现场内(工厂内)的材料运输、号料、加工、组装及成品堆放、装车出厂等全部工序。

(2)本章定额金属构件制作包括各种杆件的制作、连接以及拼装成整体构件所需的人工、材料及机械台班用量(不包括为拼装钢屋架、托架、天窗架而搭设的临时钢平台)。套用本章金属构件制作项目后,拼装工作不再单独计算。本章定额项目 6-5-26 至定额项目 6-5-29 拼装子目只适用于半成品构件的拼装。

(3)本章安装项目中,均不包含拼装工序。

(4)金属结构的各种杆件的连接以焊接为主,焊接前连接两组相邻构件使其固定以及构件运输时为避免出现误差而使用的螺栓,已包括在制作子目内。

(5)本章构件安装未包括堆放地至起吊点运距大于 15m 的现场范围内的水平运输,发生时按本定额"第十九章施工运输工程"相应项目计算。

(6)金属构件制作子目中钢材的规格和用量,设计与定额不同时,可以调整,其他不变(钢材的损耗率为 6%)。

(7)钢零星构件是指定额未列项的,且单体重量不大于 0.2t 的金属构件。

(8)需预埋入钢筋混凝土中的铁件、螺栓按本定额"第五章钢筋及混凝土工程"相应项目计算。

(9)本章构件制作项目中,均已包括除锈,刷一遍防锈漆。本章构件制作中要求除锈等级为 Sa2.5 级,设计文件要求除锈等级不大于 Sa2.5 级,不另套项;若设计文件要求除锈等级为 Sa3 级,则每定额制作单位增加人工 0.2 工日、机械 $10m^3/min$ 电动空气压缩机 0.2 台班。

(10)本章构件制作中防锈漆为制作、运输、安装过程中的防护性防锈漆,设计文件规定的防锈、防腐油漆另行计算,制作子目中的防锈漆工料不扣除。

(11)钢结构安装完成后,防锈漆或防腐涂料等涂装前,需对焊缝节点处、连接板、螺栓、底漆损坏处等进行除锈处理。此项工作按实际施工方法套用本章相应除锈子目,工程量按制作工程量的 10% 计算。

(12)成品金属构件或防护性防锈漆超出有效期(构件出场后 6 个月)发生锈蚀的构件,如需除锈,套用本章除锈相关子目。

(13)本章除锈子目按《涂覆涂料前钢材表面处理 表面清洁度的目视评定 第 1 部分:未涂覆过的钢材表面和全面清除原有涂层后的钢材表面的锈蚀等级和处理等级》(GB/T 8923.1—2011)中锈蚀等级 C 级考虑除锈至 Sa2.5 或 St2,若除锈前锈蚀等级为 B 级或 D 级,相应定额应分别乘以系数 0.75 或 1.25。

(14)网架结构中焊接钢板节点、焊接钢管节点、杆件直接交汇节点的制作、安装,执行焊接空心球网架的制作、安装相应子目。

(15)实腹柱是指十字形、T 形、L 形、H 形等,空腹钢柱是指箱形、格构形等。

(16)轻钢檩条间的钢拉条的制作、安装,执行屋架钢支撑相应子目。

(17)成品 H 型钢制作的柱、梁构件,相应制作子目人工、机械及除钢材外的其他材料乘以系数 0.6。

(18)本章钢材如为镀锌钢材,则将主材调整为镀锌钢材,同时扣除人工 3.08 工日/t,扣除制作定额内环氧富锌底漆及钢丸含量。

(19)制作项目中的钢管按成品钢管考虑,如实际采用钢板加工而成的,则需将制作项中主材价格进行换算,人工、机械及除钢材外的其他材料乘以系数 1.5。

(20)劲性混凝土的钢构件套用相应定额子目时,定额未考虑开孔费。如需开孔,钢构件制作定额的人工、机械乘以系数 1.15。

(21)劲性混凝土柱(梁)中的钢筋在执行定额相应子目时人工乘以系数 1.25。劲性混凝土柱(梁)中的混凝土在执行定额相应子目时人工、机械乘以系数 1.15。

(22)轻钢屋架是指每榀重量小于 1t 的钢屋架。

(23)钢屋架、托架、天窗架制作平台摊销子目,是与钢屋架、托架、天窗架制作子目配套使用的子目,其工程量与钢屋架、托架、天窗架的制作工程量相同。其他金属构件制作不计平台摊销费用。

(24)钢梁制作、安装执行钢吊车梁制作、安装子目。

(25)金属构件安装,定额按单机作业编制。

(26)本章铁栏杆制作,仅适用于工业厂房中平台、操作台的钢栏杆。工业厂房中的楼梯、阳台、走廊的装饰性铁栏杆及民用建筑中的各种装饰性铁栏杆,均按其他章相应规定计算。

(27)本定额的钢网架制作,按平面网架结构考虑,如设计成筒壳、球壳及其他曲面状,构件制作定额的人工、机械乘以系数 1.3,构件安装定额的人工、机械乘以系数 1.2。

(28)本定额中的屋架、托架、钢柱等均按直线考虑,如设计为曲线、折线形构件,构件制作定额的人工、机械乘以系数 1.3,构件安装定额的人工、机械乘以系数 1.2。

(29)本章单项定额内,均不包括脚手架及安全网的搭拆内容,脚手架及安全网均按相关章节有关规定计算。

(30)金属构件安装子目内,已包括金属构件本体的垂直运输机械。金属构件本体以外工程的垂直运输以及建筑物超高等内容,发生时按照相关章节有关规定计算。

(31)钢柱安装在钢筋混凝土柱上,其人工、机械乘以系数 1.43。

6.2 金属结构工程量计算规则

(1)金属结构制作、安装工程量,按图示钢材尺寸以质量计算,不扣除孔眼、切边的质量,焊条、铆钉、螺栓等质量已包括在定额内,不另计算。计算不规则或多边形钢板质量时,均以其最大对角线乘以最大宽度的矩形面积计算。

(2)实腹柱、吊车梁、H 型钢等均按图示尺寸计算,其腹板及翼板宽度按每边增加 25mm 计算。

(3)钢柱制作、安装工程量,包括依附于柱上的牛腿、悬臂梁及柱脚连接板的质量。

(4)钢管柱制作、安装执行空腹钢柱子目,柱体上的节点板、加强环、内衬管、牛腿等依附构件并入钢管柱工程量内。

(5)计算钢屋架、钢托架、天窗架工程量时,依附其上的悬臂梁、檩托、横档、支爪、檩条爪等分别并入相应构件内计算。

(6)制动梁的制作、安装工程量包括制动梁、制动桁架、制动板质量。

(7)钢墙架的制作工程量包括墙架柱、墙架梁及连接柱杆质量。

(8)钢筋混凝土组合屋架钢拉杆,按屋架钢支撑计算。

(9)钢漏斗的制作工程量,矩形按图示分片,圆形按图示展开尺寸,并以钢板宽度分段计算,每段均以其上口长度(圆形以分段展开上口长度)与钢板宽度按矩形计算,依附漏斗的型钢并入漏斗重量内计算。

(10)高强度螺栓、花篮螺栓、剪力栓钉按设计图示以套数计算。

(11)X 射线焊缝无损探伤,按不同板厚,以"张"(胶片)为单位。拍片张数按设计规定计算的探伤焊缝总长度除以定额取定的胶片有效长度(250mm)计算。

(12)金属板材对接焊缝超声波探伤,以焊缝长度为计量单位。

(13)除锈工程的工程量,依据定额单位,分别按除锈构件质量或表面积计算。

(14)楼面及平板屋面按设计图示尺寸以铺设水平投影面积计算,屋面为斜坡的,按斜坡面积计算。不扣除面积小于或等于 0.3m² 柱、垛及孔洞所占面积。

6.3 金属结构工程定额计量应用

【例 2-6-1】 某工程采用型钢檩条,尺寸如图 2-6-1 所示,共 100 根,∟50×32×4 的线密度为 2.494kg/m。试计算钢檩条工程量,确定定额项目。

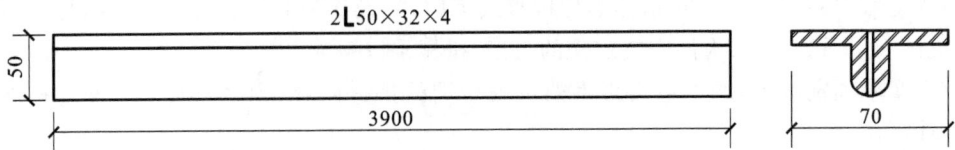

图 2-6-1 钢檩条示意图

【解】　　　　组合型钢檩条工程量＝3.90×2×2.494×100÷1000＝1.945(t)

型钢檩条制作(包括刷防锈漆)定额参见表 2-6-1,套定额 6-1-20。

表 2-6-1　　　　　　　　　　　型钢檩条定额　　　　　　　　　　　(单位:t)

定额编号		6-1-20	6-1-21	6-1-22	6-1-23
项目名称		型钢檩条	钢天窗架	钢挡风架	钢墙架
名称	单位	消耗量			
人工　综合工日	工日	11.09	12.60	12.36	18.39
材料　角钢∟(70~80)×(4~10)	t	0.9130	0.3840	0.3340	0.0400
角钢∟(100~140)×(80~90)×(6~14)	t	—	0.5440	—	—
槽钢 5#~16#	t	—	—	0.7200	0.4170
中厚钢板厚 8~10mm	t	0.1470	0.1320	0.0060	0.0530
圆钢 ϕ16mm	kg	—	—	—	28.0000
工字钢工 10-22	t	—	—	—	0.5220
垫木	m	0.0100	0.0100	0.0100	0.0100
电焊条 E4303 ϕ3.2mm	kg	24.9900	42.2900	24.9900	55.9200
环氧富锌(底漆)	kg	5.4400	5.4400	5.4400	5.4400
螺栓	kg	1.7400	1.7400	1.7400	1.7400
木脚手板	m³	0.0300	0.0300	0.0300	0.0300
汽油	kg	3.0000	3.0000	3.0000	3.0000
氧气	m³	6.2900	6.2900	6.2900	6.2900
乙炔气	m³	2.7300	2.7300	2.7300	2.7300
钢丸	kg	15.0000	15.0000	15.0000	15.0000
机械　电动空气压缩机 10m³/min	台班	0.0800	0.0800	0.0800	0.0800
电焊条恒温箱	台班	0.8900	0.8900	0.8900	0.8900
电焊条烘干箱 600×500×750	台班	0.8900	0.8900	0.8900	0.8900
钢板校平机 30×2600	台班	0.0200	0.0200	0.0200	0.0200
轨道平车 10t	台班	0.2800	0.2800	0.2800	0.2800
剪板机 40×3100	台班	0.0200	0.0200	0.0200	0.0200
交流弧焊机 42kV·A	台班	1.2500	2.1000	1.4400	4.2000

定额编号			6-1-20	6-1-21	6-1-22	6-1-23
项目名称			型钢檩条	钢天窗架	钢挡风架	钢墙架
名称		单位	消耗量			
机械	门式起重机 10t	台班	0.4500	0.4500	0.4500	0.4500
	门式起重机 20t	台班	0.1700	0.1700	0.1700	0.1700
	刨边机 12000mm	台班	0.0300	0.0300	—	0.0300
	型钢剪断机 500min	台班	0.1100	0.1100	0.1100	0.1100
	型钢矫正机 60×800	台班	0.1100	0.1100	0.1100	0.1100
	摇臂钻床 50mm	台班	0.1400	0.1400	0.1400	0.1400
	抛丸除锈机 500mm	台班	0.2000	0.2000	0.2000	0.2000
	汽车式起重机 25t	台班	0.1000	0.1000	0.1000	0.1000

【例 2-6-2】 某钢直梯如图 2-6-2 所示,HPB300 级 ϕ28 钢筋。试计算钢直梯的工程量,确定定额项目。

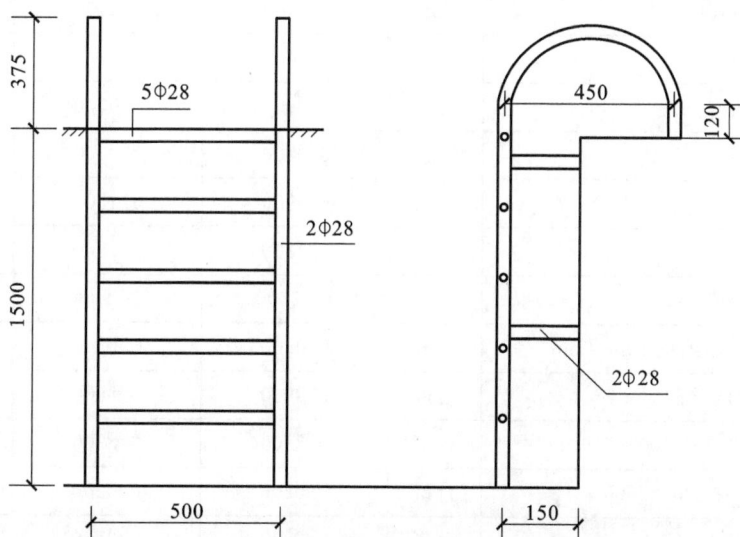

图 2-6-2 钢直梯正立面图、侧立面图

【解】 钢直梯工程量=[(1.50+0.12×2+0.45×π÷2)×2+(0.50−0.028)×5+
(0.15−0.014)×4]×4.834÷1000=0.038(t)

直爬式钢直梯制作(包括刷防锈漆)定额参见表 2-6-2,套定额 6-1-27。

表 2-6-2 钢梯定额 (单位:t)

定额编号			6-1-26	6-1-27	6-1-28
项目名称			钢梯		
			踏步式	直爬式	螺旋式
名称		单位	消耗量		
人工	综合工日	工日	28.15	28.57	21.27

续表

定额编号		6-1-26	6-1-27	6-1-28
项目名称		钢梯		
		踏步式	直爬式	螺旋式
名称	单位	消耗量		
角钢∟(40～45)×(3～6)	t	0.0190	0.6600	—
中厚钢板厚6～7mm	t	0.7660	—	0.1620
花纹钢板厚6～7mm	t	—	—	0.3330
钢筋φ20	kg	275.0000	400.0000	188.0000
钢管33.5×3.25	t	—	—	0.0470
钢管159×12	t	—	—	0.3300
垫木	m³	0.0100	0.0100	0.0100
电焊条 E4303 φ3.2mm	kg	24.9900	24.9900	42.2900
环氧富锌(底漆)	kg	5.4400	5.4400	5.4400
螺栓	kg	1.7400	—	1.7400
木脚手板	m³	0.0300	0.0300	0.0300
汽油	kg	3.0000	3.0000	3.0000
氧气	m³	6.2900	3.1500	6.2900
乙炔气	m³	2.7300	1.3700	2.7300
钢丸	kg	15.0000	15.0000	15.0000
电动空气压缩机10m³/min	台班	0.0800	0.0800	0.0800
电焊条恒温箱	台班	0.8900	0.8900	0.8900
电焊条烘干箱 600×500×750	台班	0.8900	0.8900	0.8900
钢板校平机 30×2600	台班	0.0200	0.0200	0.0200
轨道平车 10t	台班	0.2800	0.2800	0.2800
剪板机 40×3100	台班	0.0200	0.0200	0.0200
交流弧焊机 42kV·A	台班	4.5200	5.1500	2.9000
门式起重机 10t	台班	0.4500	0.4500	0.4500
门式起重机 20t	台班	0.1700	0.1700	0.1700
刨边机 12000mm	台班	0.0300	0.0300	0.0300
型钢剪断机 500mm	台班	0.1100	0.1100	0.1100
型钢矫正机 60×800	台班	0.1100	0.1100	0.1100
摇臂钻床 50mm	台班	0.1400	0.1400	0.1400
抛丸除锈机 500mm	台班	0.2000	0.2000	0.2000
汽车式起重机 25t	台班	0.1000	0.1000	0.1000

材料 行标注位于"角钢"至"钢丸"之间。
机械 行标注位于"电动空气压缩机"至"汽车式起重机"之间。

知识归纳

（1）钢零星构件的定义。

（2）劲性混凝土的钢构件、劲性混凝土柱（梁）中的钢筋定额。

（3）轻钢屋架的定义。

（4）金属结构制作、安装工程量计算规则。

独立思考

2-6-1　简述钢零星构件的定义。

2-6-2　如何对劲性混凝土柱（梁）中的钢筋定额进行调整？

2-6-3　简述轻钢屋架的定义。

2-6-4　简述金属结构制作、安装工程量计算规则。

独立思考答案

7 木结构工程定额

![内容提要]

本章的主要内容是木结构工程定额的计量与计价,主要介绍各类木结构的定额计量规则与相关调整内容,便于学生理解木结构的定额应用。

![能力要求]

通过本章的学习,学生应了解木结构相关定额的项目划分及计算规则;能根据工程实际计算各类木结构的定额工程量,确定定额项目。

7.1 木结构工程定额说明

木结构工程定额包括木屋架、木构件、屋面木基层三项内容。

(1)木材木种均以一、二类木种取定。若采用三、四类木种,则相应项目人工和机械乘以系数1.35。

(2)木材木种分类如下。

一类:红松、水桐木、樟子松;

二类:白松(方杉、冷杉)、杉木、杨木、柳木、椴木;

三类:青松、黄花松、秋子木、马尾松、东北榆木、柏木、苦木、梓木、黄菠萝、椿木、楠木、柚木、樟木;

四类:栎木(柞木)、檩木、色木、槐木、荔木、麻栗木、桦木、荷木、水曲柳、华北榆木。

(3)本章材料中的"锯成材"是指方木、一等硬木方、一等木方、一等方托木、装修材、木板材和板方材等的统称。

(4)定额中木材以自然干燥条件下的含水率编制,需人工干燥时,另行计算。

(5)钢木屋架是指下弦杆件为钢材,其他受压杆件为木材的屋架。

(6)屋架跨度是指屋架两端上、下弦中心线交点之间的距离。

(7)屋面木基层是指屋架上弦以上至屋面瓦以下的结构部分。

(8)木屋架、钢木屋架定额项目中的钢板、型钢、圆钢,设计与定额不同时,用量可按设计数量另加6%损耗调整,其他不变。

(9)钢木屋架中钢杆件的用量已包括在相应定额子目内,设计与定额不同时,可按设计数量另加6%损耗调整,其他不变。

(10)木屋面板,定额按板厚为15mm编制;设计与定额不同时,锯成材(木板材)用量可以调整,其他不变(木板材的损耗率平口为4.4%,错口为13%)。

(11)封檐板、搏风板,定额按板厚为25mm编制;设计与定额不同时,锯成材(木板材)可按设计用量另加23%损耗调整,其他不变。

7.2 木结构工程量计算规则

(1)木屋架、檩条工程量按设计图示尺寸以体积计算,附属于其上的木夹板、垫木、风撑、挑檐木、檩条、三角条均按木料体积并入屋架、檩条工程量内。单独挑檐木并入檩条工程量内。檩托木、檩垫木已包括在定额项目内,不另计算。

(2)钢木屋架的工程量按设计图示尺寸以体积计算,只计算木杆件的体积。后备长度、配置损耗以及附属于屋架的垫木等已并入屋架子目内,不另计算。

(3)支撑屋架的混凝土垫块,按本定额"第五章钢筋及混凝土工程"中的有关规定计算。

(4)木柱、木梁按设计图示尺寸以体积计算。

(5)檩木按设计图示尺寸以体积计算。檩垫木或钉在屋架上的檩托木已包括在定额内,不另计算。简支檩长度按设计规定计算,如设计未规定,按屋架或山墙中距增加200mm计算;如两端出山,檩条长度算至搏风板,连续檩接头部分按全部连续檩的总体积增加5%计算。

(6)木楼梯按水平投影面积计算,不扣除宽度小于或等于300mm的楼梯井面积,踢脚板、平台和伸入墙内部分不另计算。

(7)屋面板制作,檩木上钉屋面板,油毡挂瓦条,钉椽板项目按设计图示屋面的斜面积计算。天窗挑出部分面积并入屋面工程量内计算,天窗挑檐重叠部分按设计规定计算,不扣除截面面积小于或等于0.3m²的屋面烟囱、风帽底座、风道及斜沟等部分所占面积。

(8)封檐板按设计图示檐口外围长度计算。搏风板按斜长度计算,每个大刀头增加长度500mm。

(9)带气楼屋架的气楼部分及马尾、折角和正交部分半屋架,并入相连接屋架的体积内计算。

(10)屋面上人孔按设计图示数量以"个"为单位按数量计算。

7.3 木结构工程定额计量应用

【例2-7-1】 某临时仓库,设计方木屋架,共三榀,如图2-7-1所示。铁件刷防锈漆一遍,试计算方木屋架工程量,确定定额项目。

【解】 下弦杆体积＝$0.15 \times 0.18 \times 6.60 \times 3 \div 10 = 0.053(10m^3)$

上弦杆体积＝$0.10 \times 0.12 \times 3.354 \times 2 \times 3 \div 10 = 0.024(10m^3)$

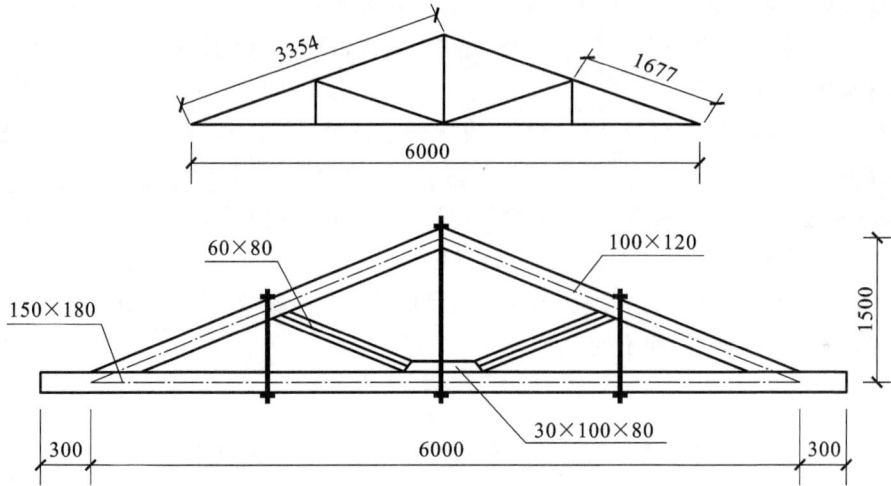

图 2-7-1　方木屋架示意图

斜撑体积＝0.06×0.08×1.677×2×3÷10＝0.005(10m³)

元宝垫木体积＝0.30×0.10×0.08×3÷10＝0.001(10m³)

竣工木料工程量＝0.053＋0.024＋0.005＋0.001＝0.083(10m³)

方木人字屋架(跨度小于或等于10m)制作、安装定额参见表2-7-1,套定额7-1-3。

表 2-7-1　　　　　　　　　　　　　　　**人字木屋架制作、安装定额**

工作内容:屋架制作、拼装、安装,装配钢铁件,锚定,梁端刷防腐油。　　　　　(计量单位:10m³)

定额编号			7-1-1	7-1-2	7-1-3	7-1-4
项目名称			圆木人字屋架制作、安装（跨度）		方木人字屋架制作、安装（跨度）	
			≤10m	>10m	≤10m	>10m
名称		单位	消耗量			
人工	综合工日	工日	64.02	54.83	66.63	58.58
材料	圆木	m³	12.0100	11.6400	—	—
	锯成材	m³	0.1800	0.0900	11.9000	11.7500
	钢拉杆	kg	169.9000	223.3000	228.9000	313.1000
	螺栓	kg	241.3000	158.3000	311.7000	222.0000
	螺母	kg	39.8000	28.9000	53.7000	40.5000
	钢垫板夹板	kg	1348.6000	942.9000	1856.4000	1353.7000
	铸铁垫板	kg	33.7000	42.9000	45.4000	60.2000
	扒钉	kg	53.2000	48.0000	71.7000	44.8000
	预制混凝土块	m³	1.5000	0.9000	2.1000	1.3000
	石油沥青油毡350#	m²	4.9000	2.9000	6.7000	4.1000
	调和漆	kg	16.9000	13.0000	23.0000	18.3000
	防锈漆	kg	8.3000	6.4000	11.3000	9.0000

续表

定额编号		7-1-1	7-1-2	7-1-3	7-1-4
项目名称		圆木人字屋架制作、安装（跨度）		方木人字屋架制作、安装（跨度）	
		≤10m	>10m	≤10m	>10m
名称	单位	消耗量			
材料 油漆溶剂油	kg	1.3000	1.0000	1.8000	1.5000
材料 防腐油	kg	4.3000	2.7000	6.7000	4.4000

➡ **知识归纳**

(1)木材木种调整要求。

(2)木屋架、檩条工程量计算规则。

(3)钢木屋架工程量计算规则。

(4)木楼梯工程量计算规则。

➡ **独立思考**

2-7-1 简述木屋架、檩条的工程量计算规则。

2-7-2 简述钢木屋架的工程量计算规则。

2-7-3 简述木楼梯的工程量计算规则。

独立思考答案

8 门窗工程定额

![内容提要]

本章的主要内容是门窗工程定额的计量与计价,主要介绍各类门窗工程的定额计量规则与相关调整内容,便于学生理解门窗工程的定额应用。

![能力要求]

通过本章的学习,学生应熟悉门窗工程定额的项目划分及计算规则;能根据工程实际计算各类门窗的定额工程量,确定定额项目。

8.1 门窗工程定额说明

门窗工程定额包括木门,金属门,金属卷帘门,厂库房大门、特种门,其他门,木窗和金属窗七项内容。

(1)本章主要为成品门窗安装项目。

(2)木门窗及金属门窗无论现场或附属加工厂制作,均执行本章定额。现场以外至施工现场的水平运输费用可计入门窗单价。

(3)门窗安装项目中,玻璃及合页、插销等一般五金零件均按包含在成品门窗单价内考虑。

(4)单独木门框制作、安装中的门框断面按 55mm×100mm 考虑;实际断面不同时,门窗材料的消耗量按设计图示用量另加 18% 损耗调整。

(5)木窗中的木橱窗是指造型简单、形状规则的普通橱窗。

(6)厂库房大门及特种门门扇所用铁件均已列入定额,除成品门附件以外,墙、柱、楼地面等部位的预埋铁件按设计要求另行计算。

(7)钢木大门为两面板者,定额人工和机械消耗量乘以系数 1.11。

(8)电子感应自动门传感装置、电子对讲门和电动伸缩门的安装包括调试用工。

8.2 门窗工程量计算规则

(1)各类门窗安装工程量,除注明者外,均按图示门窗洞口面积计算。

(2)门连窗的门和窗安装工程量,应分别计算,窗的工程量算至门框外边线。

(3)木门框按设计框外围尺寸以长度计算。

(4)金属卷帘门安装工程量按洞口高度增加600mm乘以门实际宽度以面积计算。若有活动小门,应扣除卷帘门中小门所占面积。电动装置安装以"套"为单位按数量计算,小门安装以"个"为单位按数量计算。

(5)普通成品门、木质防火门、纱门扇、成品窗扇、纱窗扇、百叶窗(木)、铝合金纱窗扇和塑钢纱窗扇等安装工程量均按扇外围面积计算。

(6)木橱窗安装工程量按框外围面积计算。

(7)电子感应自动门传感装置、全玻转门、电子对讲门、电动伸缩门均以"套"为单位按数量计算。

8.3 门窗工程定额计量应用

【例2-8-1】 某住宅楼工程采用塑钢推拉窗60樘,如图2-8-1所示。计算其定额工程量,确定定额项目。

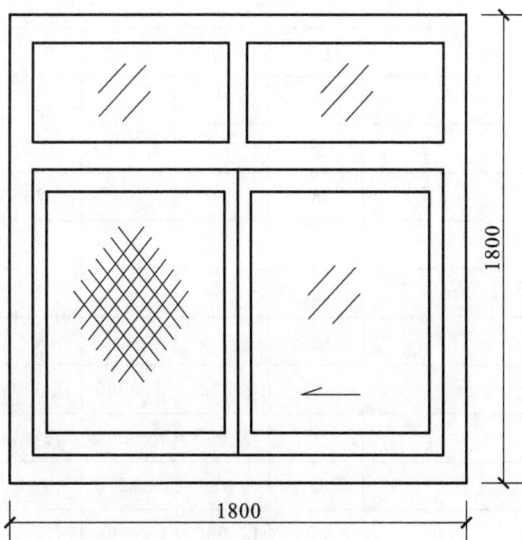

图2-8-1 塑钢推拉窗

【解】 塑钢推拉窗工程量=1.8×1.8×60÷10=19.44(10m²)

塑钢窗定额参见表2-8-1,套定额8-7-6。

【例2-8-2】 某工程商业网点采用20樘铝合金卷帘门,安装电动装置。门洞高度为3000mm,铝合金卷帘门宽度等尺寸如图2-8-2所示。试计算铝合金卷帘门工程量,确定定额项目。

【解】 铝合金卷帘门工程量=3.30×(3.00+0.60)×20÷10=23.760(10m²)

铝合金卷帘门安装定额见表2-8-2,套定额8-3-1。

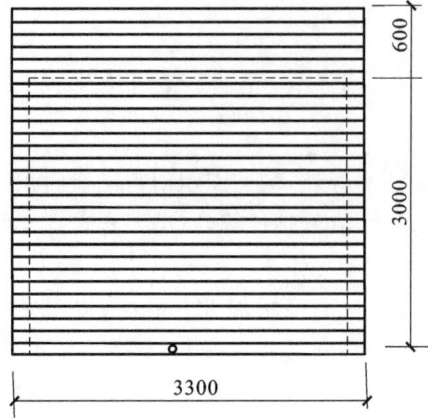

图 2-8-2　铝合金卷帘门

铝合金卷帘门配套电动装置 20 套,定额参见表 2-8-3,套定额 8-3-3。

表 2-8-1　　　　　　　　　　　　**塑钢推拉窗安装定额**

工作内容:现场搬运,安装成品框扇,校正,安装配件,周边塞口、清理等。

定额编号		8-7-6	8-7-7	8-7-8	8-7-9	8-7-10	8-7-11
项目名称		塑钢					彩钢板窗
		推拉窗	平开窗	固定窗	百叶窗	纱窗扇	
		10m²				10m²扇面积	10m²
名称	单位	消耗量					
人工	综合工日	工日	2.25	3.39	1.88	1.85	0.54	2.62
材料	塑钢推拉窗	m²	9.4640	—	—	—	—	—
	塑钢平开窗	m²	—	9.5040	—	—	—	—
	塑钢固定窗	m²	—	—	9.2640	—	—	—
	塑钢百叶窗	m²	—	—	—	9.2640	—	—
	塑钢纱窗扇	m²	—	—	—	—	10.0000	—
	彩板钢窗	m²	—	—	—	—	—	9.4800
	玻璃胶 310g	支	5.5220	7.8090	8.0000	—	—	—
	地脚	个	45.6900	45.6900	77.8000	58.0124	—	—
	螺钉	100 个	9.4270	9.4270	—	0.6031	—	—
	膨胀螺栓 M8	套	45.6900	45.6900	77.8000	58.5868	—	—
	发泡剂 750mL	支	2.1000	2.4000	2.0000	2.0000	—	—
	密封油膏	kg	3.6670	3.6670	5.3400	15.9601	—	4.3970
	膨胀螺栓 M6	套	—	—	—	—	—	66.2000
	密封胶条	m	—	—	—	—	—	68.0000
	塑料盖	个	—	—	—	—	—	66.2000

表 2-8-2 **铝合金卷帘门安装定额**

工作内容:卷帘门、支架、导槽、附件安装、试开等全部操作过程。 (计量单位:10m²)

定额编号			8-3-1	8-3-2
项目名称			卷帘门	
			铝合金	镀锌钢板
名称		单位	消耗量	
人工	综合工日	工日	4.95	4.49
材料	铝合金卷帘门	m²	10.0000	—
	镀锌钢板卷帘门	m²	—	10.0000
	电焊条 E4303 φ3.2mm	kg	0.9500	0.5100
	膨胀螺栓 M12	套	53.0000	53.0002
	铁件	kg	2.8799	2.8799
机械	交流弧焊机 21kV·A	台班	0.0400	0.0210

表 2-8-3 **铝合金卷帘门电动装置定额**

工作内容:卷帘门、支架、直轨、附件、门锁安装、试开等全部操作过程。

定额编号			8-3-3	8-3-4
项目名称			卷帘门安装电动装置	活动小门
			套	个
名称		单位	消耗量	
人工	综合工日	工日	2.25	0.38
材料	卷闸门电动装置	套	1.0000	—
	卷帘门活动小门	个	—	1.0000
	电焊条 E4303 φ3.2mm	kg	3.2000	—
机械	交流弧焊机 21kV·A	台班	0.1300	—

8.4 门窗工程定额 BIM 计量案例

门窗工程定额 BIM 计量案例

知识归纳

(1)各类门窗安装工程量计算规则。

(2)金属卷帘门安装工程量计算规则。

(3)普通成品门、木质防火门、纱门扇、成品窗扇、纱窗扇、百叶窗(木)、铝合金纱窗扇和塑钢纱窗扇等安装工程量计算规则。

(4)电子感应自动门传感装置、全玻转门、电子对讲门、电动伸缩门定额计算规则。

独立思考

2-8-1 简述各类门窗安装工程量计算规则。

2-8-2 简述金属卷帘门安装工程量计算规则。

独立思考答案

9 屋面及防水工程定额

![内容提要图标] **内容提要**

    本章的主要内容是屋面工程、防水工程、屋面排水、变形缝等定额的计量与计价,主要介绍各类屋面工程、防水工程、屋面排水等的定额计量规则与调整内容,便于学生理解屋面及防水工程的定额应用。

![能力要求图标] **能力要求**

    通过本章的学习,学生应了解屋面工程、防水工程、屋面排水、变形缝等定额的项目划分及计算规则;能根据工程实际计算屋面及防水工程的定额工程量,确定定额项目。

9.1 屋面及防水工程定额说明

屋面及防水工程定额包括屋面工程、防水工程、屋面排水、变形缝与止水带等。

9.1.1 屋面工程

(1)屋架、基层、檩条等项目按其材质分别按相应项目计算,找平层按本定额"第十一章楼地面装饰工程"的相应项目执行,屋面保温按本定额"第十章保温、隔热、防腐工程"的相应项目执行,屋面防水层按相应项目计算。

(2)设计瓦屋面材料规格与定额规格(定额未注明具体规格的除外)不同时,可以换算,其他不变。波形瓦屋面采用纤维水泥、沥青、树脂、塑料等不同材质波形瓦时,材料可以换算,人工、机械不变。

(3)瓦屋面琉璃瓦面如实际使用盾瓦者,每10m的脊瓦长度,单侧增计盾瓦50块,其他不变。如增加勾头、博古等另行计算。

（4）一般金属板屋面,执行彩钢板和彩钢夹心板子目,成品彩钢板和彩钢夹心板包含铆钉、螺栓、封檐板、封口（边）条等用量,不另计算。装配式单层金属压型板屋面区分不同檩距执行定额子目,金属屋面板材质和规格不同时,可以换算,人工、机械不变。

（5）采光板屋面和玻璃采光顶,其支撑龙骨含量不同时,可以调整,其他不变。采光板屋面如设计为滑动式采光顶,可以按设计增加 U 形滑动盖帽等部件调整材料消耗量,人工乘以系数 1.05。

（6）膜结构屋面的钢支柱、锚固支座混凝土基础等执行其他章节相应项目。

（7）屋面以坡度小于或等于 25％ 为准,坡度大于 25％ 及人字形、锯齿形、弧形等不规则屋面,人工乘以系数 1.3;坡度大于 45％ 的,人工乘以系数 1.43。

9.1.2　防水工程

（1）防水工程考虑卷材防水、涂料防水、板材防水、刚性防水四种防水形式。项目设置不分室内、室外及防水部位,使用时按设计做法套用相应项目。

（2）细石混凝土防水层使用钢筋网时,钢筋网执行其他章节相应项目。

（3）平（屋）面按坡度小于或等于 15％ 考虑,坡度大于 15％ 且小于或等于 25％ 的屋面,按相应项目的人工乘以系数 1.18;坡度大于 25％ 及人字形、锯齿形、弧形等不规则屋面或平面,人工乘以系数 1.3;坡度大于 45％ 的,人工乘以系数 1.43。

（4）防水卷材、防水涂料及防水砂浆,定额以平面和立面列项,实际施工桩头、地沟、零星部位时,人工乘以系数 1.82;单个房间楼地面面积小于或等于 8m² 时,人工乘以系数 1.3。

（5）卷材防水附加层套用卷材防水相应项目,人工乘以系数 1.82。

（6）立面是以直形为准编制的,如为弧形,人工乘以系数 1.18。

（7）冷粘法按满铺考虑。点、条铺者按其相应项目的人工乘以系数 0.91,黏合剂乘以系数 0.7。

（8）分格缝主要包括细石混凝土面层分格缝、水泥砂浆面层分格缝两种,缝截面按 15mm 乘以面层厚度考虑,当设计材料与定额材料不同时,材料可以换算,其他不变。

9.1.3　屋面排水

（1）屋面排水包括屋面镀锌铁皮排水、铸铁管排水、塑料排水管排水、玻璃钢管排水、镀锌钢管排水、虹吸排水及种植屋面排水等内容。水落管、水口、水斗均按成品材料现场安装考虑,选用时可依据排水管材料材质不同套用相应项目换算材料,人工、机械不变。

（2）铁皮屋面及铁皮排水项目内已包括铁皮咬口和搭接的工料。

（3）塑料排水管排水按 PVC 材质水落管、水斗、水口和弯头考虑,实际采用 UPVC 管、PP（聚丙烯）管、ABS（丙烯腈-丁二烯-苯乙烯共聚物）管、PB（聚丁烯）管等塑料管材或塑料复合管材时,材料可以换算,人工、机械不变。

（4）若采用不锈钢水落管排水,执行镀锌钢管子目,材料据实换算,人工乘以系数 1.1。

（5）种植屋面排水子目仅考虑了屋面滤水层和排（蓄）水层,其找平层、保温层等执行其他章节相应项目,防水层按相应项目计算。

9.1.4　变形缝与止水带

（1）变形缝嵌填缝子目中,建筑油膏、聚氯乙烯胶泥设计断面取定为 30mm×20mm;油浸木丝板取定为 150mm×25mm;其他填料取定为 150mm×30mm。若实际设计断面不同,用料可以换算,人工不变。

（2）沥青砂浆填缝设计砂浆不同时，材料可以换算，其他不变。

（3）变形缝盖缝，木板盖板断面取定为 200mm×25mm，铝合金盖板厚度取定为 1mm，不锈钢板厚度取定为 1mm，如设计不同，材料可以换算，人工不变。

（4）钢板（紫铜板）止水带展开宽度为 400mm，氯丁橡胶宽 300mm，涂刷式氯丁胶贴玻璃纤维止水片宽 350mm，其他均为 150mm×30mm。如设计断面不同，用料可以换算，人工不变。

9.2　屋面及防水工程量计算规则

9.2.1　屋面

（1）各种屋面和型材屋面（包括挑檐部分），均按设计图示尺寸以面积计算（斜屋面按斜面面积计算），不扣除房上烟囱、风帽底座、风道、小气窗、斜沟和脊瓦等所占面积，小气窗的出檐部分也不增加。

（2）西班牙瓦、瓷质波形瓦、英红瓦屋面的正斜脊瓦、檐口线，按设计图示尺寸以长度计算。

（3）琉璃瓦屋面的正斜脊瓦、檐口线，按设计图示尺寸以长度计算。设计要求安装勾头（卷尾）或博古（宝顶）等时，另按"个"计算。

（4）坡屋面工程量计算。

$$等两坡屋面工程量＝檐口总宽度×檐口总长度×延尺系数 \qquad (2\text{-}9\text{-}1)$$

$$等四坡屋面工程量＝（两斜梯形水平投影面积＋两斜三角形水平投影面积）×延尺系数$$

$$(2\text{-}9\text{-}2)$$

或

$$等四坡屋面工程量＝屋面水平投影面积×延尺系数 \qquad (2\text{-}9\text{-}3)$$

$$等两坡正山脊工程量＝檐口总长度＋檐口总宽度×延尺系数×山墙端数 \qquad (2\text{-}9\text{-}4)$$

$$等四坡正斜脊工程量＝檐口总长度－檐口总宽度＋屋面檐口总宽度×隔延尺系数×2$$

$$(2\text{-}9\text{-}5)$$

屋面坡度系数见表 2-9-1。

表 2-9-1　　　　　　　　　　　　　　　屋面坡度系数

坡度			延尺系数	隔延尺系数
$B/A(A=1)$	$B/(2A)$	角度 α	C	D
1	1/2	45°	1.4142	1.7321
0.75		36°52′	1.2500	1.6008
0.70		35°	1.2207	1.5779
0.666	1/3	33°40′	1.2015	1.5620
0.65		33°01′	1.1926	1.5564
0.60		30°58′	1.1662	1.5362
0.577		30°	1.1547	1.5270
0.55		28°49′	1.1413	1.5170
0.50	1/4	26°34′	1.1180	1.5000

坡度			延尺系数	隔延尺系数
$B/A(A=1)$	$B/(2A)$	角度 α	C	D
0.45		24°14′	1.0966	1.4839
0.40	1/5	21°48′	1.0770	1.4697
0.35		19°17′	1.0594	1.4569
0.30		16°42′	1.0440	1.4457
0.25		14°02′	1.0308	1.4362
0.20	1/10	11°19′	1.0198	1.4283
0.15		8°32′	1.0112	1.4221
0.125		7°8′	1.0078	1.4191
0.100	1/20	5°42′	1.0050	1.4177
0.083		4°45′	1.0035	1.4166
0.066	1/30	3°49′	1.0022	1.4157

若实际坡度角 α 不在定额屋面坡度系数表中,可利用 $C=1/\cos\alpha$ 公式,直接计算延尺系数 C；或利用式(2-9-6)计算延尺系数 C。

$$C = \frac{\sqrt{A^2 + B^2}}{A} \tag{2-9-6}$$

以斜坡高度 $B=1.8\text{m}$、水平长度 $A=4.2\text{m}$ 为例。$B/A=0.4286$,不在屋面坡度系数表中,计算得 $C=\dfrac{\sqrt{4.2^2+1.8^2}}{4.2}=1.088$。

隔延尺系数 D 按式(2-9-7)计算。

$$D = \sqrt{1 + C^2} \tag{2-9-7}$$

隔延尺系数 D 可用于计算四坡屋面斜脊长度。

$$\text{斜脊长度} = \text{斜坡水平长度} \times D \tag{2-9-8}$$

坡屋面示意图见图 2-9-1。

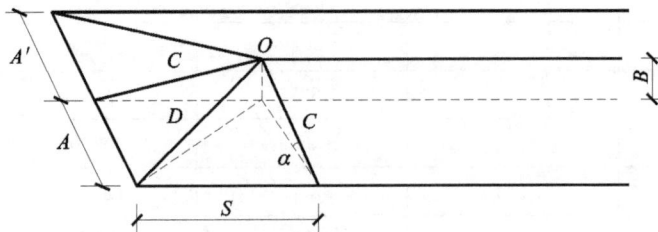

图 2-9-1　坡屋面示意图

在图 2-9-1 中,应注意以下几点。

① $A=A'$,且 $S=0$ 时,为等两坡屋面；$A=A'=S$ 时,为等四坡屋面。

② 屋面斜铺面积＝屋面水平投影面积×C。

③ 等两坡屋面山墙泛水斜长度＝$A×C$。

④ 等四坡屋面斜脊长度＝$A \times D$。

(5)采光板屋面和玻璃采光顶屋面按设计图示尺寸以面积计算,不扣除面积小于或等于$0.3m^2$孔洞所占面积。

(6)膜结构屋面按设计图示尺寸以需要覆盖的水平投影面积计算。

9.2.2　防水

(1)屋面防水,按设计图示尺寸以面积计算(斜屋面按斜面面积计算),不扣除房上烟囱、风帽底座、风道、屋面小气窗等所占面积,上翻部分也不另计算。屋面的女儿墙、伸缩缝和天窗等处的弯起部分,按设计图示尺寸计算;设计无规定时,伸缩缝、女儿墙、天窗的弯起部分按500mm计算,计入立面工程量内。

(2)楼地面防水、防潮层按设计图示尺寸以主墙间净面积计算,扣除凸出地面的构筑物、设备基础等所占面积,不扣除间壁墙及单个面积小于或等于$0.3m^2$柱、垛、烟囱和孔洞所占面积;平面与立面交接处,上翻高度小于或等于300mm时,按展开面积并入平面工程量内计算;上翻高度大于300mm时,按立面防水层计算。

(3)墙基防水、防潮层,外墙按外墙中心线长度、内墙按墙体净长度乘以宽度,以面积计算。

(4)墙的立面防水、防潮层,无论内墙、外墙,均按设计图示尺寸以面积计算。

(5)基础底板的防水、防潮层按设计图示尺寸以面积计算,不扣除桩头所占面积。桩头处外包防水按桩头投影外扩300mm以面积计算,地沟处防水按展开面积计算,均计入平面工程量,执行相应规定。

(6)屋面、楼地面及墙面、基础底板等,其防水搭接、拼缝、压边、留槎用量已综合考虑,不另行计算;卷材防水附加层按实际铺贴尺寸以面积计算。

(7)屋面分格缝,按设计图示尺寸以长度计算。

9.2.3　屋面排水

(1)水落管、镀锌铁皮天沟、檐沟,按设计图示尺寸以长度计算。

(2)水斗、下水口、雨水口、弯头、短管等,均按数量以"套"计算。

(3)种植屋面排水按设计尺寸以实际铺设排水层面积计算,不扣除房上烟囱、风帽底座、风道、屋面小气窗及面积小于或等于$0.3m^2$孔洞所占面积。

9.2.4　变形缝与止水带

变形缝与止水带按设计图示尺寸以长度计算。

9.3　屋面及防水工程定额计量应用

【例2-9-1】　某别墅工程屋顶外檐尺寸如图2-9-2所示,屋面板上铺西班牙瓦,试计算瓦屋面工程量,确定定额项目。

【解】　　　　　　瓦屋面工程量＝$9.48 \times 6.48 \times 1.118 \div 10 = 6.868(10m^2)$

四坡西班牙瓦屋面定额如表2-9-2所示,套定额9-1-6。

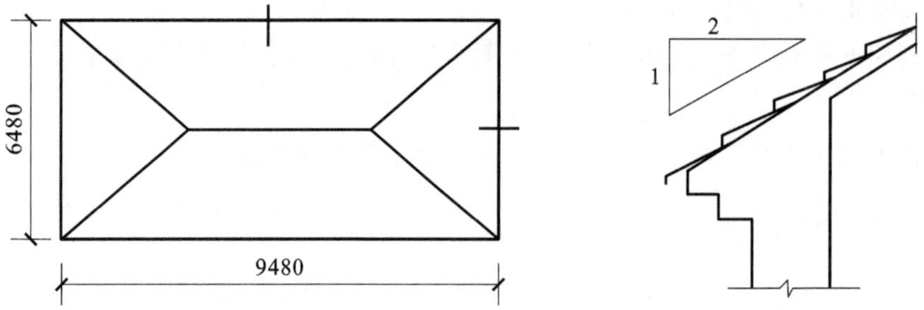

图 2-9-2　屋顶平面图

表 2-9-2　　　　　　　　　　　　　　　　西班牙瓦屋面定额

工作内容:调制砂浆,铺瓦,修界瓦边,安脊瓦,檐口梢头坐灰,固定,清扫瓦面。

定额编号			9-1-6	9-1-7
项目名称			西班牙瓦	
			屋面板上或椽子挂瓦条上铺设	正斜脊
			10m²	10m
名称		单位	消耗量	
人工	综合工日	工日	2.07	2.25
材料	混合砂浆 M5.0	m³	0.3075	0.0923
	镀锌低碳钢丝 18#	kg	1.4400	1.4400
	扣钉	kg	0.0900	0.0900
	西班牙瓦无釉 310×310	块	157.6450	—
	西班牙 S 盾瓦 250×90×10	块	—	41.0000
	西班牙脊瓦 285×180	块	—	35.8750
	水	m³	0.3200	0.2000
机械	灰浆搅拌机 200L	台班	0.0400	0.0200

正斜脊工程量=(9.48−6.48+6.48×1.5×2)/10=2.244(10m)

西班牙瓦正斜脊定额见表 2-9-2,套定额 9-1-7。

【例 2-9-2】　某工程两坡防水屋面采用单层改性沥青热熔法施工,女儿墙处卷起部分高度为 250mm,如图 2-9-3 所示。(1)有女儿墙,屋面坡度为 1:4;(2)有女儿墙,屋面坡度为 3%;(3)无女儿墙,有挑檐,屋面坡度为 3%。试分别计算以上三种情况下防水层工程量,确定定额项目。

【解】　(1)屋面坡度为 1:4,相应的角度为 14°02′,延尺系数 $C=1.0308$,屋面卷材按式(2-9-9)计算。

$$S = 屋面水平投影面积 \times 延尺系数 + 卷材弯起增加面积 \qquad (2-9-9)$$

$$S = (72.75 − 0.24) \times (12 − 0.24) \times 1.0308 + 0.25 \times (72.75 − 0.24 + 12.0 − 0.24) \times 2$$

$$= 878.98 + 42.14 = 921.12(m^2) = 92.112(10m^2)$$

(2)有女儿墙,3% 坡度。因坡度很小,按平屋面计算。屋面卷材按式(2-9-10)计算。

$$S = 屋面水平投影面积 + 卷材弯起增加面积 \qquad (2-9-10)$$

$$S = (72.75 − 0.24) \times (12 − 0.24) + (72.75 + 12 − 0.48) \times 2 \times 0.25$$

$$= 852.72 + 42.14 = 894.86(m^2) = 89.486(10m^2)$$

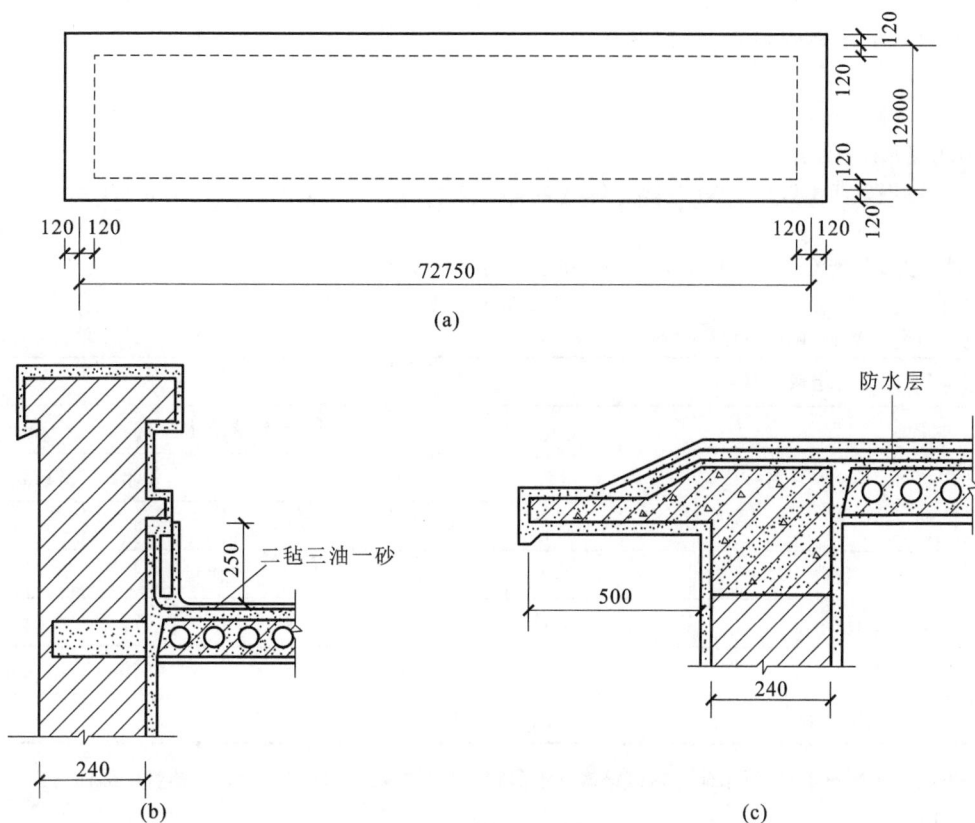

图 2-9-3 屋面防水示意图

(a)平面图;(b)女儿墙;(c)挑檐

(3)无女儿墙,有挑檐平屋面(坡度为 3%),屋面卷材按式(2-9-11)计算。

$$S = 外墙外围水平面积 + (L_外 + 4 \times 檐宽) \times 檐宽 \qquad (2\text{-}9\text{-}11)$$

$$S = (72.75 + 0.24) \times (12 + 0.24) + [(72.75 + 12 + 0.48) \times 2 + 4 \times 0.5] \times 0.5$$

$$= 979.63(\text{m}^2) = 97.963(10\text{m}^2)$$

(4)改性沥青热熔法施工屋面防水定额。

改性沥青热熔法施工定额如表 2-9-3 所示,改性沥青热熔法施工屋面防水定额编号为 9-2-10。

表 2-9-3 　　　　　　　　　　　　　　**改性沥青防水定额**

工作内容:清理基层,刷基底处理剂,收头钉压条等全部操作过程。 　　　　　　　　(计量单位:10m²)

定额编号			9-2-10	9-2-11	9-2-12	9-2-13
项目名称			改性沥青卷材热熔法			
			一层		每增加一层	
			平面	立面	平面	立面
名称		单位	消耗量			
人工	综合工日	工日	0.24	0.42	0.21	0.36
材料	SBS 防水卷材	m²	11.5635	11.5635	11.5635	11.5635
	改性沥青嵌缝油膏	kg	0.5977	0.5977	0.5165	0.5165
	液化石油气	kg	2.6992	2.6992	3.0128	3.0128
	SBS 弹性沥青防水胶	kg	2.8920	2.8920	—	—

【例 2-9-3】 图 2-9-3(a)、(c)有挑檐平屋面,防水层为 2mm 厚,涂刷聚氨酯涂料。计算涂膜工程量,确定定额项目。

【解】 (1)涂膜工程量。

涂膜工程量按面积计算。

$$S = (72.75 + 0.24 + 0.5 \times 2) \times (12 + 0.24 + 0.5 \times 2) = 979.63(\text{m}^2) = 97.963(10\text{m}^2)$$

(2)涂膜防水定额。

2mm 厚涂刷聚氨酯涂料平面定额如表 2-9-4 所示,套定额 9-2-47。

表 2-9-4　　　　　　　　　　　　**涂膜防水定额**

工作内容:清理基层,调配及涂刷涂料。　　　　　　　　　　　　　　　(计量单位:10m²)

定额编号		9-2-47	9-2-48	9-2-49	9-2-50
项目名称		聚氨酯防水涂膜			
		厚 2mm		每增减 0.5mm 厚	
		平面	立面	平面	立面
名称	单位	消耗量			
人工　综合工日	工日	0.28	0.45	0.07	0.11
材料　二甲苯	kg	1.2600	1.2600	1.4850	0.4850
聚氨酯甲乙料	kg	27.0680	29.8130	7.1080	7.6770

【例 2-9-4】 计算图 2-9-4 所示建筑物镀锌铁皮水落管、雨水口及水斗的工程量。水落管底部标高为 -0.20m。设计水管共 18 根。

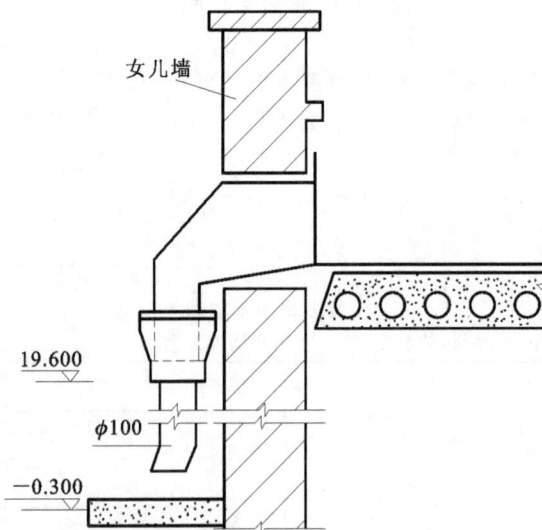

女儿墙

19.600

φ100

-0.300

图 2-9-4　屋面排水装置图

【解】 (1)镀锌铁皮水落管工程量:$L = (19.6 + 0.2) \times 18 \div 10 = 35.64(10\text{m})$。

镀锌铁皮水落管定额参见表 2-9-5,套定额 9-3-1。

(2)水口工程量:$18 \div 10 = 1.8(10\text{个})$。

水口定额参见表 2-9-5,套定额 9-3-5。

(3)水斗工程量:$18 \div 10 = 1.8(10\text{个})$。

水斗定额参见表 2-9-5,套定额 9-3-4。

表 2-9-5　　　　　　　　　　镀锌铁皮排水定额

工作内容：1.埋设管卡,成品水落管安装。2.铁皮排水零件制作、安装。

定额编号		9-3-1	9-3-2	9-3-3	9-3-4	9-3-5
项目名称		镀锌铁皮排水				
		水落管	檐沟	天沟、泛水	水斗	水口
		10m			10个	
名称	单位	消耗量				
人工	综合工日	工日	0.51	0.26	0.44	2.18	2.07
材料	镀锌铁皮水落管(成品)26#	m	10.5000	—	—	—	—
	镀锌铁皮檐沟(成品)26#	m	—	10.0000	—	—	—
	镀锌铁皮天沟(成品)26#	m	—	—	10.0000	—	—
	镀锌铁皮排水斗(成品)26#	个	—	—	—	10.0000	—
	镀锌铁皮排水水口(成品)26#	个	—	—	—	—	10.0000
	铁件	kg	1.5440	1.7453	—	—	—
	装修圆钉	kg	—	0.0566	0.2060	0.0150	0.0170

【例 2-9-5】　如图 2-9-5 所示地下室,立面防水层高度为 2.3m。试计算高分子自粘胶膜卷材自粘法平面和立面防水层工程量,确定定额项目。

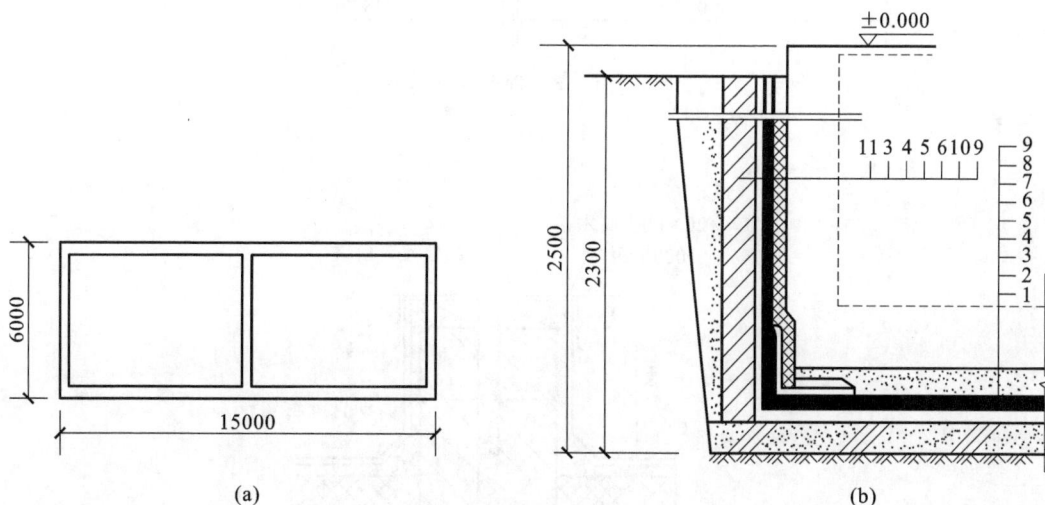

图 2-9-5　地下室工程平面及卷材防水构造图

(a)平面图;(b)局部大样

1—素土夯实;2—素混凝土垫层;3—水泥砂浆找平层;4—基层处理剂;5—基层胶黏剂;6—高分子自粘胶膜卷材;

7—油毡保护隔离层;8—细石混凝土保护层;9—钢筋混凝土结构层;10—保护层;11—永久性保护墙

【解】　由图 2-9-5 可知,本工程地下室防水层位于钢筋混凝土结构层,属于外防水。按计算规则,本工程防水层高度超过500mm。平面、立面防水层应分别计算。

(1)平面部分防水层工程量:$S = 15 \times 6 \div 10 = 9(10\text{m}^2)$。

(2)立面部分防水层工程量:

$$S = \text{结构外围长度} \times \text{防水层高度} = (15 + 6) \times 2 \times 2.3 \div 10 = 9.66(10\text{m}^2)$$

(3)确定定额项目。

高分子自粘胶膜卷材自粘法(平面)定额如表 2-9-6 所示,套用定额 9-2-31。

高分子自粘胶膜卷材自粘法(立面)定额如表 2-9-6 所示,套用定额 9-2-32。

表 2-9-6　　　　　　　　　　　**合成高分子卷材防水定额**

工作内容:清理基层,刷基底处理剂,收头钉压条等全部操作过程。　　　　　　　　(计量单位:10m²)

定额编号		9-2-31	9-2-32	9-2-33	9-2-34
项目名称		高分子自粘胶膜卷材自粘法			
		一层		每增加一层	
		平面	立面	平面	立面
名称	单位	消耗量			
人工　综合工日	工日	0.28	0.46	0.22	0.37
材料　高分子自粘胶膜卷材	m²	11.5635	11.5635	11.5635	11.5635
冷底子油 30:70	kg	4.8000	4.8000	—	—

【例 2-9-6】 计算图 2-9-6、图 2-9-7 所示建筑屋面伸缩缝工程量,确定定额项目。

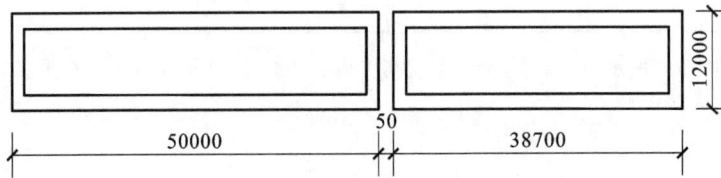

图 2-9-6　屋面伸缩缝示意图

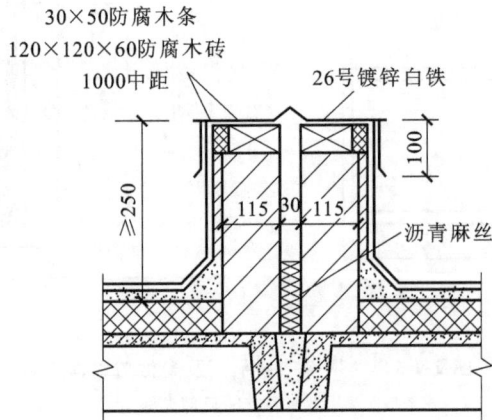

图 2-9-7　屋面变形缝

【解】 (1)沥青麻丝填缝工程量＝12÷10＝1.2(10m)。沥青麻丝填缝(水平)定额参见表 2-9-7,套定额 9-4-1。

表 2-9-7　　　　　　　　　　　　　变形缝定额

工作内容:1.熬沥青,调制沥青麻丝,填塞、嵌缝。

　　　　　2.调制石油沥青玛琋脂,填塞、嵌缝。

　　　　　3.调制建筑油膏,填塞、嵌缝。　　　　　　　　　　　　　　　　（计量单位:10m）

定额编号		9-4-1	9-4-2	9-4-3	9-4-4	9-4-5
项目名称		油浸麻丝		沥青玛琋脂嵌缝	建筑油膏	
		平面	立面		平面	立面
名称	单位	消耗量				
人工 综合工日	工日	0.70	1.05	0.62	0.37	0.53
麻丝	kg	5.5080	5.5080	—	—	—
石油沥青 10#	kg	21.4200	21.4200	—	—	—
材料 石油沥青玛琋脂	m³	—	—	0.0475	—	—
建筑油膏	kg	—	—	—	8.6942	8.6942
木柴	kg	9.4500	9.4500	18.9000	2.6082	2.6082

（2）镀锌铁皮工程量＝12÷10＝1.2（10m）。镀锌铁皮盖板（平面）定额参见表2-9-8,套定额9-4-13。

表 2-9-8　　　　　　　　　　　　变形缝盖板定额

工作内容:制作盖板,埋木砖,铺设,钉盖板。　　　　　　　　　　　（计量单位:10m）

定额编号		9-4-11	9-4-12	9-4-13	9-4-14
项目名称		木板盖板		镀锌铁皮盖板	
		平面	立面	平面	立面
名称	单位	消耗量			
人工 综合工日	工日	0.51	1.13	1.29	1.29
XY-508 胶	kg	0.1520	—	—	—
锯成材	m³	0.0612	0.1087	0.0250	0.0301
防腐油	kg	0.5950	1.0570	1.1173	0.5310
圆钉	kg	—	0.1810	0.2100	0.0700
材料 镀锌铁皮 26#	m²	—	—	6.1950	5.2500
木柴	kg	—	—	1.7199	1.4575
焊锡	kg	—	—	0.4060	0.3440
盐酸	kg	—	—	0.0860	0.0740

9.4　屋面及防水工程定额 BIM 计量案例

屋面及防水工程定额 BIM 计量案例

🔵 知识归纳

(1)防水工程定额的调整。

(2)各种屋面的工程量计算规则。

(3)防水工程的工程量计算规则。

🔵 独立思考

2-9-1　简述各种屋面的工程量计算规则。

2-9-2　简述防水工程的工程量计算规则。

独立思考与
习题答案

🔵 习　　题

某建筑物有女儿墙,屋顶平面图如图 2-9-8 所示。屋面防水层为改性沥青卷材热熔法施工。计算屋面防水工程的定额工程量,确定定额项目。

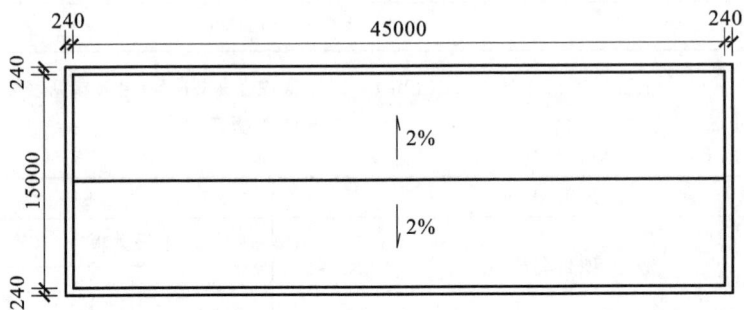

图 2-9-8　屋顶平面图

10 保温、隔热、防腐工程定额

![内容提要] **内容提要**

本章的主要内容是保温、隔热、防腐工程定额的计量与计价,主要介绍各类保温、隔热及防腐工程的定额计量规则与相关调整内容,便于学生理解其定额应用。

![能力要求] **能力要求**

通过本章的学习,学生应熟悉保温工程定额的项目划分及计算规则;能根据工程实际计算各类保温工程的定额工程量,确定定额项目;了解隔热和防腐工程的定额工程量计算规则及定额应用。

10.1 保温、隔热、防腐工程定额说明

本章定额包括保温、隔热及防腐。

10.1.1 保温、隔热工程

(1)保温、隔热工程定额适用于中温、低温、恒温的工业厂(库)房保温工程,以及一般保温工程。

(2)保温层的保温材料配合比、材质、厚度设计与定额不同时,可以换算,消耗量及其他均不变。

(3)混凝土板上保温和架空隔热,适用于楼板、屋面板、地面的保温和架空隔热。

(4)天棚保温,适用于楼板下和屋面板下的保温。

(5)立面保温,适用于墙面和柱面的保温。独立柱保温层铺贴,按墙面保温定额项目人工乘以系数1.19,材料乘以系数1.04。

(6)弧形墙墙面保温隔热层,按相应项目的人工乘以系数1.1。

(7)池槽保温,池壁套用立面保温,池底按地面套用混凝土板上保温项目。

(8)保温、隔热工程定额不包括衬墙等内容,发生时按相应章节套用。

(9)松散材料的包装材料及包装用工已包括在定额中。

(10)保温外墙面在保温层外镶贴面砖时需要铺钉的热镀锌电焊网,发生时按本定额"第五章钢筋及混凝土工程"相应项目执行。

10.1.2　防腐工程

(1)整体面层定额项目,适用于平面、立面、沟槽的防腐工程。

(2)块料面层定额项目按平面铺砌编制。铺砌立面时,相应定额人工乘以系数1.30,块料乘以系数1.02,其他不变。

(3)整体面层踢脚板按整体面层相应项目执行,块料面层踢脚板按立面砌块相应项目人工乘以系数1.2。

(4)花岗岩面层以六面剁斧的块料为准,结合层厚度为15mm。如板底为毛面,其结合层胶结料用量可按设计厚度进行调整。

(5)各种砂浆、混凝土、胶泥的种类、配合比,各种整体面层的厚度及各种块料面层规格,设计与定额不同时可以换算。各种块料面层的结合层砂浆、胶泥用量不变。

(6)卷材防腐接缝、附加层、收头工料已包括在定额内,不再另行计算。

10.2　保温、隔热、防腐工程量计算规则

10.2.1　保温、隔热

(1)保温隔热层工程量除按设计图示尺寸和不同厚度以面积计算外,其他按设计图示尺寸以定额项目规定的计量单位计算。

(2)屋面保温隔热层工程量按设计图示尺寸以面积计算,扣除面积大于0.3m² 孔洞所占面积。

(3)地面保温隔热层工程量按设计图示尺寸以面积计算,扣除面积大于0.3m² 的柱、垛、孔洞等所占面积,门洞、空圈、暖气包槽、壁龛的开口部分不增加面积。

(4)天棚保温隔热层工程量按设计图示尺寸以面积计算,扣除面积大于0.3m² 柱、垛、孔洞所占面积,与天棚相连的梁按展开面积计算,并入天棚工程量内。柱帽保温隔热层工程量,并入天棚保温隔热层工程量内。

(5)墙面保温隔热层工程量按设计图示尺寸以面积计算,其中外墙按保温隔热层中心线长度、内墙按保温隔热层净长度乘以设计高度以面积计算。扣除门窗洞口及面积大于0.3m² 梁、孔洞所占面积;门窗洞口侧壁以及与墙相连的柱,并入保温墙体工程量内。

(6)柱、梁保温隔热层工程量按设计图示尺寸以面积计算。柱按设计图示柱断面保温层中心线展开长度乘以高度以面积计算,扣除面积大于0.3m² 梁所占面积。梁按设计图示梁断面保温层中心线展开长度乘以保温层长度以面积计算。

(7)池槽保温层按设计图示尺寸以展开面积计算,扣除面积大于0.3m² 孔洞所占面积。

(8)聚氨酯、水泥发泡保温,区分不同的发泡厚度,按设计图示的保温尺寸以面积计算。

(9)混凝土板上架空隔热,无论架空高度如何,均按设计图示尺寸以面积计算。

（10）地板采暖、块状、松散状及现场调制保温材料，以所处部位按设计图示保温面积乘以保温材料的净厚度（不含胶结材料），以体积计算。按所处部位扣除凸出地面的构筑物、设备基础、门窗洞口以及面积大于 $0.3m^2$ 梁、孔洞等所占体积。

（11）保温外墙面面砖防水缝子目，按保温外墙面面砖面积计算。

10.2.2　耐酸防腐

（1）耐酸防腐工程区分不同材料及厚度，按设计图示尺寸以面积计算。平面防腐工程量应扣除凸出地面的构筑物、设备基础等，以及面积大于 $0.3m^2$ 孔洞、柱、垛等所占面积，门洞、空圈、暖气包槽、壁龛的开口部分不增加面积。立面防腐工程量应扣除门、窗、洞口以及面积大于 $0.3m^2$ 孔洞、梁所占面积，门、窗、洞口侧壁及垛凸出部分按展开面积并入墙面内。

（2）平面铺砌双层防腐块料时，按单层工程量乘以系数 2 计算。

（3）池、槽块料防腐面层工程量按设计图示尺寸以展开面积计算。

（4）踢脚板防腐工程量按设计图示长度乘以高度以面积计算，扣除门洞所占面积，并相应增加侧壁展开面积。

10.3　保温、隔热、防腐工程定额计量应用

【例 2-10-1】　某工程冷库平面图如图 2-10-1 所示，保温层设计采用聚苯保温板，厚度为 100mm。顶棚采用木龙骨干挂聚苯保温板保温层，墙面和地面混凝土板上采用黏结剂粘贴聚苯保温板（满粘）。计算该冷库室内保温隔热层工程量，确定定额项目。

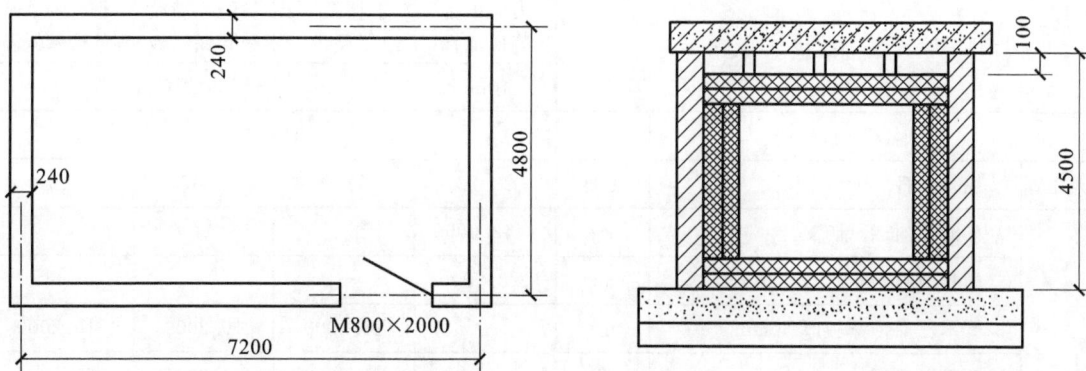

图 2-10-1　聚苯保温板保温隔热冷库平面图、剖面图

【解】　（1）地面混凝土板上保温层工程量。

地面保温层工程量按式（2-10-1）计算。

$$\text{地面保温层工程量} = \text{墙体间净面积} \times \text{设计保温层厚度} \qquad (2\text{-}10\text{-}1)$$

$$S = [(7.2 - 0.24) \times (4.8 - 0.24) + 0.8 \times 0.24] \div 10 = 3.19(10m^2)$$

地面混凝土板上黏结剂粘贴聚苯保温板（满粘）定额参见表 2-10-1，套定额 10-1-17。

表 2-10-1

混凝土板上保温板定额

工作内容：1.清理基层,板材切割,弹线、铺砌、平整等。

2.清理基层,板材切割,调运黏结剂或砂浆,弹线、铺贴、固定板材等。 （计量单位:10m²）

定额编号			10-1-16	10-1-17	10-1-18	10-1-19	10-1-20
项目名称			干铺聚苯保温板	黏结剂粘贴聚苯保温板		聚合物砂浆粘贴聚苯保温板	
				满粘	点粘	满粘	点粘
名称		单位	消耗量				
人工	综合工日	工日	0.31	0.48	0.41	0.58	0.55
材料	聚苯乙烯泡沫板厚100mm	m²	10.2000	10.2000	10.2000	10.2000	10.2000
	保温板黏结剂	kg	—	36.6000	21.9600	—	—
	聚合物砂浆粉	kg	—	—	—	53.5240	32.1144
	水	m³	—	—	—	0.0290	0.0174
机械	灰浆搅拌机 200L	台班	—	—	—	0.0130	0.0120

(2)天棚干挂聚苯保温板保温层定额工程量。

$$(7.2-0.24)\times(4.8-0.24)\div10=3.17(10m^2)$$

天棚干挂聚苯保温板定额参见表 2-10-2,套定额 10-1-32,定额保温板厚度 5mm 换算为设计保温板厚度 100mm。

表 2-10-2

天棚干挂聚苯保温板定额

工作内容：1.清理基层、铺砌、平整。

2.清理基层,板材切割,弹线、钻眼、铺砌、平整等。

3.清理基层,板材切割,调运黏结剂或砂浆,弹线、钻眼、固定板材等。

定额编号			10-1-31	10-1-32	10-1-33	10-1-34
项目名称			天棚上铺装矿渣棉	干挂聚苯保温板	黏结剂满粘聚苯保温板	聚合物砂浆满粘聚苯保温板
			10m³	10m²		
名称		单位	消耗量			
人工	综合工日	工日	29.22	1.10	1.67	1.75
材料	矿渣棉(长纤维)	kg	1442.0000	—	—	—
	塑料薄膜	m²	123.9000	—	—	—
	聚苯乙烯泡沫板厚50mm	m²	—	10.2000	10.2000	10.2000
	塑料保温螺栓	套	—	61.2000	61.2000	61.2000
	合金钻头	个	—	0.2960	0.2960	0.2960
	电	kW·h	—	0.1776	0.1776	0.1776
	保温板黏结剂	kg	—	—	42.0000	—
	聚合物砂浆粉	kg	—	—	—	61.2580
	水	m³	—	—	—	0.0330
机械	灰浆搅拌机 200L	台班	—	—	—	0.0130

（3）立面黏结剂粘贴聚苯保温板工程量。

立面保温层工程量计算如式（2-10-2）所示。

$$立面保温工程量＝墙长×保温层高度－应扣除面积 \qquad (2\text{-}10\text{-}2)$$

$$[(7.2-0.24-0.1+4.8-0.24-0.1)×2×(4.5-0.3)-0.8×2]÷10=9.35(10\text{m}^2)$$

立面黏结剂粘贴聚苯保温板（满粘）定额参见表 2-10-3，套定额 10-1-47。定额保温板厚度 5mm 换算为设计保温板厚度 100mm。

表 2-10-3　　　　　　　　　　　**立面黏结剂粘贴聚苯保温板定额**

工作内容：1.清理基层，板材切割，弹线、钻眼、铺砌、平整等。
　　　　　2.清理基层，板材切割，调运黏结剂或砂浆，弹线、钻眼、固定板材等。　　　　（计量单位：10m²）

定额编号		10-1-46	10-1-47	10-1-48	10-1-49	10-1-50
项目名称		干挂聚苯保温板	黏结剂粘贴聚苯保温板		聚合物砂浆粘贴聚苯保温板	
			满粘	点粘	满粘	点粘
名称	单位	消耗量				
人工　综合工日	工日	0.69	1.11	0.95	1.31	1.25
材料　聚苯乙烯泡沫板厚50mm	m²	10.2000	10.2000	10.2000	10.2000	10.2000
保温板黏结剂	kg	—	38.5300	23.1200	—	—
塑料保温螺栓	套	61.2000	61.2000	61.2000	61.2000	61.2000
合金钻头	个	0.2960	0.2960	0.2960	0.2960	0.2960
聚合物砂浆粉	kg	—	—	—	56.2000	33.7200
水	m³	—	—	—	0.0300	0.0200
电	kW·h	0.1776	0.1776	0.1776	0.1776	0.1776
机械　灰浆搅拌机200L	台班	—	—	—	0.0130	0.0120

➡ **知识归纳**

（1）保温层的保温材料配合比、材质、厚度等的定额调整要求。

（2）保温隔热层工程量计算规则。

（3）屋面保温隔热层工程量计算规则。

（4）地面保温隔热层工程量计算规则。

（5）天棚保温隔热层工程量计算规则。

（6）墙面保温隔热层工程量计算规则。

（7）柱、梁保温隔热层工程量计算规则。

➡ **独立思考**

2-10-1　简述屋面保温隔热层工程量计算规则。

2-10-2　简述地面保温隔热层工程量计算规则。

2-10-3　简述天棚保温隔热层工程量计算规则。

2-10-4　简述墙面保温隔热层工程量计算规则。

2-10-5　简述柱、梁保温隔热层工程量计算规则。

⊃习　题

某建筑物有女儿墙,屋顶平面图如图 2-9-8 所示。屋面保温层为混凝土板上 60mm 厚聚苯乙烯保温板黏结剂粘贴(满粘)。计算屋面保温层的定额工程量,确定定额项目。

11 楼地面装饰工程定额

内容提要

本章的主要内容是楼地面装饰工程的定额计量与计价,主要介绍各类楼地面装饰工程的定额计量与计价调整,便于学生理解楼地面装饰工程的定额应用与相关调整内容。

能力要求

通过本章的学习,学生应了解楼地面装饰工程的定额项目划分及计算规则;能根据工程实际计算楼地面找平层、整体面层、块料面层、其他面层等分项工程的定额工程量,确定定额项目。

11.1 楼地面装饰工程定额说明

楼地面装饰工程定额包括找平层、整体面层、块料面层、其他面层及其他项目。

(1)本章中的水泥砂浆、混凝土的配合比,当设计、施工选用配比与定额取定不同时,可以换算,其他不变。

(2)本章中水泥自流平、环氧自流平、耐磨地坪、塑胶地面材料可随设计施工要求或所选材料生产厂家要求的配比及用量进行调整。

(3)整体面层、块料面层中,楼地面项目不包括踢脚板(线),楼梯项目不包括踢脚板(线)、楼梯梁侧面、牵边,台阶不包括侧面、牵边,设计有要求时,按本章及本定额"第十二章墙柱面装饰与隔断、幕墙工程""第十三章天棚工程"相应定额项目计算。

(4)预制块料及仿石块料铺贴,套用相应石材块料定额项目。

(5)石材块料各项目的工作内容均不包括开槽、开孔、倒角、磨异形边等特殊加工内容。

(6)石材块料楼地面面层分色子目,按不同颜色、不同规格的规则块料拼简单图案编制。其工程量应分别计算,均执行相应分色项目。

(7)镶贴石材按单块面积不大于 $0.64m^2$ 编制。石材单块面积大于 $0.64m^2$ 的,砂浆贴项目每 $10m^2$ 增加用工 0.09 工日,胶黏剂贴项目每 $10m^2$ 增加用工 0.104 工日。

(8)石材块料楼地面面层点缀项目,其点缀块料按规格块料现场加工考虑。单块镶拼面积不大于 $0.015m^2$ 的块料适用于本定额。如点缀块料为加工成品,需扣除定额内的"石料切割锯片"及"石料切割机",人工乘以系数 0.4。被点缀的主体块料如为现场加工,应按其加工边线长度加套"石材楼梯现场加工"项目。

(9)块料面层拼图案(成品)项目,其图案石材定额按成品考虑。图案外边线以内周边异形块料如为现场加工,则套用相应块料面层铺贴项目,并加套"图案周边异形块料铺贴另加工料"项目。

(10)楼地面铺贴石材块料、地板砖等,遇异形房间需现场切割时(按经过批准的排版方案),被切割的异形块料加套"图案周边异形块料铺贴另加工料"项目。

(11)异形块料现场加工导致块料损耗超出定额损耗的,应根据现场实际情况计算损耗率,超出部分并入相应块料面层铺贴项目内。

(12)楼地面铺贴石材块料、地板砖等,因施工验收规范、材料纹饰等限制导致裁板方向、宽度有特定要求(按经过批准的排版方案),致使其块料损耗超出定额损耗的,应根据现场实际情况计算损耗率,超出部分并入相应块料面层铺贴项目内。

(13)定额中的"石材串边""串边砖"是指块料楼地面中镶贴颜色或材质与大面积楼地面不同且宽度不大于 200mm 的石材或地板砖线条,定额中的"过门石""过门砖"是指门洞口处镶贴颜色或材质与大面积楼地面不同的单独石材或地板砖块料。

(14)除铺缸砖(勾缝)项目,其他块料楼地面项目,定额均按密缝编制。若设计缝宽与定额不同,则其块料和勾缝砂浆的用量可以调整,其他不变。

(15)定额中的"零星项目"适用于楼梯和台阶的牵边、侧面、池槽、蹲台等项目,以及面积不大于 $0.5m^2$ 且定额未列项的工程。

(16)镶贴块料面层的结合层厚度与定额取定不符时,水泥砂浆结合层按定额"11-1-3 水泥砂浆每增减 5mm"进行调整,干硬性水泥砂浆按定额"11-3-73 干硬性水泥砂浆每增减 5mm"进行调整。

(17)木楼地面项目中,无论实木还是复合地板面层,均按人工净面编制,如采用机械净面,人工乘以系数 0.87。

(18)实木踢脚板项目,定额按踢脚板固定在垫块上编制。若设计要求做基层板,则另按本定额"第十二章墙、柱饰面与幕墙、隔断工程"中的相应基层板项目计算。

(19)楼地面铺地毯,定额按矩形房间编制。若遇异形房间,设计允许接缝时,人工乘以系数 1.10,其他不变;设计不允许接缝时,人工乘以系数 1.20,地毯损耗率根据现场裁剪情况据实测定。

（20）"木龙骨单向铺间距 400mm（带横撑）"项目，如龙骨不铺设垫块，则每 $10m^2$ 调减人工 0.2149工日，调减板方材 $0.0029m^3$，调减射钉 68 个。该项定额子目按（建筑工程做法）L13J1 地 301、楼 301 编制，如设计龙骨规格及间距与其不符，可调整定额龙骨材料含量，其余不变。

11.2　楼地面装饰工程量计算规则

（1）楼地面找平层和整体面层均按设计图示尺寸以面积计算。计算时应扣除凸出地面构筑物、设备基础、室内铁道、室内地沟等所占面积，不扣除间壁墙及面积不大于 $0.3m^2$ 的柱、垛、附墙烟囱及孔洞所占面积，门洞、空圈、暖气包槽、壁龛的开口部分亦不增加（间壁墙是指墙厚不大于 120mm 的墙）。

（2）楼、地面块料面层，按设计图示尺寸以面积计算。门洞、空圈、暖气包槽和壁龛的开口部分并入相应的工程量内。

（3）木楼地面、地毯等其他面层，按设计图示尺寸以面积计算。门洞、空圈、暖气包槽和壁龛的开口部分并入相应的工程量内。

（4）楼梯面层按设计图示尺寸以楼梯（包括踏步、休息平台及宽度不大于 500mm 的楼梯井）水平投影面积计算。楼梯与楼地面相连时，算至梯口梁内侧边沿；无梯口梁者，算至最上一层踏步边沿加 300mm。

（5）旋转、弧形楼梯的装饰，其踏步按水平投影面积计算，执行楼梯的相应子目，人工乘以系数 1.20；其侧面按展开面积计算，执行零星项目的相应子目。

（6）台阶面层按设计图示尺寸以台阶（包括最上层踏步边沿加 300mm）水平投影面积计算。

（7）串边（砖）、过门石（砖）按设计图示尺寸以面积计算。

（8）块料零星项目按设计图示尺寸以面积计算。

（9）踢脚线按长度计算工程量。水泥砂浆踢脚线计算长度时，不扣除门洞口的长度，洞口侧壁亦不增加。

（10）踢脚板按设计图示尺寸以面积计算。

（11）地面点缀按点缀数量计算。计算地面铺贴面积时，不扣除点缀所占面积。

（12）块料面层拼图案（成品）项目，图案按实际尺寸以面积计算。图案周边异形块料铺贴另加工料项目，按图案外边线以内周边异形块料实贴面积计算。图案外边线是指成品图案所影响的周围规格块料的最大范围。

（13）楼梯石材现场加工，按实际切割长度计算。

（14）防滑条、地面分格嵌条按设计尺寸以长度计算。

（15）楼地面面层割缝按实际割缝长度计算。

（16）石材底面刷养护液按石材底面及四个侧面面积之和计算。

（17）楼地面酸洗、打蜡等基（面）层处理项目，按实际处理基（面）层面积计算；楼梯台阶酸洗打蜡项目，按楼梯、台阶的计算规则计算。

11.3　楼地面装饰工程定额计量应用

【例 2-11-1】　某单层建筑平面图如图 2-4-5 所示,墙体厚度为 240mm,地面做法:素土夯实;无筋混凝土垫层 50mm;1∶3 水泥砂浆找平层 20mm;1∶2.5 水泥砂浆粘贴 600mm×600mm 地砖。试计算地面的定额工程量,确定定额项目。

【解】　(1)地面工程量。

$$S = [(3.3-0.24) \times (5.34-0.24 \times 2) \times 3 + (5.1-0.24) \times (3.6-0.24)] \div 10$$
$$= 6.094(10\text{m}^2)$$

(2)1∶3 水泥砂浆找平层 20mm(在硬基层上)定额参见表 2-11-1,套定额 11-1-1。

(3)地面铺设 600mm×600mm 地砖定额参见表 2-11-2,套定额 11-3-30。

(4)混凝土垫层工程量=6.094×0.05=0.305(10m³)。

无筋混凝土垫层 50mm 定额参见表 2-2-2,套定额 2-1-28。

表 2-11-1　　　　　　　　　　　　　　　**找平层定额**

工作内容:调运砂浆,抹平,压实。　　　　　　　　　　　　　　　　　　　　　　　　　　(计量单位:10m²)

定额编号			11-1-1	11-1-2	11-1-3	11-1-4	11-1-5
项目名称			水泥砂浆			细石混凝土	
			在混凝土或硬基层上	在填充材料上	每增减 5mm	40mm	每增减 5mm
			20mm				
名称		单位	消耗量				
人工	综合工日	工日	0.76	0.82	0.08	0.72	0.08
材料	水泥抹灰砂浆 1∶3	m³	0.2050	0.2563	0.0513	—	—
	素水泥浆	m³	0.0101	0.0101	—	0.0101	—
	C20 细石混凝土	m³	—	—	—	0.4040	0.0505
	水	m³	0.0600	0.0600	—	0.0600	—
机械	灰浆搅拌机 200L	台班	0.0256	0.0320	0.0064	—	—
	混凝土振捣器 平板式	台班	—	—	—	0.0240	0.0040

表 2-11-2　　　　　　　　　　　　　　　**地板砖面层定额**

工作内容:基层清理,调运砂浆,刷素水泥浆一道,选砖,切砖,磨砖,

　　　　　贴砖,擦缝,清理贴面。　　　　　　　　　　　　　　　　　　　　　　　　　　(计量单位:10m²)

定额编号			11-3-27	11-3-28	11-3-29	11-3-30	11-3-31	11-3-32
项目名称			楼地面水泥砂浆(周长/mm)					
			≤1200	≤1600	≤2000	≤2400	≤3200	≤4000
名称		单位	消耗量					
人工	综合工日	工日	2.82	2.62	2.52	2.76	2.67	2.80

续表

定额编号		11-3-27	11-3-28	11-3-29	11-3-30	11-3-31	11-3-32
项目名称		楼地面水泥砂浆（周长/mm）					
		≤1200	≤1600	≤2000	≤2400	≤3200	≤4000
名称	单位	消耗量					
材料							
地板砖 300×300	m²	10.2000	—	—	—	—	—
地板砖 400×400	m²	—	10.2500	—	—	—	—
地板砖 500×500	m²	—	—	10.2500	—	—	—
地板砖 600×600	m²	—	—	—	10.2500	—	—
地板砖 800×800	m²	—	—	—	—	10.3000	—
地板砖 1000×1000	m²	—	—	—	—	—	11.0000
水泥抹灰砂浆 1：2.5	m³	0.2050	0.2050	0.2050	0.2050	0.2050	0.2050
素水泥浆	m³	0.0101	0.0101	0.0101	0.0101	0.0101	0.0101
白水泥	kg	1.0300	1.0300	1.0300	1.0300	1.0300	1.0300
棉纱	kg	0.1000	0.1000	0.1000	0.1000	0.1000	0.1000
锯末	m³	0.0600	0.0600	0.0600	0.0600	0.0600	0.0600
石料切割锯片	片	0.0320	0.0320	0.0320	0.0320	0.0320	0.0320
水	m³	0.2600	0.2600	0.2600	0.2600	0.2600	0.2600
机械 石料切割机	台班	0.1260	0.1510	0.1510	0.1510	0.1510	0.1510
灰浆搅拌机 200L	台班	0.0256	0.0256	0.0256	0.0256	0.0256	0.0256

【例 2-11-2】 某建筑物首层平面图如图 2-4-7 所示，地面做法为细石混凝土找平层 60mm；30mm 厚 1：3 水泥砂浆粘贴大理石面层，不分色；地面酸洗打蜡。试计算建筑物首层地面的工程量，确定定额项目。

【解】 (1)地面工程量＝(15.5－0.24×2)×(13.7－0.24×2)÷10＝19.856(10m²)。

(2)细石混凝土找平层 60mm，定额参见表 2-11-1，套定额 11-1-4，找平层厚度每增减 5mm，工程量＝19.856× 4＝79.424(10m²)，套定额 11-1-5。

(3)30mm 厚 1：3 水泥砂浆粘贴大理石面层不分色，定额参见表 2-11-3，套定额 11-3-5。

(4)地面酸洗打蜡定额参见表 2-11-4，套定额 11-5-11。

表 2-11-3 　　　　　　　　　　　　**石材块料面层定额**

工作内容：1.清理基层，调运砂浆，刷素水泥浆一道。

　　　　　2.清理基层，调运胶黏剂。

　　　　　3.锯板磨边，贴石材块料，擦缝，清理净面，成品保护等。　　　　　　　　（计量单位：10m²）

定额编号		11-3-1	11-3-2	11-3-3	11-3-4	11-3-5	11-3-6
项目名称		楼地面					
		水泥砂浆		干粉型胶黏剂		干硬性水泥砂浆	
		不分色	分色	不分色	分色	不分色	分色
名称	单位	消耗量					
人工 综合工日	工日	2.10	2.20	2.00	2.12	2.18	2.28

续表

定额编号		11-3-1	11-3-2	11-3-3	11-3-4	11-3-5	11-3-6
项目名称		楼地面					
		水泥砂浆		干粉型胶黏剂		干硬性水泥砂浆	
		不分色	分色	不分色	分色	不分色	分色
名称	单位	消耗量					
材料	石材块料	m²	10.1500	10.1500	10.1500	10.1500	10.1500	10.1500
	水泥抹灰砂浆 1:2.5	m³	0.2050	0.2050	—	—	—	—
	干粉型胶黏剂	kg	—	—	60.0000	60.0000	—	—
	干硬性水泥砂浆 1:3	m³	—	—	—	—	0.3075	0.3075
	素水泥浆	m³	0.0101	0.0101	—	—	0.0101	0.0101
	白水泥	kg	1.0300	1.0300	2.0600	2.0600	1.0300	1.0300
	锯末	m³	0.0600	0.0600	0.0600	0.0600	0.0600	0.0600
	麻袋布	m²	2.2000	2.2000	2.2000	2.2000	2.2000	2.2000
	棉纱	kg	0.1100	0.1100	0.1100	0.1100	0.1100	0.1100
	石料切割锯片	片	0.0404	0.0404	0.0404	0.0404	0.0404	0.0404
	水	m³	0.2600	0.2600	0.2600	0.2600	0.2600	0.2600
机械	灰浆搅拌机 200L	台班	0.0256	0.0256	—	—	—	—
	石料切割机	台班	0.1803	0.1803	0.1803	0.1803	0.1803	0.1803

表 2-11-4 **地面酸洗打蜡定额**

工作内容:1. 清理表面,上草酸打蜡、擦光。

          2. 清洁自流平表面,打蜡、擦光。　　　　　　　　　　　　　（计量单位:10m²）

定额编号		11-5-11	11-5-12	11-5-13
项目名称		酸洗打蜡		自流平面层打蜡
		块料楼地面	块料楼梯台阶	
名称	单位	消耗量		
人工	综合工日	工日	0.39	0.53	0.14
材料	草酸	kg	0.1000	0.1420	—
	硬白蜡	kg	0.2650	0.3760	—
	煤油	kg	0.4000	0.5680	—
	松节油	kg	0.0530	0.0750	—
	清油	kg	0.0530	0.0750	—
	水泥地板蜡	kg	—	—	0.6333
	蜡拖	个	—	—	0.2000

11.4　楼地面装饰工程定额 BIM 计量案例

楼地面装饰工程定额
BIM 计量案例

知识归纳

(1)水泥砂浆、混凝土的配合比的定额换算。

(2)定额中的"零星项目"定义。

(3)楼地面找平层和整体面层工程量计算规则。

(4)楼、地面块料面层工程量计算规则。

(5)楼梯面层工程量计算规则。

(6)台阶面层工程量计算规则。

独立思考

2-11-1　简述定额中的"零星项目"适用的项目。

2-11-2　简述楼地面找平层和整体面层工程量计算规则。

2-11-3　简述楼、地面块料面层工程量计算规则。

2-11-4　简述楼梯面层工程量计算规则。

习　题

某单层房屋工程建筑平面如图 2-4-12 所示。地面做法:素土夯实,细石混凝土找平层 50mm,30mm 厚 1:3 水泥砂浆粘贴 400mm×400mm 地板砖。试计算地面的定额工程量,确定定额项目。

独立思考与
习题答案

12 墙、柱面装饰与隔断、幕墙工程定额

内容提要

本章的主要内容是墙、柱面装饰与隔断、幕墙工程定额计量与计价,主要介绍墙、柱面装饰与隔断、幕墙工程的定额计量与计价调整,便于学生理解墙、柱面装饰与隔断、幕墙工程的定额应用与相关调整内容。

能力要求

通过本章的学习,学生应熟悉墙、柱面装饰定额的项目划分及计算规则;了解隔断、幕墙工程的定额项目划分及计算规则;能根据工程实际计算墙、柱面装饰与隔断、幕墙等分项工程的定额工程量,确定定额项目。

12.1 墙、柱面装饰与隔断、幕墙工程定额说明

本章定额包括墙、柱面抹灰,镶贴块料面层,墙、柱饰面,隔断,幕墙,墙、柱面吸音等内容。

(1)凡注明砂浆种类、配合比、饰面材料型号规格的,设计与定额不同时,可按设计规定调整,其他不变。

(2)如设计要求在水泥砂浆中掺防水粉等外加剂,可按设计比例增加外加剂,其他工料不变。

(3)圆弧形、锯齿形等不规则的墙面抹灰、镶贴块料、饰面,按相应项目人工乘以系数1.15。

(4)墙面抹灰的工程量,不扣除各种装饰线条所占面积。

"装饰线条"抹灰适用于门窗套、挑檐、腰线、压顶、遮阳板、楼梯边梁、宣传栏边框等展开宽度不大于300mm的竖、横线条抹灰,展开宽度大于300mm时,按图示尺寸以展开面积并入相应墙面计算。

(5)镶贴块料面层子目,除定额已注明留缝宽度的项目外,其余项目均按密缝编制。若设计留缝宽度与定额不同,其相应项目的块料和勾缝砂浆用量可以调整,其他不变。

(6)粘贴瓷质外墙砖子目,定额按三种不同灰缝宽度分别列项,其人工、材料已综合考虑。如灰缝宽度大于20mm,应调整定额中瓷质外墙砖和勾缝砂浆(1：1.5水泥砂浆)或填缝剂的用量,其他不变。瓷质外墙砖的损耗率为3%。

(7)块料镶贴的"零星项目"适用于挑檐、天沟、腰线、窗台线、门窗套、压顶、栏板、扶手、遮阳板、雨篷周边等。

(8)镶贴块料高度大于300mm时,按墙面、墙裙项目套用;高度小于或等于300mm时,按踢脚线项目套用。

(9)墙柱面抹灰、镶贴块料面层等均未包括墙面专用界面剂做法,如设计有要求,按定额"第十四章油漆、涂料及裱糊工程"相应项目执行。

(10)粘贴块料面层子目,定额中的砂浆种类、配合比、厚度与定额不同时,允许调整,砂浆损耗率为2.5%。

(11)挂贴块料面层子目,定额中包括了块料面层的灌缝砂浆(均为50mm厚),其砂浆种类、配合比,可按定额相应规定换算其厚度,设计与定额不同时,调整砂浆用量,其他不变。

(12)阴、阳角墙面砖45°角对缝,包括面砖、瓷砖的割角损耗。

(13)饰面面层子目,除另有注明外,均不包含木龙骨、基层。

(14)墙、柱饰面中的软包子目是综合项目,包括龙骨、基层、面层等内容,设计不同时材料可以换算。

(15)墙、柱饰面中的龙骨、基层、面层均未包括刷防火涂料。如设计有要求,按本定额"第十四章油漆、涂料及裱糊工程"相应项目执行。

(16)木龙骨基层项目中龙骨是按双向计算的,设计为单向时,人工、材料、机械消耗量乘以系数0.55。

(17)基层板上钉铺造型层,定额按不满铺考虑。若在基层板上满铺板,可套用造型层相应项目,人工消耗量乘以系数0.85。

(18)墙、柱饰面面层的材料不同时,单块面积不大于0.03m²的面层材料应单独计算,且不扣除其所占饰面面层的面积。

(19)幕墙所用的龙骨,设计与定额不同时允许换算,人工用量不变。

(20)点支式全玻璃幕墙不包括承载受力结构。

12.2 墙、柱面装饰与隔断、幕墙工程量计算规则

12.2.1 内墙抹灰工程量计算规则

(1)按设计图示尺寸以面积计算。计算时应扣除门窗洞口和空圈所占的面积,不扣除踢脚板(线)、挂镜线、单个面积小于或等于0.3m²的空洞以及墙与构件交接处的面积,洞侧壁和顶面不增加面积。墙垛和附墙烟囱侧壁面积与内墙抹灰工程量合并计算。

(2)内墙面抹灰的长度,以主墙间的图示净长尺寸计算。其高度按如下规则确定：

① 无墙裙的,其高度按室内地面或楼面至天棚底面之间的距离计算。

② 有墙裙的,其高度按墙裙顶至天棚底面之间的距离计算。

(3)内墙裙抹灰面积按内墙净长乘以高度计算(扣除或不扣除内容同内墙抹灰)。

(4)柱抹灰按设计断面周长乘以柱抹灰高度以面积计算。

12.2.2　外墙抹灰工程量计算规则

(1)外墙抹灰面积,按设计外墙抹灰的设计图示尺寸以面积计算。计算时应扣除门窗洞口、外墙裙和单个面积大于 $0.3m^2$ 孔洞所占面积,洞口侧壁面积不另增加。附墙垛、飘窗凸出外墙面增加的抹灰面积并入外墙面工程量内计算。

(2)外墙裙抹灰面积按其设计长度乘以高度计算(扣除或不扣除内容同外墙抹灰)。

(3)墙面勾缝按勾缝墙面的设计图示尺寸以面积计算。不扣除门窗洞口、门窗套、腰线等零星抹灰所占的面积,附墙柱和门窗洞口侧面的勾缝面积亦不增加。独立柱、房上烟囱勾缝,按设计图示尺寸以面积计算。

12.2.3　墙、柱面块料面层工程量计算规则

墙、柱面块料面层工程量按设计图示尺寸以面积计算。

12.2.4　墙柱饰面、隔断、幕墙工程量计算规则

(1)墙、柱饰面龙骨按图示尺寸长度乘以高度,以面积计算。定额龙骨按附墙、附柱考虑,若遇其他情况,按下列规定乘以系数。

① 设计龙骨外挑时,其相应定额项目乘以系数 1.15;

② 设计木龙骨包圆柱,其相应定额项目乘以系数 1.18;

③ 设计金属龙骨包圆柱,其相应定额项目乘以系数 1.20。

(2)墙饰面基层板、造型层、饰面面层按设计图示墙净长乘以净高以面积计算,扣除门窗洞口及单个面积大于 $0.3m^2$ 的孔洞所占面积。

(3)柱饰面基层板、造型层、饰面面层按设计图示饰面外围尺寸以面积计算。柱帽、柱墩并入相应柱饰面工程量内。

(4)隔断、间壁按设计图示框外围尺寸以面积计算,不扣除面积小于或等于 $0.3m^2$ 的孔洞所占面积。

(5)幕墙面积按设计图示框外尺寸以外围面积计算。全玻璃幕墙的玻璃肋并入幕墙面积内,点支式全玻璃幕墙钢结构桁架另行计算,圆弧形玻璃幕墙材料的煨弯费用另行计算。

12.2.5　墙面吸音工程量计算规则

墙面吸音子目,按设计图示尺寸以面积计算。

12.3　墙、柱面装饰与隔断、幕墙工程定额计量应用

12.3.1　内墙面抹灰

【例 2-12-1】某单层建筑物如图 2-4-5 和图 2-4-6 所示,内、外墙均为 240mm 灰砂砖墙,楼板厚 100mm,门窗尺寸如表 2-4-4 所示。内墙面混合砂浆抹灰厚 20mm。计算内墙面抹灰工程的定额工程量,确定定额项目。

【解】 内墙面抹灰定额工程量:

$$S = [(3.3 - 0.24 + 5.34 - 0.24 \times 2) \times 2 \times 3 + (5.0 - 0.24 + 3.6 - 0.24)] \times (3.3 - 0.1) \div 10$$
$$= 17.805(10\text{m}^2)$$

$$扣门窗工程量 = (16.2 + 7.56 + 7.2) \div 10 = 3.096(10\text{m}^2)$$

$$S_{抹灰面积} = 17.805 - 3.096 = 14.709(10\text{m}^2)$$

内墙面混合砂浆抹灰(15mm厚)定额参见表2-12-1,套定额12-1-9。

表 2-12-1　　　　　　　　　　　　　　混合砂浆墙、柱面抹灰定额

工作内容:清理、修补、湿润基层表面,堵墙眼,调运砂浆,清扫落地灰;
　　　　　分层抹灰找平、刷浆、洒水湿润、罩面压光。

定额编号			12-1-9	12-1-10	12-1-11	12-1-12	12-1-13	12-1-14
项目名称			混合砂浆[厚(9+6)mm]					
			砖墙	混凝土墙(砌块墙)	拉毛	零星项目	柱面	装饰线条
			10m²					10m
名称		单位	消耗量					
人工	综合工日	工日	1.23	1.23	1.23	5.83	1.42	1.79
材料	水泥石灰抹灰砂浆 1:1:6	m³	0.1044	0.1044	0.1044	0.1044	0.1044	—
	水泥石灰抹灰砂浆 1:0.5:3	m³	0.0696	0.0696	0.0696	0.0696	0.0696	—
	水泥石灰膏砂浆 1:0.3:3	m³	—	—	—	—	—	0.0134
	水泥石灰膏砂浆 1:1:6	m³	—	—	—	—	—	0.0357
	水	m³	0.0620	0.0620	0.0620	0.0620	0.0620	0.0460
机械	灰浆搅拌机 200L	台班	0.0220	0.0220	0.0220	0.0220	0.0220	0.0060

内墙面抹灰(每增减1mm)工程量 = 3.096 × 5 = 15.48(10m²)

内墙面混合砂浆抹灰(每增减1mm)定额参见表2-12-2,套定额12-1-17。

表 2-12-2　　　　　　　　　　　　　　墙、柱面抹灰层增减定额

工作内容:调运砂浆。　　　　　　　　　　　　　　　　　　　　　　(计量单位:10m²)

定额编号			12-1-15	12-1-16	12-1-17
项目名称			水泥石灰膏砂浆	水泥砂浆	混合砂浆
			抹灰层每增减1mm		
名称		单位	消耗量		
人工	综合工日	工日	0.04	0.04	0.04
材料	水泥石灰膏砂浆 1:1:6	m³	0.0116	—	—
	水泥抹灰砂浆 1:3	m³	—	0.0116	—
	水泥石灰抹灰砂浆 1:1:6	m³	—	—	0.0116
机械	灰浆搅拌机 200L	台班	0.0020	0.0020	0.0020

12.3.2 外墙面抹灰

【例 2-12-2】 某单层建筑物如图 2-4-5 和图 2-4-6 所示,内、外墙均为 240mm 灰砂砖墙,楼板厚 100mm,门窗尺寸如表 2-4-4 所示。外墙面及女儿墙顶面、内侧水泥砂浆抹灰厚 20mm;外墙面水泥砂浆粘贴文化石。试计算外墙装饰工程的定额工程量,确定定额项目。

【解】 外墙面抹灰工程量:
$$S_1 = (15.24 + 5.34) \times 2 \times (0.15 + 3.6) \div 10 = 15.435(10\text{m}^2)$$
$$扣门窗工程量 = (16.2 + 7.56 + 7.2) \div 10 = 3.096(10\text{m}^2)$$

女儿墙顶面抹灰工程量:
$$S_2 = (15 + 5.34 - 0.24) \times 2 \times 0.24 \div 10 = 0.965(10\text{m}^2)$$

女儿墙内侧抹灰工程量:
$$S_3 = (15 + 5.34 - 0.24 \times 3) \times 2 \times 0.6 \div 10 = 2.354(10\text{m}^2)$$

外墙抹灰工程量合计:
$$15.435 - 3.096 + 0.965 + 2.354 = 15.658(10\text{m}^2)$$

墙面水泥砂浆 15mm 厚定额参见表 2-12-3,套定额 12-1-3。

水泥砂浆抹灰层每调增 1mm,工程量 $= 15.658 \times 5 = 78.29(10\text{m}^2)$,定额参见表 2-12-2,套定额 12-1-16。

表 2-12-3　　　　　　　　　　　　　　墙、柱面水泥砂浆抹灰定额

工作内容:清理、修补、湿润基层表面,堵墙眼,调运砂浆,清扫落地灰;
　　　　　分层抹灰找平,刷浆,洒水湿润,罩面压光。

定额编号			12-1-3	12-1-4	12-1-5	12-1-6	12-1-7	12-1-8
项目名称			水泥砂浆[厚(9+6)mm]					
			砖墙	混凝土墙(砌块墙)	拉毛	零星项目	柱面	装饰线条
			10m²					10m
名称		单位	消耗量					
人工	综合工日	工日	1.37	1.37	1.37	7.20	1.74	1.79
材料	水泥抹灰砂浆1:3	m³	0.1044	0.1044	0.1044	0.1044	0.1004	0.0178
	水泥抹灰砂浆1:2	m³	0.0696	0.0696	0.0696	0.0696	0.0669	0.0134
	水泥抹灰砂浆1:2.5	m³	—	—	—	—	—	0.0178
	水	m³	0.0620	0.0620	0.0620	0.0620	0.0610	0.0460
机械	灰浆搅拌机200L	台班	0.0220	0.0220	0.0220	0.0220	0.0210	0.0060

外墙面水泥砂浆粘贴文化石工程量 $= 15.435 - 3.096 = 12.339(10\text{m}^2)$

贴文化石定额参见表 2-12-4,套定额 12-2-13。

表 2-12-4　　　　　　　　　　　　　　**水泥砂浆粘贴文化石定额**

工作内容:清理基层、调运砂浆(胶黏剂)、打底刷浆、

　　　　镶贴块料面层、砂浆勾缝(灌缝)、养护等。　　　　　　　　　　　　　(计量单位:10m²)

定额编号		12-2-13	12-2-14	12-2-15	12-2-16
项目名称		文化石			
		水泥砂浆粘贴		胶黏剂粘贴	
		墙面	零星项目	墙面	零星项目
名称	单位	消耗量			
人工　综合工日	工日	4.02	4.45	4.29	4.74
材料　水泥抹灰砂浆 1:1	m³	0.0558	0.0619	0.0558	0.0619
水泥抹灰砂浆 1:2.5	m³	0.0669	0.0743	0.0669	0.0743
水泥抹灰砂浆 1:3	m³	0.1004	0.1110	0.1004	0.1110
素水泥浆	m³	0.0101	0.0112	—	—
白水泥	kg	1.5000	1.7000	1.5000	1.7000
文化石	m²	10.1500	11.2665	10.1500	11.2665
YJ-Ⅲ胶黏剂	kg	4.2000	4.6620	—	—
干粉型胶黏剂	kg	—	—	68.2500	75.7575
棉纱	kg	0.1000	0.1110	0.1000	0.1110
石料切割锯片	片	0.2690	0.2990	0.2690	0.2990
塑料薄膜	m²	2.8050	2.8050	2.8050	2.8050
水	m³	0.0690	0.0760	0.0680	0.0740
机械　灰浆搅拌机 200L	台班	0.0290	0.0360	0.0280	0.0340
石料切割机	台班	0.4080	0.4530	0.4080	0.4080

12.4　墙、柱面装饰与隔断、幕墙工程定额 BIM 计量案例

墙、柱面装饰与隔断、幕墙工程定额 BIM 计量案例

➡️ **知识归纳**

(1)砂浆种类、配合比及饰面材料、型号、规格等的定额调整要求。

(2)挂贴块料面层定额调整要求。

（3）内墙抹灰工程量计算规则。

（4）外墙抹灰工程量计算规则。

➡ 独立思考

2-12-1　简述内墙抹灰工程量计算规则。

2-12-2　简述外墙抹灰工程量计算规则。

➡ 习　　题

某单层房屋工程建筑平面图、墙身大样图及楼面结构如图 2-4-12 所示，设计室内外高差为 0.3m，外墙 240mm 厚，楼板厚 100mm。1∶2 水泥砂浆 20mm 厚，外墙面刷外墙涂料，内墙、天棚为混合砂浆 20mm 厚，门窗尺寸为 C1：1500mm×1300mm，M1：900mm×2300mm。门窗采用居中安装。计算内、外墙面装饰工程的定额工程量，确定定额项目。

13 天棚工程定额

![内容提要图标] 内容提要

　　本章的主要内容是天棚工程定额计量与计价,主要介绍天棚工程的定额计量与计价调整,便于学生理解各类天棚工程的定额应用与相关调整内容。

![能力要求图标] 能力要求

　　通过本章的学习,学生应了解天棚工程的定额项目划分及计算规则;能根据工程实际计算天棚工程的各项定额工程量,确定定额项目。

13.1　天棚工程定额说明

天棚工程定额包括天棚抹灰、天棚龙骨、天棚饰面、雨篷。

　　(1)凡注明砂浆种类、配合比及饰面材料、型号、规格的,设计规定与定额不同时,可以按设计规定换算,其他不变。

　　(2)天棚划分为平面天棚、跌级天棚和艺术造型天棚。艺术造型天棚包括藻井天棚、吊挂式天棚、阶梯形天棚、锯齿形天棚。

　　(3)天棚龙骨是按平面天棚、跌级天棚、艺术造型天棚龙骨设置项目。按照常用材料及规格编制,设计规定与定额不同时,可以换算,其他不变。若龙骨需要进行处理(如煨弯曲线等),其加工费另行计算。材料的损耗率分别为木龙骨5%,轻钢龙骨6%,铝合金龙骨6%。

　　(4)天棚木龙骨子目,区分单层结构和双层结构。单层结构是指双向木龙骨形成的龙骨网片,直接由吊杆引上、与吊点固定的情况;双层结构是指双向木龙骨形成的龙骨网片,首先固定在单向设置的主木龙骨上,再由主木龙骨与吊杆连接、引上、与吊点固定的情况。

　　(5)非艺术造型天棚中,天棚面层在同一标高者为平面天棚,天棚面层不在同一标高者为跌级天棚。跌级天棚基层、面层按平面定额项目人工乘以系数1.1,其他不变。

　　① 平面天棚与跌级天棚的划分。

　　房间内全部吊顶,局部向下跌落,最大跌落线向外、最小跌落线向里每边各加0.60m,两条0.60m 线范围内的吊顶,为跌级吊顶天棚,其余为平面吊顶天棚。

若最大跌落线向外,距墙边不大于1.2m,则最大跌落线以外的全部吊顶为跌级吊顶天棚。

若最小跌落线任意两对边之间的距离不大于1.8m,最小跌落线以内的全部吊顶为跌级吊顶天棚。

若房间内局部为板底抹灰天棚、局部向下跌落,则两条0.6m线范围内的抹灰天棚,不得计算为吊顶天棚;吊顶天棚与抹灰天棚只有两个跌级时,该吊顶天棚的龙骨则为平面天棚龙骨,该吊顶天棚的饰面按跌级天棚饰面计算。

② 跌级天棚与艺术造型天棚的划分。

天棚面层不在同一标高时,高差不大于400mm且跌级小于或等于三级的一般直线形平面天棚按跌级天棚相应项目执行;高差大于400mm或跌级大于三级以及圆弧形、拱形等造型天棚,按吊顶天棚中的艺术造型天棚相应项目执行。

(6)艺术造型天棚基层、面层按平面定额项目人工乘以系数1.3,其他不变。

(7)轻钢龙骨、铝合金龙骨定额按双层结构编制,如采用单层结构,人工乘以系数0.85。

(8)平面天棚和跌级天棚指一般直线形天棚,不包括灯光槽的制作、安装。

(9)圆形、弧形等不规则的软膜吊顶,人工乘以系数1.1。

(10)点式雨篷的型钢、爪件的规格、数量是按常用做法考虑的,设计规定与定额不同时,可以按设计规定换算,其他不变。斜拉杆费用另计。

(11)天棚饰面中喷刷涂料,龙骨、基层、面层防火处理执行本定额"第十四章油漆、涂料及裱糊工程"相应项目。

(12)天棚检查孔的工料已包含在项目内,面层材料不同时,另增加材料,其他不变。

(13)定额内除另有注明者外,均未包括压条、收边、装饰线(板),设计有要求时,执行本定额"第十五章其他装饰工程"相应定额子目。

(14)天棚装饰面开挖灯孔,按每开10个灯孔用工1.0工日计算。

13.2 天棚工程量计算规则

13.2.1 天棚抹灰工程量计算规则

(1)按设计图示尺寸以面积计算,不扣除柱、垛、间壁墙、附墙烟囱、检查口和管道所占的面积。

(2)带梁天棚的梁两侧抹灰面积并入天棚抹灰工程量内计算。

(3)楼梯底面(包括侧面及连接梁、平台梁、斜梁的侧面)抹灰,按楼梯水平投影面积乘以1.37,并入相应天棚抹灰工程量内计算。

(4)有坡度及拱顶的天棚抹灰面积按展开面积计算。

(5)檐口、阳台、雨篷底的抹灰面积,并入相应的天棚抹灰工程量内计算。

13.2.2 吊顶天棚龙骨工程量计算规则

吊顶天棚龙骨(除特殊说明外)按主墙间净空水平投影面积计算,不扣除间壁墙、检查口、附墙烟囱、柱、灯孔、垛和管道所占面积,由于上述原因所引起的工料也不增加,天棚中的折线、跌落、高低吊顶槽等面积不展开计算。

13.2.3　天棚饰面工程量计算规则

(1)按设计图示尺寸以面积计算,不扣除间壁墙、检查口、附墙烟囱、柱、垛和管道所占面积,但应扣除独立柱、灯带、面积大于 $0.3m^2$ 的灯孔及与天棚相连的窗帘盒所占的面积。

(2)天棚中的折线、跌落等圆弧形、高低吊灯槽及其他艺术形式等天棚面层按展开面积计算。

(3)格栅吊顶、藤条造型悬挂吊顶、软膜吊顶和装饰网架吊顶按设计图示尺寸以水平投影面积计算。

(4)吊筒吊顶按最大外围水平投影尺寸,以外接矩形面积计算。

(5)送风口、回风口及成品检修口按设计图示数量计算。

13.2.4　雨篷工程量计算规则

雨篷工程量按设计图示尺寸以水平投影面积计算。

13.3　天棚工程定额计量应用

【例 2-13-1】某单层建筑物如图 2-4-5 和图 2-4-6 所示,内、外墙均为 240mm 厚灰砂砖墙,楼板厚 100mm。天棚混合砂浆厚 15mm。计算天棚抹灰工程的定额工程量,确定定额项目。

【解】天棚混合砂浆工程量:

$$S = [(3.3-0.24) \times (5.34-0.24 \times 2) \times 3 + (5.1-0.24) \times (3.6-0.24)] \div 10$$
$$= 6.094(10m^2)$$

混合砂浆天棚[厚度(5+3)mm]定额参见表 2-13-1,套定额 13-1-3。

表 2-13-1　　　　　　　　　　　天棚抹灰定额

工作内容:清理修补基层表层,堵眼、调运砂浆,清扫落地灰;
　　　　　抹灰找平,罩面、压光及小圆角抹光。

(计量单位:10m²)

定额编号			13-1-1	13-1-2	13-1-3
项目名称			混凝土面天棚		
			麻刀灰 [厚度(6+3)mm]	水泥砂浆 [厚度(5+3)mm]	混合砂浆 [厚度(5+3)mm]
名称		单位	消耗量		
人工	综合工日	工日	1.06	1.31	1.31
材料	麻刀石灰浆	m³	0.0323	—	—
	水泥石膏砂浆 1:3:9	m³	0.0899	—	—
	水泥抹灰砂浆 1:2	m³	—	0.0564	—
	水泥抹灰砂浆 1:3	m³	—	0.0558	—
	水泥石灰抹灰砂浆 1:0.5:3	m³	—	—	0.0564
	水泥石灰抹灰砂浆 1:1:4	m³	—	—	0.0558
	素水泥浆	m³	0.0101	—	—
	水	m³	0.0570	0.0540	0.0540

续表

定额编号		13-1-1	13-1-2	13-1-3
项目名称		混凝土面天棚		
		麻刀灰 [厚度(6+3)mm]	水泥砂浆 [厚度(5+3)mm]	混合砂浆 [厚度(5+3)mm]
名称	单位	消耗量		
机械 灰浆搅拌机 200L	台班	0.0170	0.0140	0.0140

混合砂浆天棚每增减 1mm 工程量 $=6.094\times(15-8)=42.658(10m^2)$。

混合砂浆天棚每增减 1mm 定额参见表 2-13-2，套定额 13-1-6。

表 2-13-2

天棚抹灰每增减 1mm 定额

工作内容：调运砂浆。

（计量单位：10m²）

定额编号		13-1-5	13-1-6
项目名称		水泥砂浆	混合砂浆
		每增减 1mm	
名称	单位	消耗量	
人工 综合工日	工日	0.05	0.05
材料 水泥抹灰砂浆 1∶2	m³	0.0112	—
水泥石灰抹灰砂浆 1∶0.5∶3	m³	—	0.0112
水	m³	0.0112	0.0112
机械 灰浆搅拌机 200L	台班	0.0010	0.0010

【例 2-13-2】 某建筑物首层平面图、柱网布置及配筋图、一层顶梁结构图、一层顶板结构图如图 2-4-7、图 2-4-9～图 2-4-11 所示。外墙为 240mm 厚加气混凝土砌块墙，天棚装饰为水泥砂浆 15mm 厚。计算天棚工程的工程量，确定定额项目。

【解】 （1）天棚工程量。

$$S_1 = (15.5-0.24\times2)\times(13.7-0.24\times2) = 198.564(m^2)$$

KL1（单侧）：$S_2=(7.5-0.5)\times2\times(0.6-0.15)\times2=12.6(m^2)$。

KL2（双侧）：$S_3=(7.5-0.5)\times2\times(0.6-0.15+0.6-0.1)\times2=26.6(m^2)$。

KL3（单侧）：$S_4=(5.4-0.5)\times2\times(0.6-0.15)\times2+(2.4-0.5)\times(0.6-0.1)\times2=10.72(m^2)$。

KL4（双侧）：$S_5=S_4=10.72m^2$。

天棚定额工程量合计 $=(198.564+12.6+26.6+10.72\times2)\div10=25.92(10m^2)$

（2）天棚水泥砂浆 (5+3)mm 厚定额参见表 2-13-1，套定额 13-1-2。

（3）水泥砂浆天棚每增减 1mm 工程量 $=25.92\times(15-8)=181.44(10m^2)$。

水泥砂浆天棚每增减 1mm 定额参见表 2-13-2，套定额 13-1-5。

13.4 天棚工程定额 BIM 计量案例

天棚工程定额 BIM 计量案例

📥 知识归纳

(1)砂浆种类、配合比及饰面材料、型号、规格等调整要求。

(2)天棚抹灰工程量计算规则。

(3)天棚饰面工程量计算规则。

📥 独立思考

2-13-1 简述天棚抹灰工程量计算规则。

2-13-2 简述吊顶天棚龙骨工程量计算规则。

2-13-3 简述天棚饰面工程量计算规则。

📥 习 题

某单层房屋工程建筑平面、墙身大样图及楼面结构如图 2-4-12 所示,设计楼板厚 100mm,天棚抹灰为混合砂浆 15mm 厚。试计算天棚的定额工程量,确定定额项目。

独立思考与
习题答案

14 油漆、涂料及裱糊工程定额

内容提要

　　本章的主要内容是油漆、涂料及裱糊工程定额计量与计价,主要介绍各类油漆、涂料及裱糊工程的定额计量与计价调整,便于学生理解各类油漆、涂料及裱糊工程的定额应用与相关调整内容。

能力要求

　　通过本章的学习,学生应了解油漆、涂料及裱糊工程的定额项目划分及计算规则;能根据工程实际计算油漆、涂料、裱糊等分项工程的定额工程量,确定定额项目。

14.1　油漆、涂料及裱糊工程定额说明

　　油漆、涂料及裱糊工程定额包括木材面油漆,金属面油漆,抹灰面油漆、涂料,基层处理和裱糊等项目。

　　(1)油漆、涂料及裱糊工程项目中刷油漆、涂料采用手工操作,喷涂采用机械操作,实际操作方法不同时,不做调整。

　　(2)本定额中油漆项目已综合考虑高光、半亚光、亚光等因素,当油漆种类不同时,换算油漆种类,用量不变。

　　(3)定额已综合考虑了在同一平面上的分色及门窗内外分色。油漆中深浅各种不同的颜色已综合在定额子目中,不另调整。如需做美术图案者,另行计算。

　　(4)本章规定的喷、涂、刷遍数与设计要求不同时,按每增一遍定额子目调整。

　　(5)墙面、墙裙、天棚及其他饰面上的装饰线油漆与附着面的油漆种类相同时,装饰线油漆不单独计算。

　　(6)抹灰面涂料项目中均未包括刮腻子内容,刮腻子按基层处理相应子目单独套用。

（7）木踢脚板油漆，若与木地板油漆相同，则并入地板工程量内计算，其工程量计算方法和系数不变。

（8）墙、柱面真石漆项目不包括分格嵌缝，当设计要求做分格缝时，按本定额"第十二章墙、柱面装饰与隔断、幕墙工程"相应项目计算。

14.2 油漆、涂料及裱糊工程量计算规则

（1）楼地面，天棚面，墙、柱面的喷（刷）涂料、油漆工程，其工程量按各自抹灰的工程量计算规则计算。涂料系数表中有规定的，按规定计算工程量并乘以系数表中的系数。

（2）木材面、金属面、金属构件油漆工程量，按油漆、涂料系数表的工程量计算方法，并乘以系数表内的系数计算。

（3）木材面刷油漆、涂料工程量，按所刷木材面的面积计算；木方面刷油漆、涂料工程量，按木方所附墙、板面的投影面积计算。

（4）基层处理工程量，按其面层的工程量计算。

（5）裱糊项目工程量，按设计图示尺寸以面积计算。

油漆、涂料工程量系数表见表 2-14-1～表 2-14-9。

表 2-14-1　　　　　　　　　　单层木门工程量系数表

项目名称	系数	工程量计算方法
单层木门	1.00	按设计图示洞口尺寸以面积计算
双层（一板一纱）木门	1.36	
单层全玻门	0.83	
木百叶门	1.25	
厂库木门	1.10	
无框装饰门、成品门	1.10	按设计图示门扇面积计算

表 2-14-2　　　　　　　　　　单层木窗工程量系数表

项目名称	系数	工程量计算方法
单层玻璃窗	1.00	按设计图示洞口尺寸以面积计算
单层组合窗	0.83	
双层（一玻一纱）木窗	1.36	
木百叶窗	1.5	

表 2-14-3　　　　　　　　　　墙面墙裙工程量系数表

项目名称	系数	工程量计算方法
无造型墙面墙裙	1.00	按设计图示尺寸以面积计算
有造型墙面墙裙	1.25	

表 2-14-4   **木扶手工程量系数表**

项目名称	系数	工程量计算方法
木扶手	1.00	按设计图示尺寸以长度计算
木门框	0.88	
明式窗帘盒	2.04	
封檐板、搏风板	1.74	
挂衣板	0.52	
挂镜线	0.35	
木线条宽度 50mm 内	0.20	
木线条宽度 100mm 内	0.35	
木线条宽度 200mm 内	0.45	

表 2-14-5   **其他木材面工程量系数表**

项目名称	系数	工程量计算方法
装饰木夹板、胶合板及其他木材面天棚	1.00	按设计图示尺寸以面积计算
木方格吊顶天棚	1.20	
吸音板墙面、天棚面	0.87	
窗台板、门窗套、踢脚线、暗式窗帘盒	1.00	
暖气罩	1.28	
木间壁、木隔断	1.90	按设计图示尺寸以单面外围面积计算
玻璃间壁露明墙筋	1.65	
木栅栏、木栏杆(带扶手)	1.82	
木屋架	1.79	跨度(长)×中高/2
屋面板(带檩条)	1.11	按设计图示尺寸以面积计算
柜类、货架	1.00	按设计图示尺寸以油漆部分展开面积计算
零星木装饰	1.10	

表 2-14-6   **木地板工程量系数表**

项目名称	系数	工程量计算方法
木地板	1.00	按设计图示尺寸以面积计算。空洞、空圈、暖气包槽、壁龛的开口部分并入相应工程量内
木楼梯(不包括底面)	2.30	按设计图示尺寸以水平投影面积计算,不扣除宽度小于 300mm 的楼梯井

金属面油漆工程量系数见表 2-14-7、表 2-14-8。

表 2-14-7　　　　　　　　　　　　单层钢门窗工程量系数表

项目名称	系数	工程量计算方法
单层钢门窗	1.00	按设计图示洞口尺寸以面积计算
双层(一玻一纱)钢门窗	1.48	
满钢门或包铁皮门	1.63	
钢折叠门	2.30	
厂库房平开门、推拉门	1.70	
铁丝网大门	0.81	
间壁	1.85	按设计图示尺寸以面积计算
平板屋面	0.74	
瓦垄板屋面	0.89	
排水、伸缩缝盖板	0.78	按展开面积计算
吸气罩	1.63	按水平投影面积计算

表 2-14-8　　　　　　　　　　　　其他金属面工程量系数表

项目名称	系数	工程量计算方法
钢屋架、天窗架、挡风架、屋架梁、支撑、檩条	1.00	按设计图示尺寸以质量计算
墙架(空腹式)	0.50	
墙架(格板式)	0.82	
钢柱、吊车梁、花式梁柱、空花构件	0.63	
操作台、走台、制动梁、钢梁车挡	0.71	
钢栅栏门、栏杆、窗栅	1.71	
钢爬梯	1.18	
轻型屋架	1.42	
踏步式钢扶梯	1.05	
零星构件	1.32	

抹灰面油漆、涂料系数见表 2-14-9。

表 2-14-9　　　　　　　　　　　　抹灰面工程量系数表

项目名称	系数	工程量计算方法
槽形底板、混凝土折板	1.30	按设计图示尺寸以面积计算
有梁板底	1.10	
密肋、井字梁底板	1.50	
混凝土楼梯板底	1.37	按水平投影面积计算

14.3 油漆、涂料及裱糊工程定额计量应用

【例 2-14-1】 某单层建筑物如图 2-4-5 和图 2-4-6 所示,内、外墙均为 240mm 厚灰砂砖墙,楼板厚 100mm,门窗尺寸如表 2-4-4 所示。内墙面混合砂浆 20mm 厚;刮腻子二遍、乳胶漆涂料三遍。试计算内墙面抹灰面刮腻子、刷涂料的定额工程量,确定定额项目。

【解】 内墙面抹灰定额工程量:

$$S = [(3.3-0.24+5.34-0.24\times2)\times2\times3+(5.0-0.24+3.6-0.24)]\times(3.3-0.1)\div10$$
$$= 17.805(10m^2)$$

$$扣门窗工程量 = (16.2+7.56+7.2)\div10 = 3.096(10m^2)$$

$$S_{抹灰面积} = 17.805-3.096 = 14.709(10m^2)$$

无造型墙面、墙裙刮腻子、刷涂料工程量=14.709×1.0=14.709(10m²)

内墙抹灰面刮腻子二遍定额参见表 2-14-10,套定额 14-4-1。

表 2-14-10 **满刮调制腻子定额**

工作内容:清理基层,调制、刮腻子,磨砂纸等。 （计量单位:10m²）

定额编号		14-4-1	14-4-2	14-4-3	14-4-4	14-4-5	14-4-6
项目名称		满刮调制腻子					
		内墙抹灰面		天棚抹灰面		外墙抹灰面	
		二遍	每增一遍	二遍	每增一遍	二遍	每增一遍
名称	单位	消耗量					
人工 综合工日	工日	0.35	0.21	0.39	0.23	0.38	0.23
材料 108 胶	kg	1.0000	0.3500	1.0000	0.3500	1.8000	0.6000
滑石粉	kg	3.6500	1.2800	3.6500	1.2800	—	—
砂纸	张	6.0000	3.0000	6.0000	3.0000	6.0000	3.0000
白乳胶	kg	—	—	—	—	0.2500	0.0800
白水泥	kg	—	—	—	—	5.0000	1.6700

室内乳胶漆二遍(光面)定额参见表 2-14-11,套定额 14-3-7。

表 2-14-11 **室内乳胶漆二遍定额**

工作内容:清理基层、刷涂料等。 （计量单位:10m²）

定额编号		14-3-7	14-3-8	14-3-9	14-3-10
项目名称		室内乳胶漆二遍			
		墙、柱面		天棚	零星项目
		光面	毛面		
名称	单位	消耗量			
人工 综合工日	工日	0.38	0.37	0.47	0.51

定额编号		14-3-7	14-3-8	14-3-9	14-3-10
项目名称		室内乳胶漆二遍			
		墙、柱面		天棚	零星项目
		光面	毛面		
名称	单位	消耗量			
材料 乳胶漆	kg	2.7810	3.6150	2.9200	4.3380
砂纸	张	0.6000	—	0.8000	0.5000
白布	m²	0.0050	—	0.0070	0.0040

室内乳胶漆每增一遍墙、柱面(光面)定额参见表 2-14-12,套定额 14-3-11。

表 2-14-12　**室内抹灰面乳胶漆每增一遍定额**

工作内容:刷涂料一遍。　　　　　　　　　　　　　　　　　　(计量单位:10m²)

定额编号		14-3-11	14-3-12	14-3-13	14-3-14
项目名称		室内乳胶漆每增一遍			
		墙、柱面		天棚	零星项目
		光面	毛面		
名称	单位	消耗量			
人工 综合工日	工日	0.16	0.16	0.19	0.22
材料 乳胶漆	kg	1.3910	1.8080	1.4600	2.1690
砂纸	张	0.3000	—	0.4000	0.2500

【例 2-14-2】　某单层建筑物如图 2-4-5 和图 2-4-6 所示,内、外墙均为 240mm 厚灰砂砖墙,楼板厚 100mm,门窗尺寸如表 2-4-4 所示。外墙面及女儿墙顶面、内侧水泥砂浆抹灰面刮腻子二遍,刷丙烯酸涂料一底二涂。试计算外墙涂料工程的定额工程量,确定定额项目。

【解】　外墙面抹灰工程量:

$$S_1 = (15.24 + 5.34) \times 2 \times (0.15 + 3.6) \div 10 = 15.435(10m^2)$$

$$扣门窗工程量 = (16.2 + 7.56 + 7.2) \div 10 = 3.096(10m^2)$$

女儿墙顶面抹灰工程量:

$$S_2 = (15 + 5.34 - 0.24) \times 2 \times 0.24 \div 10 = 0.965(10m^2)$$

女儿墙内侧抹灰工程量:

$$S_3 = (15 + 5.34 - 0.24 \times 3) \times 2 \times 0.6 \div 10 = 2.354(10m^2)$$

$$外墙抹灰(刷涂料)工程量 = 15.435 - 3.096 + 0.965 + 2.354 = 15.658(10m^2)$$

外墙面水泥砂浆面刮腻子二遍,定额参见表 2-14-10,套定额 14-4-5。

外墙抹灰面刷丙烯酸涂料一底二涂,定额参见表 2-14-13,套定额 14-3-29。

表 2-14-13　**外墙面丙烯酸涂料定额**

工作内容:清理基层、刷涂料等。　　　　　　　　　　　　　　(计量单位:10m²)

定额编号		14-3-29	14-3-30
项目名称		外墙面丙烯酸外墙涂料(一底二涂)	
		光面	毛面
名称	单位	消耗量	
人工 综合工日	工日	0.54	0.55
材料 丙烯乳胶漆	kg	4.2000	5.8000
丙烯酸清漆	kg	1.2000	1.1500

14.4 油漆、涂料及裱糊工程定额 BIM 计量案例

油漆、涂料及裱糊工程
定额 BIM 计量案例

知识归纳

(1)刮腻子定额套用要求。
(2)楼地面,天棚面,墙、柱面的喷(刷)涂料、油漆工程量计算规则。
(3)木材面、金属面、金属构件油漆工程量计算规则。
(4)木材面刷油漆、涂料工程量计算规则。
(5)基层处理工程量计算规则。

独立思考

2-14-1 简述楼地面,天棚面,墙、柱面的喷(刷)涂料、油漆工程工程量计算规则。

2-14-2 简述木材面、金属面、金属构件油漆工程量计算规则。

2-14-3 简述木材面刷油漆、涂料工程量计算规则。

独立思考与
习题答案

习 题

某单层房屋工程建筑平面、墙身大样图及楼面结构如图 2-4-12 所示,设计室内外高差为 0.3m,外墙厚 240mm,楼板厚 100mm。门窗尺寸为 C1:1500mm×1300mm,M1:900mm×2300mm。外墙水泥砂浆抹灰面刮腻子二遍,刷外墙丙烯酸涂料一底两涂;内墙、天棚混合砂浆面刮腻子二遍,乳胶漆三遍。计算内、外墙、天棚涂料工程的定额工程量,确定定额项目。

15 脚手架工程定额

![内容提要图标]

内容提要

本章的主要内容是脚手架工程定额计量与计价,主要介绍外脚手架、里脚手架、满堂脚手架工程的定额计量与计价调整,便于学生理解脚手架工程的定额应用与相关调整内容。

![能力要求图标]

能力要求

通过本章的学习,学生应了解外脚手架、里脚手架、满堂脚手架工程的定额项目划分及计算规则;能根据工程实际计算各类脚手架的定额工程量,确定定额项目。

15.1 脚手架工程定额说明

本章对应本定额第十七章,包括外脚手架,里脚手架,满堂脚手架,悬空脚手架、挑脚手架、防护架,依附斜道,安全网,烟囱(水塔)脚手架,电梯井脚手架等。

脚手架按搭设材料分为木制、钢管式;按搭设形式及作用分为落地钢管式脚手架、型钢平台挑钢管式脚手架、烟囱脚手架和电梯井脚手架等。

脚手架工作内容中,包括底层脚手架下的平土、挖坑,实际与定额不同时不得调整。

脚手架作业层铺设材料按木脚手板设置,实际使用不同材质时不得调整。

型钢平台外挑双排钢管脚手架子目,一般适用于自然地坪、低层屋面因不满足搭设落地脚手架条件或架体搭设高度大于50m等情况。

15.1.1 外脚手架

(1)现浇混凝土圈梁、过梁、楼梯、雨篷、阳台、挑檐中的梁和挑梁,各种现浇混凝土板、楼梯,不单独计算脚手架。

(2)计算外脚手架的建筑物四周外围的现浇混凝土梁、框架梁、墙,不另计算脚手架。

(3)砌筑高度不大于10m,执行单排脚手架子目;高度大于10m,或高度虽不大于10m,但外墙门窗及外墙装饰面积超过外墙表面积60%以上(或外墙为现浇混凝土墙、轻质砌块墙)时,执行双排脚手架子目。

(4)设计室内地坪至顶板下坪(或山墙高度1/2处)的高度大于6m时,内墙(非轻质砌块墙)砌筑脚手架,执行单排外脚手架子目;轻质砌块墙砌筑脚手架,执行双排外脚手架子目。

(5)外装饰工程的脚手架根据施工方案可执行外装饰电动提升式吊篮脚手架子目。

15.1.2　里脚手架

(1)建筑物内墙脚手架,凡设计室内地坪至顶板下表面(或山墙高度1/2处)的高度小于或等于3.6m(非轻质砌块墙),执行单排里脚手架子目;高度大于3.6m且小于或等于6m时,执行双排里脚手架子目。不能在内墙上留脚手架洞的各种轻质砌块墙等,执行双排里脚手架子目。

(2)石砌(带形)基础高度大于1m,执行双排里脚手架子目;石砌(带形)基础高度大于3m,执行双排外脚手架子目。边砌边回填时,不得计算脚手架。

15.1.3　悬空脚手架、挑脚手架、防护架

水平防护架和垂直防护架是指脚手架以外单独搭设的,用于车辆通行、人行通道、临街防护和施工与其他物体隔离等的防护。

15.1.4　依附斜道

斜道是按依附斜道编制的。独立斜道,按依附斜道子目人工、材料、机械乘以系数1.8。

15.1.5　烟囱(水塔)脚手架

(1)烟囱脚手架,综合了垂直运输架、斜道、缆风绳、地锚等内容。

(2)水塔脚手架,按相应的烟囱脚手架人工乘以系数1.11,其他不变。倒锥壳水塔脚手架,按烟囱脚手架相应子目乘以系数1.3。

15.1.6　电梯井脚手架

电梯井脚手架的搭设高度,是指电梯井底板上坪至顶板下坪(不包括建筑物顶层电梯机房)之间的高度。

15.2　脚手架工程量计算规则

脚手架计取的起点高度,基础及石砌体高度大于1m,其他结构高度大于1.2m。计算内、外墙脚手架时,均不扣除门窗洞口、空圈洞口等所占的面积。

15.2.1　外脚手架

(1)建筑物外脚手架,高度自设计室外地坪算至檐口(或女儿墙顶)。同一建筑物有不同檐高时,按建筑物的不同檐高纵向分割,分别计算,并按各自的檐高执行相应子目。地下室外脚手架的

高度,按其底板上坪至地下室顶板上坪之间的高度计算。

(2)外脚手架按外墙外边线长度乘以高度以面积计算。凸出墙面宽度大于240mm的墙垛、外挑阳台(板)等,按图示尺寸展开并入外墙长度内计算。

(3)现浇混凝土独立基础,按柱脚手架规则计算(外围周长按最大底面周长),执行单排外脚手架子目。

(4)混凝土带形基础、带形桩承台、满堂基础,按混凝土墙的规定计算脚手架,其中满堂基础脚手架长度按外形周长计算。

(5)独立柱(现浇混凝土框架柱)按柱图示结构外围周长另加3.6m,乘以设计柱高以面积计算,执行单排外脚手架项目。

首层柱设计柱高＝首层层高＋基础上表面至设计室内地坪高度

(6)各种现浇混凝土独立柱、框架柱、砖柱、石柱等,均需单独计算脚手架。现浇混凝土构造柱,不单独计算脚手架。

(7)现浇混凝土梁、墙,按设计室外地坪或楼板上表面至楼板底之间的高度,乘以梁、墙净长以面积计算,执行双排外脚手架子目。与混凝土墙同一轴线且同时浇筑的墙上梁不单独计取脚手架。

(8)轻型框剪墙按墙规定计算,不扣除洞口所占面积,洞口上方梁不另计算脚手架。

(9)现浇混凝土(室内)梁(单梁、连续梁、框架梁),按设计室外地坪或楼板上表面至楼板底之间的高度乘以梁净长,以面积计算,执行双排外脚手架子目。有梁板中的板下梁不计取脚手架。

15.2.2　里脚手架

(1)里脚手架按墙面垂直投影面积计算。

(2)内墙面装饰,按装饰面执行里脚手架计算规则计算装饰工程脚手架。内墙面装饰高度不大于3.6m时,按相应脚手架子目乘以系数0.3计算;高度大于3.6m的内墙装饰,按双排里脚手架乘以系数0.3。按规定计算满堂脚手架后,室内墙面装饰工程,不再计内墙装饰脚手架。

(3)(砖砌)围墙脚手架,按室外自然地坪至围墙顶面的砌筑高度乘以长度,以面积计算。围墙脚手架,执行单排里脚手架相应子目。石砌围墙或厚度大于2砖的砖围墙,增加一面双排里脚手架。

15.2.3　满堂脚手架

(1)按室内净面积计算,不扣除柱、垛所占面积。

(2)结构净高大于3.6m时,可计算满堂脚手架。

(3)当结构净高大于3.6m且小于或等于5.2m时,计算基本层;结构净高不大于3.6m时,不计算满堂脚手架。

(4)结构净高大于5.2m时,每增加1.2m按增加一层计算,不足0.6m的不计。

15.2.4　悬空脚手架、挑脚手架、防护架

(1)悬空脚手架,按搭设水平投影面积计算。

(2)挑脚手架,按搭设长度和层数以长度计算。

(3)水平防护架,按实际铺板的水平投影面积计算;垂直防护架,按自然地坪至最上一层横杆之间的搭设高度乘以实际搭设长度,以面积计算。

15.2.5 依附斜道

依附斜道,按不同搭设高度以"座"计算。

15.2.6 安全网

(1)平挂式安全网(脚手架外侧与建筑物外墙之间的安全网),按水平挂设的投影面积计算,执行立挂式安全网子目。

(2)立挂式安全网,按架网部分的实际长度乘以实际高度,以面积计算。

(3)挑出式安全网,按挑出的水平投影面积计算。

(4)建筑物垂直封闭工程量,按封闭墙面的垂直投影面积计算。建筑物垂直封闭采用交替倒用时,工程量按倒用封闭过的垂直投影面积计算,执行定额子目时,封闭材料竹席、竹笆、密目网分别乘以系数 0.5、0.33、0.33。

15.2.7 烟囱(水塔)脚手架

烟囱(水塔)脚手架,按不同搭设高度以"座"计算。

15.2.8 电梯井字架

电梯井字架,按不同搭设高度以"座"计算。

15.2.9 其他

(1)设备基础脚手架,按其外形周长乘以地坪至外形顶面边线之间的高度,以面积计算,执行双排里脚手架子目。

(2)砌筑贮仓脚手架,不分单筒或贮仓组,均按单筒外边线周长,乘以设计室外地坪至贮仓上口之间高度,以面积计算,执行双排外脚手架子目。

(3)贮水(油)池脚手架,按外壁周长乘以室外地坪至池壁顶面之间的高度,以面积计算。贮水(油)池凡距地坪高度大于 1.2m 时,执行双排外脚手架子目。

(4)大型现浇混凝土贮水(油)池、框架式设备基础的混凝土壁、柱、顶板梁等混凝土浇筑脚手架,按现浇混凝土墙、柱、梁的相应规定计算。

15.3 脚手架工程定额计量应用

【例 2-15-1】 某单层钢筋混凝土框架结构建筑物,室内外高差为 0.3m,层高为 4.2m。建筑平面图、柱独立基础配筋图、柱网布置及配筋图、一层顶梁结构图、一层顶板结构图如图 2-4-7～图 2-4-11 所示。

外墙为 240mm 厚加气混凝土砌块墙,首层墙体砌筑在顶面标高为 -0.20m 的钢筋混凝土基础梁上。内墙混合砂浆抹灰,刮腻子刷乳胶漆;外墙水泥砂浆抹灰,刮腻子刷丙烯酸涂料。计算钢管脚手架的工程量,确定定额项目。

【解】 (1)单排外脚手架。

① 柱独立基础脚手架工程量:

$$S = (2.0 \times 4 + 3.6) \times 0.5 \times 12 \div 10 = 6.96(10m^2)$$

② 框架柱单排外脚手架工程量：
$$(0.5 \times 4 + 3.6) \times (4.2 + 1.3) \times 12 \div 10 = 36.96(10m^2)$$

③ 单排外脚手架工程量合计：
$$6.96 + 36.96 = 43.92(10m^2)$$

④ 单排外脚手架定额。

单排钢管外脚手架高度不大于6m，定额参见表2-15-1，套定额17-1-6。

表 2-15-1

外脚手架定额

工作内容：平土、挖坑、安底座、材料场内外运输、搭拆脚手架、上料平台、挡脚板、
护身栏杆、上下翻板子和拆除后的材料堆放、整理外运等。

（计量单位：10m²）

定额编号			17-1-6	17-1-7	17-1-8
项目名称			钢管架		
			单排	双排	单排
			≤6m		≤10m
名称		单位	消耗量		
人工	综合工日	工日	0.46	0.64	0.58
材料	钢管 φ48.3×3.6	m	0.6477	0.9986	0.9608
	对接扣件	个	0.0395	0.0780	0.0870
	直角扣件	个	0.3588	0.7394	0.6371
	回转扣件	个	0.0177	0.0177	0.0949
	木脚手板厚5cm	m³	0.0152	0.0182	0.0169
	底座	个	0.0322	0.0634	0.0354
	红丹防锈漆	kg	0.2184	0.3409	0.3358
	油漆溶剂油	kg	0.0250	0.0385	0.0382
	铁件	kg	—	—	1.3333
	镀锌低碳钢丝 8#	kg	1.7666	2.0879	1.3546
	圆钉	kg	0.1714	0.2020	0.1173
机械	载重汽车 6t	台班	0.0340	0.0490	0.0340

（2）双排外脚手架。

① 建筑物外脚手架。

本工程砌筑高度不大于10m，但外墙为轻质砌块墙时执行双排脚手架子目。
$$外脚手架工程量 = (15.5 + 13.7) \times 2 \times (0.3 + 4.2) \div 10 = 26.28(10m^2)$$

② 室内梁双排外脚手架。

a. KL2 框架梁脚手架工程量：
$$S_1 = [4.2 - (0.15 + 0.1)/2 + 0.3] \times 7.0 \times 2 \times 2 \div 10 = 12.25(10m^2)$$

b. KL4 框架梁脚手架工程量：
$$S_2 = (4.2 - 0.15 + 0.3) \times (5.4 - 0.5) \times 2 \div 10 = 4.263(10m^2)$$
$$S_3 = (4.2 - 0.1 + 0.3) \times (2.4 - 0.5) \div 10 = 0.836(10m^2)$$

c. 双排外脚手架工程量合计：
$$26.28 + 12.25 + 4.263 + 0.836 = 43.629(10m^2)$$

d. 双排钢管外脚手架定额。

双排钢管外脚手架高度不大于 6m,定额参见表 2-15-1,套定额 17-1-7。

(3)满堂脚手架。

满堂脚手架工程量:

$$(15.5-0.24\times2)\times(13.7-0.24\times2)\div10=19.856(10m^2)$$

满堂脚手架基本层,定额参见表 2-15-2,套定额 17-3-3。

表 2-15-2 满堂脚手架定额

工作内容:平土、挖坑、安底座、选料、材料场内外运输、

搭拆架子、脚手板,拆除后材料堆放、外运等。 (计量单位:10m²)

定额编号			17-3-1	17-3-2	17-3-3	17-3-4
项目名称			木架		钢管架	
			基本层	增加层1.2m	基本层	增加层1.2m
名称		单位	消耗量			
人工	综合工日	工日	0.81	0.18	0.93	0.19
材料	木脚手杆 ϕ100mm	m³	0.0128	0.0031	—	—
	木脚手板厚5cm	m³	0.0095	—	0.0152	—
	钢管 ϕ48.3×3.6	m	—	—	0.2600	0.0870
	对接扣件	个	—	—	0.0437	0.0146
	直角扣件	个	—	—	0.1518	0.0510
	回转扣件	个	—	—	0.0478	0.0156
	镀锌低碳钢丝	kg	5.5590	1.8530	2.9340	—
	圆钉	kg	0.2850	—	0.2850	—
	红丹防锈漆	kg	—	—	0.0870	0.0290
	油漆溶剂油	kg	—	—	0.0100	0.0030
机械	载重汽车6t	台班	0.0690	0.0100	0.0740	0.0100

15.4 脚手架工程定额 BIM 计量案例

脚手架工程定额 BIM 计量案例

知识归纳

(1)建筑物里脚手架工程量计算规则。

(2)建筑物外脚手架工程量计算规则。

(3)独立柱脚手架工程量计算规则。

(4)现浇混凝土梁、墙脚手架工程量计算规则。

(5)现浇混凝土(室内)梁(单梁、连续梁、框架梁)脚手架工程量计算规则。

(6)满堂脚手架工程量计算规则。

独立思考

2-15-1　简述建筑物外脚手架工程量计算规则。

2-15-2　简述独立柱(现浇混凝土框架柱)脚手架工程量计算规则。

2-15-3　简述现浇混凝土梁、墙脚手架工程量计算规则。

2-15-4　简述满堂脚手架工程量计算规则。

习　题

某单层房屋工程建筑平面、墙身大样图及楼面结构如图 2-4-12 所示,设计室内外高差为 0.3m,外墙厚 240mm,采用 1∶2 水泥砂浆,刮腻子刷外墙涂料,内墙、天棚为混合砂浆抹灰,刮腻子刷涂料。楼板厚 100mm。计算该工程建筑物外脚手架、梁脚手架、满堂脚手架的定额工程量,确定定额项目。

独立思考与
习题答案

16 模板工程定额

![内容提要]

本章的主要内容是模板工程定额计量与计价，主要介绍各类模板工程的定额计量与计价调整，便于学生理解模板工程的定额应用与相关调整内容。

![能力要求]

通过本章的学习，学生应了解模板工程的定额项目划分及计算规则；能根据工程实际计算模板工程的定额工程量，确定定额项目。

16.1 模板工程定额说明

本章对应本定额第十八章，包括现浇混凝土模板、现场预制混凝土模板、构筑物混凝土模板。定额按不同构件，分别以组合钢模板钢支撑、木支撑，复合木模板钢支撑、木支撑，木模板、木支撑编制。

16.1.1 现浇混凝土模板

(1)现浇混凝土杯形基础的模板，执行现浇混凝土独立基础模板子目，定额人工乘以系数1.13，其他不变。

(2)现浇混凝土直形墙、电梯井壁等项目，如设计要求防水等特殊处理，套用本章有关子目后，增套本定额"第五章钢筋及混凝土工程"对拉螺栓增加子目。

(3)现浇混凝土板的倾斜度大于15°时，其模板子目定额人工乘以系数1.3。

(4)现浇混凝土柱、梁、墙、板是按支模高度(地面支撑点至模底或支模顶)3.6m 编制的，支模高度大于3.6m 时，另行计算模板支撑超高部分的工程量。

轻型框剪墙的模板支撑超高，执行墙支撑超高子目。

(5)对拉螺栓与钢、木支撑结合的现浇混凝土模板子目,定额按不同构件、不同模板材料和不同支撑工艺综合考虑,实际使用钢、木支撑的用量与定额不同时,不得调整。

16.1.2 现场预制混凝土模板

现场预制混凝土模板子目,人工、材料、机械消耗量分别乘以构件操作损耗系数 1.012。

16.1.3 构筑物混凝土模板

(1)采用钢滑升模板施工的烟囱、水塔支筒及筒仓是按无井架施工编制的,定额内综合了操作平台,使用时不再计算脚手架及竖井架。

(2)用钢滑升模板施工的烟囱、水塔,提升模板使用的钢爬杆用量是按一次摊销编制的,贮仓是按两次摊销编制的,设计要求不同时,允许换算。

(3)倒锥壳水塔塔身钢滑升模板项目,也适用于一般水塔塔身滑升模板工程。

(4)烟囱钢滑升模板项目均已包括烟囱筒身、牛腿、烟道口,水塔钢滑升模板均已包括直筒、门窗洞口等模板用量。

16.1.4 复合木模板周转次数

实际工程中复合木模板周转次数与定额不同时,可按实际周转次数,根据式(2-16-1)～式(2-16-4)分别对子目材料中的复合木模板、锯成材消耗量进行计算调整。

$$复合木模板消耗量=模板一次使用量\times(1+5\%)\times模板制作损耗系数\div周转次数 \quad (2\text{-}16\text{-}1)$$
$$锯成材消耗量=定额锯成材消耗量-N_1+N_2 \quad (2\text{-}16\text{-}2)$$
$$N_1=模板一次使用量\times(1+5\%)\times方木消耗系数\div定额模板周转次数 \quad (2\text{-}16\text{-}3)$$
$$N_2=模板一次使用量\times(1+5\%)\times方木消耗系数\div实际周转次数 \quad (2\text{-}16\text{-}4)$$

式中复合木模板制作损耗系数、方木消耗系数见表 2-16-1。

表 2-16-1　复合木模板制作损耗系数、方木消耗系数表

构件部位	基础	柱	构造柱	梁	墙	板
复合木模板制作损耗系数	1.1392	1.1047	1.2807	1.1688	1.0667	1.0787
方木消耗系数	0.0209	0.0231	0.0249	0.0247	0.0208	0.0172

16.2 模板工程量计算规则

16.2.1 现浇混凝土模板工程量

现浇混凝土模板工程量,除另有规定外,按模板与混凝土的接触面积(扣除后浇带所占面积)计算。

(1)基础按混凝土与模板接触面的面积计算。

① 基础与基础相交时重叠的模板面积不扣除;直形基础端头的模板,也不增加。

② 杯形基础模板面积按独立基础模板计算,杯口内的模板面积并入相应基础模板工程量内。

③ 现浇混凝土带形桩承台的模板,执行现浇混凝土带形基础(有梁式)模板子目。

(2)现浇混凝土柱模板,按柱四周展开宽度乘以柱高,以面积计算。

① 柱、梁相交时,不扣除梁头所占柱模板面积。

② 柱、板相交时,不扣除板厚所占柱模板面积。

(3)构造柱模板,按混凝土外露宽度乘以柱高以面积计算;构造柱与砌体交错咬槎连接时,按混凝土外露面的最大宽度计算。构造柱与墙的接触面不计算模板面积。

(4)现浇混凝土梁模板,按混凝土与模板的接触面积计算。

① 矩形梁,支座处的模板不扣除,端头处的模板不增加。

② 梁、梁相交时,不扣除次梁梁头所占主梁模板面积。

③ 梁、板连接时,梁侧壁模板算至板下坪。

④ 过梁与圈梁连接时,其过梁长度按洞口两端共加 50cm 计算。

(5)现浇混凝土墙的模板,按混凝土与模板接触面积计算。

① 现浇钢筋混凝土墙、板上单孔面积不大于 $0.3m^2$ 的孔洞,不予扣除,洞侧壁模板亦不增加;单孔面积大于 $0.3m^2$ 时,应予扣除,洞侧壁模板面积并入墙、板模板工程量内计算。

② 墙、柱连接时,柱侧壁按展开宽度,并入墙模板面积内计算。

③ 墙、梁相交时,不扣除梁头所占墙模板面积。

(6)现浇钢筋混凝土框架结构分别按柱、梁、墙、板有关规定计算。轻型框剪墙子目已综合轻体框架中的梁、墙、柱内容,但不包括电梯井壁、矩形梁、挑梁,其工程量按混凝土与模板接触面积计算。

(7)现浇混凝土板的模板,按混凝土与模板的接触面积计算。

① 伸入梁、墙内的板头,不计算模板面积。

② 周边带翻檐的板(如卫生间混凝土防水带等),底板的板厚部分不计算模板面积;翻檐两侧的模板,按翻檐净高度,并入板的模板工程量内计算。

③ 板、柱相接时,板与柱接触面的面积不大于 $0.3m^2$ 时,不予扣除;面积大于 $0.3m^2$ 时,应予扣除。柱、墙相接时,柱与墙接触面的面积应予扣除。

④ 现浇混凝土有梁板的板下梁的模板支撑高度,自地(楼)面支撑点计算至板底,执行板的支撑高度超高子目。

⑤ 柱帽模板面积按无梁板模板计算,其工程量并入无梁板模板工程量中,模板支撑超高按板支撑超高计算。

(8)柱与梁、柱与墙、梁与梁等连接的重叠部分,以及伸入墙内的梁头、板头部分,均不计算模板面积。

(9)后浇带按模板与后浇带的接触面积计算。

(10)现浇混凝土斜板、折板模板,按平板模板计算;预制板板缝大于 40mm 的模板,按平板后浇带模板计算。

(11)现浇钢筋混凝土雨篷、悬挑板、阳台板按图示外挑部分尺寸的水平投影面积计算。挑出墙外的牛腿梁及板边模板不另计算。现浇混凝土悬挑板的翻檐,其模板工程量按翻檐净高计算,执行"天沟、挑檐"子目;若翻檐高度大于 300mm,执行"栏板"子目。

现浇混凝土天沟、挑檐按模板与混凝土接触面积计算。

(12)现浇混凝土柱、梁、墙、板的模板支撑高度按如下方法计算。

柱、墙：地(楼)面支撑点至构件顶坪。梁：地(楼)面支撑点至梁底。板：地(楼)面支撑点至板底坪。

① 现浇混凝土柱、梁、墙、板的模板支撑高度大于 3.6m 时，另行计算模板超高部分的工程量。

② 梁、板(水平构件)模板支撑超高的工程量计算见式(2-16-5)和式(2-16-6)。

$$超高次数 = (支模高度 - 3.6)/1 \quad (遇小数进为1,不足1按1计算) \quad (2-16-5)$$
$$超高工程量(m^2) = 超高构件的全部模板面积 \times 超高次数 \quad (2-16-6)$$

③ 柱、墙(竖直构件)模板支撑超高的工程量计算见式(2-16-7)。

超高次数分段计算：自高度大于 3.60m,第一个 1m 为超高 1 次,第二个 1m 为超高 2 次,依次类推;不足 1m,按 1m 计算。

$$超高工程量(m^2) = \sum (相应模板面积 \times 超高次数) \quad (2-16-7)$$

④ 构造柱、圈梁、大钢模板墙,不计算模板支撑超高。

⑤ 墙、板后浇带的模板支撑超高,并入墙、板支撑超高工程量内计算。

(13)现浇钢筋混凝土楼梯,按水平投影面积计算,不扣除宽度小于或等于 500mm 楼梯井所占面积。楼梯的踏步、踏步板、平台梁等侧面模板,不另计算,伸入墙内部分亦不增加。

(14)混凝土台阶(不包括梯带),按图示台阶尺寸的水平投影面积计算,台阶端头两侧不另计算模板面积。

(15)小型构件是指单件体积不大于 0.1m³ 的未列项目的构件。

现浇混凝土小型池槽按构件外围体积计算,不扣除池槽中间的空心部分。池槽内、外侧及底部的模板不另计算。

(16)塑料模壳工程量,按板的轴线内包投影面积计算。

(17)地下暗室模板拆除增加,按地下暗室内的现浇混凝土构件的模板面积计算。地下室设有室外地坪以上的洞口(不含地下室外墙出入口)、地上窗的,不再套用本子目。

(18)对拉螺栓端头处理增加,按设计要求防水等特殊处理的现浇混凝土直形墙、电梯井壁(含不防水面)模板面积计算。

(19)对拉螺栓堵眼增加,按相应构件混凝土模板面积计算。

16.2.2 现场预制混凝土构件模板工程量

(1)现场预制混凝土模板工程量,除注明者外均按混凝土实体体积计算。

(2)预制桩按桩体积(不扣除桩尖虚体积部分)计算。

16.2.3 构筑物混凝土模板工程量

(1)构筑物工程的水塔,贮水(油)、化粪池,贮仓的模板工程量,按混凝土与模板的接触面积计算。

(2)液压滑升钢模板施工的烟囱、倒锥壳水塔支筒、水箱、筒仓等均以混凝土体积计算。

(3)倒锥壳水塔的水箱提升根据不同容积,按数量以"座"计算。

16.3 模板工程定额计量应用

【例 2-16-1】 某单层钢筋混凝土框架结构建筑物,层高为 4.2m。建筑平面图、柱独立基础配筋图、柱网布置及配筋图、一层顶梁结构图、一层顶板结构图如图 2-4-7~图 2-4-11 所示。

独立基础垫层宽度为 2.20m。外墙为 240mm 厚加气混凝土砌块墙。M1 为 1900mm×3300mm 的铝合金平开门,C1 为 2100mm×2400mm 的铝合金推拉窗,C2 为 1200mm×2400mm 的铝合金推拉窗,C3 为 1800mm×2400mm 的铝合金推拉窗,窗台高 900mm。门窗洞口上设现浇钢筋混凝土过梁,截面尺寸为 240mm×180mm,过梁两端各伸出洞边 250mm。独立基础、过梁采用复合木模板木支撑,其他现浇构件采用复合木模板钢支撑。计算现浇独立基础、柱、框架梁、过梁、现浇板的模板工程量,确定定额项目。

【解】 (1)现浇独立基础垫层模板。

① 定额工程量:$S=2.2×4×0.1×12÷10=1.056(10m^2)$。

② 独立基础垫层木模板,定额参见表 2-16-2,套定额 18-1-1。

表 2-16-2 **混凝土基础垫层木模板定额**

工作内容:木模板制作、安装、拆除、整理堆放及场内运输,
清理模板黏结物及模内杂物,刷隔离剂等。 (计量单位:10m²)

定额编号			18-1-1
项目名称			混凝土基础垫层木模板
名称		单位	消耗量
人工	综合工日	工日	1.05
材料	水泥抹灰砂浆 1:2	m³	0.0012
	镀锌低碳钢丝 22#	kg	0.0180
	模板材	m³	0.1445
	隔离剂	kg	1.0000
	圆钉	kg	1.9730
机械	木工圆锯机 500mm	台班	0.0160

(2)现浇独立基础模板。

① 定额工程量:$S=2.0×4×0.3×12÷10=2.88(10m^2)$。

② 独立基础复合木模板,定额参见表 2-16-3,套定额 18-1-15。

表 2-16-3 **独立基础模板定额**

工作内容:复合木模板制作、模板安装、拆除、整理堆放及场内运输,
清理模板黏结物及模内杂物,刷隔离剂等。 (计量单位:10m²)

定额编号			18-1-12	18-1-13	18-1-14	18-1-15
项目名称			独立基础			
			无筋混凝土		钢筋混凝土	
			组合钢模板	复合木模板	组合钢模板	复合木模板
			木支撑			
名称		单位	消耗量			
人工	综合工日	工日	2.76	2.74	2.77	2.74

续表

定额编号		18-1-12	18-1-13	18-1-14	18-1-15
项目名称		独立基础			
		无筋混凝土		钢筋混凝土	
		组合钢模板	复合木模板	组合钢模板	复合木模板
		木支撑			
名称	单位	消耗量			
材料					
草板纸 80#	张	3.0000	3.0000	3.0000	3.0000
镀锌低碳钢丝 8#	kg	4.8540	4.8540	5.1990	5.1990
镀锌低碳钢丝 22#	kg	0.0180	0.0180	0.0180	0.0180
组合钢模板	kg	7.2130	—	7.5180	—
复合木模板	m³	—	11.9616	—	11.9616
零星卡具	kg	2.6060	—	2.7920	—
锯成材	m³	0.0697	0.2799	0.0740	0.2840
隔离剂	kg	1.0000	1.0000	1.0000	1.0000
圆钉	kg	1.1880	2.0219	1.2720	2.0849
机械					
木工圆锯机 500mm	台班	0.0060	0.0930	0.0070	0.0940
木工双面压刨床 600mm	台班	—	0.0160	—	0.0160

(3)现浇框架柱模板。

① 定额工程量：$S=0.5\times4\times(4.2+1.3)\times12\div10=13.20(10m^2)$。

② 框架柱复合木模板钢支撑，定额参见表 2-16-4，套定额 18-1-36。

③ 柱支撑高度：$4.2-3.6=0.6(m)<1m$，超高模板的工程量：

$$0.5\times4\times0.6\times12\div10=1.44(10m^2)$$

④ 柱支撑超高，定额参见表 2-16-5，套定额 18-1-48。

表 2-16-4　　　　　　　　**矩形柱模板定额**

工作内容：复合木模板制作，模板安装、拆除、整理堆放及场内运输，
清理模板黏结物及模内杂物，刷隔离剂等。

（计量单位：10m²）

定额编号		18-1-34	18-1-35	18-1-36	18-1-37
项目名称		矩形柱			
		组合钢模板		复合木模板	
		钢支撑	木支撑	钢支撑	木支撑
名称	单位	消耗量			
人工	综合工日	工日	3.04	3.07	2.20	2.20
材料	草板纸 80#	张	3.0000	3.0000	3.0000	3.0000
	组合钢模板	kg	8.4280	8.4280	—	—
	复合木模板	m²	—	—	2.8998	2.8998
	零星卡具	kg	7.1970	6.5240	0.6730	—
	支撑钢管及扣件	kg	4.5940	—	4.5940	—
	锯成材	m³	0.0246	0.0583	0.0788	0.1125

续表

定额编号		18-1-34	18-1-35	18-1-36	18-1-37
项目名称		矩形柱			
		组合钢模板		复合木模板	
		钢支撑	木支撑	钢支撑	木支撑
名称	单位	消耗量			
材料 圆钉	kg	0.1800	0.4020	0.4593	0.6813
隔离剂	kg	1.0000	1.0000	1.0000	1.0000
铁件	kg	—	1.1420	—	1.1420
机械 木工圆锯机 500mm	台班	0.0060	0.0060	0.0220	0.0220
木工双面压刨床 600mm	台班	—	—	0.0040	0.0050

表 2-16-5 　　　　　　　　　　　**柱支撑高度大于 3.6m 定额**

工作内容:复合木模板、木模板制作,模板安装、拆除、整理堆放及场内运输,
　　　　　清理模板黏结物及模内杂物、刷隔离剂等。　　　　　　　　　（计量单位:10m²）

定额编号		18-1-46	18-1-47	18-1-48	18-1-49
项目名称		圆形柱		柱支撑高度大于 3.6m	
		木模板	复合木模板	每增加	每增加
		木支撑		1m 钢支撑	1m 木支撑
名称	单位	消耗量			
人工 综合工日	工日	5.99	2.89	0.28	0.31
材料 镀锌低碳钢丝 8#	kg	0.6540	0.6540	—	—
复合木模板	m²	—	2.8998	—	—
锯成材	m³	0.0700	0.1306	0.0021	0.1090
模板材	m³	0.1618	—	—	—
圆钉	kg	4.8490	5.1283	—	0.3350
隔离剂	kg	1.0000	1.0000	—	—
嵌缝料	kg	1.0000	1.0000	—	—
支撑钢管及扣件	kg	—	—	0.3337	—
机械 木工圆锯机 500mm	台班	0.1700	0.0220	—	—
木工双面压刨床 600mm	台班	—	0.0040	—	—

（4）现浇框架梁模板。

① 定额工程量。

KL1 模板:$S_1 = [0.3 + (0.6 - 0.15) \times 2] \times 15.5 \times 2 \div 10 = 3.72(10m^2)$。

KL2 模板:$S_2 = [0.3 + (0.6 - 0.125) \times 2] \times 15.5 \times 2 \div 10 = 3.875(10m^2)$。

KL3 模板:$S_3 = [0.3 + (0.6 - 0.15) \times 2] \times 13.7 \times 2 \div 10 = 3.288(10m^2)$。

KL4 模板(边跨):$S_4 = [0.3 + (0.6 - 0.15) \times 2] \times (13.7 - 2.4) \div 10 = 1.356(10m^2)$。

KL4 模板(中跨)：$S_5＝[0.3＋(0.6－0.1)×2]×2.4÷10＝0.312(10m^2)$。

框架梁模板工程量合计：$3.72＋3.875＋3.288＋1.356＋0.312＝12.551(10m^2)$。

② 框架梁复合木模板，定额参见表 2-16-6，套定额 18-1-56。

表 2-16-6　　　　　　　　　　　　　　　　矩形梁模板定额

工作内容：复合木模板制作，模板安装、拆除、整理堆放及场内运输，
　　　　　清理模板黏结物及模内杂物，刷隔离剂等。　　　　　　　　　　　　　　　　（计量单位：10m²）

定额编号		18-1-54	18-1-55	18-1-56	18-1-57
项目名称		矩形梁			
		组合钢模板		复合木模板	
		对拉螺栓			
		钢支撑	木支撑	钢支撑	木支撑
名称	单位	消耗量			
人工　综合工日	工日	3.24	3.24	2.38	2.48
材料　水泥抹灰砂浆 1:2	m³	0.0012	0.0012	0.0012	0.0012
草板纸 80#	张	3.0000	3.0000	3.0000	3.0000
镀锌低碳钢丝 8#	kg	1.6070	—	1.6070	—
镀锌低碳钢丝 22#	kg	0.0180	0.0180	0.0180	0.0180
对拉螺栓	kg	0.0460	0.0460	0.0460	0.0460
尼龙帽	个	3.7000	3.7000	3.7000	3.7000
塑料套管	套	1.6000	1.6000	1.6000	1.6000
组合钢模板	kg	8.3470	8.3470	—	—
复合木模板	m²	—	—	3.0681	3.0681
梁卡具模板用	kg	2.8260	—	2.8260	—
零星卡具	kg	4.4330	3.8910	0.5420	—
支撑钢管及扣件	kg	6.9480	—	6.9480	—
锯成材	m³	0.0046	0.0931	0.0683	0.1538
圆钉	kg	0.0470	3.6240	0.4548	3.2248
隔离剂	kg	1.0000	1.0000	1.0000	1.0000
机械　木工圆锯机 500mm	台班	0.0040	0.0370	0.0360	0.0690
木工双面压刨床 600mm	台班	—	—	0.0060	0.0060

③ 梁模板超高定额工程量确定。

梁模板高度：地面支撑点至梁底高度＝$4.2－0.6＝3.6(m)$，因此不计算超高。

(5)现浇平板模板。

① 定额工程量：

$$[15.5×13.7＋(15.5＋13.7－2.4×2)×2×0.15＋2.4×2×0.1]÷10＝22.015(10m^2)$$

② 现浇板复合木模板钢支撑，定额参见表 2-16-7，套定额 18-1-100。

表 2-16-7 　　　　　　　　　　　　**现浇板模板定额**

工作内容:复合木模板制作,模板安装、拆除、整理堆放及场内运输,
　　　　　清理模板黏结物及模内杂物,刷隔离剂等。　　　　　　　　　　　（计量单位:10m²）

定额编号			18-1-98	18-1-99	18-1-100	18-1-101
项目名称			平板			
			组合钢模板		复合木模板	
			钢支撑	木支撑	钢支撑	木支撑
名称		单位	消耗量			
人工	综合工日	工日	2.17	2.17	2.41	2.41
材料	水泥抹灰砂浆 1:2	m³	0.0003	0.0003	0.0003	0.0003
	草板纸 80#	张	3.0000	3.0000	3.0000	3.0000
	镀锌低碳钢丝 22#	kg	0.0180	0.0180	0.0180	0.0180
	组合钢模板	kg	7.3690	7.3690	—	—
	复合木模板	m²	—	—	2.8316	2.8316
	零星卡具	kg	2.9830	2.9830	—	—
	支撑钢管及扣件	kg	4.8010	—	4.8010	—
	锯成材	m³	0.0282	0.1101	0.0683	0.1502
	圆钉	kg	0.1790	1.9790	0.4914	2.2914
	隔离剂	kg	1.0000	1.0000	1.0000	1.0000
机械	木工圆锯机 500mm	台班	0.0090	0.0090	0.0360	0.0360
	木工双面压刨床 600mm	台班	—	—	0.0050	0.0050

③ 平板模板超高定额工程量。

平板模板高度:地面支撑点至板底高度=4.2－0.15=4.05(m)>3.6m,应计算模板超高。超高层数:4.05－3.6=0.45(m)<1m,计 1 次超高。

超高工程量为 22.105(10m²)。

④ 平板模板支撑超高,定额参见表 2-16-8,套定额 18-1-104。

表 2-16-8 　　　　　　　　　　　　**平板模板支撑超高定额**

工作内容:复合木模板、木模板制作,模板安装、拆除、整理堆放及场内运输,
　　　　　清理模板黏结物及模内杂物,刷隔离剂等。　　　　　　　　　　　（计量单位:10m²）

定额编号			18-1-102	18-1-103	18-1-104	18-1-105
项目名称			拱形板		板支撑高度大于 3.6m	
			木模板	复合木模板	每增加 1m 钢支撑	每增加 1m 木支撑
			对拉螺栓木支撑			
名称		单位	消耗量			
人工	综合工日	工日	4.72	3.73	0.30	0.66

续表

定额编号		18-1-102	18-1-103	18-1-104	18-1-105
项目名称		拱形板		板支撑高度大于3.6m	
		木模板	复合木模板	每增加1m钢支撑	每增加1m木支撑
		对拉螺栓木支撑			
名称	单位	消耗量			
尼龙帽	个	9.2358	9.2758	—	—
对拉螺栓	kg	0.2600	0.2600	—	—
塑料套管	套	4.6180	4.6180	—	—
镀锌低碳钢丝8#	kg	0.9950	0.9950	—	—
复合木模板	m²	—	2.8316	—	—
锯成材	m³	0.0838	0.1290	—	0.0210
模板材	m³	0.1133	—	—	—
隔离剂	kg	1.0000	1.0000	—	—
圆钉	kg	2.7510	2.5624	—	1.2860
嵌缝料	kg	1.0000	1.0000	—	—
支撑钢管及扣件	kg	—	—	1.0218	—
木工圆锯机500mm	台班	0.2480	0.0330	—	—
木工双面压刨床600mm	台班	—	0.0050	—	—

（材料行为上述材料类，机械行为末两行机械类）

(6)现浇过梁模板。

① 定额工程量。

C1 过梁模板：$S_1=[2.1×0.24+(2.1+0.5)×0.18×2]×8÷10=1.152(10m^2)$。

C2 过梁模板：$S_2=[1.2×0.24+(1.2+0.5)×0.18×2]÷10=0.09(10m^2)$。

C3 过梁模板：$S_3=[1.8×0.24+(1.8+0.5)×0.18×2]×4÷10=0.504(10m^2)$。

M1 过梁模板：$S_4=[1.9×0.24+(1.9+0.5)×0.18×2]÷10=0.132(10m^2)$。

过梁模板工程量合计：$1.152+0.09+0.504+0.132=1.878(10m^2)$。

② 过梁复合木模板，定额参见表2-16-9，套定额18-1-65。

③ 梁模板超高定额工程量确定。

过梁模板高度：地面支撑点至梁底高度=2.4+0.9=3.3(m)，因此不计算超高。

表2-16-9　　　　　**过梁模板定额**

工作内容：复合木模板、木模板制作，模板安装、拆除、整理堆放及场内运输，
　　　　清理模板黏结物及模内杂物，刷隔离剂等。

（计量单位：10m²）

定额编号		18-1-64	18-1-65	18-1-66	18-1-67
项目名称		过梁		拱形梁	
		组合钢模板	复合木模板	木模板	复合木模板
		木支撑			
名称	单位	消耗量			
人工 综合工日	工日	4.94	3.59	6.27	3.67

续表

定额编号		18-1-64	18-1-65	18-1-66	18-1-67
项目名称		过梁		拱形梁	
		组合钢模板	复合木模板	木模板	复合木模板
		木支撑			
名称	单位	消耗量			
材料	水泥抹灰砂浆 1:2	m³	0.0012	0.0012	0.0012	0.0012
	镀锌低碳钢丝 8#	kg	1.2040	1.2040	2.6700	2.6700
	镀锌低碳钢丝 22#	kg	0.0180	0.0180	0.0180	0.0180
	草板纸 80#	张	3.0000	3.0000	—	—
	组合钢模板	kg	7.9650	—	—	—
	复合木模板	m²	—	3.0681	—	3.0681
	零星卡具	kg	1.2960	—	—	—
	锯成材	m³	0.1028	0.1489	0.0788	0.1442
	圆钉	kg	6.3160	6.3158	4.6180	3.8078
	隔离剂	kg	1.0000	1.0000	1.0000	1.0000
	模板材	m³	—	—	0.1993	—
	嵌缝料	kg	—	—	1.0000	1.0000
机械	木工圆锯机 500mm	台班	0.0010	0.0770	0.1610	0.0380
	木工双面压刨床 600mm	台班	—	0.0060	—	0.0060

16.4 模板工程定额 BIM 计量案例

模板工程定额 BIM 计量案例

知识归纳

(1)现浇混凝土模板工程量计算规则。

(2)基础模板工程量计算规则。

(3)现浇混凝土柱模板工程量计算规则。

(4)现浇混凝土梁模板工程量计算规则。

(5)现浇混凝土墙模板工程量计算规则。

(6)现浇混凝土板模板工程量计算规则。

(7)现浇混凝土柱、梁、墙、板的模板支撑高度工程量计算规则。

独立思考

2-16-1　简述基础模板工程量计算规则。

2-16-2　简述现浇混凝土柱模板工程量计算规则。

2-16-3　简述现浇混凝土梁模板工程量计算规则。

2-16-4　简述现浇混凝土墙模板工程量计算规则。

2-16-5　简述现浇混凝土板模板工程量计算规则。

2-16-6　简述现浇混凝土柱、梁、墙、板的模板支撑高度工程量计算规则。

习　题

某单层房屋工程建筑平面、墙身大样图及楼面结构如图 2-4-12 所示,设计室内外高差为 0.3m,外墙 240mm 厚,现浇楼板 100mm 厚。门窗尺寸为 C1:1500mm×1300mm,M1:900mm×2300mm。混凝土强度等级为 C20,过梁尺寸为240mm×180mm。过梁采用复合木模板木支撑,框架梁、现浇平板采用复合木模板钢支撑。计算框架梁、过梁、现浇平板模板的定额工程量,确定定额项目。

独立思考与
习题答案

17 施工运输工程定额

![内容提要]

　　本章的主要内容是垂直运输、水平运输、大型机械进出场和施工机械停滞相关定额计量和计价,主要介绍垂直运输、水平运输和大型机械进出场等定额应用,便于学生理解和应用各类施工运输工程的定额与相关调整内容。

![能力要求]

　　通过本章的学习,学生应熟悉垂直运输、水平运输、大型机械进出场的定额项目划分及计算规则;能根据工程实际计算垂直运输、水平运输、大型机械进出场的定额工程量,确定定额项目。

17.1　施工运输工程定额说明

　　本章对应本定额第十九章,包括垂直运输、水平运输、大型机械进出场三部分。

17.1.1　垂直运输

　　(1)垂直运输子目,定额按合理的施工工期、经济的机械配置编制。编制招标控制价时,执行定额不得调整。

　　(2)垂直运输子目,定额按泵送混凝土编制。建筑物(构筑物)主要结构构件柱、梁、墙(电梯井壁)、板混凝土非泵送(或部分非泵送)时,其(体积百分比,下同)相应子目中的塔式起重机乘以系数1.15。

　　(3)垂直运输子目,定额按预制构件采用塔式起重机安装编制。

　　① 预制混凝土结构、钢结构的主要结构构件柱、梁(屋架)、墙、板采用(或部分采用)轮胎式起重机安装时,其相应子目中的塔式起重机全部扣除。

　　② 其他建筑物的预制混凝土构件全部采用轮胎式起重机安装时,相应子目中的塔式起重机乘以系数0.85。

（4）垂直运输子目中的施工电梯（或卷扬机），是装饰工程类别为Ⅲ类时的台班使用量。装饰工程类别为Ⅱ类时，相应子目中的施工电梯（或卷扬机）乘以系数1.20；装饰工程类别为Ⅰ类时，乘以系数1.40。

（5）现浇（预制）混凝土结构，是指现浇（预制）混凝土柱、墙（电梯井壁）、梁（屋架）为主要承重构件，外墙全部或局部为砌体的结构形式。

（6）檐口高度在3.6m以内的建筑物，不计算垂直运输。

（7）民用建筑垂直运输。

① 民用建筑垂直运输，包括基础（无地下室）垂直运输、地下室（含基础）垂直运输、±0.000以上（区分为檐高不大于20m、檐高大于20m）垂直运输等内容。

② 檐口高度是指设计室外地坪至檐口滴水（或屋面板板顶）的高度。

只有楼梯间、电梯间、水箱间等突出建筑物主体屋面时，其突出部分高度不计入檐口高度。

建筑物檐口高度超过定额相邻檐口高度但小于2.20m时，其超过部分忽略不计。

③ 民用建筑垂直运输，定额按层高小于或等于3.60m编制。层高超过3.60m，每超过1m，相应垂直运输子目乘以系数1.15。

④ 民用建筑檐高大于20m垂直运输子目，定额按现浇混凝土结构的一般民用建筑编制。装饰工程类别为Ⅰ类的特殊公共建筑，相应子目中的塔式起重机乘以系数1.35。预制混凝土结构的一般民用建筑，相应子目中的塔式起重机乘以系数0.95。

（8）工业厂房垂直运输。

① 工业厂房，指直接从事物质生产的生产厂房或生产车间。

工业建筑中，为物质生产配套和服务的食堂、宿舍、医疗、卫生及管理用房等独立建筑物，按民用建筑垂直运输相应子目另行计算。

② 工业厂房垂直运输子目，按整体工程编制，包括基础和上部结构。工业厂房有地下室时，地下室按民用建筑相应子目另行计算。

③ 工业厂房垂直运输子目，按一类工业厂房编制。二类工业厂房，相应子目中的塔式起重机乘以系数1.20；工业仓库，乘以系数0.75。

a. 一类工业厂房是指机加工、五金、一般纺织（粗纺、制条、洗毛等）、电子、服装等生产车间，以及无特殊要求的装配车间。

b. 二类工业厂房是指设备基础及工艺要求较复杂、建筑设备或建筑标准较高的生产车间，如铸造、锻造、电镀、酸碱、仪表、手表、电视、医药、食品等生产车间。

（9）钢结构工程垂直运输。

钢结构工程垂直运输子目，按钢结构工程基础以上工程内容编制。

钢结构工程的基础或地下室，按民用建筑相应子目另行计算。

（10）零星工程垂直运输。

① 超深基础垂直运输增加子目，适用于基础（含垫层）深度大于3m的情况。

建筑物（构筑物）基础深度，无地下室时，自设计室外地坪算起；有地下室时，自地下室底层设计室内地坪算起。

② 其他零星工程垂直运输子目，指依据《建筑工程建筑面积计算规范》（GB/T 50353—2013）计算建筑面积（含1/2面积）之空间的外装饰层（含屋面顶坪）范围以外的零星工程所需要的垂直运输。

（11）建筑物分部工程垂直运输。

① 建筑物分部工程垂直运输，包括主体工程垂直运输、外装修工程垂直运输、内装修工程垂直

运输,适用于建设单位将工程分别发包给至少两个施工单位施工的情况。

② 建筑物分部工程垂直运输,执行整体工程垂直运输相应子目,并乘以表 2-17-1 中规定的系数。

表 2-17-1　　　　　　　　　　　　分部工程垂直运输系数表

机械名称	整体工程垂直运输	分部工程垂直运输		
		主体工程垂直运输	外装修工程垂直运输	内装修工程垂直运输
综合工日	1	1	0	0
对讲机	1	1	0	0
塔式起重机	1	1	0	0
清水泵	1	0.70	0.12	0.43
施工电梯或卷扬机	1	0.70	0.28	0.27

③ 主体工程垂直运输,除表 2-17-1 规定的系数外,适用于整体工程垂直运输的其他所有规定。

④ 外装修工程垂直运输。

建设单位单独发包外装修工程(镶贴或干挂各类板材,设置各类幕墙)且外装修施工单位自设垂直运输机械时,计算外装修工程垂直运输。

外装修工程垂直运输,按外装修高度(设计室外地坪至外装修顶面的高度)执行整体工程垂直运输相应檐口高度子目,并乘以表 2-17-1 中规定的系数。

⑤ 内装修工程垂直运输。

建设单位单独发包内装修工程且内装修施工单位自设垂直运输机械时,计算内装修工程垂直运输。

内装修工程垂直运输,根据内装修施工所在最高楼层,按表 2-17-2 对应子目的垂直运输机械乘以表 2-17-1 中规定的系数。

表 2-17-2　　　　　　　　　　　单独内装修工程垂直运输对照表

定额号	檐高/m	内装修最高层	定额号	檐高/m	内装修最高层
相应子目	≤20	1～6	19-1-30	≤180	49～54
19-1-23	≤40	7～12	19-1-31	≤200	55～60
19-1-24	≤60	13～18	19-1-32	≤220	61～66
19-1-25	≤80	19～24	19-1-33	≤240	67～72
19-1-26	≤100	25～30	19-1-34	≤260	73～78
19-1-27	≤120	31～36	19-1-35	≤280	79～84
19-1-28	≤140	37～42	19-1-36	≤300	85～90
19-1-29	≤160	43～48			

(12)构筑物垂直运输。

① 构筑物高度,指设计室外地坪至构筑物结构顶面的高度。

② 混凝土清水池,指位于建筑物之外的独立构筑物。

建筑面积外边线以内的各种水池,应合并于建筑物并按其相应规定一并计算,不适用本子目。

③ 混凝土清水池,定额设置了不大于 500t、1000t、5000t 三个基本子目。清水池容量(500～5000t)设计与定额不同时,按插入法计算;大于 5000t 时,按每增加 500t 子目另行计算。

④ 混凝土污水池,按清水池相应子目乘以系数1.10。

(13)塔式起重机安装安全保险电子集成系统时,根据系统的功能情况,塔式起重机按下列规定增加台班单价(含税价):

① 基本功能系统,包括风速报警控制、超载报警控制、限位报警控制、防倾翻控制、实时数据显示、历史数据记录,每台班增加23.40元。

② (基本功能系统)增配群塔作业防碰撞控制系统(包括静态区域限位预警保护系统),每台班另行增加4.40元。

③ (基本功能系统)增配单独静态区域限位预警保护系统,每台班另行增加2.50元。

④ 视频在线控制系统,每台班增加5.70元。

17.1.2 水平运输

(1)水平运输,按施工现场范围内运输编制,适用于预制构件在预制加工厂(总包单位自有)内、构件堆放场地内或构件堆放地至构件起吊点的水平运输。在施工现场范围之外的市政道路上运输,不适用本定额。

(2)预制构件在构件起吊点半径15m范围内的水平移动已包括在相应安装子目内。超过上述距离的地面水平移动,按水平运输相应子目计算场内运输。

(3)水平运输小于1km子目,定额按不同运距综合考虑,实际运距不同时不得调整。

(4)混凝土构件运输,已综合了构件运输过程中的构件损耗。

(5)金属构件运输子目中的主体构件,指柱、梁、屋架、天窗架、挡风架、防风桁架、平台、操作平台等金属构件。主体构件之外的其他金属构件,为零星构件。

(6)水平运输子目中,不包括起重机械、运输机械行驶道路的铺垫,维修所消耗的人工、材料和机械,实际发生时另行计算。

17.1.3 大型机械进出场

(1)大型机械基础,适用于塔式起重机、施工电梯、卷扬机等大型机械需要设置基础的情况。

(2)混凝土独立式基础,已综合了基础的混凝土、钢筋、地脚螺栓和模板,但不包括基础的挖土、回填和复式配重。其中,钢筋、地脚螺栓的规格和用量,现浇混凝土强度等级与定额不同时,可以换算,其他不变。

(3)大型机械安装、拆卸,指大型施工机械在现场进行安装与拆卸所需的人工、材料、机械和试运转,以及机械辅助设施的折旧、搭设、拆除等工作内容。

(4)大型机械场外运输,指大型施工机械整体或分体自停放地点运至施工现场或由一施工地点运至另一施工地点的运输、装卸、辅助材料等工作内容。

(5)大型机械进出场子目未列明机械规格、能力的,均涵盖各种规格、能力。大型机械本体的规格,定额按常用规格编制。实际与定额不同时,可以换算,消耗量及其他均不变。

(6)大型机械进出场子目未列机械,不单独计算其安装、拆卸和场外运输。

17.1.4 施工机械停滞

施工机械停滞是指非施工单位自身原因、非不可抗力所造成的施工现场施工机械的停滞。

17.2　施工运输工程量计算规则

17.2.1　垂直运输

(1)凡定额单位为"m"的,均按《建筑工程建筑面积计算规范》(GB/T 50353—2013)的相应规定,以建筑面积计算。但以下另有规定者,按以下相应规定计算。

(2)民用建筑(无地下室)基础的垂直运输,按建筑物底层建筑面积计算。建筑物底层不能计算建筑面积或计算1/2建筑面积的部位配置基础时,按其勒脚以上结构外围内包面积,合并于底层建筑面积一并计算。

(3)混凝土地下室(含基础)的垂直运输,按地下室建筑面积计算。

筏板基础所在层的建筑面积为地下室底层建筑面积。

地下室层数不同时,面积大的筏板基础所在层的建筑面积为地下室底层建筑面积。

(4)檐高不大于20m建筑物的垂直运输,按建筑物建筑面积计算。

① 各层建筑面积均相等时,任意一层建筑面积为标准层建筑面积。

② 除底层、顶层(含阁楼层)外,中间层建筑面积均相等(或中间仅一层)时,中间任意一层(或中间层)的建筑面积为标准层建筑面积。

③ 除底层、顶层(含阁楼层)外,中间各层建筑面积不相等时,中间各层建筑面积的平均值为标准层建筑面积。

两层建筑物,两层建筑面积的平均值为标准层建筑面积。

④ 同一建筑物结构形式不同时,按建筑面积大的结构形式确定建筑物的结构形式。

(5)檐高大于20m建筑物的垂直运输,按建筑物建筑面积计算。

① 同一建筑物檐口高度不同时,应区别不同檐口高度分别计算。层数多的地上层的外墙外垂直面(向下延伸至±0.000)为其分界。

② 同一建筑物结构形式不同时,应区别不同结构形式分别计算。

(6)工业厂房的垂直运输,按工业厂房的建筑面积计算。

同一厂房结构形式不同时,应区别不同结构形式分别计算。

(7)钢结构工程的垂直运输,按钢结构工程的用钢量,以质量计算。

(8)零星工程垂直运输。

① 基础(含垫层)深度大于3m时,按深度大于3m的基础(含垫层)设计图示尺寸,以体积计算。

② 零星工程垂直运输,分别按设计图示尺寸和相关工程量计算规则,以定额单位计算。

(9)建筑物分部工程垂直运输。

① 主体工程垂直运输,按建筑物建筑面积计算。

② 外装修工程垂直运输,按外装修的垂直投影面积(不扣除门窗等各种洞口,凸出外墙面的侧壁也不增加),以面积计算。

同一建筑物外装修总高度不同时,应区别不同装修高度分别计算。高层(向下延伸至±0.000)与底层交界处的工程量,并入高层工程量内计算。

③ 内装修工程垂直运输,按建筑物建筑面积计算。

同一建筑物总层数不同时，应区别内装修施工所在最高楼层分别计算。

（10）构筑物垂直运输，以构筑物座数计算。

17.2.2 水平运输

（1）混凝土构件运输，按构件设计图示尺寸以体积计算。

（2）金属构件运输，按构件设计图示尺寸以质量计算。

17.2.3 大型机械进出场

（1）大型机械基础，按施工组织设计规定的尺寸，以体积（或长度）计算。

（2）大型机械安装、拆卸和场外运输，按施工组织设计规定以"台次"计算。

17.2.4 施工机械停滞

施工机械停滞，按施工现场施工机械的实际停滞时间，以"台班"计算，如式（2-17-1）所示。

$$机械停滞费 = \sum[(台班折旧费 + 台班人工费 + 台班其他费) \times 停滞台班数量]$$

$$(2-17-1)$$

（1）机械停滞期间，机上人员未在现场或另做其他工作时，不得计算台班人工费。

（2）下列情况，不得计算机械停滞台班：

① 机械迁移过程中的停滞。

② 按施工组织设计或合同规定，工程完成后不能马上转入下一个工程所发生的停滞。

③ 施工组织设计规定的合理停滞。

④ 法定假日及冬雨季因自然气候影响发生的停滞。

⑤ 双方合同中另有约定的合理停滞。

17.3 施工运输工程定额计量应用

【例 2-17-1】 某单层钢筋混凝土框架结构民用建筑物，层高为 4.2m，室内外高差为 0.30m，外墙为 240mm 厚加气混凝土砌块墙。建筑平面图、柱独立基础配筋图、柱网布置及配筋图、一层顶梁结构图、一层顶板结构图如图 2-4-7～图 2-4-11 所示。计算施工运输的工程量，确定定额项目。

【解】 （1）建筑面积：$S = 15.5 \times 13.7 = 212.35(m^2)$。

（2）檐高 $4.2 + 0.3 = 4.5(m) < 20m$。

（3）民用建筑独立基础（±0.000 以下无地下室）垂直运输。

$$定额工程量 = 212.35 \div 10 = 21.235(10m^2)$$

民用建筑独立基础（±0.000 以下无地下室）垂直运输，定额参见表 2-17-3，套定额 19-1-7。

（4）民用建筑檐高不大于 20m 钢筋混凝土结构垂直运输。

$$定额工程量 = 212.35 \div 10 = 21.235(10m^2)$$

本工程层高 4.2m>3.6m，民用建筑垂直运输定额子目应调整。$4.2 - 3.6 = 0.6(m) < 1m$，调整系数为 1.15。

$$定额工程量 = 21.235 \times 1.15 = 24.420(10m^2)$$

檐高不大于 20m 钢筋混凝土，定额参见表 2-17-4，套定额 19-1-17。

表 2-17-3　　　　**独立基础(±0.000 以下无地下室民用建筑)垂直运输定额**
工作内容:基础(无地下室)工程所需要的全部垂直运输。　　　　　(计量单位:10m²)

定额编号		19-1-7	19-1-8	19-1-9
项目名称		±0.000 以下无地下室(底层建筑面积)		
		独立基础		
		≤500m²	≤1000m²	>1000m²
名称	单位	消耗量		
人工　综合工日	工日	0.63	0.39	0.32
机械　自升式塔式起重机 600kN·m	台班	0.6325	0.3910	0.3194

表 2-17-4　　　　**现浇混凝土结构民用建筑垂直运输**
工作内容:单位工程(±0.000 以上)所需要的全部垂直运输。　　　　　(计量单位:10m²)

定额编号		19-1-17	19-1-18	19-1-19
项目名称		檐高不大于20m 钢筋混凝土结构(标准层建筑面积)		
		≤500m²	≤1000m²	>1000m²
名称	单位	消耗量		
人工　综合工日	工日	0.85	0.44	0.26
机械　自升式塔式起重机 600kN·m	台班	0.8533	0.4417	0.2610
电动单筒快速卷扬机 20kN	台班	1.4222	0.7362	0.4350

(5)大型机械进出场。
① 垂直运输机械现浇混凝土基础工程量及定额(略)。
② 大型机械安装、拆卸定额工程量为 1 台次,参见表 2-17-5,套定额 19-3-5。
③ 卷扬机、施工电梯安装、拆卸定额工程量为 1 台次,参见表 2-17-6,套定额 19-3-9。
④ 大型机械场外运输,自升式塔式起重机定额工程量为 1 台次,参见表 2-17-7,套定额 19-3-18。
⑤ 大型机械场外运输,卷扬机、施工电梯定额工程量为 1 台次,参见表 2-17-8,套定额 19-3-22。

表 2-17-5　　　　**大型机械安装、拆卸定额**
工作内容:1.现场内移动、安装、调试、试运转;
　　　　　2.拆卸、清理、现场内移动、集中堆放。　　　　　(计量单位:台次)

定额编号		19-3-5	19-3-6	19-3-7	19-3-8
项目名称		自升式塔式起重机安装、拆卸(檐高)			
		≤20m	≤100m	≤200m	≤300m
名称	单位	消耗量			
人工　综合工日	工日	40.00	60.00	90.00	120.00
材料　镀锌低碳钢丝 8#	kg	35.0000	50.0000	75.0000	100.0000
螺栓 M20×(110~150)	套	45.0000	64.0000	96.0000	128.0000
机械　汽车式起重机 40t	台班	3.5000	5.0000	7.5000	10.0000
自升式塔式起重机 600kN·m	台班	0.5000	—	—	—
自升式塔式起重机 1000kN·m	台班	—	0.5000	—	—

续表

定额编号		19-3-5	19-3-6	19-3-7	19-3-8
项目名称		自升式塔式起重机安装、拆卸(檐高)			
		≤20m	≤100m	≤200m	≤300m
名称	单位	消耗量			
机械	自升式塔式起重机 2000kN·m	台班	—	—	0.5000	—
	自升式塔式起重机 3000kN·m	台班	—	—	—	0.5000

表 2-17-6　　　　　　　　**卷扬机、施工电梯安装、拆卸定额**

工作内容:1.现场内移动、安装、调试、试运转;

　　　　　2.拆卸、清理、现场内移动、集中堆放。　　　　　　　　　　　　(计量单位:台次)

定额编号			19-3-9	19-3-10	19-3-11	19-3-12
项目名称			卷扬机、施工电梯安装、拆卸(檐高)			
			≤20m	≤100m	≤200m	≤300m
名称		单位	消耗量			
人工	综合工日	工日	20.00	36.00	63.00	90.00
材料	镀锌低碳钢丝 8#	kg	3.5000	8.0000	10.0000	12.0000
	螺栓 M20×(110~150)	套	10.0000	24.0000	28.0000	32.0000
机械	汽车式起重机 16t	台班	2.0000	5.0000	6.0000	7.0000
	电动单筒快速卷扬机 20kN	台班	0.5000	—	—	—
	双笼施工电梯 2×1t 100m	台班	—	0.5000	—	—
	双笼施工电梯 2×1t 200m	台班	—	—	0.5000	—
	双笼施工电梯 2×1t 300m	台班	—	—	—	0.5000

表 2-17-7　　　　　　　　**自升式塔式起重机场外运输定额**

工作内容:装车、固定、运输、架线、进场、卸车、集中堆放,以及回程运出现场等。　　　(计量单位:台次)

定额编号		19-3-18	19-3-19	19-3-20	19-3-21
项目名称		自升式塔式起重机场外运输(檐高)			
		≤20m	≤100m	≤200m	≤300m
名称	单位	消耗量			
人工	综合工日	工日	15.00	20.00	30.00	40.00
材料	镀锌低碳钢丝 8#	kg	7.0000	10.0000	15.0000	20.0000
	草袋	m²	17.1600	23.6200	35.4300	47.2400
	枕木	m³	0.0040	0.0060	0.0090	0.0120

续表

定额编号		19-3-18	19-3-19	19-3-20	19-3-21
项目名称		自升式塔式起重机场外运输（檐高）			
		≤20m	≤100m	≤200m	≤300m
名称	单位	消耗量			
机械	汽车式起重机 20t	台班	3.0000	4.0000	6.0000	8.0000
	平板拖车组 40t	台班	0.7000	1.0000	1.5000	2.0000
	载重汽车 15t	台班	3.0000	4.0000	6.0000	8.0000
	回程费占人材机费	%	20.0000	20.0000	20.0000	20.0000

表 2-17-8 　　　　　　　　　　**卷扬机、施工电梯场外运输定额**

工作内容：装车、固定、运输、架线、进场、卸车、集中堆放，以及回程运出现场等。　　　　　（计量单位：台次）

定额编号		19-3-22	19-3-23	19-3-24	19-3-25
项目名称		卷扬机、施工电梯场外运输（檐高）			
		≤20m	≤100m	≤200m	≤300m
名称	单位	消耗量			
人工	综合工日	工日	8.00	14.00	18.00	22.00
材料	镀锌低碳钢丝 8#	kg	3.0000	9.0000	12.5000	16.0000
	草袋	m²	3.4600	10.8500	15.9600	21.5000
机械	汽车式起重机 8t	台班	1.0000	3.5000	5.0000	6.0000
	载重汽车 15t	台班	1.5000	5.0000	6.0000	7.0000
	回程费占人材机费	%	30.0000	30.0000	30.0000	30.0000

17.4　施工运输工程定额 BIM 计量案例

垂直运输工程定额 BIM 计量案例

知识归纳

（1）民用建筑垂直运输包含的内容。

（2）檐口高度的定义。

（3）民用建筑（无地下室）基础的垂直运输工程量计算规则。

(4)檐高不大于20m建筑物的垂直运输工程量计算规则。

(5)檐高大于20m建筑物的垂直运输工程量计算规则。

(6)工业厂房的垂直运输工程量计算规则。

➡ 独立思考

2-17-1　简述檐口高度的含义及确定原则。

2-17-2　简述民用建筑(无地下室)基础的垂直运输工程量计算规则。

2-17-3　简述檐高不大于20m建筑物的垂直运输工程量计算规则。

2-17-4　简述檐高大于20m建筑物的垂直运输工程量计算规则。

2-17-5　简述工业厂房的垂直运输工程量计算规则。

➡ 习　题

某单层房屋工程建筑平面、墙身大样图及楼面结构如图2-4-12所示,设计室内外高差为0.3m。试计算该工程垂直运输工程的定额工程量,确定定额项目。

独立思考与
习题答案

18　建筑施工增加定额

![内容提要图标] **内容提要**

　　本章的主要内容是建筑施工增加的定额计量与计价,主要介绍建筑施工增加的定额计量与计价调整,便于学生理解超高施工增加、其他施工增加等定额应用与相关调整内容。

![能力要求图标] **能力要求**

　　通过本章的学习,学生应了解建筑施工增加的定额项目划分及计算规则;能根据工程实际计算建筑施工增加的定额工程量,确定定额项目。

18.1　建筑施工增加定额说明

　　本章对应本定额第二十章,包括人工起重机械超高施工增加、人工其他机械超高施工增加、其他施工增加等。

18.1.1　超高施工增加

　　(1)超高施工增加,适用于建筑物檐口高度大于 20m 的工程。

　　檐口高度是指设计室外地坪至檐口滴水(或屋面板板顶)的高度。只有楼梯间、电梯间、水箱间等凸出建筑物主体屋面时,其凸出部分不计入檐口高度。

　　建筑物檐口高度超过定额相邻檐口高度但小于 2.20m 时,其超过部分忽略不计。

　　(2)超高施工增加,以不同檐口高度的降效系数(%)表示。

　　起重机械降效是指轮胎式起重机(包括轮胎式起重机安装子目所含机械,但不含除外内容)的降效。

　　其他机械降效是指除起重机械以外的其他施工机械(不含除外内容)的降效。

各项降效系数均指完成建筑物檐口高度 20m 以上所有工程内容(不含除外内容)的降效。

(3)超高施工增加,按总包施工单位施工整体工程(含主体结构工程、外装饰工程、内装饰工程)编制。

① 建设单位单独发包外装饰工程时,单独施工的主体结构工程和外装饰工程,均应计算超高施工增加。

单独主体结构工程的适用定额,同整体工程。

单独外装饰工程,按设计室外地坪至外墙装饰顶坪的高度,执行相应檐高的定额子目。

② 建设单位单独发包内装饰工程,且内装饰施工无垂直运输机械、无施工电梯上下时,按内装饰工程所在楼层,执行表 2-18-1 对应子目的人工降效系数并乘以系数 2,计算超高人工增加。

表 2-18-1　　　　　　　　　　单独内装饰工程超高人工增加对照表

定额号	檐高/m	内装饰所在层	定额号	檐高/m	内装饰所在层
20-2-1	≤40	7～12	20-2-8	≤180	49～54
20-2-2	≤60	13～18	20-2-9	≤200	55～60
20-2-3	≤80	19～24	20-2-10	≤220	61～66
20-2-4	≤100	25～30	20-2-11	≤240	67～72
20-2-5	≤120	31～36	20-2-12	≤260	73～78
20-2-6	≤140	37～42	20-2-13	≤280	79～84
20-2-7	≤160	43～48	20-2-14	≤300	85～90

18.1.2　其他施工增加

(1)装饰成品保护增加子目,以需要保护的装饰成品的面积表示;其他三个施工增加子目,以其他相应施工内容的人工降效系数(%)表示。

(2)冷库暗室内作增加,指冷库暗室内作施工时,需要增加的照明、通风、防毒设施的安装、维护、拆除,以及防护用品、人工降效、机械降效等内容。

(3)地下暗室内作增加,指在没有自然采光、自然通风的地下暗室内作施工时,需要增加的照明或通风设施的安装、维护、拆除以及人工降效、机械降效等内容。

(4)样板间内作增加,指在拟定的连续、流水施工之前,在特定部位先行内作施工,借以展示施工效果,评估建筑做法,或取得变更依据的小面积内作施工需要增加的人工降效、机械降效、材料损耗增大等内容。

(5)装饰成品保护增加,指建设单位单独分包的装饰工程及防水、保温工程,与主体工程一起经总包单位完成竣工验收时,总包单位对竣工成品的清理、清洁、维护等需要增加的内容。

建设单位与单独分包的装饰施工单位的合同约定,不影响总包单位计取该项费用。

18.1.3　实体项目(分部分项工程)的施工增加

实体项目(分部分项工程)的施工增加,仍属于实体项目措施项目(如模板工程等)的施工增加,属于措施项目。

18.2 建筑施工增加计算规则

18.2.1 超高施工增加

(1)整体工程超高施工增加的计算基数,为±0.000以上工程的全部工程内容,但下列工程内容除外:

① ±0.000所在楼层结构层(垫层)及其以下全部工程内容;

② ±0.000以上的预制构件制作工程;

③ 现浇混凝土搅拌、制作、运输及泵送工程;

④ 脚手架工程;

⑤ 施工运输工程。

(2)同一建筑物檐口高度不同时,按式(2-18-1)建筑面积加权平均计算其综合降效系数。

$$综合降效系数 = \sum(某檐高降效系数 \times 该檐高建筑面积) \div 总建筑面积 \quad (2\text{-}18\text{-}1)$$

式(2-18-1)中,不同檐高的建筑面积,以层数多的地上层的外墙外垂直面(向下延伸至±0.000)为其分界。

(3)整体工程超高施工增加,按±0.000以上工程(不含除外内容)的定额人工、机械消耗量之和,乘以相应子目规定的降效系数计算。

(4)单独主体结构工程和单独外装饰工程超高施工增加的计算方法,同整体工程。

(5)单独内装饰工程超高人工增加,按所在楼层内装饰工程的定额人工消耗量之和,乘以表2-18-1对应子目的人工降效系数的2倍计算。

18.2.2 其他施工增加

(1)其他施工增加(装饰成品保护增加除外),按其他相应施工内容的定额人工消耗量之和乘以相应子目规定的降效系数(%)计算。

(2)装饰成品保护增加,按下列规定,以面积计算:

① 楼、地面(含踢脚)、屋面的块料面层、铺装面层,按其外露面层(油漆、涂料层忽略不计,下同)工程量之和计算。

② 室内墙(含隔断)、柱面的块料面层、铺装面层、裱糊面层,按其距楼、地面高度不大于1.80m的外露面层工程量之和计算。

③ 室外墙、柱面的块料面层、铺装面层、装饰性幕墙,按其首层顶板顶坪以下的外露面层工程量之和计算。

④ 门窗、围护性幕墙,按其工程量之和计算。

⑤ 栏杆、栏板,按其长度乘以高度之和计算。

⑥ 工程量为面积的各种其他装饰,按其外露面层工程量之和计算。

18.2.3 超高施工增加调整

超高施工增加与其他施工增加(装饰成品保护增加除外)同时发生时,其相应系数连乘。

知识归纳

(1)超高施工增加的适用条件。

(2)整体工程超高施工增加的计算基数。

(3)整体工程超高施工增加的工程量计算规则。

独立思考

2-18-1 超高施工增加适用的工程有哪些?

2-18-2 简述整体工程超高施工增加的计算基数。

2-18-3 简述整体工程超高施工增加的工程量计算规则。

独立思考答案

第3篇

建筑工程清单计量与计价

本篇重难点

1 土石方工程清单

内容提要

本章的主要内容是土石方工程清单计量与计价,主要介绍土方清单项目、石方清单项目、土石方运输及回填等项目的说明及计算规则。

能力要求

通过本章的学习,学生应掌握土方、石方、土石方运输及回填等清单项目的划分及计算规则,熟悉建筑工程土石方工程的清单工程计量与计价。

1.1 土石方工程清单计算规则

本章包括土方工程、石方工程、土石方运输与回填及其他相关问题。

(1)土壤和岩石分类参见表 2-1-1 和表 2-1-2。

(2)土石方体积应按挖掘前的天然密实体积计算。如需按天然密实体积折算,应按表 2-1-5 中的系数计算。

(3)挖土方平均厚度应按自然地面测量标高至地坪标高间的平均厚度确定。基础土方、石方开挖深度应按基础垫层底表面标高至交付施工场地标高确定,无交付施工场地标高时,应按自然地面标高确定。

(4)建筑物场地厚度在 ±30cm 以内的挖、填、运、找平,应按表 3-1-1 中平整场地项目编码列项。±30cm 以外的竖向布置挖土或山坡切土,应按表 3-1-1 中挖土方项目编码列项。

(5)挖基础土方包括带形基础、独立基础、满堂基础(包括地下室基础)及设备基础、人工挖孔桩等的挖方。带形基础应按不同底宽和深度,独立基础和满堂基础应按不同底面积和深度分别编码列项。

(6)管沟土石方工程量应按设计图示尺寸以长度计算。有管沟设计时,平均深度以沟垫层底表面标高至交付施工场地标高计算;无管沟设计时,直埋管深度应按管底外表面标高至交付施工场地标高的平均高度计算。

(7)设计要求采用减震孔方式减弱爆破震动波时,应按预裂爆破项目编码列项。

(8)干、湿土的划分应以地质资料提供的地下常水位为界,地下常水位以下为湿土。

(9)挖方出现流砂、淤泥时,可根据实际情况由发包人与承包人双方认证。

(10)土石方工程的项目划分。

土石方工程的项目划分如表 3-1-1 所示。

表 3-1-1　　　　　　　　　　　　　　　　土石方工程的项目划分

项目 　划分条件	坑底面积/m²	槽底宽度/m
挖基坑土(石)方	底长不大于 3 倍底宽,底面积不大于 150m²	
挖沟槽土(石)方		底宽不大于 7m,且底长大于 3 倍底宽
挖一般土(石)方	底面积大于 150m²	底宽大于 7m
	建筑物场地厚度大于±30cm 的竖向布置挖土(石)或山坡切土(凿石)	
平整场地	建筑物场地厚度在±30cm 以内的挖、填、运、找平	

土方开挖的放坡系数如表 3-1-2 所示。

表 3-1-2　　　　　　　　　　　　　　　　放坡系数

土类别	放坡起点/m	人工挖土	机械挖土		
			在坑内作业	在坑上作业	顺沟槽在坑上作业
一、二类土	1.20	1:0.5	1:0.33	1:0.75	1:0.5
三类土	1.50	1:0.33	1:0.25	1:0.67	1:0.33
四类土	2.00	1:0.25	1:0.10	1:0.33	1:0.25

(11)放坡系数。

① 沟槽、基坑中土类别不同时,分别按其放坡起点、放坡系数,依不同土类别厚度加权平均计算。

② 计算放坡时,在交接处的重复工程量不予扣除,原槽、坑作为基础垫层时,放坡自垫层上表面开始计算。

(12)工作面宽度。

基础施工及管沟施工工作面宽度如表 3-1-3 和表 3-1-4 所示。

表 3-1-3　　　　　　　　　　　　　　　　基础施工所需工作面宽度计算表

基础材料	每边各增加工作面宽度/mm
砖基础	200
浆砌毛石、条石基础	150
混凝土基础垫层支模板	300
混凝土基础支模板	300
基础垂直面做防水层	1000(防水层面)

表 3-1-4   管沟施工每侧所需工作面宽度计算表

管道结构宽/m 管沟材料	≤500	≤1000	≤2500	>2500
混凝土及钢筋混凝土管道/mm	400	500	600	700
其他材质管道/mm	300	400	500	600

1.1.1 土方工程清单项目

土方工程的工程量清单项目设置及计算规则按表 3-1-5 规定执行。

表 3-1-5   土方工程（编号 010101）

项目编码	项目名称	项目特征	单位	工程量计算规则	工程内容
010101001	平整场地	1. 土壤类别； 2. 弃土运距； 3. 取土运距	m²	按设计图示尺寸以建筑物首层面积计算	1. 土方挖填； 2. 场地找平； 3. 运输
010101002	挖土方	1. 土壤类别； 2. 挖土平均厚度； 3. 弃土运距	m³	按设计图示尺寸以体积计算	1. 排地表水； 2. 土方开挖； 3. 围护（挡土板）、支撑； 4. 基底钎探； 5. 运输
010101003	挖基础土方	1. 土壤类别； 2. 基础形式； 3. 挖土深度		按设计图示尺寸以基础垫层底面积乘以挖土深度计算	
010101004	冻土开挖	1. 冻土厚度； 2. 弃土运距		按设计图示尺寸开挖面积乘以厚度以体积计算	1. 爆破； 2. 开挖； 3. 清理； 4. 运输
010101005	挖淤泥、流砂	1. 挖掘深度； 2. 弃淤泥、流砂距离		按设计图示位置、界限以体积计算	1. 开挖； 2. 运输
010101006	管沟土方	1. 土壤类别； 2. 管外径； 3. 挖沟深度； 4. 回填要求	1. m； 2. m³	按设计图示以管道中心线长度计算	1. 排地表水； 2. 土方开挖； 3. 围护（挡土板）、支撑； 4. 运输； 5. 回填

注：1. 弃、取土运距可以不描述，但应注明由投标人根据施工现场实际情况自行考虑，决定报价。

    2. 土方体积应按挖掘前的天然密实体积计算。当需按天然密实体积折算时，应按系数计算。

    3. 挖沟槽、基坑、一般土方因工作面和放坡增加的工程量（管沟工作面增加的工程量），是否并入各土方工程量中，按各省、自治区、直辖市或行业建设主管部门的规定实施，如并入各土方工程量中，办理工程结算时，按经发包人认可的施工组织设计规定计算，编制工程量清单时，可按表 3-1-2～表 3-1-4 规定计算。

    4. 本章土方工程清单项目的工程量计算规则按山东省建设主管部门的相关规定实施。

1.1.2 石方工程清单项目

石方工程的工程量清单项目设置及工程量计算规则，应按表 3-1-6 的规定执行。

表 3-1-6　　　　　　　　　　　　　　石方工程（编号:010102）

项目编码	项目名称	项目特征	计量单位	工程量计算规则	工作内容
010102001	挖一般石方	1.岩石类别; 2.开凿深度; 3.弃渣运距	m³	按设计图示尺寸以体积计算	1.排地表水; 2.凿石; 3.运输
010102002	挖沟槽石方		m³	按设计图示尺寸沟槽底面积乘以挖石深度以体积计算	
010102003	挖基坑石方			按设计图示尺寸基坑底面积乘以挖石深度以体积计算	
010102004	基底摊座		m²	按设计图示尺寸以展开面积计算	
010102005	管沟石方	1.岩石类别; 2.管外径; 3.挖沟深度	1.m; 2.m³	1.以 m 计量,按设计图示以管道中心线长度计算。 2.以 m³ 计量,按设计图示截面面积乘以长度计算	1.排地表水; 2.凿石; 3.回填; 4.运输

1.1.3　回填

回填工程量清单项目设置及工程量计算规则,应按表 3-1-7 的规定执行。

表 3-1-7　　　　　　　　　　　　　　回填（编号:010103）

项目编码	项目名称	项目特征	计量单位	工程量计算规则	工作内容
010103001	回填方	1.密实度要求; 2.填方材料品种; 3.填方粒径要求; 4.填方来源、运距	m³	按设计图示尺寸以体积计算。 1.场地回填:回填面积乘以平均回填厚度; 2.室内回填:主墙间面积乘以回填厚度,不扣除间隔墙; 3.基础回填:挖方体积减自然地坪以下埋设的基础体积(包括基础垫层及其他构筑物)	1.运输; 2.回填; 3.压实

1.2　土石方工程清单计量与计价应用

【例 3-1-1】　工程条件同第 2 篇例 2-1-6,三类土。编制建筑物人工平整场地的工程量清单,并进行工程量清单报价。

【解】　人工平整场地工程量:

$$S = (13.6 + 0.24) \times (10.8 + 0.24) = 152.79 (m^2)$$

人工平整场地工程量清单见表 3-1-8。人工平整场地工程量清单综合单价分析表见表 3-1-9。

表 3-1-8 人工平整场地工程量清单

序号	项目编码	项目名称 项目特征	计量单位	工程数量	金额/元		
					综合单价	合价	其中:暂估价
1	010101001001	平整场地 1.土壤类别:三类 2.弃土运距:20m	m²	152.79			

表 3-1-9 人工平整场地工程量清单综合单价分析表

项目 编码	010101001001	项目 名称	平整场地				计量 单位	152.79m²

清单综合单价组成明细

定额 编号	定额名称	单位	数量	单价/元				合价/元			
				人工费	材料费	机械费	管理费 和利润	人工费	材料费	机械费	管理费 和利润
1-4-1	平整场地 人工	10m²	15.279	41.16	0	0	3.7	628.88	0	0	56.57
	人工单价	小计/元						628.88	0	0	56.57
	98.00 元/工日	未计价材料费/元						—			
	清单项目综合单价/元						685.45/152.79＝4.49				
材料费 明细	主要材料名称、规格、型号							单价	合价	暂估 单价	暂估 合价
	其他材料费/元							—	0	—	
	材料费小计/元							—	0	—	0

【例 3-1-2】 工程条件同第 2 篇例 2-1-3。机动翻动车运距为 80m,土质在室外地坪以下 1m 范围内为二类土,范围以外为三类土,采用人工开挖。试编制该条形基础土石方工程量清单,进行工程量清单报价。

【解】 沟槽土方工程量:

$$V_{坚土}＝221.79m^3$$

$$V_{普通土}＝V_土-V_{坚土}＝341.04m^3$$

人工挖沟槽土方工程量清单见表 3-1-10。人工挖沟槽土方工程量清单综合单价分析分别见表 3-1-11 和表 3-1-12。

表 3-1-10 人工挖沟槽土方工程量清单

序号	项目编码	项目名称 项目特征	计量单位	工程数量	金额/元		
					综合单价	合价	其中:暂估价
1	010101003001	挖沟槽土方 1.土壤类别:二类土; 2.挖土深度:2m 以内; 3.弃土运距:80m	m³	341.04			
2	010101003002	挖沟槽土方 1.土壤类别:三类土; 2.挖土深度:2m 以内; 3.弃土运距:80m	m³	221.79			

表 3-1-11   **人工挖沟槽土方工程量清单综合单价分析表（一）**

项目编码	010101003001	项目名称	挖沟槽土方				计量单位		341.04m³	

清单综合单价组成明细										
定额编号	定额名称	单位	数量	单价/元				合价/元			
				人工费	材料费	机械费	管理费和利润	人工费	材料费	机械费	管理费和利润
1-2-6	人工挖沟槽土方槽深不大于2m普通土	10m³	34.104	344.96	0	0	31.03	11764.52	0	0	1058.25
1-2-54	机动翻斗车运土方运距不大于100m	10m³	34.104	2.94	0	104.21	0.26	100.27	0	3553.98	8.87
人工单价			小计/元					11864.79	0	3553.98	1067.12
98.00元/工日			未计价材料费/元					—			
清单项目综合单价/元								16485.89/341.04＝48.34			
材料费明细	主要材料名称、规格、型号						单价	合价	暂估单价	暂估合价	
	其他材料费/元							—	0		
	材料费小计/元							—	0		0

表 3-1-12   **人工挖沟槽土方工程量清单综合单价分析表（二）**

项目编码	010101003002	项目名称	挖沟槽土方				计量单位		221.79m³	

清单综合单价组成明细										
定额编号	定额名称	单位	数量	单价/元				合价/元			
				人工费	材料费	机械费	管理费和利润	人工费	材料费	机械费	管理费和利润
1-2-8	人工挖沟槽土方槽深不大于2m坚土	10m³	22.179	693.84	0	0	62.42	15388.68	0	0	1384.41
1-2-54	机动翻斗车运土方运距不大于100m	10m³	22.179	2.94	0	104.21	0.26	65.21	0	2311.27	5.77
人工单价			小计/元					15453.89	0	2311.27	1390.18
98.00元/工日			未计价材料费/元					—			
清单项目综合单价/元								19155.34/221.79＝86.37			
材料费明细	主要材料名称、规格、型号						单价	合价	暂估单价	暂估合价	
	其他材料费/元							—	0		
	材料费小计/元							—	0		0

【例 3-1-3】 工程条件同第 2 篇例 2-1-4,弃土运距为 50m,编制人工挖基坑的工程量清单,并进行工程量清单报价。

【解】 独立基础工程开挖深度:$H=1.8+0.1-0.3=1.60(m)$。

独立基础基坑开挖总体积:$V=318.59m^3$。

人工挖基坑土方工程量清单见表 3-1-13,挖基坑土方工程量清单综合单价分析见表 3-1-14。

表 3-1-13 人工挖基坑土方工程量清单

序号	项目编码	项目名称 项目特征	计量单位	工程数量	金额/元		
					综合单价	合价	其中:暂估价
1	010101004001	挖基坑土方 1.土壤类别:一、二类土; 2.挖土深度:2m 以内; 3.弃土运距:50m	m³	318.59			

表 3-1-14 挖基坑土方工程量清单综合单价分析表

项目编码	010101004001	项目名称				挖基坑土方			计量单位	318.59m³

清单综合单价组成明细

定额编号	定额名称	单位	数量	单价/元				合价/元			
				人工费	材料费	机械费	管理费和利润	人工费	材料费	机械费	管理费和利润
1-2-11	人工挖基坑土方坑深不大于 2m 普通土	10m³	31.859	365.54	0	0	32.88	11645.74	0	0	1047.52
1-2-54	机动翻斗车运土方运距不大于 100m	10m³	31.859	2.94	0	104.21	0.26	93.67	0	3320.03	8.28
人工单价		小计/元						11739.41	0	3320.03	1055.80
98.00 元/工日		未计价材料费/元						—			
清单项目综合单价/元								16115.24/318.59=50.58			
材料费明细	主要材料名称、规格、型号						单价	合价		暂估单价	暂估合价
	其他材料费/元						—	0		—	
	材料费小计/元						—	0		—	0

🔄 **知识归纳**

(1)土石方体积的计算规则。

(2)挖土方平均厚度计算规则。

（3）基础土方、石方开挖深度计算规则。

独立思考

3-1-1　简述挖基础土方的工程量计算规则。

3-1-2　简述土（石）方工程项目的清单划分界限。

习　　题

工程条件同第 2 篇第 1 章习题 2-1-1，就地弃土。（1）编制机械平整场地工程量清单，并进行工程量清单报价。（2）编制条形基础人工挖土的工程量清单，并进行工程量清单报价。

独立思考与
习题答案

2 地基处理与边坡支护工程清单

内容提要

本章主要介绍地基处理与边坡支护工程清单内容及应用。其中,地基处理的重点内容是各种垫层的清单编制与计价,边坡支护中的土钉与锚喷联合支护、地下连续墙及排水与降水等清单项目的编制及计价。

能力要求

通过本章的学习,学生应掌握各种垫层清单的编制与计价,了解边坡支护中的土钉与锚喷联合支护等工程清单编制与计价。

2.1 地基处理工程清单计算规则

地基处理工程清单如表 3-2-1 所示。

(1)地层情况按相关规定,并根据岩土工程勘察报告按单位工程各地层所占比例(包括范围值)进行描述。无法准确描述的地层情况,可注明由投标人根据岩土工程勘察报告自行决定报价。

(2)项目特征中的桩长应包括桩尖,空桩长度=孔深-桩长,孔深为自然地面至设计桩底的深度。

(3)高压喷射注浆类型包括旋喷、摆喷、定喷;高压喷射注浆方法包括单管法、双重管法、三重管法。

(4)复合地基的检测费用按国家相关取费标准单独计算,不在地基处理工程清单项目中。

(5)采用泥浆护壁成孔,工作内容包括土方、废泥浆外运,如采用沉管灌注成孔,工作内容包括桩尖制作、安装。

(6)弃土(不含泥浆)清理、运输按相关项目编码列项。

表 3-2-1

地基处理(编号:010201)

项目编码	项目名称	项目特征	计量单位	工程量计算规则	工作内容
010201001	换填垫层	1.材料种类及配比; 2.压实系数; 3.掺加剂品种	m³	按设计图示尺寸以体积计算	1.分层铺填; 2.碾压、振密或夯实; 3.材料运输
010201002	铺设土工合成材料	1.部位; 2.品种; 3.规格		按设计图示尺寸以面积计算	1.挖填锚固沟; 2.铺设; 3.固定; 4.运输
010201003	预压地基	1.排水竖井种类、断面尺寸、排列方式、间距、深度; 2.预压方法; 3.预压荷载、时间; 4.砂垫层厚度	m²	按设计图示尺寸以加固面积计算	1.设置排水竖井、盲沟、滤水管; 2.铺设砂垫层、密封膜; 3.堆载、卸载或抽气设备安拆、抽真空; 4.材料运输
010201004	强夯地基	1.夯击能量; 2.夯击遍数; 3.地耐力要求; 4.夯填材料种类			1.铺设夯填材料; 2.强夯; 3.夯填材料运输
010201005	振冲密实(不填料)	1.地层情况; 2.振密深度; 3.孔距			1.振冲加密; 2.泥浆运输
010201006	振冲桩(填料)	1.地层情况; 2.空桩长度、桩长; 3.桩径; 4.填充材料种类	1. m; 2. m³	1.以 m 计量,按设计图示尺寸以桩长计算; 2.以 m³ 计量,按设计桩截面面积乘以桩长以体积计算	1.振冲成孔、填料、振实; 2.材料运输; 3.泥浆运输
010201007	砂石桩	1.地层情况; 2.空桩长度、桩长; 3.桩径; 4.成孔方法; 5.材料种类、级配		1.以 m 计量,按设计图示尺寸以桩长(包括桩尖)计算; 2.以 m³ 计量,按设计桩截面面积乘以桩长(包括桩尖)以体积计算	1.成孔; 2.填充、振实; 3.材料运输
010201008	水泥粉煤灰碎石桩	1.地层情况; 2.空桩长度、桩长; 3.桩径; 4.成孔方法; 5.混合料强度等级	m	按设计图示尺寸以桩长(包括桩尖)计算	1.成孔; 2.混合料制作、灌注、养护
010201009	深层搅拌桩	1.地层情况; 2.空桩长度、桩长; 3.桩截面尺寸; 4.水泥强度等级、掺量		按设计图示尺寸以桩长计算	1.预搅下钻、水泥浆制作、喷浆搅拌提升成桩; 2.材料运输

续表

项目编码	项目名称	项目特征	计量单位	工程量计算规则	工作内容
010201010	粉喷桩	1.地层情况; 2.空桩长度、桩长; 3.桩径; 4.粉体种类、掺量; 5.水泥强度等级、石灰粉要求	m	按设计图示尺寸以桩长计算	1.预搅下钻、喷粉搅拌; 2.提升成桩; 3.材料运输
010201011	夯实水泥土桩	1.地层情况; 2.空桩长度、桩长; 3.桩径; 4.成孔方法; 5.水泥强度等级; 6.混合料配比		按设计图示尺寸以桩长(包括桩尖)计算	1.成孔、夯底; 2.水泥土拌和、填料、夯实; 3.材料运输
010201012	高压喷射注浆桩	1.地层情况; 2.空桩长度、桩长; 3.桩截面; 4.注浆类型、方法; 5.水泥强度等级		按设计图示尺寸以桩长计算	1.成孔; 2.水泥浆制作、高压喷射注浆; 3.材料运输
010201013	石灰桩	1.地层情况; 2.空桩长度、桩长; 3.桩径; 4.成孔方法; 5.掺和料种类、配合比		按设计图示尺寸以桩长(包括桩尖)计算	1.成孔; 2.混合料制作、运输、夯填
010201014	灰土(土)挤密桩	1.地层情况; 2.空桩长度、桩长; 3.桩径; 4.成孔方法; 5.灰土级配		按设计图示尺寸以桩长(包括桩尖)计算	1.成孔; 2.灰土拌和、运输、填充、夯实
010201015	柱锤冲扩桩	1.地层情况; 2.空桩长度、桩长; 3.桩径; 4.成孔方法; 5.桩体材料种类、配合比		按设计图示尺寸以桩长计算	1.安拔套管; 2.冲孔、填料、夯实桩体材料制作、运输
010201016	注浆地基	1.地层情况; 2.空钻深度、注浆深度; 3.注浆间距; 4.浆液种类及配比; 5.注浆方法; 6.水泥强度等级	1.m; 2.m³	1.以 m 计量,按设计图示尺寸以钻孔深度计算; 2.以 m³ 计量,按设计图示尺寸以加固体积计算	1.成孔; 2.注浆导管制作、安装; 3.浆液制作、压浆; 4.材料运输

续表

项目编码	项目名称	项目特征	计量单位	工程量计算规则	工作内容
010201017	褥垫层	1. 厚度； 2. 材料品种及比例	1. m²； 2. m³	1. 以 m² 计量，按设计图示尺寸以铺设面积计算； 2. 以 m³ 计量，按设计图示尺寸以体积计算	材料拌和、运输、铺设、压实

2.2 边坡支护工程清单计算规则

边坡支护工程清单如表 3-2-2 所示。

(1)其他锚杆是指不施加预应力的土层锚杆和岩石锚杆。置入方法包括钻孔置入、打入或射入等。基坑与边坡的检测、变形观测等费用按相关取费标准单独计算，不在边坡支护工程清单项目中。

(2)地下连续墙和喷射混凝土的钢筋网及咬合灌注桩的钢筋笼制作、安装，按相关项目编码列项。未列的基坑与边坡支护的排桩，水泥土墙，坑内加固，砖、石挡土墙，护坡，混凝土挡土墙，弃土(不含泥浆)清理、运输等按相关项目编码列项。

表 3-2-2　　　　　　　　　　　**基坑与边坡支护(编号:010202)**

项目编码	项目名称	项目特征	计量单位	工程量计算规则	工作内容
010202001	地下连续墙	1. 地层情况； 2. 导墙类型、截面； 3. 墙体厚度； 4. 成槽深度； 5. 混凝土类别、强度等级	m³	按设计图示墙中心线长乘以厚度乘以槽深以体积计算	1. 导墙挖填、制作、安装、拆除； 2. 挖土成槽、固壁、清底置换； 3. 混凝土制作、运输、灌注、养护； 4. 接头处理； 5. 土方、废泥浆外运； 6. 打桩场地硬化及泥浆池、泥浆沟
010202002	咬合灌注桩	1. 地层情况； 2. 桩长； 3. 桩径； 4. 混凝土类别、强度等级； 5. 部位	1. m； 2. 根	1. 以 m 计量，按设计图示尺寸以桩长计算； 2. 以根计量，按设计图示数量计算	1. 成孔、固壁； 2. 混凝土制作、运输、灌注、养护； 3. 套管压拔； 4. 土方、废泥浆外运； 5. 打桩场地硬化及泥浆池、泥浆沟

续表

项目编码	项目名称	项目特征	计量单位	工程量计算规则	工作内容
010202003	圆木桩	1.地层情况； 2.桩长； 3.材质； 4.尾径； 5.桩倾斜度	1.m； 2.根	1.以m计量，按设计图示尺寸以桩长（包括桩尖）计算； 2.以根计量，按设计图示数量计算	1.工作平台搭拆； 2.桩机竖拆、移位； 3.桩靴安装； 4.沉桩
010202004	预制钢筋混凝土板桩	1.地层情况； 2.送桩深度、桩长； 3.桩截面； 4.混凝土强度等级			1.工作平台搭拆； 2.桩机竖拆、移位； 3.沉桩； 4.接桩
010202005	型钢桩	1.地层情况或部位； 2.送桩深度、桩长； 3.规格、型号； 4.桩倾斜度； 5.防护材料种类； 6.是否拔出	1.t； 2.根	1.以t计量，按设计图示尺寸以质量计算； 2.以根计量，按设计图示数量计算	1.工作平台搭拆； 2.桩机竖拆、移位； 3.打(拔)桩； 4.接桩； 5.刷防护材料
010202006	钢板桩	1.地层情况； 2.桩长； 3.板桩厚度	1.t； 2.m²	1.以t计量，按设计图示尺寸以质量计算； 2.以m²计量，按设计图示墙中心线长乘以桩长以面积计算	1.工作平台搭拆； 2.桩机竖拆、移位； 3.打拔钢板桩
010202007	预应力锚杆、锚索	1.地层情况； 2.锚杆(索)类型、部位； 3.钻孔深度； 4.钻孔直径； 5.杆体材料品种、规格、数量； 6.浆液种类、强度等级	1.m； 2.根	1.以m计量，按设计图示尺寸以钻孔深度计算； 2.以根计量，按设计图示数量计算	1.钻孔、浆液制作、运输、压浆； 2.锚杆、锚索制作、安装； 3.张拉锚固； 4.锚杆、锚索施工平台搭设、拆除
010202008	其他锚杆、土钉	1.地层情况； 2.钻孔深度； 3.钻孔直径； 4.置入方法； 5.杆体材料品种、规格、数量； 6.浆液种类、强度等级			1.钻孔、浆液制作、运输、压浆； 2.锚杆、土钉制作、安装； 3.锚杆、土钉施工平台搭设、拆除

续表

项目编码	项目名称	项目特征	计量单位	工程量计算规则	工作内容
010202009	喷射混凝土、水泥砂浆	1.部位； 2.厚度； 3.材料种类； 4.混凝土（砂浆）类别、强度等级	m²	按设计图示尺寸以面积计算	1.修整边坡； 2.混凝土（砂浆）制作、运输、喷射、养护； 3.钻排水孔、安装排水管； 4.喷射施工平台搭设、拆除
010202010	混凝土支撑	1.部位； 2.混凝土强度等级	m³	按设计图示尺寸以体积计算	1.模板（支架或支撑）制作、安装、拆除、堆放、运输及清理模内杂物、刷隔离剂等； 2.混凝土制作、运输、浇筑、振捣、养护
010202011	钢支撑	1.部位； 2.钢材品种、规格； 3.探伤要求	t	按设计图示尺寸以质量计算。不扣除孔眼质量，焊条、铆钉、螺栓等不另增加质量	1.支撑、铁件制作（摊销、租赁）； 2.支撑、铁件安装； 3.探伤； 4.刷漆； 5.拆除； 6.运输

知识归纳

(1)换填垫层的清单工程量计算规则。

(2)强夯地基的清单工程量计算规则。

(3)预应力锚杆的清单工程量计算规则。

(4)喷射混凝土、水泥砂浆的清单工程量计算规则。

独立思考

3-2-1 简述换填垫层的清单工程量计算规则。

3-2-2 简述预应力锚杆的清单工程量计算规则。

3-2-3 简述喷射混凝土的清单工程量计算规则。

独立思考答案

3 桩基工程清单

![内容提要图标] **内容提要**

　　本章的主要内容是桩基工程清单计量与计价,主要介绍打桩与灌注桩的工程量清单编制与计价,便于学生理解各类预制桩与灌注桩的工程量清单编制与综合单价分析。

![能力要求图标] **能力要求**

　　通过本章的学习,学生应了解打、压预制桩和各种灌注桩的清单项目设置及计算规则;能根据工程实际编制桩基工程的工程量清单,进行工程量清单报价。

3.1　桩基工程清单计算规则

　　地层情况按相关规定,并根据岩土工程勘察报告按单位工程各地层所占比例(包括范围值)进行描述。无法准确描述的地层情况,可注明由投标人根据岩土工程勘察报告自行决定报价。

　　项目特征中的桩截面、混凝土强度等级、桩类型等可直接用标准图代号或设计桩型进行描述。

　　打桩项目包括成品桩购置费,如果用现场预制桩,应包括现场预制的所有费用。

　　打试验桩和打斜桩应按相应项目编码单独列项,并应在项目特征中注明试验桩或斜桩(斜率)。

　　桩基础的承载力检测、桩身完整性检测等费用按国家相关取费标准单独计算,不在桩基工程清单项目中。

　　项目特征中的桩长应包括桩尖,空桩长度＝孔深－桩长,孔深为自然地面至设计桩底的深度。

　　泥浆护壁成孔灌注桩是指在泥浆护壁条件下成孔,采用水下灌注混凝土的桩。其成孔方法包括冲击钻成孔、冲抓锥成孔、回旋钻成孔、潜水钻成孔、泥浆护壁的旋挖成孔等。

　　沉管灌注桩的沉管方法包括锤击沉管法、振动沉管法、振动冲击沉管法、内夯沉管法等。

干作业成孔灌注桩是指不用泥浆护壁和套管护壁的情况下,用钻机成孔后,下钢筋笼,灌注混凝土的桩,适用于地下水位以上的土层。其成孔方法包括螺旋钻成孔、螺旋钻成孔扩底、干作业旋挖成孔等。

桩基础的承载力检测、桩身完整性检测等费用按相关取费标准单独计算,不在桩基工程清单项目中。

混凝土灌注桩的钢筋笼制作、安装,按相关项目编码列项。

桩基工程包括打桩与灌注桩。

(1)打桩。

打桩工程量清单项目设置、项目特征描述的内容、计量单位及工程量计算规则,应按表 3-3-1 的规定执行。

表 3-3-1 打桩(编号:010301)

项目编码	项目名称	项目特征	计量单位	工程量计算规则	工作内容
010301001	预制钢筋混凝土方桩	1.地层情况; 2.送桩深度、桩长; 3.桩截面; 4.桩倾斜度; 5.混凝土强度等级	1. m; 2. 根	1.以 m 计量,按设计图示尺寸以桩长(包括桩尖)计算; 2.以根计量,按设计图示数量计算	1.工作平台搭拆; 2.桩机竖拆、移位; 3.沉桩; 4.接桩; 5.送桩
010301002	预制钢筋混凝土管桩	1.地层情况; 2.送桩深度、桩长; 3.桩外径、壁厚; 4.桩倾斜度; 5.混凝土强度等级; 6.填充材料种类; 7.防护材料种类			1.工作平台搭拆; 2.桩机竖拆、移位; 3.沉桩; 4.接桩; 5.送桩; 6.填充材料、刷防护材料
010301003	钢管桩	1.地层情况; 2.送桩深度、桩长; 3.材质; 4.管径、壁厚; 5.桩倾斜度; 6.填充材料种类; 7.防护材料种类	1. t; 2. 根	1.以 t 计量,按设计图示尺寸以质量计算; 2.以根计量,按设计图示数量计算	1.工作平台搭拆; 2.桩机竖拆、移位; 3.沉桩; 4.接桩; 5.送桩; 6.切割钢管、精割盖帽; 7.管内取土; 8.填充材料、刷防护材料
010301004	截(凿)桩头	1.桩头截面、高度; 2.混凝土强度等级; 3.有无钢筋	1. m³; 2. 根	1.以 m³ 计量,按设计桩截面面积乘以桩头长度以体积计算; 2.以根计量,按设计图示数量计算	1.截桩头; 2.凿平; 3.废料外运

(2)灌注桩。

灌注桩工程量清单项目设置、项目特征描述的内容、计量单位及工程量计算规则,应按表 3-3-2 的规定执行。

表 3-3-2 灌注桩(编号:010302)

项目编码	项目名称	项目特征	计量单位	工程量计算规则	工作内容
010302001	泥浆护壁成孔灌注桩	1.地层情况; 2.空桩长度、桩长; 3.桩径; 4.成孔方法; 5.护筒类型、长度; 6.混凝土类别、强度等级			1.护筒埋设; 2.成孔、固壁; 3.混凝土制作、运输、灌注、养护; 4.土方、废泥浆外运; 5.打桩场地硬化及泥浆池、泥浆沟
010302002	沉管灌注桩	1.地层情况; 2.空桩长度、桩长; 3.复打长度; 4.桩径; 5.沉管方法; 6.桩尖类型; 7.混凝土类别、强度等级	1.m; 2.m³; 3.根	1.以 m 计量,按设计图示尺寸以桩长(包括桩尖)计算; 2.以 m³ 计量,按不同截面在桩上范围内以体积计算; 3.以根计量,按设计图示数量计算	1.打(沉)拔钢管; 2.桩尖制作、安装; 3.混凝土制作、运输、灌注、养护
010302003	干作业成孔灌注桩	1.地层情况; 2.空桩长度、桩长; 3.桩径; 4.扩孔直径、高度; 5.成孔方法; 6.混凝土类别、强度等级			1.成孔、扩孔; 2.混凝土制作、运输、灌注、振捣、养护
010302004	挖孔桩土(石)方	1.土(石)类别; 2.挖孔深度; 3.弃土(石)运距	m³	按设计图示尺寸截面面积乘以挖孔深度以体积计算	1.排地表水; 2.挖土、凿石; 3.基底钎探; 4.运输
010302005	人工挖孔灌注桩	1.桩芯长度; 2.桩芯直径、扩底直径、扩底高度; 3.护壁厚度、高度; 4.护壁混凝土类别、强度等级; 5.桩芯混凝土类别、强度等级	1.m³; 2.根	1.以 m³ 计量,按桩芯混凝土体积计算; 2.以根计量,按设计图示数量计算	1.护壁制作; 2.混凝土制作、运输、灌注、振捣、养护
010302006	钻孔压浆桩	1.地层情况; 2.空钻长度、桩长; 3.钻孔直径; 4.水泥强度等级	1.m; 2.根	1.以 m 计量,按设计图示尺寸以桩长计算; 2.以根计量,按设计图示数量计算	钻孔、下注浆管、投放骨料、浆液制作、运输、压浆
010302007	桩底注浆	1.注浆导管材料、规格; 2.注浆导管长度; 3.单孔注浆量; 4.水泥强度等级	孔	按设计图示以注浆孔数计算	1.注浆导管制作、安装; 2.浆液制作、运输、压浆

3.2 桩基工程清单计量与计价应用

【**例 3-3-1**】 工程条件同第 2 篇例 2-3-1。桩混凝土强度等级为 C25,无送桩。试编制打桩的工程量清单,并进行工程量清单报价。

【**解**】 单位工程的打桩工程量＝0.25×0.25×9.5×120＝71.25(m³)

打桩工程量清单见表 3-3-3,打桩工程量清单综合单价分析见表 3-3-4。

表 3-3-3   **打桩工程量清单**

序号	项目编码	项目名称 项目特征	计量单位	工程数量	金额/元		
					综合单价	合价	其中:暂估价
1	010301001001	预制钢筋混凝土方桩 1.地层情况:三类土; 2.送桩深度、桩长:0 以内、9.5m; 3.桩截面:60cm 以内; 4.桩倾斜度:0°; 5.沉桩方法:打桩机; 6.接桩方式:打桩机; 7.混凝土强度等级:C25	根	120			

表 3-3-4   **打桩工程量清单综合单价分析**

项目编码	010301001001	项目名称	预制钢筋混凝土方桩				计量单位	120 根		
清单综合单价组成明细										

定额编号	定额名称	单位	数量	单价/元				合价/元			
				人工费	材料费	机械费	管理费和利润	人工费	材料费	机械费	管理费和利润
3-1-1h	打预制钢筋混凝土方桩桩长不大于 12m(人工乘以 1.25,机械乘以 1.25)	10m³	7.125	977.55	93.34	1135.81	87.94	6965.04	665.04	8092.65	626.57
人工单价		小计/元						6965.04	665.04	8092.65	626.57
98.00 元/工日		未计价材料费/元						92259.52			
清单项目综合单价/元							108608.82/120.00＝905.07				

材料费明细	主要材料名称、规格、型号				单价	合价	暂估单价	暂估合价
	预制钢筋混凝土方桩/元						1282.05	92259.52
	其他材料费/元				—	665.04	—	
	材料费小计/元				—	665.04	—	92259.52

知识归纳

(1)打预制混凝土桩清单工程量的计算规则。

(2)沉管灌注桩的沉管方法。

(3)干作业成孔灌注桩的清单工程量计算规则。

独立思考

3-3-1 简述打预制混凝土桩清单工程量的计算规则。

3-3-2 简述干作业成孔灌注桩清单工程量计算规则。

独立思考与
习题答案

习 题

条件同第2篇第3章习题。桩混凝土强度等级为C25,无送桩,三类土。编制打桩工程量清单,并进行工程量清单报价。

4 砌筑工程清单

![内容提要]

本章的主要内容是砌筑工程清单计量与计价,主要介绍各类砌筑工程的清单计量与综合单价分析,便于学生理解各类砌筑工程的清单计量与计价。

![能力要求]

通过本章的学习,学生应了解各种砌筑工程的清单项目划分及计算规则;能根据工程实际编制砖砌体、砌块砌体和石墙等分项工程的工程量清单,并进行工程量清单报价。

4.1 砌筑工程清单计算规则

4.1.1 砖砌体

标准砖尺寸应为 240mm×115mm×53mm。标准砖砌体计算厚度应按表 2-4-1 计算。

(1)砖基础项目适用于各种类型砖基础,包括柱基础、墙基础、管道基础等。

(2)基础与墙(柱)身使用同一种材料时,以设计室内地面为界(有地下室者,以地下室室内设计地面为界),以下为基础,以上为墙(柱)身。基础与墙身使用不同材料时,位于设计室内地面高度不大于±300mm 时,以不同材料为分界线;高度大于±300mm 时,以设计室内地面为分界线。

(3)砖围墙以设计室外地坪为界,以下为基础,以上为墙身。

(4)框架外表面的镶贴砖部分,按零星项目编码列项。

(5)附墙烟囱、通风道、垃圾道应按设计图示尺寸以体积(扣除孔洞所占体积)计算,并入所依附的墙体体积内。当设计规定孔洞内需抹灰时,应按零星抹灰项目编码列项。

(6)空斗墙的窗间墙、窗台下、楼板下、梁头下等的实砌部分,按零星砌砖项目编码列项。

(7)空花墙项目适用于各种类型的空花墙,使用混凝土花格砌筑的空花墙,实砌墙体与混凝土花格应分别计算,混凝土花格按混凝土及钢筋混凝土中预制构件相关项目编码列项。

(8)台阶、台阶挡墙、梯带、锅台、炉灶、蹲台、池槽、池槽腿、砖胎模、花台、花池、楼梯栏板、阳台栏板、地垄墙、面积小于 $0.3m^2$ 的孔洞填塞等,应按零星砌砖项目编码列项。砖砌锅台与炉灶可按外形尺寸以个计算,砖砌台阶可按水平投影面积以 m^2 计算,小便槽、地垄墙可按长度计算,其他工程按 m^3 计算。

(9)砖砌体内钢筋加固,应按相关项目编码列项。

(10)砖砌体勾缝按相关项目编码列项。

(11)检查井内的爬梯按相关项目编码列项,井、池内的混凝土构件按混凝土及钢筋混凝土预制构件编码列项。

(12)施工图设计标注做法参见标准图集时,应注明标准图集的编码、页号及节点大样。

砖砌体工程量清单项目设置、项目特征描述的内容、计量单位及工程量计算规则,应按表 3-4-1 的规定执行。

表 3-4-1
砖砌体(编号:010401)

项目编码	项目名称	项目特征	计量单位	工程量计算规则	工作内容
010401001	砖基础	1.砖品种、规格、强度等级; 2.基础类型; 3.砂浆强度等级; 4.防潮层材料种类	m^3	按设计图示尺寸以体积计算。 包括附墙垛基础宽出部分体积,扣除地梁(圈梁)、构造柱所占体积,不扣除基础大放脚T形接头处的重叠部分及嵌入基础内的钢筋、铁件、管道、基础砂浆防潮层和单个面积小于或等于 $0.3m^2$ 的孔洞所占体积,靠墙暖气沟的挑檐不增加。 基础长度:外墙按外墙中心线计算,内墙按内墙净长线计算	1.砂浆制作、运输; 2.砌砖; 3.防潮层铺设; 4.材料运输
010401002	砖砌挖孔桩护壁	1.砖品种、规格、强度等级; 2.砂浆强度等级		按设计图示尺寸以 m^3 计算	1.砂浆制作、运输; 2.砌砖; 3.材料运输

续表

项目编码	项目名称	项目特征	计量单位	工程量计算规则	工作内容
010401003	实心砖墙			按设计图示尺寸以体积计算。 扣除门窗洞口、过人洞、空圈、嵌入墙内的钢筋混凝土柱、梁、圈梁、挑梁、过梁及凹进墙内的壁龛、管槽、暖气槽、消火栓箱所占体积，不扣除梁头、板头、檩头、垫木、木楞头、沿椽木、木砖、门窗走头、砖墙内加固钢筋、木筋、铁件、钢管及单个面积不大于 $0.3m^2$ 的孔洞所占体积。凸出墙面的腰线、压顶、窗台线、虎头砖、门窗套的体积亦不增加。凸出墙面的砖垛并入墙体体积内计算。	
010401004	多孔砖墙	1.砖品种、规格； 2.强度等级； 3.墙体类型； 4.砂浆强度等级、配合比	m^3	1.墙长度：外墙按中心线计算，内墙按净长线计算。 2.墙高度。 (1)外墙：斜(坡)屋面无檐口天棚者算至屋面板底；有屋架且室内外均有天棚者算至屋架下弦底另加200mm；无天棚者算至屋架下弦底另加300mm，出檐宽度超过600mm时按实砌高度计算；有钢筋混凝土楼板隔层者算至板顶。平屋顶算至钢筋混凝土板底。 (2)内墙：位于屋架下弦者，算至屋架下弦底；无屋架者算至天棚底另加100mm；有钢筋混凝土楼板隔层者算至楼板顶；有框架梁时算至梁底。	1.砂浆制作、运输； 2.砌砖； 3.刮缝； 4.砖压顶砌筑； 5.材料运输
010401005	空心砖墙			(3)女儿墙：从屋面板上表面算至女儿墙顶面(如有混凝土压顶，算至压顶下表面)。 (4)内、外山墙：按其平均高度计算。 3.框架间墙：不分内外墙，按墙体净尺寸以体积计算。 围墙：高度算至压顶上表面(如有混凝土压顶，算至压顶下表面)，围墙柱并入围墙体积内	

项目编码	项目名称	项目特征	计量单位	工程量计算规则	工作内容
010401006	空斗墙	1.砖品种、规格、强度等级； 2.墙体类型； 3.砂浆强度等级、配合比	m³	按设计图示尺寸以空斗墙外形体积计算。墙角、内外墙交接处、门窗洞口立边、窗台砖、屋檐处的实砌部分体积并入空斗墙体积内	1.砂浆制作、运输； 2.砌砖； 3.装填充料； 4.刮缝； 5.材料运输
010401007	空花墙			按设计图示尺寸以空花部分外形体积计算,不扣除空洞部分体积	
010401008	填充墙			按设计图示尺寸以填充墙外形体积计算	
010401009	实心砖柱	1.砖品种、规格、强度等级； 2.柱类型； 3.砂浆强度等级、配合比		按设计图示尺寸以体积计算。扣除混凝土及钢筋混凝土梁垫、梁头所占体积	1.砂浆制作、运输； 2.砌砖； 3.刮缝； 4.材料运输
010401010	多孔砖柱				
010401011	砖检查井	1.井截面； 2.垫层材料种类、厚度； 3.底板厚度； 4.井盖安装； 5.混凝土强度等级； 6.砂浆强度等级； 7.防潮层材料种类	座	按设计图示数量计算	1.土方挖、运； 2.砂浆制作、运输； 3.铺设垫层； 4.底板混凝土制作、运输、浇筑、振捣、养护； 5.砌砖； 6.刮缝； 7.井池底、壁抹灰； 8.抹防潮层； 9.回填； 10.材料运输
010401012	零星砌砖	1.零星砌砖名称、部位； 2.砂浆强度等级、配合比	1.m³； 2.m²； 3.m； 4.个	1.以 m³ 计量,按设计图示尺寸截面面积乘以长度计算。 2.以 m² 计量,按设计图示尺寸水平投影面积计算。 3.以 m 计量,按设计图示尺寸长度计算。 4.以个计量,按设计图示数量计算	1.砂浆制作、运输； 2.砌砖； 3.刮缝； 4.材料运输

续表

项目编码	项目名称	项目特征	计量单位	工程量计算规则	工作内容
010401013	砖散水、地坪	1.砖品种、规格、强度等级; 2.垫层材料种类、厚度; 3.散水、地坪厚度; 4.面层种类、厚度; 5.砂浆强度等级	m²	按设计图示尺寸以面积计算	1.土方挖、运; 2.地基找平、夯实; 3.铺设垫层; 4.砌砖散水、地坪; 5.抹砂浆面层
010401014	砖地沟、明沟	1.砖品种、规格、强度等级; 2.沟截面尺寸; 3.垫层材料种类、厚度; 4.混凝土强度等级; 5.砂浆强度等级	m	按设计图示以中心线长度计算	1.土方挖、运; 2.铺设垫层; 3.底板混凝土制作、运输、浇筑、振捣、养护; 4.砌砖; 5.刮缝、抹灰; 6.材料运输

4.1.2 砌块砌体

砌块砌体工程量清单项目设置、项目特征描述的内容、计量单位及工程量计算规则,应按表 3-4-2 的规定执行。

表 3-4-2 **砌块砌体(编号:010402)**

项目编码	项目名称	项目特征	计量单位	工程量计算规则	工作内容
010402001	砌块墙	1.砌块品种、规格、强度等级; 2.墙体类型; 3.砂浆强度等级	m³	按设计图示尺寸以体积计算。 扣除门窗洞口、过人洞、空圈、嵌入墙内的钢筋混凝土柱、梁、圈梁、挑梁、过梁及凹进墙内的壁龛、管槽、暖气槽、消火栓箱所占体积,不扣除梁头、板头、檩头、垫木、木楞头、沿椽木、木砖、门窗走头、砌块墙内加固钢筋、木筋、铁件、钢管及单个面积小于或等于 0.3m² 的孔洞所占体积。凸出墙面的腰线、挑檐、压顶、窗台线、虎头砖、门窗套的体积亦不增加。凸出墙面的砖垛并入墙体体积内计算。	1.砂浆制作、运输; 2.砌砖、砌块; 3.勾缝; 4.材料运输

项目编码	项目名称	项目特征	计量单位	工程量计算规则	工作内容
010402001	砌块墙	1.砌块品种、规格、强度等级; 2.墙体类型; 3.砂浆强度等级	m³	1.墙长度:外墙按中心线、内墙按净长计算。 2.墙高度。 (1)外墙:斜(坡)屋面无檐口天棚者算至屋面板底;有屋架且室内外均有天棚者算至屋架下弦底另加200mm;无天棚者算至屋架下弦底另加300mm,出檐宽度超过600mm时按实砌高度计算;有钢筋混凝土楼板隔层者算至板顶。平屋面算至钢筋混凝土板底。 (2)内墙:位于屋架下弦者,算至屋架下弦底;无屋架者算至天棚底另加100mm;有钢筋混凝土楼板隔层者算至楼板顶;有框架梁时算至梁底。 (3)女儿墙:从屋面板上表面算至女儿墙顶面(如有混凝土压顶,算至压顶下表面)。 (4)内、外山墙:按其平均高度计算。 3.框架间墙:不分内外墙按墙体净尺寸以体积计算。 4.围墙:高度算至压顶上表面(如有混凝土压顶,算至压顶下表面),围墙柱并入围墙体积内	1.砂浆制作、运输; 2.砌砖、砌块; 3.勾缝; 4.材料运输
010402002	砌块柱	1.砖品种、规格、强度等级; 2.墙体类型; 3.砂浆强度等级		按设计图示尺寸以体积计算。 扣除混凝土及钢筋混凝土梁垫、梁头、板头所占体积	

(1)砌体内加筋、墙体拉结的制作、安装,应按钢筋混凝土相关项目编码列项。

(2)砌块排列应上、下错缝搭砌,如果搭接缝长度不满足规定的压搭要求,应采取压砌钢筋网片的措施,具体构造要求按设计规定。设计无规定时,应注明由投标人根据工程实际情况自行考虑。

(3)砌体垂直灰缝宽度大于30mm时,采用C20细石混凝土灌实。灌注的混凝土应按钢筋混凝土相关项目编码列项。

4.1.3 石砌体

石砌体工程量清单项目设置、项目特征描述的内容、计量单位及工程量计算规则,应按表3-4-3的规定执行。

表 3-4-3   **石砌体(编号:010403)**

项目编码	项目名称	项目特征	计量单位	工程量计算规则	工作内容
010403001	石基础	1.石料种类、规格; 2.基础类型; 3.砂浆强度等级	m³	按设计图示尺寸以体积计算。 包括附墙垛基础宽出部分体积,不扣除基础砂浆防潮层及单个面积小于0.3m²的孔洞所占体积,靠墙暖气沟的挑檐不增加体积。 基础长度:外墙按中心线、内墙按净长计算	1.砂浆制作、运输; 2.吊装; 3.砌石; 4.防潮层铺设; 5.材料运输
010403002	石勒脚			按设计图示尺寸以体积计算,扣除单个面积大于0.3m²的孔洞所占体积	
010403003	石墙	1.石料种类、规格; 2.石表面加工要求; 3.勾缝要求; 4.砂浆强度等级、配合比	m³	按设计图示尺寸以体积计算。 扣除门窗洞口、过人洞、空圈、嵌入墙内的钢筋混凝土柱、梁、圈梁、挑梁、过梁及凹进墙内的壁龛、管槽、暖气槽、消火栓箱所占体积,不扣除梁头、板头、檩头、垫木、木楞头、沿椽木、木砖、门窗走头、石墙内加固钢筋、木筋、铁件、钢管及单个面积小于0.3m²的孔洞所占体积。凸出墙面的腰线、挑檐、压顶、窗台线、虎头砖、门窗套的体积亦不增加。凸出墙面的砖垛并入墙体体积内计算。 1.墙长度:外墙按中心线、内墙按净长计算。 2.墙高度。 (1)外墙:斜(坡)屋面无檐口天棚者算至屋面板底;有屋架且室内外均有天棚者算至屋架下弦底另加200mm;无天棚者算至屋架下弦底另加300mm,出檐宽度超过600mm时按实砌高度计算。平屋顶算至钢筋混凝土板底。 (2)内墙:位于屋架下弦者,算至屋架下弦底;无屋架者算至天棚底另加100mm;有钢筋混凝土楼板隔层者算至楼板顶;有框架梁时算至梁底。 (3)女儿墙:从屋面板上表面算至女儿墙顶面(如有混凝土压顶,算至压顶下表面)。 (4)内、外山墙:按其平均高度计算。 (5)围墙:高度算至压顶上表面(如有混凝土压顶,算至压顶下表面),围墙柱并入围墙体积内	1.砂浆制作、运输; 2.吊装; 3.砌石; 4.石表面加工; 5.勾缝; 6.材料运输

续表

项目编码	项目名称	项目特征	计量单位	工程量计算规则	工作内容
010403004	石挡土墙	1.石料种类、规格； 2.石表面加工要求； 3.勾缝要求； 4.砂浆强度等级、配合比	m³	按设计图示尺寸以体积计算	1.砂浆制作、运输； 2.吊装； 3.砌石； 4.变形缝、泄水孔、压顶抹灰； 5.滤水层； 6.勾缝； 7.材料运输
010403005	石柱				1.砂浆制作、运输； 2.吊装； 3.砌石； 4.石表面加工； 5.勾缝； 6.材料运输
010403006	石栏杆		m	按设计图示以长度计算	
010403007	石护坡	1.垫层材料种类、厚度，石料种类、规格； 2.护坡厚度、高度； 3.石表面加工要求； 4.勾缝要求； 5.砂浆强度等级、配合比	m³	按设计图示尺寸以体积计算	1.铺设垫层； 2.石料加工； 3.砂浆制作、运输； 4.砌石； 5.石表面加工； 6.勾缝； 7.材料运输
010403008	石台阶				
010403009	石坡道		m²	按设计图示以水平投影面积计算	
010403010	石地沟、明沟	1.沟截面尺寸； 2.土壤类别、运距； 3.垫层材料种类、厚度； 4.石料种类、规格； 5.石表面加工要求； 6.勾缝要求； 7.砂浆强度等级、配合比	m	按设计图示以中心线长度计算	1.土方挖、运； 2.砂浆制作、运输； 3.铺设垫层； 4.砌石； 5.石表面加工； 6.勾缝； 7.回填； 8.材料运输

(1)石基础、石勒脚、石墙的划分：基础与勒脚应以设计室外地坪为界，勒脚与墙身应以设计室内地面为界。石围墙内外地坪标高不同时，应以较低地坪标高为界，以下为基础；内外标高之差为挡土墙时，挡土墙以上为墙身。

(2)石基础项目适用于各种规格（粗料石、细料石等）、各种材质（砂石、青石等）和各种类型（柱基、墙基、直形、弧形等）基础。

(3)石勒脚、石墙项目适用于各种规格（粗料石、细料石等）、各种材质（砂石、青石、大理石、花岗石等）和各种类型（直形、弧形等）勒脚和墙体。

(4)石挡土墙项目适用于各种规格（粗料石、细料石、块石、毛石、卵石等）、各种材质（砂石、青石、石灰石等)和各种类型(直形、弧形、台阶形等)挡土墙。

(5)石柱项目适用于各种规格、各种石质、各种类型的石柱。

(6)石栏杆项目适用于无雕饰的一般石栏杆。

(7)石护坡项目适用于各种石质和各种石料(粗料石、细料石、片石、块石、毛石、卵石等)石护坡。

(8)石台阶项目包括石梯带(垂带),不包括石梯膀,石梯膀应按石挡土墙项目编码列项。

(9)施工图设计做法参考标准图集时,应注明标准图集的编码、页号及节点大样。

4.1.4　垫层

垫层工程量清单项目设置、项目特征描述的内容、计量单位及工程量计算规则,应按表 3-4-4 的规定执行。

表 3-4-4　　　　　　　　　　　垫层(编号:010404)

项目编码	项目名称	项目特征	计量单位	工程量计算规则	工作内容
010404001	垫层	垫层材料种类、配合比、厚度	m³	按设计图示尺寸以 m³ 计算	1.垫层材料的拌制; 2.垫层铺设; 3.材料运输

除混凝土垫层应按混凝土相关项目编码列项外,没有包括垫层要求的清单项目应按表 3-4-4 垫层项目编码列项。

4.2　砌筑工程清单计量与计价应用

【例 3-4-1】　工程条件同第 2 篇例 2-4-1。试编制内、外墙砖基础的工程量清单,并进行工程量清单报价。

【解】　砖基础工程量:

$$V = (0.24 \times 1.50 + 0.0625 \times 5 \times 0.126 \times 4 - 0.24 \times 0.24) \times (33.72 + 5.76)$$
$$= 18.16 (m^3)$$

砖基础工程量清单见表 3-4-5,砖基础工程量清单综合单价分析见表 3-4-6。

表 3-4-5　　　　　　　　　　　砖基础工程量清单

序号	项目编码	项目名称 项目特征	计量单位	工程数量	金额/元		
					综合单价	合价	其中:暂估价
1	010401001001	砖基础 1.砖品种、规格、强度等级:灰砂砖; 2.基础类型:条形; 3.砂浆强度等级:M5.0砂浆; 4.防潮层材料种类	m³	18.16			

表 3-4-6   砖基础工程量清单综合单价分析

| 项目编码 | 010401001001 | 项目名称 | | | 砖基础 | | | | | 计量单位 | 18.16m³ |

清单综合单价组成明细

定额编号	定额名称	单位	数量	单价/元				合价/元			
				人工费	材料费	机械费	管理费和利润	人工费	材料费	机械费	管理费和利润
4-1-1	砖基础	10m³	1.816	107.51	240.37	4.73	9.67	1952.31	4365.04	85.92	175.63
人工单价			小计/元					1952.31	4365.04	85.92	175.63
98.00元/工日			未计价材料费/元					—			
清单项目综合单价/元								6578.90/18.160=362.27			
材料费明细	主要材料名称、规格、型号							单价	合价	暂估单价	暂估合价
	其他材料费/元							—	4365.04		
	材料费小计/元							—	4365.04	—	0

【例 3-4-2】 工程条件同第 2 篇例 2-4-2。试编制灰砂砖墙的工程量清单,进行工程清单报价。

【解】 计算砖墙清单工程量。

外墙中心线长度:$L_{中}=(15.0+5.1)\times2=40.2$(m)。

内墙净长线:$L_{内}=(5.1-0.24)\times2+3.6-0.24=13.08$(m)。

外墙高:$H_{外}=3.6-0.3=3.3$(m)。

内墙高:$H_{内}=3.0-0.3=2.7$(m)。

扣门窗洞面积:$F_{门窗}=7.2+16.2+7.56=30.96$(m²)。

扣门洞过梁体积 V_{GL},过梁尺寸为 240mm×120mm,长度为门洞宽度两端共加 500mm 计算,实际应加 250mm(一侧为钢筋混凝土构造柱)。

$$V_{GL}=4\times0.24\times0.12\times(0.9+0.25)=0.132(m^3)$$

扣构造柱体积:

$$V_{GZ}=[7\times0.24\times(0.24+0.06)+3\times0.24\times(0.24+0.03)+0.24\times(0.24+0.03)]\times3.3=2.519(m^3)$$

内墙工程量:$V_{内墙}=13.08\times2.7\times0.24=8.48$(m³)。

外墙工程量:$V_{外墙}=(40.2\times3.3-30.96)\times0.24-0.13-2.66=21.56$(m³)。

砖墙工程量清单见表 3-4-7,内墙工程量清单综合单价分析见表 3-4-8,外墙工程量清单综合单价分析见表 3-4-9。

表 3-4-7   砖墙工程量清单

序号	项目编码	项目名称项目特征	计量单位	工程数量	金额/元		
					综合单价	合价	其中:暂估价
1	010401003001	实心砖墙 1.砖品种、规格、强度等级:灰砂砖 240×115×53; 2.墙体类型:内墙; 3.砂浆强度等级、配合比:M5.0 混合砂浆	m³	8.48			

续表

序号	项目编码	项目名称 项目特征	计量单位	工程数量	金额/元		
					综合单价	合价	其中:暂估价
2	010401003002	实心砖墙 1.砖品种、规格、强度等级:灰砂砖240×115×53; 2.墙体类型:外墙; 3.砂浆强度等级、配合比:M5.0混合砂浆	m³	21.56			

表 3-4-8　　　　　　　　　　　内墙工程量清单综合单价分析

项目编码	010401003001	项目名称	实心砖墙					计量单位	8.48m³	

清单综合单价组成明细

定额编号	定额名称	单位	数量	单价/元				合价/元			
				人工费	材料费	机械费	管理费和利润	人工费	材料费	机械费	管理费和利润
4-1-7hs	混合砂浆M5.0(干拌)/实心砖墙墙厚240mm(干拌)	10m³	0.848	1159.84	2559.1	19.37	104.34	983.54	2170.12	16.43	88.48
人工单价			小计/元					983.54	2170.12	16.43	88.48
98.00元/工日			未计价材料费/元					—			
清单项目综合单价/元								3258.57/8.48=384.27			

材料费明细	主要材料名称、规格、型号	单价	合价	暂估单价	暂估合价
	其他材料费/元	—	2170.12	—	
	材料费小计/元	—	2170.12	—	0

表 3-4-9　　　　　　　　　　　外墙工程量清单综合单价分析

项目编码	010401003002	项目名称	实心砖墙					计量单位	21.56m³	

清单综合单价组成明细

定额编号	定额名称	单位	数量	单价/元				合价/元			
				人工费	材料费	机械费	管理费和利润	人工费	材料费	机械费	管理费和利润
4-1-7hs	混合砂浆M5.0(湿拌)/实心砖墙墙厚240mm(湿拌)	10m³	2.156	1114.89	2559.1	0	100.29	2403.7	5517.43	0	216.23

续表

项目编码	010401003002	项目名称	实心砖墙			计量单位	21.56m³

清单综合单价组成明细

人工单价		小计/元	2403.7	5517.43	0	216.23
98.00元/工日		未计价材料费/元		—		
清单项目综合单价/元			8137.36/21.56＝377.43			

材料费明细	主要材料名称、规格、型号	单价	合价	暂估单价	暂估合价
	其他材料费/元	—	5517.43	—	
	材料费小计/元	—	5517.43	—	0

【例 3-4-3】 工程条件同第 2 篇例 2-4-3。试编制砌块墙的工程量清单,进行工程量清单报价。

【解】 240mm 厚砌块墙总体积:

$$V=(51.40\times3.80-66.75)\times0.24-1.45=29.41(\text{m}^3)$$

填充墙高度 3.8m＞3.6m,超过部分应单独计算工程量。

240mm 厚墙体 3.6m 层高以上部分体积:$V_1=51.40\times0.20\times0.24/10=0.25(10\text{m}^3)$。

填充墙高度 3.6m 以下部分工程量:$V_2=V-V_1=29.41-2.50=26.91(\text{m}^3)$。

砌块墙工程量清单见表 3-4-10,砌块填充墙 3.6m 以下工程量清单综合单价分析见表 3-4-11,砌块填充墙 3.6m 以上工程量清单综合单价分析见表 3-4-12。

表 3-4-10   **砌块墙工程量清单**

序号	项目编码	项目名称 项目特征	计量单位	工程数量	金额/元		
					综合单价	合价	其中:暂估价
1	010402001001	砌块墙 1.砌块品种、规格、强度等级:加气混凝土块 585×120×240; 2.墙体类型:填充墙; 3.砂浆强度等级:M5.0混合砂浆	m³	26.91			
2	010402001002	砌块墙 1.砌块品种、规格、强度等级:加气混凝土块 585×120×240; 2.墙体类型:填充墙; 3.砂浆强度等级:M5.0混合砂浆	m³	2.50			

表 3-4-11 **砌块填充墙 3.6m 以下工程量清单综合单价分析**

项目编码	010402001001	项目名称	砌块墙						计量单位	26.91m³

清单综合单价组成明细

定额编号	定额名称	单位	数量	单价/元				合价/元			
				人工费	材料费	机械费	管理费和利润	人工费	材料费	机械费	管理费和利润
4-2-1s	混合砂浆 M5.0(湿拌)/ 加气混凝土 砌块墙(湿拌)	10m³	2.691	1454.22	2663.05	0	130.82	3913.31	7166.27	0	352.04
人工单价			小计/元					3913.31	7166.27	0	352.04
98.00 元/工日			未计价材料费/元					—			
清单项目综合单价/元								11431.64/26.91＝424.81			

材料费明细	主要材料名称、规格、型号					单价	合价	暂估单价	暂估合价
	其他材料费/元					—	7166.27	—	—
	材料费小计/元					—	7166.27	—	0

表 3-4-12 **砌块填充墙 3.6m 以上工程量清单综合单价分析**

项目编码	010402001002	项目名称	砌块墙						计量单位	2.5m³

清单综合单价组成明细

定额编号	定额名称	单位	数量	单价/元				合价/元			
				人工费	材料费	机械费	管理费和利润	人工费	材料费	机械费	管理费和利润
4-2-1hs	混合砂浆 M5.0(湿拌)/ 加气混凝土 砌块墙/砌筑 层高超过 3.6m时,超过的 部分人工乘以 1.30(湿拌)	10m³	0.25	1965.78	2649.59	20.03	176.84	491.45	662.40	5.01	44.21
人工单价			小计/元					491.45	662.40	5.01	44.21
98.00 元/工日			未计价材料费/元					—			
清单项目综合单价/元								1203.08/2.50＝481.23			

材料费明细	主要材料名称、规格、型号					单价	合价	暂估单价	暂估合价
	其他材料费/元					—	662.4	—	—
	材料费小计/元					—	662.4	—	0

知识归纳

(1)基础与墙(柱)身使用同一种材料时清单工程量计算分界线。

(2)砖基础的清单工程量计算规则。

(3)砖墙的清单工程量计算规则。

独立思考

3-4-1 简述砖基础的清单工程量计算规则。

3-4-2 简述砖墙的清单工程量计算规则。

3-4-3 简述砖围墙的清单工程量计算规则。

3-4-4 简述砌块墙的清单工程量计算规则。

习 题

独立思考与
习题答案

3-4-1 工程条件同第 2 篇习题 2-4-1。编制砖基础的工程量清单,进行工程量清单报价。

3-4-2 工程条件同第 2 篇习题 2-4-2。编制砖墙的工程量清单,进行工程量清单报价。

5 混凝土及钢筋混凝土工程清单

内容提要

本章的主要内容是混凝土及钢筋混凝土工程清单计量与计价,主要介绍现浇混凝土、预制混凝土、钢筋等相关的清单工程计量与计价应用,便于学生理解钢筋及混凝土结构的清单工程量计算规则和综合单价分析等内容。

能力要求

通过本章的学习,学生应熟悉现浇混凝土、预制混凝土和钢筋的清单项目划分及计算规则;能根据工程实际计算钢筋、混凝土基础、柱、梁、板、墙等清单工程量,确定其综合单价。

5.1 混凝土及钢筋混凝土工程清单计算规则

5.1.1 现浇混凝土基础

现浇混凝土基础工程量清单项目设置、项目特征描述的内容、计量单位、工程量计算规则应按表 3-5-1 的规定执行。

有肋带形基础、无肋带形基础应按表 3-5-1 中相关项目列项,并注明肋高。

箱式满堂基础中柱、梁、墙、板按表 3-5-2~表 3-5-5 相关项目分别编码列项,箱式满堂基础底板按表 3-5-1 的满堂基础项目列项。

框架式设备基础中柱、梁、墙、板分别按表 3-5-2~表 3-5-5 相关项目编码列项,基础部分按表 3-5-1 相关项目编码列项。

毛石混凝土基础,项目特征应描述毛石所占比例。

表 3-5-1   **现浇混凝土基础（编号：010501）**

项目编码	项目名称	项目特征	计量单位	工程量计算规则	工作内容
010501001	垫层	1. 混凝土类别； 2. 混凝土强度等级	m³	按设计图示尺寸以体积计算。不扣除构件内钢筋、预埋铁件和伸入承台基础的桩头所占体积	1. 模板及支撑制作、安装、拆除、堆放、运输及清理模内杂物、刷隔离剂等； 2. 混凝土制作、运输、浇筑、振捣、养护
010501002	带形基础				
010501003	独立基础				
010501004	满堂基础				
010501005	桩承台基础				
010501006	设备基础	1. 混凝土类别； 2. 混凝土强度等级； 3. 灌浆材料； 4. 灌浆材料强度等级			

5.1.2 现浇混凝土柱

混凝土类别是指清水混凝土、彩色混凝土等。如在同一地区既使用预拌（商品）混凝土，又允许现场搅拌混凝土，也应注明。

现浇混凝土柱工程量清单项目设置、项目特征描述的内容、计量单位、工程量计算规则应按表 3-5-2 的规定执行。

表 3-5-2   **现浇混凝土柱（编号：010502）**

项目编码	项目名称	项目特征	计量单位	工程量计算规则	工作内容
010502001	矩形柱	1. 混凝土类别； 2. 混凝土强度等级	m³	按设计图示尺寸以体积计算。不扣除构件内钢筋、预埋铁件所占体积。型钢混凝土柱扣除构件内型钢所占体积。 柱高： （1）有梁板的柱高，应自柱基上表面（或楼板上表面）至上一层楼板上表面之间的高度计算； （2）无梁板的柱高，应自柱基上表面（或楼板上表面）至柱帽下表面之间的高度计算； （3）框架柱的柱高，应自柱基上表面至柱顶高度计算； （4）构造柱按全高计算，嵌接墙体部分（马牙槎）并入柱身体积。 依附柱上的牛腿和升板的柱帽，并入柱身体积计算	1. 模板及支架（撑）制作、安装、拆除、堆放、运输及清理模内杂物、刷隔离剂等； 2. 混凝土制作、运输、浇筑、振捣、养护
010502002	构造柱				
010502003	异形柱	1. 柱形状； 2. 混凝土类别； 3. 混凝土强度等级			

5.1.3 现浇混凝土梁

现浇混凝土梁工程量清单项目设置、项目特征描述的内容、计量单位、工程量计算规则应按表 3-5-3 的规定执行。

表 3-5-3　　　　　　　　　　现浇混凝土梁（编号：010503）

项目编码	项目名称	项目特征	计量单位	工程量计算规则	工作内容
010503001	基础梁	1. 混凝土类别； 2. 混凝土强度等级	m³	按设计图示尺寸以体积计算。不扣除构件内钢筋、预埋铁件所占体积，伸入墙内的梁头、梁垫并入梁体积内。 型钢混凝土梁扣除构件内型钢所占体积。 梁长： 1. 梁与柱连接时，梁长算至柱侧面； 2. 主梁与次梁连接时，次梁长算至主梁侧面	1. 模板及支架（撑）制作、安装、拆除、堆放、运输及清理模内杂物、刷隔离剂等； 2. 混凝土制作、运输、浇筑、振捣、养护
010503002	矩形梁				
010503003	异形梁				
010503004	圈梁				
010503005	过梁				
010503006	弧形、拱形梁			按设计图示尺寸以体积计算。不扣除构件内钢筋、预埋铁件所占体积，伸入墙内的梁头、梁垫并入梁体积内。 梁长： 1. 梁与柱连接时，梁长算至柱侧面； 2. 主梁与次梁连接时，次梁长算至主梁侧面	

5.1.4　现浇混凝土墙

现浇混凝土墙工程量清单项目设置、项目特征描述的内容、计量单位、工程量计算规则应按表 3-5-4 的规定执行。

表 3-5-4　　　　　　　　　　现浇混凝土墙（编号：010504）

项目编码	项目名称	项目特征	计量单位	工程量计算规则	工作内容
010504001	直形墙	1. 混凝土类别； 2. 混凝土强度等级	m³	按设计图示尺寸以体积计算。不扣除构件内钢筋、预埋铁件所占体积；扣除门窗洞口及单个面积大于 0.3m² 的孔洞所占体积，墙垛及突出墙面部分并入墙体体积计算内	1. 模板及支架（撑）制作、安装、拆除、堆放、运输及清理模内杂物、刷隔离剂等； 2. 混凝土制作、运输、浇筑、振捣、养护
010504002	弧形墙				
010504003	短肢剪力墙				
010504004	挡土墙				

（1）墙肢截面的最大长度与厚度之比小于或等于 6 的剪力墙，按短肢剪力墙项目编码列项。

（2）L 形、Y 形、T 形、十字形、Z 形、一字形等短肢剪力墙的单肢中心线长度不大于 0.4m，按柱项目编码列项。

5.1.5　现浇混凝土板

现浇混凝土板工程量清单项目设置、项目特征描述的内容、计量单位、工程量计算规则应按表 3-5-5 的规定执行。

表 3-5-5　现浇混凝土板（编号：010505）

项目编码	项目名称	项目特征	计量单位	工程量计算规则	工作内容
010505001	有梁板	1.混凝土类别；2.混凝土强度等级	m³	按设计图示尺寸以体积计算。不扣除构件内钢筋、预埋铁件及单个面积小于或等于 0.3m² 的柱、垛以及孔洞所占体积。压型钢板混凝土楼板扣除构件内压型钢板所占体积。有梁板（包括主、次梁与板）按梁、板体积之和计算，无梁板按板和柱帽体积之和计算，各类板伸入墙内的板头并入板体积内，薄壳板的肋、基梁并入薄壳体积内计算	1.模板及支架（撑）制作、安装、拆除、堆放、运输及清理模内杂物、刷隔离剂等；2.混凝土制作、运输、浇筑、振捣、养护
010505002	无梁板				
010505003	平板				
010505004	拱板				
010505005	薄壳板				
010505006	栏板				
010505007	天沟（檐沟）、挑檐板			按设计图示尺寸以体积计算	
010505008	雨篷、悬挑板、阳台板			按设计图示尺寸以墙外部分体积计算。包括伸出墙外的牛腿和雨篷反挑檐的体积	
010505009	其他板			按设计图示尺寸以体积计算	

现浇挑檐、天沟板、雨篷、阳台与板（包括屋面板、楼板）连接时，以外墙外边线为分界线；与圈梁（包括其他梁）连接时，以梁外边线为分界线。外边线以外为挑檐、天沟、雨篷或阳台。

5.1.6　现浇混凝土楼梯

现浇混凝土楼梯工程量清单项目设置、项目特征描述的内容、计量单位、工程量计算规则应按表 3-5-6 的规定执行。

表 3-5-6　现浇混凝土楼梯（编号：010506）

项目编码	项目名称	项目特征	计量单位	工程量计算规则	工作内容
010506001	直形楼梯	1.混凝土类别；2.混凝土强度等级	1. m²；2. m³	1.以 m² 计量，按设计图示尺寸以水平投影面积计算。不扣除宽度小于 500mm 的楼梯井，伸入墙内部分不计算。2.以 m³ 计量，按设计图示尺寸以体积计算	1.模板及支架（撑）制作、安装、拆除、堆放、运输及清理模内杂物、刷隔离剂等；2.混凝土制作、运输、浇筑、振捣、养护
010506002	弧形楼梯				

整体楼梯(包括直形楼梯、弧形楼梯)水平投影面积包括休息平台、平台梁、斜梁和楼梯的连接梁。当整体楼梯与现浇楼板无梯梁连接时,以楼梯的最后一个踏步边缘加300mm为界。

5.1.7 现浇混凝土其他构件

现浇混凝土其他构件工程量清单项目设置、项目特征描述的内容、计量单位、工程量计算规则应按表3-5-7的规定执行。

表3-5-7　　　　　　　　　　现浇混凝土其他构件(编号:010507)

项目编码	项目名称	项目特征	计量单位	工程量计算规则	工作内容
010507001	散水、坡道	1. 垫层材料种类、厚度; 2. 面层厚度; 3. 混凝土类别; 4. 混凝土强度等级; 5. 变形缝填塞材料种类	m²	按设计图示尺寸以面积计算。不扣除单个面积小于或等于0.3m²的孔洞所占面积	1. 地基夯实; 2. 铺设垫层; 3. 模板及支撑制作、安装、拆除、堆放、运输及清理模内杂物、刷隔离剂等; 4. 混凝土制作、运输、浇筑、振捣、养护; 5. 变形缝填塞
010507002	电缆沟、地沟	1. 土壤类别; 2. 沟截面净空尺寸; 3. 垫层材料种类、厚度; 4. 混凝土类别; 5. 混凝土强度等级; 6. 防护材料种类	m	按设计图示以中心线长计算	1. 挖填、运土石方; 2. 铺设垫层; 3. 模板及支撑制作、安装、拆除、堆放、运输及清理模内杂物、刷隔离剂等; 4. 混凝土制作、运输、浇筑、振捣、养护; 5. 刷防护材料
010507003	台阶	1. 踏步高宽比; 2. 混凝土类别; 3. 混凝土强度等级	1. m²; 2. m³	1. 以m²计量,按设计图示尺寸以水平投影面积计算; 2. 以m³计量,按设计图示尺寸以体积计算	1. 模板及支架(撑)制作、安装、拆除、堆放、运输及清理模内杂物、刷隔离剂等; 2. 混凝土制作、运输、浇筑、振捣、养护
010507004	扶手、压顶	1. 断面尺寸; 2. 混凝土类别; 3. 混凝土强度等级	1. m; 2. m³	1. 以m计量,按设计图示的延长米计算; 2. 以m³计量,按设计图示尺寸以体积计算	
010507005	化粪池底	1. 混凝土强度等级; 2. 防水、抗渗要求	m³	按设计图示尺寸以体积计算。不扣除构件内钢筋、预埋铁件所占体积	
010507006	化粪池壁				
010507007	化粪池顶				
010507008	检查井底				
010507009	检查井壁				
010507010	检查井顶				

项目编码	项目名称	项目特征	计量单位	工程量计算规则	工作内容
010507011	其他构件	1.构件的类型; 2.构件规格; 3.部位; 4.混凝土类别; 5.混凝土强度等级	m³	按设计图示尺寸以体积计算。不扣除构件内钢筋、预埋铁件所占体积	1.模板及支架(撑)制作、安装、拆除、堆放、运输及清理模内杂物、刷隔离剂等; 2.混凝土制作、运输、浇筑、振捣、养护

注:1.现浇混凝土小型池槽、垫块、门框等,应按表 3-5-7 中其他构件项目编码列项。
    2.架空式混凝土台阶,按现浇楼梯计算。

5.1.8 现浇混凝土后浇带

现浇混凝土后浇带工程量清单项目设置、项目特征描述的内容、计量单位、工程量计算规则应按表 3-5-8 的规定执行。

表 3-5-8　　　　　　　　　　后浇带(编号:010508)

项目编码	项目名称	项目特征	计量单位	工程量计算规则	工作内容
010508001	后浇带	1.混凝土类别; 2.混凝土强度等级	m³	按设计图示尺寸以体积计算	1.模板及支架(撑)制作、安装、拆除、堆放、运输及清理模内杂物、刷隔离剂等; 2.混凝土制作、运输、浇筑、振捣、养护及混凝土交接面、钢筋等的清理

5.1.9 预制混凝土柱

预制混凝土柱工程量清单项目设置、项目特征描述的内容、计量单位、工程量计算规则应按表 3-5-9 的规定执行。

表 3-5-9　　　　　　　　　　预制混凝土柱(编号:010509)

项目编码	项目名称	项目特征	计量单位	工程量计算规则	工作内容
010509001	矩形柱	1.图代号; 2.单件体积; 3.安装高度; 4.混凝土强度等级; 5.砂浆强度等级、配合比	1.m³; 2.根	1.以 m³ 计量,按设计图示尺寸以体积计算。不扣除构件内钢筋、预埋铁件所占体积。 2.以根计量,按设计图示尺寸以数量计算	1.构件安装; 2.砂浆制作、运输; 3.接头灌缝、养护
010509002	异形柱				

注:预制柱以根计量,必须描述单件体积。

5.1.10 预制混凝土梁

预制混凝土梁工程量清单项目设置、项目特征描述的内容、计量单位、工程量计算规则应按表 3-5-10 的规定执行。

表 3-5-10　　　　　　　　　　　　预制混凝土梁（编号：010510）

项目编码	项目名称	项目特征	计量单位	工程量计算规则	工作内容
010510001	矩形梁	1.图代号；2.单件体积；3.安装高度；4.混凝土强度等级；5.砂浆强度等级、配合比	1.m³；2.根	1.以 m³ 计量，按设计图示尺寸以体积计算。不扣除构件内钢筋、预埋铁件所占体积。2.以根计量，按设计图示尺寸以数量计算	1.构件安装；2.砂浆制作、运输；3.接头灌缝、养护
010510002	异形梁				
010510003	过梁				
010510004	拱形梁				
010510005	鱼腹式吊车梁				
010510006	风道梁				

注：预制梁以根计量，必须描述单件体积。

5.1.11 预制混凝土屋架

预制混凝土屋架工程量清单项目设置、项目特征描述的内容、计量单位、工程量计算规则应按表 3-5-11 的规定执行。

表 3-5-11　　　　　　　　　　　　预制混凝土屋架（编号：010511）

项目编码	项目名称	项目特征	计量单位	工程量计算规则	工作内容
010511001	折线形屋架	1.图代号；2.单件体积；3.安装高度；4.混凝土强度等级；5.砂浆强度等级、配合比	1.m³；2.榀	1.以 m³ 计量，按设计图示尺寸以体积计算。不扣除构件内钢筋、预埋铁件所占体积。2.以榀计量，按设计图示尺寸以数量计算	1.构件安装；2.砂浆制作、运输；3.接头灌缝、养护
010511002	组合屋架				
010511003	薄腹屋架				
010511004	门式刚架屋架				
010511005	天窗架屋架				

注：1.预制屋架以榀计量，必须描述单件体积。
　　2.三角形屋架应按本表中折线形屋架项目编码列项。

5.1.12 预制混凝土板

预制混凝土板工程量清单项目设置、项目特征描述的内容、计量单位、工程量计算规则应按表 3-5-12 的规定执行。

表 3-5-12　　　　　　　　　　　　预制混凝土板（编号：010512）

项目编码	项目名称	项目特征	计量单位	工程量计算规则	工作内容
010512001	平板	1.图代号； 2.单件体积； 3.安装高度； 4.混凝土强度等级； 5.砂浆强度等级、配合比	1.m³； 2.块	1.以 m³ 计量，按设计图示尺寸以体积计算。不扣除构件内钢筋、预埋铁件及单个尺寸小于或等于 300mm×300mm 的孔洞所占体积，扣除空心板空洞体积。 2.以块计量，按设计图示尺寸以数量计算	1.构件安装； 2.砂浆制作、运输； 3.接头灌缝、养护
010512002	空心板				
010512003	槽形板				
010512004	网架板				
010512005	折线板				
010512006	带肋板				
010512007	大型板				
010512008	沟盖板、井盖板、井圈	1.单件体积； 2.安装高度； 3.混凝土强度等级； 4.砂浆强度等级、配合比	1.m³； 2.块（套）	1.以 m³ 计量，按设计图示尺寸以体积计算。不扣除构件内钢筋、预埋铁件所占体积； 2.以块计量，按设计图示尺寸以数量计算	1.构件安装； 2.砂浆制作、运输； 3.接头灌缝、养护

（1）预制板以块、套计量，必须描述单件体积。

（2）不带肋的预制遮阳板、雨篷板、挑檐板、栏板等，应按表 3-5-12 中平板项目编码列项。

（3）预制 F 形板、双 T 形板、单肋板和带反挑檐的雨篷板、挑檐板、遮阳板等，应按表 3-5-12 中带肋板项目编码列项。

（4）预制大型墙板、大型楼板、大型屋面板等，应按表 3-5-12 中大型板项目编码列项。

5.1.13　预制混凝土楼梯

预制混凝土楼梯工程量清单项目设置、项目特征描述的内容、计量单位、工程量计算规则应按表 3-5-13 的规定执行。

表 3-5-13　　　　　　　　　　　　预制混凝土楼梯（编号：010513）

项目编码	项目名称	项目特征	计量单位	工程量计算规则	工作内容
010513001	楼梯	1.楼梯类型； 2.单件体积； 3.混凝土强度等级； 4.砂浆强度等级	1.m³； 2.块	1.以 m³ 计量，按设计图示尺寸以体积计算。不扣除构件内钢筋、预埋铁件所占体积，扣除空心踏步板空洞体积。 2.以块计量，按设计图示数量计算	1.构件安装； 2.砂浆制作、运输； 3.接头灌缝、养护

楼梯以块计量时，必须描述单件体积。

5.1.14　其他预制构件

其他预制构件工程量清单项目设置、项目特征描述的内容、计量单位、工程量计算规则应按表 3-5-14 的规定执行。

表 3-5-14　　　　　　　　　　　　　其他预制构件（编号：010514）

项目编码	项目名称	项目特征	计量单位	工程量计算规则	工作内容
010514001	垃圾道、通风道、烟道	1. 单件体积； 2. 混凝土强度等级； 3. 砂浆强度等级	1. m³； 2. m²； 3. 根（块）	1. 以 m³ 计量，按设计图示尺寸以体积计算。不扣除构件内钢筋、预埋铁件及单个面积小于 300mm×300mm 的孔洞所占体积，扣除烟道、垃圾道、通风道的孔洞所占体积。 2. 以 m² 计量，按设计图示尺寸以面积计算。不扣除构件内钢筋、预埋铁件及单个面积不大于 300mm×300mm 的孔洞所占面积。 3. 以根计量，按设计图示以数量计算	1. 构件安装； 2. 砂浆制作、运输； 3. 接头灌缝、养护； 4. 酸洗、打蜡
010514002	其他构件	1. 单件体积； 2. 构件的类型； 3. 混凝土强度等级； 4. 砂浆强度等级			
010514003	水磨石构件	1. 构件的类型； 2. 单件体积； 3. 水磨石面层厚度； 4. 混凝土强度等级； 5. 水泥石子浆配合比； 6. 石子品种、规格、颜色； 7. 酸洗、打蜡要求			

（1）其他预制构件以块、根计量，必须描述单件体积。

（2）预制钢筋混凝土小型池槽、压顶、扶手、垫块、隔热板、花格等，按表 3-5-14 中其他构件项目编码列项。

5.1.15　钢筋工程

钢筋工程工程量清单项目设置、项目特征描述的内容、计量单位、工程量计算规则应按表 3-5-15 的规定执行。

表 3-5-15　　　　　　　　　　　　　钢筋工程（编号：010515）

项目编码	项目名称	项目特征	计量单位	工程量计算规则	工作内容
010515001	现浇构件钢筋	钢筋种类、规格	t	按设计图示钢筋（网、笼）长度（面积）乘以单位理论质量计算	1. 钢筋制作、运输； 2. 钢筋安装； 3. 焊接
010515002	钢筋网片				1. 钢筋网制作、运输； 2. 钢筋网安装； 3. 焊接
010515003	钢筋笼				1. 钢筋笼制作、运输； 2. 钢筋笼安装； 3. 焊接
010515004	先张法预应力钢筋	1. 钢筋种类、规格； 2. 锚具种类		按设计图示钢筋长度乘以单位理论质量计算	1. 钢筋制作、运输； 2. 钢筋张拉

项目编码	项目名称	项目特征	计量单位	工程量计算规则	工作内容
010515005	后张法预应力钢筋	1.钢筋种类、规格； 2.钢丝种类、规格； 3.钢绞线种类、规格； 4.锚具种类； 5.砂浆强度等级	t	按设计图示钢筋（丝束、绞线）长度乘以单位理论质量计算。 1.低合金钢筋两端均采用螺杆锚具时，钢筋长度按孔道长度减0.35m计算，螺杆另行计算。 2.低合金钢筋一端采用镦头插片，另一端采用螺杆锚具时，钢筋长度按孔道长度计算，螺杆另行计算。 3.低合金钢筋一端采用镦头插片，另一端采用帮条锚具时，钢筋长度按增加0.15m计算；两端均采用帮条锚具时，钢筋长度按孔道长度增加0.3m计算。 4.低合金钢筋采用后张混凝土自锚时，钢筋长度按孔道长度增加0.35m计算。 5.低合金钢筋、钢绞线采用JM、XM、QM型锚具，长度不大于20m时，钢筋长度按增加1m计算；长度大于20m时，钢筋长度按增加1.8m计算。 6.碳素钢丝采用锥形锚具，孔道长度小于20m时，钢丝束长度按孔道长度增加1m计算；孔道长度大于20m时，钢丝束长度按孔道长度增加1.8m计算。 7.碳素钢丝采用镦头锚具时，钢丝束长度按孔道长度增加0.35m计算	1.钢筋、钢丝、钢绞线制作、运输； 2.钢筋、钢丝、钢绞线安装； 3.预埋管孔道铺设； 4.锚具安装； 5.砂浆制作、运输； 6.孔道压浆、养护
010515006	预应力钢丝				
010515007	预应力钢绞线				
010515008	支撑钢筋（铁马）	1.钢筋种类； 2.规格		按钢筋长度乘以单位理论质量计算	钢筋制作、焊接、安装
010515009	声测管	1.材质； 2.规格、型号		按设计图示尺寸质量计算	1.检测管截断、封头； 2.套管制作、焊接； 3.定位、固定

（1）现浇构件中伸出构件的锚固钢筋应并入钢筋工程量内。除设计（包括相关规范规定）标明的搭接外，其他施工搭接不计算工程量，在综合单价中综合考虑。

（2）现浇构件中固定位置的支撑钢筋、双层钢筋用的"铁马"在编制工程量清单时，其工程数量可为暂估量，结算时按现场签证数量计算。

5.1.16　螺栓、铁件

螺栓、铁件工程量清单项目设置、项目特征描述的内容、计量单位、工程量计算规则应按表3-5-16的规定执行。

表 3-5-16　　　　　　　　　　　　**螺栓、铁件(编号:010516)**

项目编码	项目名称	项目特征	计量单位	工程量计算规则	工作内容
010516001	螺栓	1.螺栓种类; 2.规格	t	按设计图示尺寸以质量计算	1.螺栓、铁件制作、运输; 2.螺栓、铁件安装
010516002	预埋铁件	1.钢材种类; 2.规格; 3.铁件尺寸			
010516003	机械连接	1.连接方式; 2.螺纹套筒种类; 3.规格	个	按数量计算	1.钢筋套丝; 2.套筒连接

编制工程量清单时,螺栓、铁件工程数量可为暂估量,实际工程量按现场签证数量计算。

预制混凝土构件或预制钢筋混凝土构件,如施工图设计标注做法见标准图集时,项目特征应注明标准图集的编码、页号及节点大样。

5.2　混凝土及钢筋混凝土工程清单计量与计价应用

5.2.1　现浇混凝土工程

【例 3-5-1】　工程条件同第 2 篇例 2-5-1。采用商品混凝土。编制满堂基础工程量清单,并进行清单报价。

【解】　现浇钢筋混凝土(C25)带形基础工程量:

$$V = [(8.00+4.60) \times 2 + 4.60 - 1.20] \times (1.20 \times 0.15 + 0.90 \times 0.10) +$$
$$0.60 \times 0.30 \times 0.10(A 体积) + 4 \times 0.30 \times 0.10 \times 0.30 \div 2 \div 3(B 体积)$$
$$= 7.75(m^3)$$

混凝土搅拌、制作和泵送子目工程量 $= 7.75 \times 1.01 = 7.83(m^3)$

混凝土带形基础工程量清单见表 3-5-17,混凝土带形基础工程量清单综合单价分析见表 3-5-18。

表 3-5-17　　　　　　　　　　　　**混凝土带形基础工程量清单**

序号	项目编码	项目名称 项目特征	计量单位	工程数量	金额/元		
					综合单价	合价	其中:暂估价
1	010501002001	带形基础 1.混凝土种类:商品混凝土; 2.混凝土强度等级:C25	m³	7.75			

表 3-5-18 混凝土带形基础工程量清单综合单价分析

项目编码	010501002001	项目名称			带形基础			计量单位			7.75m³

清单综合单价组成明细

定额编号	定额名称	单位	数量	单价/元				合价/元			
				人工费	材料费	机械费	管理费和利润	人工费	材料费	机械费	管理费和利润
5-1-4h	C25 现浇混凝土碎石小于 40/现浇混凝土带形基础混凝土	10m³	0.775	659.54	3559.6	4.55	59.34	511.14	2758.69	3.52	45.99
5-3-9	泵送混凝土基础 固定泵	10m³	0.783	63.7	14.3	42.26	5.73	49.88	11.2	33.09	4.49
人工单价			小计/元					561.02	2769.89	36.61	50.48
98.00 元/工日			未计价材料费/元					—			
清单项目综合单价/元								3418.00/7.750=441.03			

材料费明细	主要材料名称、规格、型号	单价	合价	暂估单价	暂估合价
	其他材料费/元	—	2769.89	—	
	材料费小计/元	—	2769.89	—	0

【例 3-5-2】 工程条件同第 2 篇例 2-5-2。采用商品混凝土。试编制现浇毛石混凝土独立基础工程量清单,并进行清单报价。

【解】 现浇毛石混凝土独立基础工程量=(2.00×2.00+1.60×1.60+1.20×1.20)×0.35×40=112.00(m³)

每 10m³ 混凝土定额含量为 8.585m³,设计混凝土体积为 80%,实际体积为 70%,实际定额含量为 8.585×0.7/0.8=7.512(m³)

毛石混凝土独立基础工程量清单见表 3-5-19,毛石混凝土独立基础工程量清单综合单价分析见表 3-5-20。

表 3-5-19 毛石混凝土独立基础工程量清单

序号	项目编码	项目名称项目特征	计量单位	工程数量	金额/元		
					综合单价	合价	其中:暂估价
1	010501003001	独立基础 1.混凝土种类:商品混凝土; 2.混凝土强度等级:C25	m³	112			

表 3-5-20　　　　　　　　　毛石混凝土独立基础工程量清单综合单价分析

项目编码	010501003001	项目名称	独立基础					计量单位	112m³		

清单综合单价组成明细

定额编号	定额名称	单位	数量	单价/元				合价/元			
				人工费	材料费	机械费	管理费和利润	人工费	材料费	机械费	管理费和利润
5-1-5h	C25 现浇混凝土 碎石小于 40/ 现浇混凝土 独立基础 毛石 混凝土	10m³	11.200	716.38	2952.87	3.87	64.44	8023.46	33072.09	43.3	721.78
5-3-10	泵送混凝土 基础 泵车	10m³	8.413	13.72	14.3	46.57	1.23	115.43	120.3	391.82	10.39
人工单价			小计/元					8138.89	33192.39	435.12	732.17
98.00 元/工日			未计价材料费/元					—			
清单项目综合单价/元								42498.57/112.00＝379.45			
材料费明细		主要材料名称、规格、型号						单价	合价	暂估单价	暂估合价
		其他材料费/元						—	33192.39	—	
		材料费小计/元						—	33192.39	—	0

【例 3-5-3】　工程条件同第 2 篇例 2-5-3。采用商品混凝土。试编制有梁式满堂基础工程量清单,并进行工程报价。

【解】　　　工程量＝35×25×0.3＋0.3×0.4×[35×3＋(25−0.3×3)×5]＝289.56(m³)

混凝土拌制、制作及运输工程量＝289.56×10.10/10＝292.46(m³)

混凝土满堂基础工程量清单见表 3-5-21,混凝土满堂基础工程量清单综合单价分析见表 3-5-22。

表 3-5-21　　　　　　　　　混凝土满堂基础工程量清单

序号	项目编码	项目名称项目特征	计量单位	工程数量	金额/元		
					综合单价	合价	其中:暂估价
1	010501004001	满堂基础 1.混凝土种类:商品混凝土; 2.混凝土强度等级:C30	m³	289.56			

表 3-5-22　　　　　　　　　　**混凝土满堂基础工程量清单综合单价分析**

项目编码	010501004001	项目名称		满堂基础				计量单位		289.56m³	

清单综合单价组成明细

定额编号	定额名称	单位	数量	单价/元				合价/元			
				人工费	材料费	机械费	管理费和利润	人工费	材料费	机械费	管理费和利润
5-1-7	C30 现浇混凝土碎石小于 40/现浇混凝土满堂基础有梁式	10m³	28.956	735	3872.56	5.42	66.12	21282.66	112133.82	157.02	1914.57
5-3-10	泵送混凝土基础 泵车	10m³	29.246	13.72	14.3	46.57	1.23	401.26	418.21	1362.07	36.09
人工单价			小计/元					21683.92	112552.03	1519.09	1950.66
98.00 元/工日			未计价材料费/元					—			
清单项目综合单价/元								137705.70/289.56＝475.57			

材料费明细	主要材料名称、规格、型号				单价	合价	暂估单价	暂估合价
	其他材料费/元				—	112552.03	—	
	材料费小计/元				—	112552.03	—	0

【例 3-5-4】 工程条件同第 2 篇例 2-5-4。试编制构造柱工程量清单,并进行清单报价。

【解】 C25 现浇混凝土构造柱工程量＝(0.24＋0.06)×0.24×25×18＝32.4(m³)

构造柱工程量清单见表 3-5-23,构造柱工程量清单综合单价分析见表 3-5-24。

表 3-5-23　　　　　　　　　　**构造柱工程量清单**

序号	项目编码	项目名称项目特征	计量单位	工程数量	金额/元		
					综合单价	合价	其中:暂估价
1	010502002001	构造柱 1. 混凝土种类:商品混凝土; 2. 混凝土强度等级:C25	m³	32.4			

表3-5-24 构造柱工程量清单综合单价分析

项目编码	010502002001	项目名称	构造柱					计量单位	32.4m³

清单综合单价组成明细

定额编号	定额名称	单位	数量	单价/元				合价/元			
				人工费	材料费	机械费	管理费和利润	人工费	材料费	机械费	管理费和利润
5-1-17hs	水泥抹灰砂浆1:2(湿拌)/C25现浇混凝土碎石小于31.5/现浇混凝土构造柱(湿拌)	10m³	3.240	2906.1	3494.62	9.77	261.43	9415.77	11322.58	31.66	847.03
人工单价			小计/元					9415.77	11322.58	31.66	847.03
98.00元/工日			未计价材料费/元								
清单项目综合单价/元								21617.04/32.40=667.19			

材料费明细	主要材料名称、规格、型号	单价	合价	暂估单价	暂估合价
	其他材料费/元	—	11322.58	—	
	材料费小计/元	—	11322.58	—	0

【例3-5-5】 工程条件同第2篇例2-5-5。采用商品混凝土。试编制柱、有梁板、挑檐板工程量清单,并进行清单报价。

【解】 (1)现浇混凝土柱。

混凝土柱工程量=0.30×0.30×(1.30+3.60+0.10)×8=3.6(m³)

混凝土制作、搅拌及运输工程量=3.6×9.8691/10=3.55(m³)

混凝土柱工程量清单见表3-5-25,混凝土柱工程量清单综合单价分析见表3-5-26。

(2)现浇混凝土框架梁C25。

混凝土梁KL1工程量=0.25×(0.4−0.1)×(7.8−0.3×2)×2=1.08(m³)

混凝土梁KL2工程量=0.25×(0.4−0.1)×(4.5−0.3)=0.32(m³)

混凝土梁KL3工程量=0.25×(0.5−0.1)×(6.0−0.3×2)=0.54(m³)

混凝土梁KL4工程量=0.25×(0.4−0.1)×(6.0−0.3×2)×2=0.81(m³)

混凝土梁工程量合计=1.08+0.32+0.54+0.81=2.75(m³)

混凝土制作、搅拌及运输工程量=2.75×10.10/10=2.78(m³)

混凝土框架梁工程量清单见表3-5-27,混凝土框架梁工程量清单综合单价分析见表3-5-28。

(3)现浇混凝土平板。

混凝土平板工程量=(7.8+0.3)×(6.0+0.3)×0.1=5.10(m³)

混凝土平板制作、搅拌及运输工程量=5.10×10.10/10=5.15(m³)

混凝土平板工程量清单见表3-5-29,混凝土平板工程量清单综合单价分析见表3-5-30。

(4)现浇混凝土挑檐板。

挑檐工程量=[(7.8+0.3+6.0+0.3)×2×0.6+0.6×0.6×4]×0.1=1.87(m³)

翻檐工程量=(7.8+0.3+0.55×2+6.0+0.3+0.55×2)×2×0.15×0.1=0.5(m³)

现浇挑檐板工程量=1.87+0.5=2.37(m³)

混凝土挑檐板制作、搅拌及运输工程量=2.37×10.10/10=2.39(m³)

混凝土挑檐板工程量清单见表3-5-31,混凝土挑檐板工程量清单综合单价分析见表3-5-32。

表3-5-25   混凝土柱工程量清单

序号	项目编码	项目名称 项目特征	计量单位	工程数量	金额/元		
					综合单价	合价	其中:暂估价
1	010502001001	矩形柱 1.混凝土种类:商品混凝土; 2.混凝土强度等级:C25	m³	3.6			

表3-5-26   混凝土柱工程量清单综合单价分析

项目编码	010502001001	项目名称	矩形柱					计量单位	3.6m³	

清单综合单价组成明细

定额编号	定额名称	单位	数量	单价/元				合价/元			
				人工费	材料费	机械费	管理费和利润	人工费	材料费	机械费	管理费和利润
5-1-14hs	水泥抹灰砂浆1:2(湿拌)/C25现浇混凝土碎石小于31.5/现浇混凝土矩形柱(湿拌)	10m³	0.360	1674.24	3493.97	5.33	150.61	602.73	1257.83	1.92	54.22
5-3-12	泵送混凝土柱、墙、梁、板泵车	10m³	0.355	26.46	14.3	56.28	2.37	9.39	5.08	19.98	0.84
人工单价		小计/元						612.12	1262.91	21.9	55.06
98.00元/工日		未计价材料费/元						—			
清单项目综合单价/元								1951.99/3.600=542.22			
材料费明细	主要材料名称、规格、型号						单价	合价	暂估单价	暂估合价	
	其他材料费/元						—	1262.91	—		
	材料费小计/元						—	1262.91	—	0	

表 3-5-27 混凝土框架梁工程量清单

序号	项目编码	项目名称 项目特征	计量单位	工程数量	金额/元		
					综合单价	合价	其中:暂估价
1	010503002001	矩形梁 1.混凝土种类:商品混凝土; 2.混凝土强度等级:C25	m³	2.75			

表 3-5-28 混凝土框架梁工程量清单综合单价分析

项目编码	010503002001	项目名称	矩形梁					计量单位	2.75m³

清单综合单价组成明细

定额编号	定额名称	单位	数量	单价/元				合价/元			
				人工费	材料费	机械费	管理费和利润	人工费	材料费	机械费	管理费和利润
5-1-19h	C25现浇混凝土碎石小于31.5/现浇混凝土框架梁、连续梁	10m³	0.275	913.36	3731.64	5.28	82.15	251.17	1026.2	1.45	22.59
5-3-12	泵送混凝土柱、墙、梁、板泵车	10m³	0.278	26.46	14.3	56.28	2.37	7.36	3.98	15.64	0.66
人工单价			小计/元					258.53	1030.18	17.09	23.25
98.00元/工日			未计价材料费/元					—			
清单项目综合单价/元								1329.05/2.75＝483.29			
材料费明细		主要材料名称、规格、型号					单价	合价	暂估单价	暂估合价	
		其他材料费/元					—	1030.18	—		
		材料费小计/元					—	1030.18	—	0	

表 3-5-29 混凝土平板工程量清单

序号	项目编码	项目名称 项目特征	计量单位	工程数量	金额/元		
					综合单价	合价	其中:暂估价
1	010505003001	平板 1.混凝土种类:商品混凝土; 2.混凝土强度等级:C25	m³	5.1			

表 3-5-30   **混凝土平板工程量清单综合单价分析**

项目编码	010505003001	项目名称	平板							计量单位	5.1m³

清单综合单价组成明细

定额编号	定额名称	单位	数量	单价/元				合价/元			
				人工费	材料费	机械费	管理费和利润	人工费	材料费	机械费	管理费和利润
5-1-33h	C25现浇混凝土碎石小于20/现浇混凝土平板	10m³	0.510	664.44	4148.21	5.42	59.78	338.86	2115.59	2.76	30.49
5-3-12	泵送混凝土柱、墙、梁、板泵车	10m³	0.515	26.46	14.3	56.28	2.37	13.63	7.36	28.98	1.22
人工单价			小计/元					352.49	2122.95	31.74	31.71
98.00元/工日			未计价材料费/元					—			
清单项目综合单价/元								2538.89/5.10＝497.82			

材料费明细	主要材料名称、规格、型号	单价	合价	暂估单价	暂估合价
	其他材料费/元	—	2122.95	—	
	材料费小计/元	—	2122.95	—	0

表 3-5-31   **混凝土挑檐板工程量清单**

序号	项目编码	项目名称项目特征	计量单位	工程数量	金额/元		
					综合单价	合价	其中:暂估价
1	010505007001	天沟(檐沟)、挑檐板 1.混凝土种类:商品混凝土; 2.混凝土强度等级:C25	m³	2.37			

表 3-5-32   **混凝土挑檐板工程量清单综合单价分析**

项目编码	010505007001	项目名称	天沟(檐沟)、挑檐板							计量单位	2.37m³

清单综合单价组成明细

定额编号	定额名称	单位	数量	单价/元				合价/元			
				人工费	材料费	机械费	管理费和利润	人工费	材料费	机械费	管理费和利润
5-1-49h	C25现浇混凝土碎石小于20/现浇混凝土挑檐、天沟	10m³	0.237	2326.52	4291.6	15.76	209.28	551.39	1017.11	3.74	49.6

续表

项目编码	010505007001	项目名称	天沟(檐沟)、挑檐板							计量单位	2.37m³

清单综合单价组成明细

定额编号	定额名称	单位	数量	单价/元				合价/元			
				人工费	材料费	机械费	管理费和利润	人工费	材料费	机械费	管理费和利润
5-3-14	泵送混凝土其他构件 泵车	10m³	0.239	52.92	14.3	83.44	4.8	12.65	3.42	19.94	1.14
人工单价		小计/元						564.04	1020.53	23.68	50.74
98.00 元/工日		未计价材料费/元						—			
清单项目综合单价/元								1658.99/2.37＝700			

材料费明细	主要材料名称、规格、型号	单价	合价	暂估单价	暂估合价
	其他材料费/元	—	960.25	—	
	材料费小计/元	—	960.25	—	0

【例 3-5-6】 工程条件同第 2 篇例 2-5-8。编制现浇混凝土楼梯的工程量清单,并进行清单报价。

【解】 楼梯工程量＝(3－0.24)×(1.62－0.12＋2.7＋0.24)＝12.25(m²)

楼梯制作、搅拌及运输工程量＝(12.25×2.1796＋2.45×0.1101)＝2.94(m³)

混凝土楼梯工程量清单见表 3-5-33,混凝土楼梯工程量清单综合单价分析见表 3-5-34。

表 3-5-33　　　　　　　　　混凝土楼梯工程量清单

序号	项目编码	项目名称 项目特征	计量单位	工程数量	金额/元		
					综合单价	合价	其中:暂估价
1	010506001001	直形楼梯 1.混凝土种类:商品混凝土; 2.混凝土强度等级:C20	m²	12.25			

表 3-5-34　　　　　　　　　混凝土楼梯工程量清单综合单价分析

项目编码	010506001001	项目名称	直形楼梯							计量单位	12.25m²

清单综合单价组成明细

定额编号	定额名称	单位	数量	单价/元				合价/元			
				人工费	材料费	机械费	管理费和利润	人工费	材料费	机械费	管理费和利润
5-1-39h	C20 现浇混凝土碎石小于 20/现浇混凝土直形楼梯板厚 100mm 无斜梁	10m²	1.225	450.8	816.28	3.23	40.56	552.23	999.94	3.96	49.68

续表

项目编码	010506001001	项目名称			直形楼梯			计量单位		12.25m²

清单综合单价组成明细

定额编号	定额名称	单位	数量	单价/元				合价/元			
				人工费	材料费	机械费	管理费和利润	人工费	材料费	机械费	管理费和利润
5-1-43h	C20现浇混凝土碎石小于20/现浇混凝土楼梯板厚每增减10mm（2.00倍）	10m²	1.225	45.08	70.55	0.32	4.06	55.22	86.42	0.39	4.97
5-3-14	泵送混凝土其他构件泵车	10m³	0.294	52.92	14.3	83.44	4.76	15.56	4.2	24.53	1.4
人工单价		小计/元						623.01	1090.56	28.88	56.05
98.00元/工日		未计价材料费/元						—			
清单项目综合单价/元								1798.50/12.25＝146.82			

材料费明细	主要材料名称、规格、型号		单价	合价	暂估单价	暂估合价
	其他材料费/元		—	1090.56	—	
	材料费小计/元		—	1090.56	—	0

5.2.2 预制混凝土工程

【例3-5-7】 工程条件同第2篇例2-5-10。编制预制混凝土方柱工程量清单，并进行清单报价。

【解】 预制混凝土柱工程量：

$$V=(0.4\times0.4\times3.0+0.6\times0.4\times6.5+0.75\times0.15\div2\times0.4)\times60=123.75(m^3)$$

预制混凝土柱工程量清单见表3-5-35，预制混凝土柱工程量清单综合单价分析见表3-5-36。

表3-5-35　　　　　　　**预制混凝土柱工程量清单**

序号	项目编码	项目名称项目特征	计量单位	工程数量	金额/元		
					综合单价	合价	其中：暂估价
1	010509001001	矩形柱 1.单件体积：3m³以内； 2.安装高度：10m以内； 3.混凝土强度等级：C30； 4.砂浆（细石混凝土）强度等级、配合比：石灰砂浆、1∶2.5	m³	123.75			

表3-5-36　　　　　　　　　　　**预制混凝土柱工程量清单综合单价分析**

| 项目编码 | 010509001001 | 项目名称 | 矩形柱 | | | | | | 计量单位 | 123.75m³ | |

清单综合单价组成明细

定额编号	定额名称	单位	数量	单价/元				合价/元			
				人工费	材料费	机械费	管理费和利润	人工费	材料费	机械费	管理费和利润
5-2-1	C30预制混凝土碎石小于20/预制混凝土矩形柱	10m³	12.375	666.4	3746.8	119.19	59.95	8246.7	46366.7	1474.94	741.86
5-5-1	轮胎式起重机柱 每根构件体积不大于6m³安装	10m³	12.375	595.84	404.72	349.17	53.6	7373.52	5008.35	4321.02	663.32
人工单价		小计/元						15620.22	51375.05	5795.96	1405.18
98.00元/工日		未计价材料费/元						—			
清单项目综合单价/元								74196.41/123.75=599.57			
材料费明细	主要材料名称、规格、型号					单价	合价	暂估单价	暂估合价		
	其他材料费/元					—	51375.05	—			
	材料费小计/元					—	51375.05	—	0		

【例3-5-8】　工程条件同第2篇例2-2-1。采用商品混凝土。编制条形基础、地面垫层工程量清单,并进行工程量清单报价。

【解】　(1)条形基础垫层工程量。

$$L_{中}=(26.4+11.4)×2+5.4×2=86.4(m)$$
$$L_{内基}=6×7+3.3×2-1.34×9=36.54(m)$$

条形基础垫层工程量:$V_1=(86.4+34.74)×1.34×0.15=24.35(m³)$。

(2)地面垫层工程量。

$$V_2=[(3.3-0.24)×(11.4-0.24×2)×2+(3.3-0.24)×(6-0.24)×6]×0.1=17.26(m³)$$

C15素混凝土垫层工程量清单见表3-5-37,C15素混凝土垫层工程量清单综合单价分析见表3-5-38。

表3-5-37　　　　　　　　　　**C15素混凝土垫层工程量清单**

序号	项目编码	项目名称 项目特征	计量单位	工程数量	金额/元		
					综合单价	合价	其中:暂估价
1	010501001001	垫层 1.混凝土种类:商品混凝土; 2.混凝土强度等级:C15	m³	24.35			
2	010501001002	垫层 1.混凝土种类:商品混凝土; 2.混凝土强度等级:C15	m³	17.26			

表 3-5-38

C15 素混凝土垫层工程量清单综合单价分析

项目编码	010501001001	项目名称	垫层								计量单位	24.35m³

清单综合单价组成明细

定额编号	定额名称	单位	数量	单价/元				合价/元			
				人工费	材料费	机械费	管理费和利润	人工费	材料费	机械费	管理费和利润
2-1-28h	C15 现浇混凝土碎石小于 40/混凝土垫层无筋/条形基础（人工×1.05，机械×1.05）	10m³	2.435	854.07	3055.81	6.59	76.83	2079.66	7440.9	16.05	187.09
人工单价			小计/元					2079.66	7440.9	16.05	187.09
98.00 元/工日			未计价材料费/元					—			
清单项目综合单价/元								9723.7/24.35＝399.33			

材料费明细	主要材料名称、规格、型号				单价	合价	暂估单价	暂估合价
	其他材料费/元				—	7440.90	—	
	材料费小计/元				—	7440.90	—	0

项目编码	010501001002	项目名称	垫层								计量单位	17.26m³

清单综合单价组成明细

定额编号	定额名称	单位	数量	单价/元				合价/元			
				人工费	材料费	机械费	管理费和利润	人工费	材料费	机械费	管理费和利润
2-1-28	C15 现浇混凝土碎石小于 40/混凝土垫层无筋/满堂基础	10m³	1.726	813.4	3055.81	6.28	73.17	1403.93	5274.33	10.84	126.3
人工单价			小计/元					1403.93	5274.33	10.84	126.3
98.00 元/工日			未计价材料费/元					—			
清单项目综合单价/元								6815.4/17.26＝394.87			

材料费明细	主要材料名称、规格、型号				单价	合价	暂估单价	暂估合价
	其他材料费/元				—	5274.33	—	
	材料费小计/元				—	5274.33	—	0

【例 3-5-9】 工程条件同第 2 篇例 2-5-11。编制 KZ1 钢筋工程量清单，并进行清单报价。

【解】 计算过程参见第 2 篇例 2-5-11。钢筋工程量合计如下。

φ25 钢筋：

[(2.0＋2.875)×6＋2.85×12＋3.2×24＋(3.46＋2.59)×2＋(2.92＋2.04)×4]×3.85/1000＝0.663(t)

φ8 箍筋工程量：

$$2.16 \times 104 \times 0.395 = 88.73(\text{kg}) = 0.089\text{t}$$

HRB335级ϕ25钢筋电渣压力焊工程量＝12×4＝48(个)

钢筋间隔件工程量＝0.55×4×(3.2－0.5)×4×1.21＝29(个)

钢筋工程量清单见表3-5-39,钢筋工程量清单综合单价分析见表3-5-40。

表3-5-39 钢筋工程量清单

序号	项目编码	项目名称 项目特征	计量单位	工程数量	金额/元		
					综合单价	合价	其中:暂估价
1	010515001001	现浇构件钢筋 钢筋种类、规格:螺纹钢筋ϕ25	t	0.663			
2	010515001002	现浇构件钢筋 钢筋种类、规格:圆钢筋ϕ8	t	0.089			

表3-5-40 钢筋工程量清单综合单价分析

项目编码	010515001001	项目名称	现浇构件钢筋				计量单位	0.663t		
清单综合单价组成明细										
定额编号	定额名称	单位	数量	单价/元				合价/元		
				人工费	材料费	机械费	管理费和利润	人工费	材料费	机械费	管理费和利润
5-4-7	现浇构件钢筋 HRB335≤ϕ25	t	0.663	613.48	3644.84	32.07	55.19	406.74	2416.53	21.26	36.59
5-4-62	电渣压力焊接头ϕ25	10个	4.800	49	17.71	23.48	4.41	235.2	85.02	112.71	21.16
5-4-76	钢筋间隔件	10个	2.900	8.82	12.25	0	0.79	25.58	35.52	0	2.3
人工单价		小计/元						667.52	2537.07	133.97	60.05
98.00元/工日		未计价材料费/元						—			
清单项目综合单价/元								3398.61/0.663＝5126.11			

材料费明细	主要材料名称、规格、型号					单价	合价	暂估单价	暂估合价
	其他材料费/元					—	2537.07	—	
	材料费小计/元					—	2537.07	—	0

项目编码	010515001002	项目名称	现浇构件钢筋				计量单位	0.089t		
清单综合单价组成明细										
定额编号	定额名称	单位	数量	单价/元				合价/元		
				人工费	材料费	机械费	管理费和利润	人工费	材料费	机械费	管理费和利润
5-4-30	现浇构件箍筋 ≤ϕ8	t	0.089	2079.56	2603.5	74.97	187.08	185.08	231.71	6.67	16.65
人工单价		小计/元						185.08	231.71	6.67	16.65
98.00元/工日		未计价材料费/元						—			
清单项目综合单价/元								440.11/0.089＝4945.06			

续表

项目编码	010515001002	项目名称	现浇构件钢筋		计量单位	0.089t

清单综合单价组成明细

材料费明细	主要材料名称、规格、型号	单价	合价	暂估单价	暂估合价
	其他材料费/元	—	231.71	—	
	材料费小计/元	—	231.71	—	0

➔ 知识归纳

(1)混凝土垫层和基础的清单工程量计算规则。

(2)现浇混凝土柱的清单工程量计算规则。

(3)现浇混凝土基础梁、矩形梁、异形梁、圈梁、过梁的清单工程量计算规则。

(4)现浇混凝土墙、板的清单工程量计算规则。

(5)预制混凝土柱的清单工程量计算规则。

(6)钢筋的清单工程量计算规则。

➔ 独立思考

3-5-1 简述现浇混凝土垫层清单工程量计算规则。

3-5-2 简述现浇带形基础清单工程量计算规则。

3-5-3 简述现浇独立基础清单工程量计算规则。

3-5-4 简述现浇混凝土柱清单工程量计算规则。

3-5-5 简述现浇混凝土梁清单工程量计算规则。

3-5-6 简述现浇混凝土有梁板、平板清单工程量计算规则。

3-5-7 简述现浇构件钢筋清单工程量计算规则。

➔ 习　题

独立思考与习题答案

3-5-1 工程条件同第 2 篇习题 2-5-1。编制框架柱混凝土工程量清单,并进行清单报价。

3-5-2 工程条件同第 2 篇习题 2-5-2。(1)编制框架梁混凝土工程量清单,并进行工程报价。(2)编制 KL1 钢筋工程量清单,并进行清单报价。

3-5-3 工程条件同第 2 篇习题 2-5-3。编制现浇混凝土板混凝土工程量清单,并进行清单报价。

6　金属结构工程清单

内容提要

本章的主要内容是金属结构工程清单的计量与计价。主要介绍金属结构的清单工程量计算规则，便于学生理解金属结构工程的清单计量与计价应用。

能力要求

通过本章的学习，学生应了解金属结构工程量清单的项目划分及计算规则；能根据工程实际计算金属结构的清单工程量，进行工程报价。

6.1　金属结构工程清单计算规则

金属结构工程清单计算规则

6.2　金属结构工程量清单计量与计价应用

【例 3-6-1】　工程条件同第 2 篇例 2-6-1。试编制钢檩条工程量清单，并进行工程量清单报价。

【解】　　　　　组合型钢檩条工程量＝3.90×2×2.494×100/1000＝1.945(t)

钢檩条工程量清单见表 3-6-1，钢檩条工程量清单综合单价分析见表 3-6-2。

表 3-6-1 钢檩条工程量清单

序号	项目编码	项目名称 项目特征	计量单位	工程数量	金额/元		
					综合单价	合价	其中:暂估价
1	010606002001	钢檩条 1. 钢材品种、规格:小于 50×32×4 角钢; 2. 构件类型:组合型钢檩条; 3. 单根质量:0.3t 以内; 4. 安装高度:三层以内; 5. 螺栓种类:螺栓 M5	t	1.945			

表 3-6-2 钢檩条工程量清单综合单价分析

项目编码	010606002001	项目名称	钢檩条					计量单位	1.945t		

清单综合单价组成明细

定额编号	定额名称	单位	数量	单价/元				合价/元			
				人工费	材料费	机械费	管理费和利润	人工费	材料费	机械费	管理费和利润
6-1-20	型钢檩条	t	1.945	1086.82	3572.93	823.96	97.77	2113.86	6949.34	1602.6	190.17
6-5-13	钢檩条安装	t	1.945	156.8	228.26	113.76	14.1	304.98	443.97	221.27	27.43
人工单价			小计/元					2418.84	7393.31	1823.87	217.6
98.00 元/工日			未计价材料费/元					—			
清单项目综合单价/元								11853.62/1.945＝6094.41			

材料费明细	主要材料名称、规格、型号					单价	合价	暂估单价	暂估合价
	其他材料费/元					—	7393.31	—	
	材料费小计/元					—	7393.31	—	0

【例 3-6-2】 工程条件同第 2 篇例 2-6-2。试编制钢直梯工程量清单,并进行清单报价。

【解】 钢直梯工程量＝[(1.50＋0.12×2＋0.45×π÷2)×2＋(0.50−0.028)×5＋

(0.15−0.014)×4]×4.834/1000＝0.038(t)

钢直梯工程量清单见表 3-6-3,钢直梯工程量清单综合单价分析见表 3-6-4。

表 3-6-3 钢直梯工程量清单

序号	项目编码	项目名称 项目特征	计量单位	工程数量	金额/元		
					综合单价	合价	其中:暂估价
1	010606008001	钢梯 1. 钢材品种、规格:HPB,钢筋直径28mm; 2.钢梯形式:直梯; 3.螺栓种类:螺栓 M5	t	0.038			

表 3-6-4 　　　　　　　　　　　　　　**钢直梯工程量清单综合单价分析**

项目编码	010606008001	项目名称			钢梯					计量单位	0.038t

清单综合单价组成明细

定额编号	定额名称	单位	数量	单价/元				合价/元			
				人工费	材料费	机械费	管理费和利润	人工费	材料费	机械费	管理费和利润
6-1-27h	钢梯　直爬式	t	0.038	2799.86	459.34	1323.51	251.84	106.39	17.45	50.29	9.57
6-5-18	钢梯安装	t	0.038	1209.32	82.97	194.14	108.95	45.95	3.15	7.38	4.14
人工单价			小计/元					152.34	20.6	57.67	13.71
98.00 元/工日			未计价材料费/元					132.24			
清单项目综合单价								376.56/0.038＝9909.47			

材料费明细	主要材料名称、规格、型号			单位	数量	单价	合价	暂估单价	暂估合价
	钢梯 φ28			t	0.04	3480	132.24		
	其他材料费/元					—	20.6	—	
	材料费小计/元					—	152.84	—	0

知识归纳

(1)钢零星构件的定义。

(2)劲性混凝土的钢构件、劲性混凝土柱(梁)中的钢筋清单应用及调整。

(3)金属结构制作、安装清单工程量计算规则。

独立思考

3-6-1　简述钢网架的清单工程量计算规则。

3-6-2　简述钢屋架的清单工程量计算规则。

3-6-3　简述钢梁的清单工程量计算规则。

独立思考答案

7 木结构工程清单

内容提要

本章的主要内容是木结构工程清单的计量与计价,主要介绍木结构清单的计量规则,便于学生理解木结构的清单计量与计价应用。

能力要求

通过本章的学习,学生应了解木结构清单的项目划分及计算规则;能根据工程实际计算各类木结构的清单工程量,并进行清单计价。

7.1 木结构工程清单计算规则

木结构工程清单计算规则

7.2 木结构工程清单计量与计价应用

【例3-7-1】 工程条件同第2篇例2-7-1。试编制方木屋架工程量清单,并进行工程量清单报价。

【解】 方木屋架工程量＝0.53＋0.24＋0.05＋0.01＝0.83(m³)

木屋架工程量清单见表3-7-1,木屋架工程量清单综合单价分析见表3-7-2。

表 3-7-1　　　　　　　　　　　　　　　　木屋架工程量清单

序号	项目编码	项目名称 项目特征	计量单位	工程数量	金额/元		
					综合单价	合价	其中:暂估价
1	010701001001	木屋架 1.跨度:6m 内; 2.材料品种、规格:方木; 3.刨光要求:无; 4.拉杆及夹板种类; 5.防护材料种类	m³	0.83			

表 3-7-2　　　　　　　　　　　　　　　木屋架工程量清单综合单价分析

项目编码	010701001001	项目名称	木屋架					计量单位	0.83m³		

清单综合单价组成明细

定额编号	定额名称	单位	数量	单价/元				合价/元			
				人工费	材料费	机械费	管理费和利润	人工费	材料费	机械费	管理费和利润
7-1-3	方木人字屋架制作安装 跨度不大于10m	10m³	0.083	6529.74	53648.3	0	587.5	541.97	4452.81	0	48.75
人工单价		小计/元						541.97	4452.81	0	48.75
98.00 元/工日		未计价材料费/元					—				
清单项目综合单价/元							5043.53/0.830＝6076.54				

材料费明细	主要材料名称、规格、型号	单价	合价	暂估单价	暂估合价
	其他材料费/元	—	4452.81	—	
	材料费小计/元	—	4452.81	—	0

➤ 知识归纳

(1)木屋架清单工程量计算规则。

(2)木檩条清单工程量计算规则。

➤ 独立思考

3-7-1　简述木屋架的清单工程量计算规则。

3-7-2　简述木檩条的清单工程量计算规则。

独立思考答案

8 门窗工程清单

内容提要

本章的主要内容是门窗工程清单的计量与计价,主要介绍门窗工程清单的计量规则,便于学生理解门窗工程的清单计量与计价应用。

能力要求

通过本章的学习,学生应熟悉门窗工程清单的项目划分及计算规则;能根据工程实际计算门窗的清单工程量,并进行清单计价。

8.1 门窗工程清单计算规则

门窗工程清单计算规则

8.2 门窗工程清单计量与计价应用

【例 3-8-1】 工程条件同第 2 篇例 2-8-1。试编制塑钢窗工程量清单,并进行清单报价。

【解】 塑钢推拉窗工程量＝1.8×1.8×60＝194.4(m²)

塑钢窗工程量清单见表 3-8-1,塑钢窗工程量清单综合单价分析见表 3-8-2。

表 3-8-1

塑钢窗工程量清单

序号	项目编码	项目名称 项目特征	计量 单位	工程 数量	金额/元		
					综合单价	合价	其中:暂估价
1	010807001001	金属(塑钢、断桥)窗 1.窗代号及洞口尺寸:推拉、单层; 2.框、扇材质:塑钢; 3.玻璃品种、厚度:平板玻璃、3mm	m²	194.4			

表 3-8-2

塑钢窗工程量清单综合单价分析

项目编码	010807001001	项目名称		金属(塑钢、断桥)窗					计量单位	194.4m²

清单综合单价组成明细

定额编号	定额名称	单位	数量	单价/元				合价/元			
				人工费	材料费	机械费	管理费和利润	人工费	材料费	机械费	管理费和利润
8-7-6	塑料推拉窗	10m²	19.440	220.5	1726.47	0	19.84	4286.52	33562.66	0	385.62
人工单价			小计/元					4286.52	33562.66	0	385.62
98.00元/工日			未计价材料费/元					—			
清单项目综合单价/元								38234.80/194.40=196.68			
材料费明细		主要材料名称、规格、型号						单价	合价	暂估单价	暂估合价
		其他材料费/元						—	33562.66	—	
		材料费小计/元							33562.66		0

【例 3-8-2】 工程条件同第 2 篇例 2-8-2。试编制铝合金卷帘门工程量清单,并进行清单报价。

【解】 铝合金卷帘门工程量=3.30×3.00×20=198.00(m²)

铝合金卷帘门工程量清单见表 3-8-3,铝合金卷帘门工程量清单综合单价分析见表 3-8-4。

表 3-8-3

铝合金卷帘门工程量清单

序号	项目编码	项目名称 项目特征	计量单位	工程数量	金额/元		
					综合单价	合价	其中:暂估价
1	010803001001	金属卷帘(闸)门 1.门代号及洞口尺寸: 3.3×3.0; 2.门材质:铝合金; 3.启动装置品种、规格: 电动装置	m²	198.00			

表 3-8-4　　　　　　　　　　铝合金卷帘门工程量清单综合单价分析

项目编码	010803001001	项目名称			金属卷帘(闸)门				计量单位		198m²
清单综合单价组成明细											
定额编号	定额名称	单位	数量	单价/元				合价/元			
				人工费	材料费	机械费	管理费和利润	人工费	材料费	机械费	管理费和利润
8-3-1	卷帘门 铝合金	10m²	23.760	485.1	2622.16	2.51	43.64	11525.98	62302.58	59.67	1036.87
8-3-3	卷帘门安装电动装置	套	20.000	220.5	2161.36	8.16	19.84	4410	43227.16	163.23	396.72
人工单价		小计/元						15935.98	105529.74	222.9	1433.59
98.00 元/工日		未计价材料费/元						—			
清单项目综合单价/元								123122.21/198.00＝621.83			
材料费明细	主要材料名称、规格、型号							单价	合价	暂估单价	暂估合价
	其他材料费/元							—	105529.74	—	
	材料费小计/元							—	105529.74	—	0

▶ **知识归纳**

(1)木门的清单工程量计算规则。

(2)金属卷帘、金属窗的清单工程量计算规则。

▶ **独立思考**

3-8-1　简述木门清单工程量计算规则。

3-8-2　简述金属窗清单工程量计算规则。

独立思考答案

9 屋面及防水工程

内容提要

本章的主要内容是屋面工程、屋面防水、墙面防水、楼地面防水等清单计量与计价，主要介绍屋面工程、屋面防水及其他的清单工程量计量规则，便于学生理解屋面及防水工程的清单计量与计价应用。

能力要求

通过本章的学习，学生应了解屋面工程、屋面防水等清单的项目划分及计算规则，能根据工程实际编制屋面及防水工程的工程量清单并进行工程报价。

9.1 屋面及防水工程清单计算规则

屋面及防水工程清单计算规则

9.2 屋面及防水工程清单计量与计价应用

【例 3-9-1】 工程条件同第 2 篇例 2-9-1。编制瓦屋面工程量清单，并进行工程报价。

【解】 瓦屋面工程量＝9.48×6.48×1.118＝68.68(m²)

正斜脊工程量＝9.48－6.48＋6.48×1.5×2＝22.44(m)

瓦屋面工程量清单见表 3-9-1，瓦屋面工程量清单综合单价分析见表 3-9-2。

表 3-9-1

瓦屋面工程量清单

序号	项目编码	项目名称 项目特征	计量单位	工程数量	金额/元		
					综合单价	合价	其中:暂估价
1	010901001001	瓦屋面 1.瓦品种、规格:西班牙瓦; 2.黏结层砂浆的配合比:M5.0	m²	68.68			

表 3-9-2

瓦屋面工程量清单综合单价分析

项目 编码	010901001001	项目 名称	瓦屋面						计量 单位	68.68m²

清单综合单价组成明细

定额 编号	定额名称	单位	数量	单价/元				合价/元			
				人工费	材料费	机械费	管理费 和利润	人工费	材料费	机械费	管理费 和利润
9-1-6s	混合砂浆 M5.0(湿拌)/ 西班牙瓦屋 面板上铺设 (湿拌)	10m²	6.868	185.38	1050.13	0	16.68	1273.2	7212.32	0	114.53
9-1-7s	混合砂浆 M5.0(湿拌)/ 西班牙瓦 正斜脊(湿拌)	10m	2.244	215.25	254.17	0	19.36	483.03	570.35	0	43.45
人工单价		小计/元						1756.23	7782.67	0	157.98
98.00元/工日		未计价材料费/元						—			
清单项目综合单价/元								9696.88/68.68=141.19			

材料费 明细	主要材料名称、规格、型号	单价	合价	暂估 单价	暂估 合价
	其他材料费/元	—	7782.67	—	—
	材料费小计/元	—	7782.67	—	0

【例 3-9-2】 工程条件同第 2 篇例 2-9-2。有女儿墙,屋面坡度为 1:4。编制防水层工程量清单,并进行工程报价。

【解】 屋面坡度为 1:4,角度为 14°02′,延尺系数 $C=1.0308$。

$$S=(72.75-0.24)\times(12-0.24)\times1.0308+0.25\times(72.75+12-0.24\times2)\times2=921.12(m^2)$$

瓦屋面工程量清单见表 3-9-3,瓦屋面工程量清单综合单价分析见表 3-9-4。

表 3-9-3

瓦屋面工程量清单

序号	项目编码	项目名称 项目特征	计量单位	工程数量	金额/元		
					综合单价	合价	其中:暂估价
1	010902001001	屋面卷材防水 1.卷材品种、规格、厚度: SBS,改性沥青卷材,3mm; 2.防水层数:单层; 3.防水层做法:一毡二油	m²	921.12			

表 3-9-4　　　　　　　　　　瓦屋面工程量清单综合单价分析

项目编码	010902001001	项目名称	屋面卷材防水					计量单位	921.12m²		
清单综合单价组成明细											
定额编号	定额名称	单位	数量	单价/元				合价/元			
				人工费	材料费	机械费	管理费和利润	人工费	材料费	机械费	管理费和利润
9-2-10	改性沥青卷材热熔法一层平面	10m²	92.112	23.52	476.91	0	2.12	2166.47	43929.44	0	194.9
人工单价		小计/元						2166.47	43929.44	0	194.9
98.00元/工日		未计价材料费/元						—			
清单项目综合单价/元								46290.81/921.120 = 50.25			
材料费明细	主要材料名称、规格、型号							单价	合价	暂估单价	暂估合价
	其他材料费/元							—	43929.44	—	
	材料费小计/元							—	43929.44	—	0

知识归纳

(1)瓦屋面清单工程量计算规则。

(2)卷材防水、涂膜防水清单工程量计算规则。

独立思考

3-9-1　简述瓦屋面的清单工程量计算规则。

3-9-2　简述屋面卷材防水清单工程量的计算规则。

3-9-3　简述楼(地)面卷材防水、楼(地)面涂膜防水清单工程量的计算规则。

习　　题

工程条件同第2篇第9章习题。编制屋面防水工程的工程量清单,并进行清单报价。

独立思考与习题答案

10   保温、隔热、防腐工程清单

📚 **内容提要**

　　本章的主要内容是保温、隔热、防腐工程清单的计量与计价,主要介绍保温、隔热、防腐工程的清单工程量计量规则,便于学生理解其计量与计价应用。

✎ **能力要求**

　　通过本章的学习,学生应熟悉保温工程清单的项目划分及计算规则;能根据工程实际计算保温工程的清单工程量;了解隔热和防腐工程的清单工程量计算规则。

10.1   保温、隔热、防腐工程清单计算规则

保温、隔热、防腐工程清单计算规则

10.2   保温、隔热、防腐工程清单计量与计价应用

【例 3-10-1】　工程条件同第 2 篇例 2-10-1。编制该冷库室内地面保温隔热层工程量清单,并进行工程报价。

【解】　地面保温层工程量:

$$S=(7.2-0.24)\times(4.8-0.24)+0.8\times0.24=31.9(\text{m}^2)$$

地面保温工程量清单见表 3-10-1,地面保温工程量清单综合单价分析见表 3-10-2。

表 3-10-1　　　　　　　　　　　　　　　地面保温工程量清单

序号	项目编码	项目名称 项目特征	计量 单位	工程 数量	金额/元		
					综合单价	合价	其中:暂估价
1	011001005001	保温隔热楼地面 1.保温隔热部位:地面; 2.保温隔热材料品种、规格、厚度:聚苯乙烯泡沫板,100mm; 3.黏结材料种类、做法:黏结剂,满粘; 4.防护材料种类、做法:水泥砂浆,20mm	m²	31.9			

表 3-10-2　　　　　　　　　　　　　　地面保温工程量清单综合单价分析

项目 编码	011001005001	项目 名称	保温隔热楼地面					计量 单位	31.9m²		
清单综合单价组成明细											
定额 编号	定额名称	单位	数量	单价/元				合价/元			
				人工费	材料费	机械费	管理费 和利润	人工费	材料费	机械费	管理费 和利润
10-1-17	混凝土板上 黏结剂粘贴聚苯 保温板 满粘	10m²	3.190	47.04	287.53	0	4.23	150.06	917.21	0	13.5
人工单价		小计/元						150.06	917.21	0	13.5
98.00 元/工日		未计价材料费/元						—			
清单项目综合单价/元								1080.77/31.90=33.88			
材料费 明细	主要材料名称、规格、型号						单价	合价		暂估 单价	暂估 合价
	其他材料费/元						—	917.21		—	
	材料费小计/元						—	917.21		—	0

➡ 知识归纳

(1)屋面保温的清单工程量计算规则。

(2)墙面保温的清单工程量计算规则。

➡ 独立思考

3-10-1　简述屋面保温层清单工程量计算规则。

3-10-2　简述楼(地)面保温层清单工程量计算规则。

3-10-3　简述天棚保温层清单工程量计算规则。

3-10-4　简述墙面保温层清单工程量计算规则。

独立思考与
习题答案

➡ 习　题

工程条件同第 2 篇第 10 章习题。编制屋面保温工程量清单,并进行工程报价。

11 楼地面装饰工程清单

![内容提要]

　　本章的主要内容是楼地面装饰工程的清单计量与计价,主要介绍楼地面装饰工程清单计量规则,便于学生理解楼地面装饰工程的清单计量与计价应用。

![能力要求]

　　通过本章的学习,学生应了解楼地面装饰工程的清单项目划分及计算规则;能根据工程实际计算楼地面的清单工程量,进行清单报价。

11.1 楼地面装饰工程清单计算规则

楼地面装饰工程清单计算规则

11.2 楼地面装饰工程清单计量与计价应用

【例 3-11-1】 工程条件同第 2 篇例 2-11-1。试编制水泥砂浆找平层、地砖地面的工程量清单,进行工程报价。

【解】 找平层、地砖地面工程量:

$$S=(3.3-0.24)\times(5.34-0.24\times2)\times3+(5.1-0.24)\times(3.6-0.24)=60.94(\text{m}^2)$$

1:3 水泥砂浆找平层 20mm 厚(在硬基层上)工程量清单及报价如表 3-11-1 和表 3-11-2 所示。

表 3-11-1 　　　　　　　　　　　　　　水泥砂浆找平层工程量清单

序号	项目编码	项目名称 项目特征	计量单位	工程数量	金额/元		
					综合单价	合价	其中:暂估价
1	011101006001	平面砂浆找平层 找平层厚度、砂浆配合比:20mm、石灰砂浆 1:3	m²	60.94			

表 3-11-2 　　　　　　　　　　　　　　水泥砂浆找平层工程量清单综合单价分析

项目编码	011101006001	项目名称		平面砂浆找平层				计量单位		60.94m²

清单综合单价组成明细

定额编号	定额名称	单位	数量	单价/元				合价/元			
				人工费	材料费	机械费	管理费和利润	人工费	材料费	机械费	管理费和利润
11-1-1s	素水泥浆（湿拌）/水泥抹灰砂浆 1:3（湿拌）/水泥砂浆找平层在混凝土或硬基层上 20mm（湿拌）	10m²	6.094	68.61	72.95	0	32.39	418.09	444.58	0	197.37
人工单价		小计/元						418.09	444.58	0	197.37
108.00 元/工日		未计价材料费/元						—			
清单项目综合单价/元							1060.04/60.94＝17.39				
材料费明细		主要材料名称、规格、型号					单价	合价	暂估单价	暂估合价	
		其他材料费/元					—	444.58	—		
		材料费小计/元					—	444.58	—	0	

铺设 600mm×600mm 地砖工程量清单及报价如表 3-11-3 和表 3-11-4 所示。

表 3-11-3 　　　　　　　　　　　　　　地砖楼地面工程量清单

序号	项目编码	项目名称 项目特征	计量单位	工程数量	金额/元		
					综合单价	合价	其中:暂估价
1	011102003001	块料楼地面 1.找平层厚度,砂浆配合比:20mm 厚水泥砂浆 1:3; 2.结合层厚度,砂浆配合比:20mm 厚水泥砂浆 1:2.5; 3.面层材料品种、规格:全瓷地板砖周长 2400mm	m²	60.94			

表 3-11-4　　　　　　　　　　地砖楼地面工程量清单综合单价分析

项目编码	011102003001	项目名称			块料楼地面					计量单位	60.94m²
清单综合单价组成明细											

定额编号	定额名称	单位	数量	单价/元				合价/元			
				人工费	材料费	机械费	管理费和利润	人工费	材料费	机械费	管理费和利润
11-3-30s	素水泥浆（湿拌）/水泥抹灰砂浆1：2.5(湿拌)/地板砖楼地面水泥砂浆周长不大于2400mm（湿拌）	10m²	6.094	284.61	699.21	7.22	134.36	1734.39	4260.98	43.99	818.78
人工单价			小计/元					1734.39	4260.98	43.99	818.78
108.00 元/工日			未计价材料费/元					—			
清单项目综合单价/元								6858.14/60.940 ＝ 112.54			

材料费明细	主要材料名称、规格、型号					单价	合价	暂估单价	暂估合价
	其他材料费/元					—	4260.98	—	—
	材料费小计/元					—	4260.98	—	0

➡ **知识归纳**

(1)楼面抹灰层的清单工程量计算规则。

(2)块料面层的清单工程量计算规则。

➡ **独立思考**

3-11-1　简述楼地面找平层和整体面层的清单工程量计算规则。

3-11-2　简述楼地面块料面层的清单工程量计算规则。

3-11-3　简述楼梯面层的清单工程量计算规则。

独立思考与
习题答案

➡ **习　题**

工程条件同第 2 篇第 11 章习题。编制地砖工程量清单,进行工程报价。

12 墙、柱面装饰与隔断、幕墙工程清单

内容提要

本章的主要内容是墙面抹灰、柱(梁)面抹灰、零星抹灰、墙面块料面层、柱(梁)面镶贴块料、镶贴零星块料、墙饰面、柱(梁)饰面、幕墙工程、隔断清单计量与计价,主要介绍墙面、柱(梁)面、零星抹灰和块料面层的清单计量与综合单价分析,便于学生理解墙、柱(梁)面抹灰和块料面层的清单计量与计价应用。

能力要求

通过本章的学习,学生应熟悉墙面、柱(梁)面抹灰工程的清单项目划分及计算规则;了解幕墙、隔断的清单项目划分及计算规则;能根据工程实际编制墙面、柱(梁)面抹灰和块料面层等的工程量清单,进行清单报价。

12.1 墙、柱面装饰与隔断、幕墙工程清单计算规则

墙、柱面装饰与隔断、幕墙工程清单计算规则

12.2 墙、柱面装饰与隔断、幕墙工程 清单计量与计价应用

【例 3-12-1】 工程条件同第 2 篇例 2-12-1。试编制内墙面抹灰工程的工程量清单,进行工程报价。

【解】 内墙面抹灰清单工程量:

$$S=[(3.3-0.24+5.34-0.24\times2)\times2\times3+(5.0-0.24+3.6-0.24)]\times(3.3-0.1)=178.05(\text{m}^2)$$

$$扣门窗工程量 = 16.2 + 7.56 + 7.2 = 30.96(m^2)$$

$$S_{抹灰面积} = 178.05 - 30.96 = 147.09(m^2)$$

内墙面 20mm 混合砂浆抹灰工程量清单见表 3-12-1,内墙面 20mm 混合砂浆抹灰工程量清单综合单价分析见表 3-12-2。

表 3-12-1 **内墙面 20mm 厚混合砂浆抹灰工程量清单**

序号	项目编码	项目名称 项目特征	计量单位	工程数量	金额/元		
					综合单价	合价	其中:暂估价
1	011201001001	墙面一般抹灰 1.墙体类型:砖墙; 2.底层厚度、砂浆配合比:7mm、混合砂浆 1:1:6; 3.面层厚度、砂浆配合比:1.3mm、混合砂浆 1:0.3:2.5	m²	147.09			

表 3-12-2 **内墙面 20mm 混合砂浆抹灰工程量清单综合单价分析**

项目编码	011201001001	项目名称			墙面一般抹灰				计量单位	147.09m²	

清单综合单价组成明细

定额编号	定额名称	单位	数量	单价/元				合价/元			
				人工费	材料费	机械费	管理费和利润	人工费	材料费	机械费	管理费和利润
12-1-9s	水泥石灰抹灰砂浆1:0.5:3(湿拌)/水泥石灰抹灰砂浆1:1:6(湿拌)/混合砂浆厚(9+6)mm砖墙(湿拌)	10m²	14.709	121.94	50.55	0	57.57	1793.62	743.52	0	846.74
12-1-17hs	水泥石灰抹灰砂浆1:1:6(湿拌)/混合砂浆抹灰层每增减1mm(5倍)(湿拌)	10m²	14.709	17.97	15.41	0	8.48	264.27	226.68	0	124.76
人工单价		小计/元						2057.89	970.2	0	971.5
108.00 元/工日		未计价材料费/元						—			
清单项目综合单价/元								3999.59/147.09=27.19			

材料费明细	主要材料名称、规格、型号				单价	合价	暂估单价	暂估合价
	其他材料费/元				—	970.2	—	
	材料费小计/元				—	970.2	—	0

知识归纳

(1)墙面一般抹灰清单工程量计算规则。

(2)柱(梁)面一般抹灰清单工程量计算规则。

(3)块料墙面清单工程量计算规则。

(4)块料柱面清单工程量计算规则。

(5)带骨架幕墙清单工程量计算规则。

独立思考

3-12-1　简述墙面一般抹灰清单工程量计算规则。

3-12-2　简述柱(梁)面一般抹灰清单工程量计算规则。

3-12-3　简述块料墙面清单工程量计算规则。

习　　题

工程条件同第 2 篇第 12 章习题。编制内墙混合砂浆抹灰工程量清单,进行工程报价。

独立思考与
习题答案

13 天棚工程清单

　　本章的主要内容是天棚工程清单计量与计价,主要介绍天棚工程的清单计量与计价,便于学生理解天棚工程的清单计量与计价应用。

　　通过本章的学习,学生应了解天棚工程的清单项目划分及计算规则;能根据工程实际计算天棚工程的清单工程量,进行工程报价。

13.1 天棚工程清单计算规则

天棚工程清单计算规则

13.2 天棚工程清单计量与计价应用

【例 3-13-1】 工程条件同第 2 篇例 2-13-2。试编制天棚抹灰工程量清单,进行工程报价。

【解】 天棚工程量。

$$S_1=(15.5-0.24\times2)\times(13.7-0.24\times2)=198.564(\mathrm{m}^2)$$

KL1(单侧):$S_2=(7.5-0.5)\times2\times(0.6-0.15)\times2=12.6(\mathrm{m}^2)$。

KL2(双侧):$S_3=(7.5-0.5)\times2\times(0.6-0.15+0.6-0.1)\times2=26.6(\mathrm{m}^2)$。

KL3(单侧):$S_4=(5.4-0.5)\times2\times(0.6-0.15)\times2+(2.4-0.5)\times(0.6-0.1)\times2=10.72(\mathrm{m}^2)$。

KL4(双侧):$S_5 = S_4 = 10.72\text{m}^2$。

天棚清单工程量合计$= 198.564 + 12.6 + 26.6 + 10.72 \times 2 = 259.2(\text{m}^2)$

天棚抹灰工程量清单及综合单价分析如表 3-13-1 和表 3-13-2 所示。

表 3-13-1　　　　　　　　　　　　**天棚水泥砂浆抹灰工程量清单**

序号	项目编码	项目名称 项目特征	计量单位	工程数量	金额/元		
					综合单价	合价	其中:暂估价
1	011301001001	天棚抹灰 1.基层类型:混凝土; 2.抹灰厚度、材料种类:15mm、水泥砂浆 3.砂浆配合比:石灰砂浆 1:2.5	m²	259.2			

表 3-13-2　　　　　　　　　　　　**天棚水泥砂浆抹灰工程量清单综合单价分析**

项目编码	011301001001	项目名称	天棚抹灰					计量单位	259.2m²

清单综合单价组成明细

定额编号	定额名称	单位	数量	单价/元				合价/元			
				人工费	材料费	机械费	管理费和利润	人工费	材料费	机械费	管理费和利润
13-1-2s	水泥抹灰砂浆 1:3(湿拌)/水泥抹灰砂浆 1:2(湿拌)/混凝土面天棚水泥砂浆厚度(5+3)mm(湿拌)	10m²	25.920	134.45	39.32	0	63.47	3484.99	1019.3	0	1645.21
13-1-5hs	水泥抹灰砂浆 1:2(湿拌)/水泥砂浆每增减1mm(7倍)(湿拌)	10m²	25.920	32.89	29.74	0	15.53	852.48	770.87	0	402.44
人工单价			小计/元					4337.47	1790.17	0	2047.65
108.00 元/工日			未计价材料费/元					—			
	清单项目综合单价/元							8175.29/259.200 = 31.54			
材料费明细		主要材料名称、规格、型号					单价	合价	暂估单价	暂估合价	
		其他材料费/元					—	1790.17	—		
		材料费小计/元					—	1790.17	—	0	

➡️ **知识归纳**

天棚抹灰清单工程量计算规则。

➡️ **独立思考**

简述天棚抹灰清单工程量计算规则。

➡️ **习　题**

工程条件同第 2 篇第 13 章习题。天棚抹灰的做法:7mm 厚 1∶0.5∶3 水泥石灰膏砂浆打底扫毛或划出纹道;7mm 厚 1∶0.5∶2.5 水泥石灰砂浆找平。编制混合砂浆天棚抹灰工程量清单,进行工程报价。

独立思考与
习题答案

14 油漆、涂料及裱糊工程清单

内容提要

本章的主要内容是油漆、涂料及裱糊工程清单计量与计价，主要介绍油漆、涂料及裱糊工程的清单工程量计算与计价调整，便于学生理解油漆、涂料及裱糊工程的清单计量与计价应用。

能力要求

通过本章的学习，学生应了解油漆、涂料及裱糊工程的清单项目划分及计算规则；能根据工程实际计算油漆、涂料、裱糊工程的清单工程量，进行工程报价。

14.1 油漆、涂料及裱糊工程清单计算规则

油漆、涂料及裱糊工程清单计算规则

14.2 油漆、涂料及裱糊工程清单计量与计价应用

【例3-14-1】 工程条件同第2篇例2-14-1。试编制内墙面抹灰面刮腻子、刷涂料的工程量清单，进行工程报价。

【解】 内墙面抹灰清单工程量：

$$S=[(3.3-0.24+5.34-0.24\times2)\times2\times3+(5.0-0.24+3.6-0.24)]\times(3.3-0.1)=178.05(m^2)$$

$$扣门窗工程量=16.2+7.56+7.2=30.96(m^2)$$

$$S_{抹灰面积}=178.05-30.96=147.09(m^2)$$

内墙乳胶漆工程量清单及综合单价分析见表 3-14-1 和表 3-14-2；内墙刮腻子工程量清单及综合单价分析见表 3-14-3 和表 3-14-4。

表 3-14-1

内墙乳胶漆工程量清单

序号	项目编码	项目名称 项目特征	计量单位	工程数量	金额/元		
					综合单价	合价	其中:暂估价
1	011407001001	墙面喷刷涂料 1.基层类型:砖; 2.喷刷涂料部位:内墙; 3.腻子种类:成品腻子; 4.刮腻子要求:满刮两遍; 5.涂料品种、喷刷遍数:室内乳胶漆三遍	m²	147.09			

表 3-14-2

内墙乳胶漆工程量清单综合单价分析

项目编码	011407001001	项目名称	墙面喷刷涂料					计量单位	147.09m²		

清单综合单价组成明细

定额编号	定额名称	单位	数量	单价/元				合价/元			
				人工费	材料费	机械费	管理费和利润	人工费	材料费	机械费	管理费和利润
14-3-7	室内乳胶漆二遍墙、柱面光面	10m²	14.709	41.04	43.08	0	19.37	603.66	633.69	0	284.98
14-3-18	室外乳胶漆每增一遍墙、柱面光面	10m²	14.709	22.68	22.6	0	10.71	333.6	332.36	0	157.49
人工单价			小计/元					937.26	966.05	0	442.47
108.00 元/工日			未计价材料费/元					—			
清单项目综合单价/元								2345.78/147.09=15.95			

材料费明细	主要材料名称、规格、型号						单价	合价	暂估单价	暂估合价
	其他材料费/元						—	966.05	—	
	材料费小计/元						—	966.05	—	0

表 3-14-3　　　　　　　　　　　　　　**内墙刮腻子工程量清单**

序号	项目编码	项目名称 项目特征	计量单位	工程数量	金额/元		
					综合单价	合价	其中:暂估价
1	011406003001	满刮腻子 1.基层类型:砖; 2.腻子种类:成品腻子; 3.刮腻子遍数:2遍	m²	147.09			

表 3-14-4　　　　　　　　　　　　**内墙刮腻子工程量清单综合单价分析**

项目编码	011406003001	项目名称			满刮腻子					计量单位		147.09m²
清单综合单价组成明细												
定额编号	定额名称	单位	数量	单价/元				合价/元				
				人工费	材料费	机械费	管理费和利润	人工费	材料费	机械费	管理费和利润	
14-4-9	满刮成品腻子内墙抹灰面二遍	10m²	14.709	35.64	148.97	0	16.83	524.23	2191.17	0	247.48	
人工单价		小计/元						524.23	2191.17	0	247.48	
108.00 元/工日		未计价材料费/元						—				
清单项目综合单价/元								2962.88/147.090 = 20.14				
材料费明细		主要材料名称、规格、型号						单价	合价	暂估单价	暂估合价	
		其他材料费/元						—	2191.17	—		
		材料费小计/元						—	2191.17		0	

➡ 知识归纳

(1)墙面喷刷涂料清单工程量计算规则。

(2)满刮腻子清单工程量计算规则。

➡ 独立思考

3-14-1　简述墙面喷刷涂料清单工程量计算规则。

3-14-2　简述天棚喷刷涂料清单工程量计算规则。

3-14-3　简述满刮腻子清单工程量计算规则。

➡ 习　题

工程条件同第 2 篇第 14 章习题。编制内墙、天棚刮腻子、乳胶漆工程量清单,进行工程报价。

独立思考与
习题答案

15 措施项目清单

📚 **内容提要**

　　本章的主要内容是措施项目清单计量与计价,主要介绍一般措施项目、脚手架工程、模板工程的清单工程量计算规则,便于学生理解措施项目的工程量清单计量与计价的应用。

📝 **能力要求**

　　通过本章的学习,学生应了解一般措施项目、脚手架工程、模板工程的清单项目划分及清单工程量计算规则;能根据工程实际编制各类措施项目的工程量清单,进行工程报价。

15.1　措施项目工程量清单计算规则

措施项目工程量清单计算规则

15.2　措施项目清单计量与计价应用

【例 3-15-1】　工程条件同第 2 篇例 2-15-1。编制柱脚手架、建筑物外脚手架的工程量清单,进行工程报价。

【解】　(1)框架柱单排外脚手架工程量:

$$(0.5 \times 4 + 3.6) \times (4.2 + 1.3) \times 12 = 369.6(m^2)$$

柱脚手架工程量清单及综合单价分析见表 3-15-1 和表 3-15-2。

表 3-15-1 柱脚手架工程量清单

序号	项目编码	项目名称 项目特征	计量单位	工程数量	金额/元		
					综合单价	合价	其中:暂估价
1	011701002001	外脚手架 1.搭设方式:落地式; 2.搭设高度:5.5m; 3.脚手架材质:钢管	m²	369.6			

表 3-15-2 柱脚手架工程量清单综合单价分析

项目编码	011701002001	项目名称			外脚手架				计量单位		369.6m²	

清单综合单价组成明细

定额编号	定额名称	单位	数量	单价/元				合价/元			
				人工费	材料费	机械费	管理费和利润	人工费	材料费	机械费	管理费和利润
17-1-6	外脚手架 钢管架 单排 ≤6m	10m²	36.960	45.08	51.26	13.8	4.06	1666.16	1894.43	509.98	149.89
人工单价		小计/元						1666.16	1894.43	509.98	149.89
98.00 元/工日		未计价材料费/元						—			
清单项目综合单价/元								4220.46/369.60=11.42			

材料费明细	主要材料名称、规格、型号	单价	合价	暂估单价	暂估合价
	其他材料费/元	—	1894.43	—	
	材料费小计/元	—	1894.43	—	0

(2)建筑物外脚手架。

本工程砌筑高度不大于10m,但外墙门窗及外墙装饰面积超过外墙表面积60%以上(或外墙为轻质砌块墙)时,执行双排脚手架子目。

$$外脚手架工程量=(15.5+13.7)×2×(0.3+4.2)=262.8(m²)$$

建筑物外脚手架工程量清单及综合单价分析见表 3-15-3 和表 3-15-4。

表 3-15-3 建筑物外脚手架工程量清单

序号	项目编码	项目名称 项目特征	计量单位	工程数量	金额/元		
					综合单价	合价	其中:暂估价
1	011701002001	外脚手架 1.搭设方式:落地式双排; 2.搭设高度:4.5m; 3.脚手架材质:钢管	m²	262.8			

表 3-15-4 **建筑物外脚手架工程量清单综合单价分析**

项目编码	011701002001	项目名称			外脚手架				计量单位	262.8m²	

清单综合单价组成明细

定额编号	定额名称	单位	数量	单价/元				合价/元			
				人工费	材料费	机械费	管理费和利润	人工费	材料费	机械费	管理费和利润
17-1-7	外脚手架钢管架双排 ≤6m	10m²	26.280	62.72	66.91	19.89	5.64	1648.28	1758.44	522.6	148.28
人工单价		小计/元						1648.28	1758.44	522.6	148.28
98.00 元/工日		未计价材料费/元						—			
清单项目综合单价/元								4077.60/262.80＝15.52			

材料费明细	主要材料名称、规格、型号			单价	合价	暂估单价	暂估合价
	其他材料费/元			—	1758.44	—	
	材料费小计/元			—	1758.44	—	0

【例 3-15-2】 工程条件同第 2 篇例 2-16-1。编制现浇独立基础模板工程量清单,进行工程报价。

【解】 现浇独立基础垫层模板工程量:

$$S＝2.2×4×0.1×12＝10.56（m^2）$$

独立基础木模板工程量清单见表 3-15-5,独立基础木模板工程量清单综合单价分析见表 3-15-6。

表 3-15-5　　　**独立基础木模板工程量清单**

序号	项目编码	项目名称项目特征	计量单位	工程数量	金额/元		
					综合单价	合价	其中:暂估价
1	011702001001	基础基础类型:独立	m²	10.56			

表 3-15-6　　　**独立基础木模板工程量清单综合单价分析**

项目编码	011702001001	项目名称			基础				计量单位	10.56m²	

清单综合单价组成明细

定额编号	定额名称	单位	数量	单价/元				合价/元			
				人工费	材料费	机械费	管理费和利润	人工费	材料费	机械费	管理费和利润
18-1-15s	水泥抹灰砂浆1:2(湿拌)/现浇混凝土模板 独立基础钢筋混凝土复合木模板木支撑(湿拌)	10m²	1.056	268.45	1410.6	3.43	24.16	283.49	1489.59	3.62	25.51

项目编码	011702001001	项目名称	基础			计量单位	10.56m²
清单综合单价组成明细							
人工单价		小计/元		283.49	1489.59	3.62	25.51
98.00元/工日		未计价材料费/元		—			
清单项目综合单价/元				1802.21/10.56＝170.66			
材料费明细		主要材料名称、规格、型号		单价	合价	暂估单价	暂估合价
		其他材料费/元		—	1489.59	—	
		材料费小计/元		—	1489.59	—	0

知识归纳

(1)建筑物综合脚手架清单工程量计算规则。

(2)满堂脚手架清单工程量计算规则。

(3)现浇混凝土构件模板清单工程量计算规则。

独立思考

3-15-1　简述建筑物综合脚手架的清单工程量计算规则。

3-15-2　简述现浇混凝土构件模板的清单工程量计算规则。

独立思考与
习题答案

习　题

工程条件同第2篇第15章习题。编制建筑物外脚手架的工程量清单,进行工程报价。

附　　录

1. 概述

建筑与装饰工程计量与计价案例：山水庄园文化活动中心。计量与计价采用福莱一点通工程算量与计价软件，依据《建设工程工程量清单计价规范》（GB 50500—2013）及《房屋建筑与装饰工程工程量计算规范》（GB 50854—2013）等工程量计算规范，《山东省建设工程工程量清单计价规范》（鲁建发〔2011〕3 号）、《山东省建设工程费用项目组成及计算规则》、《山东省建筑、安装、市政、园林绿化、市政养护维修、房屋修缮等各专业工程价目表》、《山东省建筑工程消耗量定额》（SD 01-31—2016）及 16G101 系列平法图集等编制。

本书中例题、案例及习题的答案等均采用福莱一点通工程算量与计价软件。该软件具有算量与计价一体化、"工程量＋钢筋＋安装"三合一、建筑工程量三维直观显示、扣减内容显示明确、装饰工程量可一键提取全部房间及单边装饰等特色。

2. 工程概况

山水庄园文化
活动中心建筑施工图

山水庄园文化
活动中心结构施工图

3. 山水庄园文化活动中心建筑、装饰定额编制说明

第一章土石方工程编制说明：

（1）土质按坚土，不放坡挖地坑，工作面为垫层边起 300mm 处；

（2）软件建模结果中回填土未考虑柱体积；

（3）室外楼梯图纸中未说明是否配置基础，暂按不计算场地平整和竣工清理考虑。

第五章钢筋及混凝土工程编制说明：

（1）钢筋直径不小于 22mm 时采用机械连接，连接方式为直螺纹连接；

（2）墙长超过 5m 的墙中段及墙转角位置设置构造柱；

（3）有梁板下梁合并入有梁板计算；

（4）图纸中梯梁按框架梁构造，计算工程量时也按框架梁计算；

（5）斜板下梁并入斜板计算；

(6)楼梯休息平台板在楼层中间标高的按楼梯计算,在楼板标高的按楼板(有梁板)计算。

第十一章楼地面装饰工程编制说明:

(1)未考虑坡屋面顶的建筑做法,包括保温、找平层等;

(2)楼梯间未考虑楼梯斜段的建筑做法,楼地面、踢脚、顶棚和墙面按除卫生间外的做法考虑;

(3)地面块料遇到门洞按一半墙厚计算。

第十二章墙、柱面装饰与隔断、幕墙工程编制说明:

(1)瓷砖、保温、腻子遇到门窗洞口,侧壁贴入的部分按 60mm 计算;

(2)为方便软件处理,梁底面并入顶棚工程量计算,梁侧面并入墙面工程量计算,未区分梁下有墙和梁下无墙的情况。

第十七章脚手架工程编制说明:

(1)有梁板下所有梁均不计算脚手架;

(2)梯梁在休息平台板下,按框架梁构造,计算脚手架;

(3)斜板下的斜梁按计算脚手架考虑。

第十八章模板工程编制说明:

(1)有梁板的模板合并板下梁计算;

(2)斜板的模板合并板下梁计算;

(3)图纸中斜板坡度为 15°,未满足大于 15°时,模板人工乘以 1.3;

(4)斜板模板支撑超高暂按全部超高考虑(最低点不足 3.6m)。

4. 山水庄园文化活动中心建筑、装饰定额工程量及定额计价结果

附表1　　　　　　　　　　　　　工程取费表　　　　　　　　　　　　　(单位:元)

序号	项目名称	金额
1	建筑工程	720634.6
2	装饰工程	162116.79
3	文化活动中心	882751.39

附表2　　　　　　　　　　　　　建筑工程取费表　　　　　　　　　　　　　(单位:元)

序号	项目名称	取费内容	计算公式	费率	金额
1	一、分部分项工程费	$\sum$(人工费＋材料费＋机械费)	357065.06		357065.06
2	其中:人工费 R1(省)		100171.99		100171.99
3	二、措施项目费	1+2	181137.04+8183.99		189321.03
3.1	2.1 单价措施费		181137.04		181137.04
3.2	2.2 总价措施费		2554.39+2183.75+2915+530.85		8183.99
3.2.1	夜间施工费		100171.99	2.55%	2554.39
3.2.2	二次搬运费		100171.99	2.18%	2183.75
3.2.3	冬雨季施工增加费		100171.99	2.91%	2915

续表

序号	项目名称	取费内容	计算公式	费率	金额
3.2.4	已完工程及设备保护费		353901.84	0.15%	530.85
3.3	其中:人工费 R2(省)		50974.87+100171.99×0.0191+353901.84×0.00015		52941.24
3.4	其中:人工费 R2(市)		52624.69+1966.38		54591.07
4	四、企业管理费		100171.99+52941.24	25.6%	39196.99
5	五、利润		100171.99+52941.24	15%	22966.98
6	规费前合计		357065.06+189321.03+0+39196.99+22966.98		608550.06
7	六、规费		22516.36+9249.96+6001.2+1825.65+1077.13		40670.3
7.1	6.1 安全文明施工费	(一+二+三+四+五)×费率	14240.07+669.41+3286.17+4320.71		22516.36
7.1.1	安全施工费		608550.06	2.34%	14240.07
7.1.2	环境保护费		608550.06	0.11%	669.41
7.1.3	文明施工费		608550.06	0.54%	3286.17
7.1.4	临时设施费		608550.06	0.71%	4320.71
7.2	6.2 社会保险费	(一+二+三+四+五)×费率	608550.06	1.52%	9249.96
7.3	6.3 住房公积金	青建管字〔2017〕36 号	103335.21+54591.07	3.8%	6001.2
7.4	6.4 工程排污费	青建管字〔2017〕36 号	608550.06	0.3%	1825.65
7.5	6.5 建设项目工伤保险	青建管字〔2017〕36 号	608550.06	0.177%	1077.13
8	七、税金	(一+二+三+四+五+六)×税率	608550.06+40670.3	11%	71414.24
9	扣除甲供		0.00		
10	扣除建设项目工伤保险	青建管字〔2017〕36 号	608550.06		
11	不取费项目合计		0.00		
合计	建筑工程部分造价				720634.60

附表 3　　　　　　　　　　　　装饰工程取费表　　　　　　　　　　　　(单位:元)

序号	项目名称	取费内容	计算公式	费率	金额
1	一、分部分项工程费	∑(人工费+材料费+机械费)	94374.29		94374.29
2	其中:人工费 R1(省)		53880.22		53880.22

续表

序号	项目名称	取费内容	计算公式	费率	金额
3	二、措施项目费	1+2	5862.8+6075.24		11938.04
3.1	2.1 单价措施费		5862.80		5862.8
3.2	2.2 总价措施费		1961.24+1767.27+2209.09+137.64		6075.24
3.2.1	夜间施工费		53880.22	3.64%	1961.24
3.2.2	二次搬运费		53880.22	3.28%	1767.27
3.2.3	冬雨季施工增加费		53880.22	4.1%	2209.09
3.2.4	已完工程及设备保护费		91758.55	0.15%	137.64
3.3	其中:人工费 R2(省)		3366.03+53880.22×0.02755+91758.55×0.00015		4864.19
3.4	其中:人工费 R2(市)		3529.42+1498.16		5027.58
4	四、企业管理费		53880.22+4864.19	32.2%	18915.7
5	五、利润		53880.22+4864.19	17.3%	10162.78
6	规费前合计		94374.29+11938.04+0+18915.7+10162.78		135390.81
7	六、规费		5618.71+2057.94+2337.89+406.17+239.64		10660.35
7.1	6.1 安全文明施工费	(一+二+三+四+五)×费率	3168.14+162.47+135.39+2152.71		5618.71
7.1.1	安全施工费		135390.81	2.34%	3168.14
7.1.2	环境保护费		135390.81	0.12%	162.47
7.1.3	文明施工费		135390.81	0.1%	135.39
7.1.4	临时设施费		135390.81	1.59%	2152.71
7.2	6.2 社会保险费	(一+二+三+四+五)×费率	135390.81	1.52%	2057.94
7.3	6.3 住房公积金	青建管字〔2017〕36 号	56495.96+5027.58	3.8%	2337.89
7.4	6.4 工程排污费	青建管字〔2017〕36 号	135390.81	0.3%	406.17
7.5	6.5 建设项目工伤保险	青建管字〔2017〕36 号	135390.81	0.177%	239.64
8	七、税金	(一+二+三+四+五+六)×税率	135390.81+10660.35	11%	16065.63
9	扣除甲供		0.00		
10	扣除建设项目工伤保险	青建管字〔2017〕36 号	135390.81		
11	不取费项目合计		0.00		
合计	装饰工程部分造价				162116.79

附表4 　　　　　　　　　　　　　　　　　　工程预决算表 　　　　　　　　　　　（单位:元）

序号	编号	项目名称	单位	工程量	人工费	材料费	机械费	综合单价	综合价
		建筑工程			155959.9	316399.28	65842.92	720634.6	720634.6
		第一章 土石方工程			24653	10.63		43782.47	43782.47
1	1-2-8	人工挖沟槽土方 槽深不大于2m 坚土	10m³	11.445	7941			1231.87	14098.8
2	1-4-11	夯填土 人工 槽坑	10m³	8.027	1581.06	5.3		350.5	2813.3
3	1-2-13	人工挖地坑土方 坑深不大于2m 坚土	10m³	11.155	8220.79			1308.43	14595.53
4	1-4-11	夯填土 人工 槽坑	10m³	8.072	1589.96	5.33		350.5	2829.16
5	1-4-1	平整场地 人工	10m²	28.012	1152.98			73.08	2047.05
6	1-4-3	竣工清理	10m³	193.284	4167.21			38.28	7398.62
		第二章 地基处理及边坡支护工程			3691.17	13121.88	784.33	22894.28	22894.28
7	2-1-28h	C15 现浇混凝土碎石小于40/混凝土垫层 无筋/独立基础（人工×1.10,机械×1.10）	10m³	0.721	644.84	2202.32	4.98	5187.48	3738.62
8	2-1-28h	C15 现浇混凝土碎石小于40/混凝土垫层 无筋/条形基础（人工×1.05,机械×1.05）	10m³	0.654	558.82	1999.42	4.31	5114.9	3346.68
9	2-1-28	C15 现浇混凝土碎石小于40/混凝土垫层 无筋	10m³	1.522	1238.16	4651.55	9.56	5042.33	7675.44
10	2-1-2	3：7灰土/3：7灰土垫层 机械碾压	10m³	3.805	1249.35	4268.59	765.48	2137.31	8133.55
		第四章 砌筑工程			19112.64	35595.21	143.45	75928.97	75928.97
11	4-1-1hs	水泥砂浆 M10.0（干拌）/砖基础	10m³	2.373	2338.24	5874.38	47.61	4681.52	11110.18
12	4-2-1hs	混合砂浆 M7.5（干拌）/加气混凝土砌块墙	10m³	10.64	15683.4	28112.31	90.65	5731.67	60985.55
13	4-2-1hs	混合砂浆 M7.5（干拌）/加气混凝土砌块墙/砌筑层高超过3.6m时,超过的部分（人工×1.30）	10m³	0.426	816.49	1125.8	3.63	6516.76	2776.79

序号	编号	项目名称	单位	工程量	人工费	材料费	机械费	综合单价	综合价
14	4-2-1hs	混合砂浆 M7.5(干拌)/加气混凝土砌块墙	10m³	0.171	251.9	451.54	1.46	5731.66	979.54
15	4-2-1hs	混合砂浆 M7.5(干拌)/加气混凝土砌块墙/砌筑层高超过3.6m时,超过的部分(人工×1.30)	10m³	0.012	22.61	31.18	0.1	6516.1	76.89
		第五章 钢筋及混凝土工程			44560.9	153820.77	1921.95	262124.58	262124.58
16	5-1-14s	水泥抹灰砂浆 1:2(干拌)/C30 现浇混凝土碎石小于31.5/现浇混凝土 矩形柱	10m³	1.969	3306.04	7257.91	14.36	7319.94	14415.15
17	5-1-17hs	水泥抹灰砂浆 1:2(干拌)/C30 现浇混凝土碎石小于31.5/现浇混凝土 构造柱	10m³	0.824	2397.21	3035.94	9.66	9512.99	7834.9
18	5-1-19	C30 现浇混凝土碎石小于31.5/现浇混凝土框架梁、连续梁	10m³	0.066	60.1	258.44	0.35	6243.31	410.81
19	5-1-31	C30 现浇混凝土碎石小于20/现浇混凝土有梁板	10m³	5.007	2895.16	20888.24	27.14	5934.92	29717.33
20	5-1-35	C30 现浇混凝土碎石小于20/现浇混凝土斜板、折板(坡屋面)	10m³	4.695	3432.49	20166.3	27.61	6352.06	29823.54
21	5-1-21	C20 现浇混凝土碎石小于20/现浇混凝土圈梁及压顶	10m³	0.128	321.38	467.58	0.68	8749.65	1120.83
22	5-1-22	C20 现浇混凝土碎石小于20/现浇混凝土过梁	10m³	0.268	793.93	1116.73	1.41	10166.11	2723.5
23	5-1-39	C30 现浇混凝土碎石小于20/现浇混凝土直形楼梯 板厚100mm无斜梁	10m²	1.64	739.31	1477.49	5.3	1862.81	3055.01
24	5-1-43h	C30 现浇混凝土碎石小于20/现浇混凝土楼梯板厚每增减10mm(2.00倍)	10m²	1.64	73.93	129.72	0.52	173.35	284.3

序号	编号	项目名称	单位	工程量	人工费	材料费	机械费	综合单价	综合价
25	5-1-39	C30 现浇混凝土碎石小于 20/现浇混凝土直形楼梯 板厚 100mm 无斜梁	10m²	0.372	167.7	335.14	1.2	1862.77	692.95
26	5-1-43h	C30 现浇混凝土碎石小于 20/现浇混凝土楼梯板厚每增减 10mm(4.00 倍)	10m²	0.372	33.54	58.85	0.23	346.69	128.97
27	5-1-49	C30 现浇混凝土碎石小于 20/现浇混凝土挑檐、天沟	10m³	0.678	1576.68	3041.27	10.68	9422.41	6385.57
28	5-1-6	C30 现浇混凝土碎石小于 40/现浇混凝土独立基础 混凝土	10m³	2.363	1447.09	8960.18	10.75	5549.28	13110.74
29	5-1-4	C30 现浇混凝土碎石小于 40/现浇混凝土带形基础 混凝土	10m³	1.536	1013.32	5770.17	6.99	5589.48	8587.67
30	5-4-5	现浇构件钢筋 HRB335(HRB400)不大于 φ10	t	6.986	8687.93	24278.38	515.57	6378.42	44559.64
31	5-4-5	现浇构件钢筋 HRB335(HRB400)不大于 φ10	t	0.715	889.19	2484.83	52.77	6378.41	4560.56
32	5-4-6	现浇构件钢筋 HRB335(HRB400)不大于 φ18	t	2.102	2004.34	7562.13	220	6043.37	12703.16
33	5-4-6	现浇构件钢筋 HRB335(HRB400)不大于 φ18	t	0.141	134.45	507.26	14.76	6043.33	852.11
34	5-4-6	现浇构件钢筋 HRB335(HRB400)不大于 φ18	t	0.403	384.28	1449.83	42.18	6043.37	2435.48
35	5-4-6	现浇构件钢筋 HRB335(HRB400)不大于 φ18	t	1.784	1701.12	6418.1	186.71	6043.37	10781.37
36	5-4-7	现浇构件钢筋 HRB335(HRB400)不大于 φ25	t	4.268	2618.33	15556.18	136.87	5409.84	23089.18
37	5-4-7	现浇构件钢筋 HRB335(HRB400)不大于 φ25	t	2.111	1295.06	7694.26	67.7	5409.83	11420.16

续表

序号	编号	项目名称	单位	工程量	人工费	材料费	机械费	综合单价	综合价
38	5-4-30h	现浇构件箍筋不大于φ10 /采用 HRB335（机械×1.38）	t	0.466	969.07	1619.49	48.22	7897.45	3680.21
39	5-4-30h	现浇构件箍筋不大于φ10 /采用 HRB335（机械×1.38）	t	2.285	4751.79	7941.06	236.43	7897.45	18045.68
40	5-4-30h	现浇构件箍筋不大于φ10 /采用 HRB335（机械×1.38）	t	0.193	401.36	670.73	19.97	7897.41	1524.2
41	5-4-75h	钢筋 HRB335 不大于φ10/马凳钢筋	t	0.052	117.92	180.18	5.6	8224.42	427.67
42	5-4-67	砌体加固筋焊接不大于φ6.5	t	0.621	771.07	1890.72	195.57	6152.22	3820.53
43	5-4-47	螺纹套筒钢筋接头不大于φ25	10个	5.6	636.61	851.26	62.72	393.62	2204.25
44	5-4-70	墙面钉钢丝网	10m²	21.326	940.5	1752.4		174.85	3729.02
		第八章 门窗工程			2940.71	29535.34	0.52	39927.87	39927.87
45	8-1-2s	水泥抹灰砂浆1：3（干拌）/成品木门框安装	10m	5.83	266.14	552.39	0.52	192.49	1122.23
46	8-1-3	普通成品门扇安装（平开夹板百叶门）	10m²扇面积	0.756	107.43	2907.73		4771.87	3607.53
47	8-1-3	普通成品门扇安装（平开镶板门）	10m²扇面积	1.785	253.65	6865.47		4771.87	8517.78
48	8-2-2	铝合金平开门（地弹簧门）	10m²	0.486	142.88	1367.89		3829.34	1861.06
49	8-2-4	塑钢平开门	10m²	0.24	77.62	660.44		3807.75	913.86
50	8-7-7	塑钢平开窗	10m²	6.3	2092.99	17181.42		3794.51	23905.43
		第九章 屋面及防水工程			2083.91	6489.69	45.64	11379.41	11379.41
51	9-2-69hs	素水泥浆（干拌）/水泥抹灰砂浆1：2.5（干拌）/防水砂浆掺防水粉 厚20mm	10m²	20.469	1500.15	1835.22	36.84	237.6	4863.29
52	9-2-70hs	水泥抹灰砂浆1：2.5（干拌）/防水砂浆掺防水粉 每增减10mm(1/2)	10m²	20.469	101.12	424.32	8.8	33.64	688.49
53	9-2-47	聚氨酯防水涂膜 厚2mm 平面	10m²	2.422	66.46	1032.01		549.41	1330.66

续表

序号	编号	项目名称	单位	工程量	人工费	材料费	机械费	综合单价	综合价
54	9-2-49h	聚氨酯防水涂膜 每增减 0.5mm 厚 平面（-1.00 倍）	10m²	2.422	-16.61	-273.9		-145.07	-351.35
55	9-2-52	聚合物水泥防水涂料 厚 1mm 立面	10m²	11.936	315.82	2430.51		286.26	3416.74
56	9-2-54	聚合物水泥防水涂料 每增减 0.5mm 厚 立面	10m²	11.936	116.97	1041.53		119.94	1431.54
		第十章 保温、隔热、防腐工程			6292.88	12260.44		25579.59	25579.59
57	10-1-47	立面 黏结剂粘贴聚苯保温板 满粘	10m²	42.525	4625.89	11661.69		515.37	21916.34
58	10-1-73	墙面耐碱纤维网格布 一层布	10m²	42.525	1666.99	598.75		86.14	3663.2
		第十七章 脚手架工程			9299.9	6581.25	2644.76	26403.33	26403.33
59	17-1-6	外脚手架 钢管架 单排不大于 6m	10m²	54.4	2452.34	2788.53	750.72	151.94	8265.36
60	17-1-7	外脚手架 钢管架 双排不大于 6m	10m²	33.84	2122.43	2264.22	673.07	207.03	7005.8
61	17-2-6	里脚手架 钢管架 双排不大于 3.6m	10m²	37.047	2250.99	242.66	481.24	124.83	4624.6
62	17-3-3	满堂脚手架 钢管架 基本层/装饰	10m²	24.633	2474.14	1285.84	739.73	264.18	6507.54
		第十八章 模板工程			32714.49	58760.39	197.08	124038.77	124038.77
63	18-1-36	现浇混凝土模板 矩形柱 复合木模板钢支撑	10m²	17.844	3847.14	7202.33	14.63	836.11	14919.52
64	18-1-48	现浇混凝土模板 柱支撑高度大于 3.6m 每增 1m 钢支撑	10m²	0.413	11.33	3.71		56.6	23.37
65	18-1-40	现浇混凝土模板 构造柱 复合木模板钢支撑	10m²	8.726	2496.92	4863.3	9.77	1135.17	9905
66	18-1-56s	水泥抹灰砂浆 1：2（干拌）/现浇混凝土模板 矩形梁复合木模板 对拉螺栓 钢支撑	10m²	0.823	191.81	343.82	1.09	883.11	726.36
67	18-1-92s	水泥抹灰砂浆 1：2（干拌）/现浇混凝土模板 有梁板复合木模板 钢支撑	10m²	41.069	8772.69	15284.13	51.75	796.37	32705.86

序号	编号	项目名称	单位	工程量	人工费	材料费	机械费	综合单价	综合价
68	18-1-100s	水泥抹灰砂浆 1：2（干拌）/现浇混凝土模板 平板 复合木模板 钢支撑	10m²	39.256	9271.14	14221.34	49.46	822.6	32292.28
69	18-1-104	现浇混凝土模板 板 支撑高度大于 3.6m 每增 1m 钢支撑	10m²	39.256	1154.13	188.43		54.94	2156.74
70	18-1-116	现浇混凝土模板 压顶 木模板木支撑	10m³	0.128	1188.97	643.48	3.08	21488.45	2752.67
71	18-1-65s	水泥抹灰砂浆 1：2（干拌）/现浇混凝土模板 过梁 复合木模板 木支撑	10m²	3.845	1352.52	2574.02	9.42	1378.33	5299.41
72	18-1-110	现浇混凝土模板 楼梯 直形 木模板木支撑	10m²	2.012	1883.03	1839.19	27.67	2658.27	5348.44
73	18-1-1s	水泥抹灰砂浆 1：2（干拌）/现浇混凝土模板 混凝土基础垫层木模板	10m²	2.512	258.37	556.41	1.13	432.93	1087.48
74	18-1-15s	水泥抹灰砂浆 1：2（干拌）/现浇混凝土模板 独立基础 钢筋混凝土 复合木模板木支撑	10m²	2.793	749.89	3939.95	9.61	2109.29	5891.45
75	18-1-7s	水泥抹灰砂浆 1：2（干拌）/现浇混凝土模板 带形基础（无梁式）钢筋混凝土 复合木模板木支撑	10m²	5.744	1536.55	7100.28	19.47	1902.86	10930.2
		第十九章 施工运输工程			10610.3	223.68	60105.19	88575.32	88575.32
76	19-1-7	民用建筑垂直运输 ±0.000 以下无地下室 底层建筑面积不大于 500m² 独立基础	10m²	28.012	1729.47		9091.64	484.33	13567.26
77	19-1-17	民用建筑垂直运输 檐高不大于 20m 现浇混凝土结构 标准层建筑面积不大于 500m²	10m²	56.024	4666.83		39198.03	960.57	53815.63

续表

序号	编号	项目名称	单位	工程量	人工费	材料费	机械费	综合单价	综合价
78	19-3-9	卷扬机、施工电梯安装、拆卸 檐高不大于20m	台次	1	1960	51.83	1809.16	5470.64	5470.64
79	19-3-18	自升式塔式起重机场外运输 檐高不大于20m	台次	1	1470	135.27	7456.64	11372.54	11372.54
80	19-3-22	卷扬机、施工电梯场外运输 檐高不大于20m	台次	1	784	36.58	2549.72	4349.26	4349.26
		装饰工程			60025.38	38785.4	1426.31	162116.79	162116.79
		第十一章 楼地面装饰工程			7169.14	6972.72	121.32	22126.77	22126.77
81	11-1-1s	素水泥浆(干拌)/水泥抹灰砂浆 1∶3(干拌)/水泥砂浆找平层 在混凝土或硬基层上 20mm	10m²	2.422	177.31	176.68	4.36	228.69	553.88
82	11-3-33s	素水泥浆(干拌)/干硬性水泥砂浆 1∶3(干拌)/ 地板砖楼地面 干硬性水泥砂浆 周长不大于1200mm	10m²	2.435	743.76	1464.64	21.97	1306.36	3181.37
83	11-3-73hs	干硬性水泥砂浆 1∶3(干拌)/结合层调整 干硬性水泥砂浆 每增减5mm(2.00倍)	10m²	2.435	31.78	80.12	2.09	64.87	157.99
84	11-2-1s	素水泥浆(干拌)/水泥抹灰砂浆 1∶2(干拌)/水泥砂浆 楼地面 20mm	10m²	47.503	4657.67	4941.74	85.51	313.01	14869.14
85	11-2-6s	水泥抹灰砂浆 1∶3(干拌)/水泥抹灰砂浆 1∶2(干拌)/水泥砂浆 踢脚线 18mm	10m	32.11	1558.62	309.54	7.39	104.78	3364.39
		第十二章 墙、柱面装饰与隔断、幕墙工程			27214.75	11016.47	312.77	65585.49	65585.49
86	12-2-21s	素水泥浆(干拌)/水泥抹灰砂浆 1∶3(干拌)/水泥抹灰砂浆 1∶1(干拌)/水泥砂浆粘贴瓷砖 边长152mm×152mm 墙面、墙裙	10m²	13.046	7214.96	2988.58	89.23	1339.51	17475.29

序号	编号	项目名称	单位	工程量	人工费	材料费	机械费	综合单价	综合价
87	12-1-10s	水泥石灰抹灰砂浆 1∶0.5∶3(干拌)/水泥石灰抹灰砂浆 1∶1∶6(干拌)/混合砂浆 厚(9+6)mm 混凝土墙(砌块墙)	10m²	112.652	14155.84	5694.55	163.35	302.46	34073.12
88	12-1-4hs	水泥抹灰砂浆 1∶3(干拌)/水泥抹灰砂浆 1∶3(干拌)/水泥砂浆 厚(9+6)mm 混凝土墙(砌块墙)	10m²	41.511	5843.95	2333.34	60.19	338.15	14037.14
		第十三章 天棚工程			6934.61	1779.13	47.63	15461.2	15461.2
89	13-1-3s	水泥石灰抹灰砂浆 1∶1∶4(干拌)/水泥石灰抹灰砂浆 1∶0.5∶3(干拌)/混凝土面天棚 混合砂浆 厚度(5+3)mm	10m²	50.673	6934.61	1779.13	47.63	305.12	15461.21
		第十四章 油漆、涂料及裱糊工程			15177.46	17628.29		49923.57	49923.57
90	14-3-7	室内乳胶漆二遍 墙、柱面 光面	10m²	95.256	3909.31	4103.63		129.58	12343.33
91	14-3-11	室内乳胶漆每增一遍 墙、柱面 光面	10m²	95.256	1646.02	2050.86		58.56	5578.37
92	14-3-9h	室内乳胶漆二遍 天棚(1.10倍)	10m²	50.673	2829.59	2526.56		165.97	8410.44
93	14-3-13h	室内乳胶漆每增一遍 天棚(1.10倍)	10m²	50.673	1143.69	1262.27		72.7	3684.12
94	14-4-15	满刮柔性腻子 保温墙面	10m²	41.511	2062.28	2416.78		164.02	6808.85
95	14-3-33	外墙弹性涂料	10m²	41.511	3586.57	5268.19		315.54	13098.38
		第十七章 脚手架工程			3529.42	1388.79	944.59	9019.76	9019.76
96	17-3-3	满堂脚手架 钢管架 基本层/装饰	10m²	24.633	2474.14	1285.84	739.73	275.33	6782.23
97	17-2-6h	里脚手架 钢管架 双排不大于 3.6m/装饰/内墙装饰高度不大于 3.6m(3/10)	10m²	52.528	1055.28	102.95	204.86	42.6	2237.49
		文化活动中心			215985.28	355184.68	67269.23	882751.39	882751.39

参 考 文 献

[1]　中华人民共和国住房和城乡建设部,中华人民共和国国家质量监督检验检疫总局.GB 50500—2013　建设工程工程量清单计价规范.北京:中国计划出版社,2013.

[2]　中华人民共和国住房和城乡建设部.GB 50854—2013　房屋建筑与装饰工程工程量计算规范.北京:中国计划出版社,2013.

[3]　全国造价工程师执业资格考试教材编审委员会.2017年版全国造价工程师执业资格考试培训教材:建设工程技术与计量(土木建筑工程).7版.北京:中国计划出版社,2017.

[4]　全国造价工程师执业资格考试教材编审委员会.2017年版全国造价工程师执业资格考试培训教材:建设工程造价管理.7版.北京:中国计划出版社,2017.

[5]　全国造价工程师执业资格考试教材编审委员会.2017年版全国造价工程师执业资格考试培训教材:建设工程造价案例分析.7版.北京:中国计划出版社,2017.

[6]　全国造价工程师执业资格考试教材编审委员会.2017年版全国造价工程师执业资格考试培训教材:建设工程计价.7版.北京:中国计划出版社,2017.

[7]　黄伟典.建设工程计量与计价.3版.北京:中国环境科学出版社,2007.

[8]　刘富勤,程瑶.建筑工程概预算.2版.武汉:武汉理工大学出版社,2014.

[9]　刘长滨,李芊.土木工程估价.2版.武汉:武汉理工大学出版社,2014.

[10]　山东省住房和城乡建设厅.SD 01-31—2016　山东省建筑工程消耗量定额.北京:中国计划出版社,2016.

[11]　沈祥华,方俊,杜春艳.建筑工程概预算.4版.武汉:武汉理工大学出版社,2009.

[12]　中国建筑标准设计研究院.16G101-1　混凝土结构施工图平面整体表示方法制图规则和构造详图(现浇混凝土框架、剪力墙、梁、板).北京:中国计划出版社,2016.

[13]　中国建筑标准设计研究院.16G101-2　混凝土结构施工图平面整体表示方法制图规则和构造详图(现浇混凝土板式楼梯).北京:中国计划出版社,2016.

[14]　中国建筑标准设计研究院.16G101-3　混凝土结构施工图平面整体表示方法制图规则和构造详图(独立基础、条形基础、筏形基础、桩基础).北京:中国计划出版社,2016.

[15]　规范编制组.2013建设工程计价计量规范辅导.北京:中国计划出版社,2013.